概率论与随机过程

北京邮电大学理学院数学系概率教研室 编
史 悦 孙洪祥 主编

北京邮电大学出版社
·北京·

内 容 简 介

本书是根据工科多层次教学改革的需要并经过了多年的教学实践而编写形成的，主要包括概率论、随机过程两部分。其中概率论部分包括：概率论的基本概念、随机变量及其分布、多维随机变量及其分布、随机变量的数字特征、重要的极限定理及应用。随机过程部分包括：随机过程的概念、平稳随机过程及其谱分析、马尔可夫链、泊松过程。每章均配有丰富的例题与习题。

本书可以作为高校工科、理科（非数学专业）"概率论与随机过程"课程的教材，也可作为高校理工科学生、教师的教学参考用书，亦可供工程技术人员阅读参考。

图书在版编目（CIP）数据

概率论与随机过程/史悦，孙洪祥主编．—北京：北京邮电大学出版社，2010.2(2021.1重印)
ISBN 978-7-5635-2132-6

Ⅰ.①概… Ⅱ.①史…②孙… Ⅲ.①概率论—高等学校—教材②随机过程—高等学校—教材 Ⅳ.①O21

中国版本图书馆 CIP 数据核字（2010）第 013044 号

书　　　名：	概率论与随机过程
主　　　编：	史　悦　孙洪祥
责任编辑：	刘　颖
出版发行：	北京邮电大学出版社
社　　　址：	北京市海淀区西土城路 10 号（邮编：100876）
发 行 部：	电话：010-62282185　传真：010-62283578
E-mail：	publish@bupt.edu.cn
经　　　销：	各地新华书店
印　　　刷：	保定市中画美凯印刷有限公司
开　　　本：	720 mm×1 000 mm　1/16
印　　　张：	21
字　　　数：	420 千字
版　　　次：	2010 年 2 月第 1 版　2021 年 1 月第 12 次印刷

ISBN 978-7-5635-2132-6　　　　　　　　　　　　　　　　　　定　价：49.00元
· 如有印装质量问题，请与北京邮电大学出版社发行部联系 ·

前　言

"概率论与随机过程"是电子类、通信类及计算机类专业的重要基础课程，依据多层次教学改革的需要，我们对课程学时进行了调整，根据专业的特点丰富了课程的内容，编写出了《概率论与随机过程讲义》，并经过了几年的教学实践，不断修改和完善了讲义的内容，在此基础上我们再次根据教学实践对讲义内容进行了完善，形成了目前的教材。因此，本教材是多年教学改革与教学实践的重要成果。

作者在编写过程中做了几点努力：(1)根据学科特点注重基本概念、基本理论的背景介绍和直观理解，使学习更具启发性和主动性。例如随着学习的不断深入，通过对概率公理化概念形成过程的认识，使学生在学习中体会概率论如何由赌博中提出的实际问题而逐步发展成为一门有坚实理论基础的数学学科的历史过程，启发学生对学科发展规律的认识，提高学生的数学修养。(2)提高模型化能力及在实际问题中准确判断和应用模型的能力。教材中对常用的重要分布都给出了实际产生的背景，从而强化了基本概型和实际应用能力。(3)较完整地介绍了马尔可夫链的内容，增加了常用的泊松过程的内容，为进一步的学习和应用打下牢固的基础。(4)每章均配有丰富的例题与习题，便于读者熟练掌握所学方法。

王玉孝和孙洪祥教授分别编写了《概率论与随机过程讲义》的概率论和随机过程部分，史悦副教授根据教学需要对概率论部分做了进一步的修改，郭永江副教授修改了随机过程部分。内容中打了一些 * 号，教师可根据学时的具体情况，进行取舍。这些内容相对独立，并不影响其他内容的教学。习题中打 * 号的题是较难的题目，可供学生作为提高而思考。编写过程中得到了北京邮电大学理学院数学系的帮助和支持，在此表示感谢，同时也感谢北京邮电大学出版社的大力支持，使得本书能够顺利出版。

限于时间仓促及编者水平，书中定有不足和错误，希望读者批评指正。

编　者

主 要 记 号

E——随机试验

Ω——样本空间

ω——样本点

$\subset, \supset$——包含关系

$\cup$——并

$\cap$——交

$b(n,p)$——参数为 n,p 的二项分布

$\pi(\lambda)$——参数为 λ 的泊松分布

$Ge(p)$——参数为 p 的几何分布

$U(a,b)$——(a,b) 上的均匀分布

$Ex(\lambda)$——参数为 λ 的指数分布

$N(\mu,\sigma^2)$——参数为 μ,σ^2 的正态分布

$\Phi(x)$——$N(0,1)$ 的分布函数

$N(\mu_1,\mu_2,\sigma_1^2,\sigma_2^2,\rho)$——参数为 $\mu_1,\mu_2,\sigma_1^2,\sigma_2^2,\rho$ 的二维正态分布

$F_{X|Y}(x|y)(F_{Y|X}(y|x))$——在 $Y=y(X=x)$ 条件下,$X(Y)$ 的条件分布函数

$f_{X|Y}(x,y)(f_{Y|X}(y|x))$——在 $Y=y(X=x)$ 条件下,$X(Y)$ 的条件概率密度

$E(X)$——X 的数学期望

$D(X)$——X 的方差

$cov(X,Y)$——X 与 Y 的协方差

ρ_{XY}——X 与 Y 的相关系数

$\Psi(t)$——随机变量的特征函数

$\Psi(t_1,t_2,\cdots,t_n)$——n 维随机变量的特征函数

l.i.m——均方极限

$\mu_X(t)$——$\{X(t)\}$ 的均值函数

$\Psi_X^2(t)$——$\{X(t)\}$ 的均方值函数

$\sigma^2(t)$——$\{X(t)\}$ 的方差函数

$R_X(s,t)$——$\{X(t)\}$ 的自相关函数

$C_X(s,t)$——$\{X(t)\}$ 的自协方差函数

$R_{XY}(s,t)$——$\{X(t)\}$ 与 $\{Y(t)\}$ 的互相关函数

$C_{XY}(s,t)$——$\{X(t)\}$与$\{Y(t)\}$的互协方差函数

μ_X——平稳过程$\{X(t)\}$的均值

Ψ_X^2——平稳过程$\{X(t)\}$的均方值

σ_X^2——平稳过程$\{X(t)\}$的方差

$R_X(\tau)$——平稳过程$\{X(t)\}$的自相关函数

$C_X(\tau)$——平稳过程$\{X(t)\}$的自协方差函数

$S_X(\omega)$——平稳过程$\{X(t)\}$的自谱密度

$R_{XY}(\tau)$——二平稳相关的平稳过程$\{X(t)\}$与$\{Y(t)\}$的互相关函数

$C_{XY}(\tau)$——二平稳相关的平稳过程$\{X(t)\}$与$\{Y(t)\}$的互协方差函数

$S_{XY}(\omega)$——二平稳相关的平稳过程$\{X(t)\}$与$\{Y(t)\}$的互谱密度

$H(\omega)$——线性系统的频率响应函数

$h(t)$——线性系统的脉冲响应函数

C-K 方程——切普曼-柯尔莫哥洛夫方程

$p_{ij}^{(n)}$——由状态i到j的n步转移概率

$f_{ij}^{(n)}$——从状态i出发经n步首次到达状态j的概率

f_{ij}——从状态i出发经有限步到达状态j的概率

$p_{ij}(t)$——从状态i到状态j的转移函数

目 录

第1章 概率论的基本概念 ·· 1

  1.1 随机事件及其运算 ·· 1
    1.1.1 随机试验、样本点、样本空间 ································ 1
    1.1.2 事件间的关系和运算 ·· 4
  1.2 事件的概率及其性质 ·· 9
    1.2.1 古典概率 ·· 9
    1.2.2 几何概率 ·· 14
    1.2.3 概率的统计定义 ·· 17
    1.2.4 概率的公理化定义 ·· 19
  1.3 条件概率 ·· 22
    1.3.1 条件概率与乘法公式 ·· 22
    1.3.2 全概率公式和贝叶斯公式 ···································· 25
  1.4 事件的独立性 ·· 29
    1.4.1 两个事件的独立性 ·· 29
    1.4.2 两个以上事件的独立性 ······································ 30
    1.4.3 伯努利(Bernoulli)概型 ······································ 33
  习题一 ·· 34

第2章 随机变量及其分布 ·· 39

  2.1 随机变量及其分布函数 ·· 39
    2.1.1 随机变量的引入及定义 ······································ 39
    2.1.2 随机变量的分布函数及其性质 ································ 41
  2.2 离散型随机变量及其分布律 ·· 43
    2.2.1 离散型随机变量及其分布律 ·································· 43
    2.2.2 几种常见的离散型随机变量 ·································· 46
  2.3 连续型随机变量及其概率密度 ······································ 51
    2.3.1 连续型随机变量及其概率密度 ································ 52

  2.3.2 三种重要的连续型随机变量 …………………………………… 54
 2.4 随机变量函数的分布 …………………………………………………… 61
  2.4.1 离散型随机变量函数的分布 …………………………………… 62
  2.4.2 连续型随机变量函数的分布 …………………………………… 63
习题二 ………………………………………………………………………… 67

第3章 多维随机变量及其分布 ………………………………………… 71

 3.1 二维随机变量及其分布 ………………………………………………… 71
  3.1.1 二维随机变量及其分布函数 …………………………………… 71
  3.1.2 二维离散型随机变量及其分布律 ……………………………… 73
  3.1.3 二维连续型随机变量及其概率密度 …………………………… 75
  3.1.4 两个重要的二维连续型随机变量 ……………………………… 76
 3.2 边缘分布与随机变量的独立性 ………………………………………… 78
  3.2.1 边缘分布函数与两个随机变量的独立性 ……………………… 78
  3.2.2 边缘分布律与两个离散型随机变量独立的等价条件 ………… 80
  3.2.3 边缘概率密度与两个连续型随机变量独立的等价条件 ……… 83
 3.3 条件分布 ………………………………………………………………… 86
  3.3.1 二维离散型随机变量的条件分布律 …………………………… 87
  3.3.2 二维连续型随机变量的条件概率密度 ………………………… 89
 3.4 两个随机变量函数的分布 ……………………………………………… 93
  3.4.1 二维离散型随机变量函数的分布 ……………………………… 94
  3.4.2 二维连续型随机变量函数的分布 ……………………………… 96
 3.5 n 维随机变量简介 ……………………………………………………… 105
  3.5.1 n 维随机变量及其分布函数、边缘分布函数和独立性 ………… 106
  3.5.2 n 维离散型随机变量及其分布律、边缘分布律和独立性
     的等价条件 …………………………………………………… 107
  3.5.3 n 维连续型随机变量及其概率密度、边缘概率密度和
     独立性的等价条件 …………………………………………… 108
  3.5.4 条件分布 ………………………………………………………… 109
习题三 ………………………………………………………………………… 110

第4章 随机变量的数字特征 ………………………………………………… 115

 4.1 数学期望 ………………………………………………………………… 115
  4.1.1 数学期望的定义 ………………………………………………… 115

  4.1.2 数学期望的性质 …………………………………………… 124
 4.2 方差和矩 …………………………………………………………… 126
  4.2.1 方差的定义 …………………………………………………… 126
  4.2.2 方差的性质 …………………………………………………… 127
  4.2.3 矩 ……………………………………………………………… 131
 4.3 协方差与相关系数 ………………………………………………… 132
  4.3.1 随机向量的数学期望 ………………………………………… 133
  4.3.2 随机向量的协方差矩阵 ……………………………………… 133
 4.4 特征函数 …………………………………………………………… 140
  4.4.1 一维随机变量的特征函数 …………………………………… 141
  4.4.2 特征函数的性质 ……………………………………………… 142
  4.4.3 多维随机变量的特征函数 …………………………………… 144
  4.4.4 n 维正态随机变量的性质 …………………………………… 145
习题四 ……………………………………………………………………… 148

第 5 章 大数定律与中心极限定理 ……………………………………… 153

 5.1 大数定律 …………………………………………………………… 153
  5.1.1 问题的提出 …………………………………………………… 153
  5.1.2 两类收敛性 …………………………………………………… 154
  5.1.3 大数定律的几个常用定理 …………………………………… 155
 5.2 中心极限定理 ……………………………………………………… 158
  5.2.1 问题的提出 …………………………………………………… 158
  5.2.2 中心极限定理 ………………………………………………… 158
  5.2.3 中心极限定理的应用举例 …………………………………… 160
习题五 ……………………………………………………………………… 163

第 6 章 随机过程的概念及其统计特性 ………………………………… 166

 6.1 随机过程的概念 …………………………………………………… 166
  6.1.1 随机过程的概念 ……………………………………………… 166
  6.1.2 随机过程的分类 ……………………………………………… 168
 6.2 随机过程的概率分布和数字特征 ………………………………… 169
  6.2.1 随机过程的概率分布 ………………………………………… 169
  6.2.2 随机过程的数字特征 ………………………………………… 170
  6.2.3 二维随机过程的分布函数和数字特征 ……………………… 172

  6.2.4 随机序列的数字特征 ………………………………………… 173
  6.2.5 复随机过程 …………………………………………………… 174
 6.3 几类重要的随机过程 ………………………………………………… 174
  6.3.1 马尔可夫过程 ………………………………………………… 175
  6.3.2 平稳过程 ……………………………………………………… 175
  6.3.3 高斯(正态)随机过程 ………………………………………… 177
  6.3.4 独立增量过程 ………………………………………………… 180
  6.3.5 正交增量过程 ………………………………………………… 181
 6.4 布朗运动和维纳过程 ………………………………………………… 181
习题六 ……………………………………………………………………………… 185

第 7 章 平稳随机过程 ………………………………………………………… 187

 7.1 平稳过程及其数字特征 ……………………………………………… 187
  7.1.1 平稳过程的概念 ……………………………………………… 187
  7.1.2 相关函数的性质 ……………………………………………… 189
  7.1.3 复平稳过程 …………………………………………………… 189
 7.2 联合平稳过程和互相关函数 ………………………………………… 190
 7.3 随机分析 ……………………………………………………………… 191
  7.3.1 均方收敛 ……………………………………………………… 192
  7.3.2 均方连续 ……………………………………………………… 193
  7.3.3 均方导数 ……………………………………………………… 195
  7.3.4 均方积分 ……………………………………………………… 197
 7.4 平稳过程的遍历性 …………………………………………………… 199
  7.4.1 遍历性的定义 ………………………………………………… 199
  7.4.2 随机过程具有遍历性的条件 ………………………………… 200
习题七 ……………………………………………………………………………… 202

第 8 章 平稳过程的谱分析 …………………………………………………… 204

 8.1 平稳过程的功率谱密度 ……………………………………………… 204
  8.1.1 简单回顾 ……………………………………………………… 204
  8.1.2 随机过程的功率谱密度 ……………………………………… 206
 8.2 功率谱密度的性质 …………………………………………………… 208
  8.2.1 功率谱密度的性质 …………………………………………… 208
  8.2.2 功率谱密度与自相关函数之间的关系 ……………………… 209

8.2.3　白噪声 ··· 212
　　　8.2.4　复平稳过程的功率谱密度 ································ 213
　*8.2.5　平稳时间序列的功率谱密度 ································ 213
　8.3　联合平稳过程的互谱密度 ·· 213
　　　8.3.1　互谱密度 ·· 214
　　　8.3.2　互谱密度的性质 ·· 214
　8.4　线性系统对平稳过程的响应 ······································ 216
　　　8.4.1　线性系统 ·· 216
　　　8.4.2　随机过程通过线性系统 ···································· 217
　习题八 ·· 221

第9章　马尔可夫链 ·· 226

　9.1　马尔可夫链的概念及转移概率 ···································· 226
　　　9.1.1　马尔可夫链的概念 ·· 226
　　　9.1.2　马氏链的转移概率 ·· 228
　　　9.1.3　马氏链的有限维分布 ······································ 232
　9.2　马尔可夫链的状态分类 ·· 235
　　　9.2.1　互通和闭集 ·· 235
　　　9.2.2　状态分类 ·· 238
　　　9.2.3　状态分类的判定法 ·· 242
　9.3　状态空间的分解 ·· 247
　　　9.3.1　状态空间的分解 ·· 247
　　　9.3.2　不可分闭集 ·· 247
　　　9.3.3　有限链的状态空间 ·· 250
　　　9.3.4　不可分链的状态空间 ······································ 250
　9.4　平稳分布 ·· 250
　　　9.4.1　$p_{ij}^{(n)}$ 的渐近性质 ································ 250
　　　9.4.2　平稳分布 ·· 252
　习题九 ·· 261

第10章　时间连续的马尔可夫链 ·· 265

　10.1　马尔可夫链与转移函数 ··· 265
　　　10.1.1　概念 ·· 265
　　　10.1.2　转移函数的性质与有限维分布 ······························ 265

  10.2 柯尔莫哥洛夫前进方程和后退方程 …………………………… 266

  10.3 连续参数马氏链的状态分类简介及例子 ………………………… 269

  习题十 ……………………………………………………………………… 275

第 11 章 泊松过程 ………………………………………………………… 277

  11.1 泊松过程 ……………………………………………………………… 277

  11.2 齐次泊松过程的发生时间和计数的条件分布 ………………… 282

    11.2.1 齐次泊松过程与均匀分布 ……………………………… 282

    11.2.2 齐次泊松过程与二项分布、多项分布 ………………… 283

  11.3 泊松过程的推广 …………………………………………………… 285

    11.3.1 广义齐次泊松过程 ………………………………………… 285

    11.3.2 带时倚强度的泊松过程 ………………………………… 286

    11.3.3 复合泊松过程 …………………………………………… 289

    11.3.4 滤过泊松过程 …………………………………………… 290

  习题十一 …………………………………………………………………… 294

附录 1 本书附表 …………………………………………………………… 295

附录 2 傅里叶变换的若干性质 ………………………………………… 300

习题答案 ……………………………………………………………………… 303

参考文献 ……………………………………………………………………… 322

第1章 概率论的基本概念

本章是概率论最基础的部分,主要介绍随机事件、事件的概率、条件概率及事件的独立性等概率论的基本概念.这些概念将贯穿全书,请读者深刻理解.重点内容是事件及其关系和运算,事件的概率及其计算.

1.1 随机事件及其运算

在我们所生活的世界上充满了不确定性的现象,即在一定的条件下,我们事先无法断言出现的结果——可能出现这样的结果,也可能出现那样的结果.例如,在相同条件下掷骰子出现的点数,新生婴儿的性别,用同一门炮向同一目标射击弹着点的位置,某种密码在一定时间内是否被破译,某同学一天内接到的短信数量等.仔细分析这些不确定性的现象,会发现它们具有共同的特点,即在试验或观察前不能确定其将出现的结果,但如果经过大量的重复试验或观察,可发现其结果的出现又有一定的规律性.例如,多次重复观察新生婴儿的性别,男婴、女婴数量基本各占一半,同一门炮射击同一目标的弹着点按照一定规律分布,等等.这种在一定条件下,在个别试验或观察中呈现不确定性,但在大量重复试验或观察中其结果又具有一定规律性的现象,称为随机现象.通过大量重复试验或观察,随机现象所呈现出的固有规律称为统计规律.

概率论(包括随机过程和数理统计)就是研究和揭示随机现象统计规律性(从数量方面研究其蕴涵的必然规律性)的一门数学学科.

1.1.1 随机试验、样本点、样本空间

1. 随机试验

研究随机现象,通常我们首先要对研究对象进行观察试验.这里的试验,指的是随机试验.所谓随机试验是指具有下面三个特点的试验:

(1) 可重复性——在相同的条件下可以重复进行;

(2) 全体试验结果的可知性——试验的可能结果不止一个,但能事先明确试验的所有可能结果;

(3) 一次试验结果的随机性——进行一次试验之前不能确定哪一个结果会出现.

随机试验常简称为试验,并用 E 表示,我们正是通过随机试验来研究随机现象

的. 以下都是随机试验的例子,同时对于下列随机试验,应注意什么是它的一次试验? 观察的内容是什么?

E_1:抛一枚硬币,观察正面 H、反面 T 出现的情况;

E_2:将一枚硬币抛三次,观察出现正面的次数;

E_3:抛一枚硬币,直到出现正面为止,记录抛硬币的总次数;

E_4:抛一枚骰子,观察出现的点数;

E_5:在区间[0,1]上任取一点,记录点的坐标;

E_6:在一批计算机中,任意抽取一台,测试它的无故障运行时间;

E_7:向直角坐标系上圆心位于原点的单位圆内投掷一点(假设点必落在单位圆内),记录点的坐标.

2. 随机事件、样本空间和样本点

在随机试验中,首先我们关心的是这个试验可能出现的结果. 对于一试验 E,在一次试验中可能出现也可能不出现的事情(结果),称为 E 的随机事件. 一般用大写字母 A,B,C 等表示. 例如,在上述 E_4 的试验中,"掷得点数 6"、"掷得奇数点"、"掷得点数不超过 3"等都是随机事件. 在 E_6 这一试验中,"计算机的无故障时间超过 500 小时"也是一随机事件.

随机事件又可分为两类. 试验 E 中可直接观察到的、最基本的不能再分解的结果称为基本事件. 由上述若干基本结果构成的事件称为复合事件. 基本事件和复合事件均简称为事件. 例如,在上面试验 E_4 中,"掷得点数 6"为基本事件,"掷得奇数点"和"掷得点数不超过 3"都是复合事件.

作为事件的特殊情况,在任何一次试验中都不可能发生的事件,称为该试验的不可能事件,记为 $\varnothing$. 在任何一次试验中都必然发生的事件,称为该试验的必然事件,记为 Ω. 例如,在 E_5 中,"取得点的坐标为 2"就是它的不可能事件,"取得点的坐标大于等于 0,小于等于 1"就是它的必然事件.

我们注意到,对于一试验 E,试验的全部可能结果,是在试验前就明确的. 因此称随机试验 E 的所有基本结果组成的集合为 E 的样本空间,记为 Ω. 而将样本空间中的元素称为样本点,用 ω 表示. 换句话说,全体样本点的集合为样本空间. 这样我们就可以用集合的描述方法来描述样本空间,即 $\Omega=\{\omega\}$. 例如,给出上面 $E_1 \sim E_7$ 的样本空间如下:

$E_1:\Omega_1=\{H, T\}$;

$E_2:\Omega_2=\{0, 1, 2, 3\}$;

$E_3:\Omega_3=\{1, 2, 3, \cdots\}$;

$E_4:\Omega_4=\{1, 2, 3, 4, 5, 6\}$;

$E_5:\Omega_5=\{x \mid 0 \leqslant x \leqslant 1\}$;

$E_6:\Omega_6=\{t \mid t \geqslant 0\}$;

$E_7: \Omega_7 = \{(x,y) | x^2 + y^2 \leq 1\}$.

同时,试验 E 中的事件亦可以用样本点的集合来描述.基本事件就是只含一个样本点的单元素集合,复合事件是若干个样本点的集合,特别地,不可能事件是空集,不含有任何样本点,而必然事件含有所有样本点,因此就是样本空间.于是,任一事件都可以表示为一些样本点的集合,事件是样本空间的子集.例如,若用 A, B, C 分别表示 E_4 中事件"掷得点数 6"、"掷得奇数点"和"掷得点数不超过 3",则 $A = \{6\}, B = \{1,3,5\}, C = \{1,2,3\}$.若用 D 表示 E_6 中事件"计算机的无故障时间超过 500 小时",则 $D = \{t | t > 500\}$.并且在一次试验中当且仅当一个事件所包含的任一样本点出现,我们称此事件在这次试验中发生.例如,掷一次骰子,无论掷得 1 点,还是掷得 2 点或 3 点,都称事件 C 在这次试验中发生了.在测试计算机的无故障运行时间时,只要计算机的无故障时间超过 500 小时,无论是 501 小时,还是 600 小时,都称事件 D 在这次试验中发生了.

例 1.1.1 袋中有 3 个白球,2 个黑球,从中任取 2 个球,令 A 表示"取出的全是白球", B 表示"取出的全是黑球", C 表示"取出的球颜色相同", $A_i (i=1,2)$ 表示"取出的两个球中恰有 i 个白球", D 表示"取出的两个球中至少有 1 个白球",写出此试验的样本空间,并用样本点的集合表示上述事件.

解 将 3 个白球编号为 1、2、3,两个黑球编号为 4、5,则此试验的样本空间为
$$\Omega = \{(1,2),(1,3),(1,4),(1,5),(2,3),\cdots,(4,5)\}$$
各事件用样本点的集合表示为
$A = \{(1,2),(1,3),(2,3)\}$
$B = \{(4,5)\}$
$C = \{(1,2),(1,3),(2,3),(4,5)\}$
$A_1 = \{(1,4),(1,5),(2,4),(2,5),(3,4),(3,5)\}$
$A_2 = \{(1,2),(1,3),(2,3)\}$
$D = \{(1,4),(1,5),(2,4),(2,5),(3,4),(3,5),(1,2),(1,3),(2,3)\}$

由这些例子不难看到,在描述与一个试验相联系的样本空间时,必须对正在观察的内容有一个十分清楚的认识,以便正确确定该试验的样本空间.例如,"将一枚硬币抛掷三次,观察出现正面的次数"与"将一枚硬币抛掷三次,观察各次正、反面出现的情况"这两个试验虽然都是将一枚硬币抛掷三次,但观察的内容不同,因此在样本空间的描述上是不同的.样本空间是研究随机现象的数学模型,正确地确定不同随机试验的样本点和样本空间是极为重要的.

另一方面,一个样本空间可以概括内容很不相同的实际问题,例如只包含两个样本点的样本空间能作为掷硬币出现正、反面的模型,也可用于产品检验中出现"正品"与"次品",气象中"下雨"与"不下雨"等.尽管问题的实际内容不同,但常常归结为相同的数学模型.所以在以后的研究中,我们常以摸球等模型作为例子,来

突出反映各种实际问题的本质.

同时,我们注意到样本空间中样本点的个数可以是有限个,如 $\Omega_1,\Omega_2,\Omega_4$,也可以是可列无穷多个,如 Ω_3,亦可以是不可列无穷多个,如 $\Omega_5,\Omega_6,\Omega_7$.

下面给出概率论中事件等基本概念与集合论中相应概念的对应表(表 1-1),以便我们能用熟悉的集合论中的工具进一步研究随机事件.

表 1-1

集合论	概率论	符号
全集	样本空间;必然事件	Ω
空集	不可能事件	$\varnothing$
Ω 中的元素	样本点	$\omega \in \Omega$
单元素集	基本事件	$\{\omega\}$
Ω 的子集	事件	$A \subset \Omega$

1.1.2 事件间的关系和运算

在以后讨论概率论中的实际问题时,常要考察同一试验中的几个事件,由于它们共处于同一试验中,因而是相互联系着的.详细分析这些事件的关系,不仅能帮助我们深刻认识事件的本质,还可以简化一些关于复杂事件概率的计算.因此为了便于事件概率问题的解决,需要研究事件间的关系并引入事件的运算.而我们知道事件是一个集合,因此事件间的关系和运算自然可以按照集合论中集合之间的关系和运算来处理.下面给出这些关系和运算在概率论中的提法,并且假定所涉及的事件是同一试验中的事件.

1. 事件间的关系和运算

(1) 包含关系

若事件 A 发生必然导致事件 B 发生,即 A 中的样本点一定属于 B,则称事件 B 包含事件 A,或事件 A 包含于事件 B,记为 $B \supset A$ 或 $A \subset B$.

例如在例 1.1.1 中进一步讨论各事件间的包含关系,有 $A \subset C, B \subset C, A_1 \subset D,$ $A_2 \subset D$ 等.

例 1.1.2 一批产品中有合格品 100 件,次品 5 件,又在合格品中有 10% 是一级品.现从这批产品中任取 3 件,令 A 表示"取得 3 件产品都是一级品",B 表示"取得 3 件产品都是合格品",则 $A \subset B$.

显然对任意的事件 A 有 $\varnothing \subset A \subset \Omega$.

(2) 相等关系

若对于 A,B 两事件,有 $A \subset B$ 且 $B \subset A$,则称事件 A 与事件 B 相等,记为 $A=B$.

例如在例 1.1.1 中,$A_2=A$. 在例 1.1.2 中,令 C 表示"取得 3 件产品中至少有两件合格品", D 表示"取得 3 件产品中至多一件是次品",则 $C=D$.

(3) 事件的和

"事件 A 与事件 B 至少有一个发生"是一事件,称此事件为事件 A 与事件 B 的和(并)事件,记为 $A \cup B$. 事件 $A \cup B$ 是 A 中的样本点或 B 中的样本点构成的集合,用集合表示为

$$A \cup B = \{\omega | \omega \in A \text{ 或 } \omega \in B\}$$

两事件的和可推广到任意有限个事件的和及可列个事件的和的情况. n 个事件 $A_1, A_2, \cdots, A_n$ 的和记为 $A_1 \cup A_2 \cup \cdots \cup A_n$,表示事件"$A_1, A_2, \cdots, A_n$ 至少有一个发生",简记为 $\bigcup\limits_{i=1}^{n} A_i$. 可列个事件 $A_1, A_2, \cdots$ 的和记为 $A_1 \cup A_2 \cup \cdots \cup A_n \cup \cdots$,表示事件"$A_1, A_2, \cdots$ 至少有一个发生",简记为 $\bigcup\limits_{n=1}^{\infty} A_n$.

例 1.1.3 袋中有 5 个白球,3 个黑球,从中任取 3 个球,令 A 表示"取出的全是白球",B 表示"取出的全是黑球",C 表示"取出的球颜色相同",则 $C = A \cup B$. 若令 $A_i (i=1,2,3)$ 表示"取出的 3 个球中恰有 i 个白球",D 表示"取出的 3 个球中至少有 1 个白球",则 $D = A_1 \cup A_2 \cup A_3$. 若令 $B_i (i=0,1,2)$ 表示"取出的 3 个球中恰有 i 个黑球",则 $D = B_0 \cup B_1 \cup B_2$,且 $B_0 = A_3, B_1 = A_2, B_2 = A_1$.

(4) 事件的积

"事件 A 与事件 B 都发生"是一事件,称为事件 A 与事件 B 的积事件,记为 $A \cap B$ 或 AB. 事件 AB 是由既属于 A 又属于 B 的样本点构成的集合,用集合表示为

$$AB = \{\omega | \omega \in A, \text{且 } \omega \in B\}$$

两事件的积可推广到任意有限个事件的积及可列个事件的积的情况. 即 $A_1 \cap A_2 \cap \cdots \cap A_n$ 表示事件"$A_1, A_2, \cdots, A_n$ 同时发生",简记为 $\bigcap\limits_{i=1}^{n} A_i$ 或 $A_1 A_2 \cdots A_n$. 类似地,$\bigcap\limits_{n=1}^{\infty} A_n$ 表示事件"$A_1, A_2, \cdots$ 同时发生".

例 1.1.4 一批产品中包含正品和次品各若干件,从中有放回地抽取 5 次,每次取一件,令 $A_i (i=1,2,3,4,5)$ 表示"第 i 次取出的是正品",B 表示"5 次都取得正品",则 $B = A_1 A_2 A_3 A_4 A_5$.

例 1.1.5 在直角坐标系圆心在原点的单位圆内任取一点,记录其坐标. 令 A_n $(n=1,2,\cdots)$ 表示"任取一点到原点的距离小于 $\dfrac{1}{n}$",即 $A_n = \left\{(x,y) | x^2 + y^2 < \dfrac{1}{n^2}\right\}$,$B$ 表示"取到 $(0,0)$ 点",则 $B = \bigcap\limits_{n=1}^{\infty} A_n$.

(5) 事件的差

"事件 A 发生而事件 B 不发生"是一事件,称为事件 A 与事件 B 的差事件,记为 $A - B$. 事件 $A - B$ 是由属于 A 但不属于 B 的样本点构成的集合,用集合表示为

$$A - B = \{\omega | \omega \in A, \omega \notin B\}$$

例 1.1.6 从 $1,2,3,\cdots,N$ 这 N 个数字中,任取一数,取后放回,先后取 k 个数 $(1\leqslant k\leqslant N)$,令 A 表示"取出的 k 个数中最大数不超过 M" $(1\leqslant M\leqslant N)$,$B$ 表示"取出的 k 个数中最大数不超过 $M-1$",C 表示"取出的 k 个数中最大数为 M",则 $C=A-B$,且 $B\subset A$.

例 1.1.7 袋中装有编号为 $1,2,3,4,5,6,7,8$ 的八张卡片,从中任取一张. 设事件 A 为"抽得一张标号不大于 4 的卡片",事件 B 为"抽得一张标号为偶数的卡片",事件 C 为"抽得一张标号为奇数的卡片". 试用样本点的集合表示下列事件:
$$A\cup B, AB, A-B, B-A, B\cup C, (A\cup B)C$$

解 将事件 A,B,C 表示为集合形式 $A=\{1,2,3,4\}$,$B=\{2,4,6,8\}$,$C=\{1,3,5,7\}$,于是

$A\cup B=\{1,2,3,4,6,8\}$

$AB=\{2,4\}$

$A-B=\{1,3\}$

$B-A=\{6,8\}$

$B\cup C=\{1,2,3,4,5,6,7,8\}$

$(A\cup B)C=\{1,3\}$

(6) 互不相容事件

若 A,B 两事件不能同时发生,即 $AB=\varnothing$,则称事件 A 与事件 B 互不相容或互斥.

类似的,对有限个事件 $A_1,A_2,\cdots,A_n$ 或可列个事件 $A_1,A_2,\cdots,A_n,\cdots$,若其中任意两个事件互不相容,则称 $A_1,A_2,\cdots,A_n$ 或 $A_1,A_2,\cdots,A_n,\cdots$ 两两互不相容,简称互不相容.

例如,对任一试验 E 而言,其基本事件都是互不相容的. 又如,在例 1.1.1 中 A_1,A_2,B 三事件互不相容. 在例 1.1.3 中 A,B 互不相容,A_1,A_2,A_3 互不相容,B_1,B_2,B_3 互不相容.

这里要注意的是,对于三个或三个以上的事件,它们互不相容,与它们不能同时发生是不同的. 例如,在例 1.1.7 中令 $A_1=\{1,2\}$,$A_2=\{2,3\}$,$A_3=\{3,4\}$,则 $A_1A_2A_3=\varnothing$,即 A_1,A_2,A_3 不能同时发生,但 A_1,A_2 不是互不相容的,A_2,A_3 也不是互不相容的,只有 A_1,A_3 互不相容.

(7) 事件的逆和对立事件

称事件"A 不发生"为事件 A 的逆事件,记为 $\overline{A}$. 易见 A 与 $\overline{A}$ 满足:$A\cup\overline{A}=\Omega$,且 $A\overline{A}=\varnothing$. 一般地,若 A,B 满足:$A\cup B=\Omega$,$AB=\varnothing$,则称 A 与 B 互为对立事件,此时,A 为 B 的逆事件,B 为 A 的逆事件,即 $A=\overline{B}$,$B=\overline{A}$. 若 A,B 互为对立事件,那么在每次试验中,事件 A,B 必有一个发生且仅有一个发生.

例 1.1.8 考察掷一个骰子的试验,令 $A_i(i=1,2,3,4)$ 表示事件"掷出点数为 i 的倍数",A 表示"掷出奇数点",B 表示"掷出偶数点",则 A 与 B 是互为对立事件,A_3 与 A_4 是互不相容事件,但不是对立事件,因为 $A_3 \cup A_4 \neq \Omega$.

又如事件"A,B,C 三事件中不多于两个发生"的对立事件为"A,B,C 都发生". 例 1.1.4 中 $\overline{B}$ 表示事件"5 次抽取中至少有一次取得次品". 在例 1.1.6 中,$\overline{B}$ 表示事件"取出的 k 个数中至少有一个数大于等于 M".

在综合进行事件的运算时,对各种运算的顺序作如下约定:先进行逆运算,再进行交运算,最后进行并或差运算.

显然,对于事件的关系与运算有:

(1) $\overline{A}=\Omega-A, \overline{\Omega}=\varnothing, \overline{\varnothing}=\Omega$;

(2) 若 $A \subset B$,则 $\overline{B} \subset \overline{A}$;

(3) $A-B=A\overline{B}=A-AB, A=AB \cup A\overline{B}$;

(4) $A \cup B=A \cup \overline{A}B=B \cup A\overline{B}, A \cup B \cup C=A \cup \overline{A}B \cup \overline{A}\,\overline{B}C$;

(5) 若 A、B 互为对立事件,则 A、B 互不相容.

用文氏(Venn)图可直观地表示以上事件间的关系与运算. 若用正方形表示样本空间 Ω,圆 A 与圆 B 表示事件 A 与事件 B,则事件 A 与事件 B 的关系与运算如图 1-1 所示.

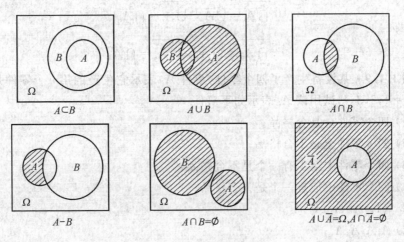

图 1-1

将概率论中事件间的关系和运算与集合论中集合的关系和运算对照如表 1-2 所示,以方便读者掌握上述概念,同时注意熟练地用概率论的语言解释这些关系及运算,并应用于实际问题.

表 1-2

集合论	概率论	符号
集合 B 包含集合 A	事件 B 包含事件 A	$B \supset A$
集合 A 与集合 B 相等	事件 A 与事件 B 相等	$A = B$
集合 A 与集合 B 的并集	事件 A 与事件 B 的和事件	$A \cup B$
集合 A 与集合 B 的交集	事件 A 与事件 B 的积事件	$A \cap B$
集合 A 与集合 B 的差集	事件 A 与事件 B 的差事件	$A - B$
集合 A 的余集	事件 A 的逆事件或对立事件	$\overline{A}$
集合 A 与集合 B 无公共元素	事件 A 与事件 B 互不相容	$AB = \varnothing$

2. 事件的运算法则

在进行事件的运算时,常用到下列运算法则. 设 A, B, C 为三事件,则有

(1) 交换律: $A \cup B = B \cup A,\ AB = BA$;

(2) 结合律: $A \cup (B \cup C) = (A \cup B) \cup C, ABC = A(BC) = (AB)C$;

(3) 分配律: $A \cup (B \cap C) = (A \cup B) \cap (A \cup C), A(B \cup C) = (AB) \cup (AC)$;

(4) 对偶律: $\overline{A \cup B} = \overline{A} \cap \overline{B}, \overline{A \cap B} = \overline{A} \cup \overline{B}$.

一般地,对有限个事件及可列个事件有

$$\overline{\bigcap_{i=1}^{n} A_i} = \bigcup_{i=1}^{n} \overline{A_i},\quad \overline{\bigcup_{i=1}^{n} A_i} = \bigcap_{i=1}^{n} \overline{A_i}$$

$$\overline{\bigcap_{n=1}^{\infty} A_n} = \bigcup_{n=1}^{\infty} \overline{A_n},\quad \overline{\bigcup_{n=1}^{\infty} A_n} = \bigcap_{n=1}^{\infty} \overline{A_n}$$

例 1.1.9 某设备生产了四个零件,事件 A_i 表示它生产的第 i 个零件是不合格品,$i = 1, 2, 3, 4$,试用诸 A_i 表示如下事件:

(1) 四个零件全是合格品;

(2) 四个零件全是不合格品;

(3) 四个零件中至少有一个是不合格品;

(4) 四个零件中恰有一个是不合格品.

解 (1) $\overline{A_1}\ \overline{A_2}\ \overline{A_3}\ \overline{A_4}$;

(2) $A_1 A_2 A_3 A_4$;

(3) $A_1 \cup A_2 \cup A_3 \cup A_4$ 或 $\overline{\overline{A_1}\ \overline{A_2}\ \overline{A_3}\ \overline{A_4}}$;

(4) $A_1 \overline{A_2}\ \overline{A_3}\ \overline{A_4} \cup \overline{A_1} A_2 \overline{A_3}\ \overline{A_4} \cup \overline{A_1}\ \overline{A_2} A_3 \overline{A_4} \cup \overline{A_1}\ \overline{A_2}\ \overline{A_3} A_4$.

例 1.1.10 在图 1-2 和图 1-3 中,A, B, C, D, E 表示继电器接点,若同时用 A, B, C, D, E 表示相应继电器闭合,F 表示 "L 至 R 为通路",试用事件 A, B, C, D, E 间的关系和运算表示事件 F.

解 在图 1-2 中,$F = D(A \cup B \cup C)E$,在图 1-3 中,$F = AB \cup CD \cup AED \cup CEB$.

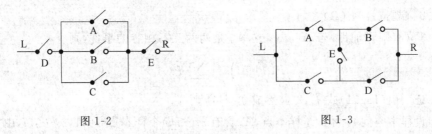

图 1-2　　　　　　　　　图 1-3

综上所述,事件间的关系和运算及运算法则可概括如下(请读者熟练掌握并正确应用):

(1) 四种关系:包含关系、相等关系、对立关系和互不相容关系;
(2) 四种运算:和、积、差、逆;
(3) 四个运算法则:交换律、结合律、分配律、对偶律.

1.2　事件的概率及其性质

研究随机现象,我们不仅关心试验中会出现哪些事件,更重要的是想知道事件在一次试验中发生可能性的大小并用数量来描述,即对试验中的每一个事件赋予一个数值,这个数值就是事件的概率.因此直观上概率就是随机事件发生可能性大小的度量,事件发生的可能性越大,概率这个值就越大,事件发生的可能性越小,概率这个值就越小.那么如何合理定义并计算事件的概率呢?我们首先来讨论一类常见而又简单的随机试验,也是在概率论的发展过程中最早出现的计算概率的试验模型——古典概型.

1.2.1　古典概率

满足以下两个条件的试验,称为古典概型(或等可能概型):
(1) 试验样本空间中的样本点只有有限个;
(2) 试验中每个基本事件的发生具有等可能性.

古典概型中事件的概率称为古典概率.

法国数学家拉普拉斯(Laplace)在1812年给出了古典概率的定义.设 E 为古典概型,其样本空间 $\Omega=\{\omega_1,\omega_2,\cdots,\omega_n\}$ 含有 n 个样本点,A 为 E 的一事件且 A 含有 r 个样本点,则事件 A 的概率为

$$P(A)=\frac{r}{n} \tag{1.2.1}$$

定理 1.2.1　古典概率具有下列性质:

1° (非负性)对于每一个事件 A,有 $0 \leqslant P(A) \leqslant 1$;

2° (规范性) $P(\Omega)=1$；

3° (有限可加性) 若 $A_1, A_2, \cdots, A_m$ 是两两互不相容的事件，则有

$$P\left(\bigcup_{i=1}^{m} A_i\right) = \sum_{i=1}^{m} P(A_i)$$

证 由 (1.2.1) 式 1°, 2° 显然成立. 只需证 3°.

设样本空间 Ω 含 n 个样本点，A_i 含有 $r_i (\leqslant n)$ 个样本点，$i=1,2,\cdots,m$，由古典概率的定义 (1.2.1) 式

$$P(A_i) = \frac{r_i}{n}$$

由于 $A_1, A_2, \cdots, A_m$ 两两互不相容，于是事件 $\bigcup_{i=1}^{m} A_i$ 含有 $\sum_{i=1}^{m} r_i$ 个样本点，从而

$$P\left(\bigcup_{i=1}^{m} A_i\right) = \frac{\sum_{i=1}^{m} r_i}{n} = \sum_{i=1}^{m} \frac{r_i}{n} = \sum_{i=1}^{m} P(A_i)$$

例 1.2.1 某城市的电话号码由 5 个数字组成，每个数字可以是 0~9 这 10 个数字中的任一个，求电话号码由 5 个不同数字组成的概率.

解 在 0~9 这 10 个数字中可重复的取 5 个数，这 5 个数的一个排列构成了样本空间的一个样本点，故样本空间所含样本点的个数为 10^5.

设 A 表示事件"电话号码由 5 个不同数字组成"，则在 10 个数字中任取不同的 5 个数字的排列构成了 A 中的样本点，故 A 中所含样本点的个数为 A_{10}^5. 于是，由 (1.2.1) 式有

$$P(A) = \frac{A_{10}^5}{10^5} = \frac{189}{625} \approx 0.3024$$

由这个简单的例子可以看到，求古典概率的关键在于正确计算样本空间及所求事件中含有的样本点的个数 n 及 r. 在求 n 及 r 时，往往要利用加法原理、乘法原理和排列、组合的知识. (1.2.1) 式将古典概率的计算问题转化为计数问题，所以排列组合是计算古典概率的重要工具. 同时，古典概率的问题千变万化，但若考虑具体问题的实际意义，常见的大致可分为取球问题、放球问题及取数问题这三类模型. 下面就通过求这三类模型中的概率问题，总结古典概率中典型的计算方法.

例 1.2.2 (取球问题) 袋中共有 N 个球，N_1 个白球，N_2 个红球，按下面三种不同方式取 $a+b (a \leqslant N_1, b \leqslant N_2)$ 个球，求这 $a+b$ 个球中恰含 a 个白球 b 个红球的概率.

(1) 从袋中一次取出 $a+b$ 个球；

(2) 从袋中每次取一个球，取后不放回，共取 $a+b$ 次；

(3) 从袋中每次取一个球，取后放回，共取 $a+b$ 次.

解 (1) 对于这种取球方式,每取出 $a+b$ 个球(不考虑顺序)就构成样本空间的一个样本点,故样本空间所含样本点的个数为 C_N^{a+b}.

设 A_1 表示"取出的 $a+b$ 个球中恰含 a 个白球 b 个红球",将 A_1 发生的过程分为两步:先在 N_1 个白球中取 a 个白球,再在 N_2 个红球中取 b 个红球.按乘法原理,A_1 中所含样本点个数为 $C_{N_1}^a \cdot C_{N_2}^b$,于是

$$P(A_1) = \frac{C_{N_1}^a \cdot C_{N_2}^b}{C_N^{a+b}}$$

(2) 这种取球方式是一个一个取,每次记录下球的颜色和编号,不放回,共取 $a+b$ 次,因此取出的 $a+b$ 个球是有顺序的,每 $a+b$ 个球的一个排列构成样本空间的一个样本点,故样本空间所含样本点的个数为 A_N^{a+b}.

设 A_2 表示"取出的 $a+b$ 个球中恰含 a 个白球 b 个红球",可将 A_2 的发生分解为如下过程:先在这 $a+b$ 个球的位置上,选 a 个位置放白球,剩下的位置放红球,再在 N_1 个白球中选 a 个白球作排列,依次放入相应的位置,并用同样的方法放红球,故 A_2 中所含样本点个数为 $C_{a+b}^a \cdot A_{N_1}^a \cdot A_{N_2}^b$,于是

$$P(A_2) = \frac{C_{a+b}^a \cdot A_{N_1}^a \cdot A_{N_2}^b}{A_N^{a+b}} = \frac{C_{N_1}^a \cdot C_{N_2}^b}{C_N^{a+b}}$$

(3) 这种可放回的取球方式,与(2)的不同之处是:每 $a+b$ 个球的可重复的排列构成了样本空间的一个样本点,故样本空间所含样本点个数为 N^{a+b}.设 A_3 表示"取出的 $a+b$ 个球中恰含 a 个白球 b 个红球",由类似的分析,A_3 所含样本点个数为 $C_{a+b}^a \cdot N_1^a \cdot N_2^b$,于是

$$P(A_3) = \frac{C_{a+b}^a \cdot N_1^a \cdot N_2^b}{N^{a+b}}$$

值得注意的是:此例中(1)和(2)的计算结果相同,但(1)和(2)的解法不同,这告诉我们,同一个随机现象可用不同的样本空间来描述,因此对同一事件的概率也常常有不同的求法,但在计算样本点总数及事件所含样本点个数时,必须在同一样本空间中考虑,否则将出现计算错误.

另一方面,虽然(1)和(2)的计算结果相同,但它们的取球方式不同,因而样本空间不同,事件的意义也不同.例如,在(2)取球方式下,可以求"取出的前 a 个球恰为白球,其他为黑球"的概率,而在(1)中无法考虑这样事件的概率.(2)的取球方式通常称为不放回抽样,(3)的取球方式称为放回抽样.

上述取球问题是很多实际问题的概率模型,可以将"黑球"、"白球"赋予不同的实际意义,例如在一批产品的检验问题中,"黑球"、"白球"可以代表"正品"、"次品";某种疾病的检验中,"黑球"、"白球"可以代表"患病"、"不患病"或类似问题中的"甲物"、"乙物"等.这种模型化的方法能使问题更清晰,更容易看到事件随机性的本质而不被个别情况下的具体属性所蒙蔽,从而使抽象化的模型更具普遍性,更易于应用.

例 1.2.3 （放球问题）将 n 个球随机的放入 N 个盒中（$n \leqslant N$），每盒容量不限，求下列事件的概率：

(1) 某指定的 n 个盒中各有一球；
(2) 恰有 n 个盒中各有一球；
(3) 某指定的盒子中恰有 $k(0<k\leqslant n)$ 个球；
(4) 当 $n=N$ 时，恰有一盒是空盒.

解 将 N 个盒排成一列（或将 N 个盒编号），每个球都有 N 种放法放入盒中，故样本空间所含样本点个数为 N^n.

(1) 设 A_1 表示"某指定的 n 个盒中各有一个球"，则 A_1 所含样本点的个数就是 n 个球在指定的 n 个盒中的全排列数，即 $n!$，于是

$$P(A_1)=\frac{n!}{N^n}$$

(2) 设 A_2 表示"恰有 n 个盒中各有一球". A_2 与 A_1 的区别在于 A_2 中 n 个盒可以是任选的，因此将 A_2 的发生分为两步，先在 N 个盒中选 n 个盒，再将球按要求放入指定的 n 个盒中，则 A_2 所含样本点个数为 $C_N^n \cdot n!$，于是

$$P(A_2)=\frac{C_N^n \cdot n!}{N^n}$$

(3) 设 A_3 表示"某指定的盒子中恰有 k 个球". 要使 A_3 发生，可先选 k 个球放入指定的盒子，再将另 $n-k$ 个球任意放入 $N-1$ 个盒中，则 A_3 所含样本点个数为 $C_n^k \cdot (N-1)^{n-k}$，于是

$$P(A_3)=\frac{C_n^k \cdot (N-1)^{n-k}}{N^n}$$

(4) 设 A_4 表示"当 $n=N$ 时，恰有一盒是空盒". 要使 A_4 发生，可先选一盒不放球，再选两个球作为一个整体与其他 $n-2$ 个球放入 $n-1$ 个盒中且每盒中各有一球，则 A_4 所含样本点个数为 $C_n^1 \cdot C_n^2 \cdot (n-1)!$，于是

$$P(A_4)=\frac{C_n^1 \cdot C_n^2 \cdot (n-1)!}{N^n}$$

例 1.2.4 设每人的生日在一年 365 天的任一天是等可能的，求任意 $n(n\leqslant 365)$ 个人生日各不相同的概率.

解 在这个问题中，一年 365 天相当于放球模型（例 1.2.3）中的盒子，人相当于球，因此问题化为例 1.2.3 中的(2). 设 A 表示"任意 n 个人生日各不相同"，于是

$$P(A)=\frac{C_{365}^n \cdot n!}{(365)^n}$$

进一步可求出任意 n 个人至少两个人生日相同的概率，设此事件为 B，则

$$P(B)=\frac{(365)^n - C_{365}^n \cdot n!}{(365)^n}=1-\frac{C_{365}^n \cdot n!}{(365)^n}$$

对于不同的 n，计算结果如下：

n	20	23	30	40	50	64	100
P	0.411	0.507	0.706	0.891	0.970	0.997	0.999 999 7

分析表中的数据,我们注意到,任意 64 个人,至少两人生日相同的概率达到 99.7%,已经很接近于必然事件的概率. 而由抽屉原理,任意 366 人至少两个人生日相同是一必然事件. 64 与 366 相差甚远,却得到了几乎一样的结论,这是我们的直接经验所想不到的,也充分体现了用随机方法处理问题的优越性.

例 1.2.5 (取数问题) 从 0~9 这 10 个数字中任取一数,取后放回,先后取出 5 个数,求下列事件的概率:

(1) 5 个数字排成一五位偶数;

(2) 5 个数字全不相同;

(3) 5 个数字中不含 0 和 9;

(4) 5 个数字中 2 至少出现两次;

(5) 5 个数字中最大数恰好为 8;

(6) 5 个数字的和为 12.

解 设 (1)~(6) 中的事件分别记为 A_1~A_6. 由于先后取出 5 个数是可重复且有顺序的,因此,样本空间所含样本点的个数为 10^5.

(1) A_1 若发生,则五位数中第一位不能为 0,第五位须为 0,2,4,6,8 中的数,中间三位数可以任意选取,因此 A_1 所含样本点个数为 $9 \cdot 10^3 \cdot 5$,于是

$$P(A_1) = \frac{9 \cdot 10^3 \cdot 5}{10^5} = \frac{9}{20} = 0.45$$

(2) A_2 若发生,先后取出的 5 个数字应当是 5 个不同数字的排列,则 A_2 所含样本点个数为 A_{10}^5,于是

$$P(A_2) = \frac{A_{10}^5}{10^5} = \frac{189}{625} \approx 0.302\,4$$

(3) A_3 若发生,只要在 1,2,3,4,5,6,7,8 中可重复的取 5 个数作排列即可,因此 A_3 所含样本点个数为 8^5,于是

$$P(A_3) = \frac{8^5}{10^5} \approx 0.327\,7$$

(4) 计算 A_4 所含样本点的个数,只需分别计算 2 恰出现 2,3,4,5 次的样本点个数,相加即可. 与前面同样的方法分析可得,A_4 所含样本点个数为 $\sum_{i=2}^{5} C_5^i \cdot 9^{5-i}$,于是

$$P(A_4) = \frac{\sum_{i=2}^{5} C_5^i \cdot 9^{5-i}}{10^5} \approx 0.081\,5$$

(5) 计算 A_5 所含样本点个数,只需分别计算取出的 5 个数不超过 8 的样本点个数与不超过 7 的样本点个数,两数相减即可. 因此 A_5 所含样本点个数为 9^5-8^5,于是

$$P(A_5)=\frac{9^5-8^5}{10^5}\approx 0.081\ 8$$

(6) 事件 A_6 所含样本点的个数等于多项式 $(1+x+x^2+\cdots+x^9)^5$ 中 x^{12} 的系数. 由于

$$(1+x+x^2+\cdots+x^9)^5=\left(\frac{1-x^{10}}{1-x}\right)^5=(1-x^{10})^5(1-x)^{-5}$$

$$=(1-5x^{10}+\cdots)(1+5x+15x^2+\cdots+1\ 820x^{12}+\cdots)$$

可得 x^{12} 的系数为 $1\ 820-5\times 15=1\ 745$,于是

$$P(A_6)=\frac{1\ 745}{10^5}\approx 0.017\ 5$$

例 1.2.6 某接待站在某一周(7 天)曾接待过 12 次来访,已知所有这 12 次接待都是在周二和周四进行的. 问是否可以推断接待时间是有规定的.

解 假设接待站的接待时间没有规定,而各来访者在一周的任一天中去接待站是等可能的,那么,12 次接待来访者都在周二、周四的概率为

$$\frac{2^{12}}{7^{12}}\approx 0.000\ 000\ 3$$

即千万分之三,人们在长期的实践中总结得到"概率很小的事件在一次试验中实际上几乎是不可能发生的"(称之为实际推断原理). 现在概率很小(只有千万分之三)的事件在一次试验中竟然发生了,因此有理由怀疑假定的正确性,从而推断接待站不是每天都接待来访者,即认为其接待时间是有规定的.

1.2.2 几何概率

古典概型要求样本空间的样本点个数必须是有限的,但很多即使是很简单的试验也不满足这一条件. 例如计算机在 $[0,1]$ 区间上产生随机数,求这个数在 $\left[0,\frac{1}{2}\right]$ 上的概率. 在这个试验中,样本空间的样本点是 $[0,1]$ 区间上的任意实数,显然有无穷多个. 因此不能简单地通过样本点的计数来计算概率,此时由于随机数在 $[0,1]$ 区间上出现是等可能的,一种自然的答案是这个数在 $\left[0,\frac{1}{2}\right]$ 上的概率 $\frac{1}{2}$,即 $\left[0,\frac{1}{2}\right]$ 区间的长度与 $[0,1]$ 区间长度之比. 又如,假定在盛有 1 L 水的容器中有一个任意游动的细菌. 现从容器中的任意位置用吸管取出 10 mL 的水样,由于细菌运动与取水样的任意性,10 mL 水样含有该细菌的概率应为 $\frac{1}{100}$,即等于水样的体积与水的总体积的比. 事实上,在这两例中我们利用了几何方法来求事件的概率,并假定了某种等可能性.

因此,为克服古典概型的局限性,我们将其计算概率的方法引申一下,推广到样本点有无穷多个,但各样本点的出现仍是等可能的情况,得到下面定义的几何概

型中事件概率的计算方法.这种方法首先须将所求问题几何化:如果试验的可能结果可以抽象为空间中的点,从而所有样本点的集合 Ω 是空间中的一个几何图形,这个图形可以是一维、二维、三维甚至是 n 维的,样本空间 Ω 及作为随机事件的子集 A 都有有限的几何度量,即一维时的长度,二维时的面积,三维时的体积等,则这样一类模型中事件的概率可以通过空间集合的几何度量来计算.

1. 几何概率及其性质

满足下列条件的试验,称为"几何概型":

(1) 样本空间是直线或二维、三维空间中的度量有限的区间或区域;

(2) 样本点在其上是均匀分布的(即所有基本事件是等可能的).

在几何概型中,若样本空间 Ω 所对应区域的度量为 $L(\Omega)$,且事件 A 的度量为 $L(A)$,则事件 A 的概率为

$$P(A)=\frac{L(A)}{L(\Omega)} \tag{1.2.2}$$

几何概型中事件的概率称为几何概率.

例 1.2.7 (会面问题) 甲、乙两船要停靠在同一码头,但该码头只有一个泊位,且两船可能在一天的任意时刻到达.设两船需停靠的时间分别为 1 小时和 2 小时,求有一艘船必须等待泊位空出的概率.

解 设 x,y(单位:小时)分别表示两船到达码头的时刻,则 $0 \leqslant x \leqslant 24, 0 \leqslant y \leqslant 24$,于是样本点是平面上的点 (x,y),且这样的 (x,y) 构成边长为 24 的正方形 Ω,即样本空间 $\Omega=\{(x,y)| 0 \leqslant x \leqslant 24, 0 \leqslant y \leqslant 24\}$,由题设此正方形内任一点出现是等可能的.

设 A 表示"一艘船必须等待泊位空出",若甲船先到,乙船要等待的条件是 $0<y-x<1$. 若乙船先到,甲船要等待的条件是 $0<x-y<2$. 因此 $A=\{(x,y)| 0<y-x<1,$ 或 $0<x-y<2, (x,y)\in\Omega\}$(见图 1-4 中阴影部分),易知 Ω 和 A 的面积分别为 $L(\Omega)=24^2$, $L(A)=24^2-\dfrac{22^2+23^2}{2}$,于是

$$P(A)=\frac{L(A)}{L(\Omega)}=1-\frac{1}{2}\cdot\frac{22^2+23^2}{24^2}\approx 0.121$$

例 1.2.8 在圆周上任取三点 A,B,C,求 $\triangle ABC$ 成锐角三角形的概率.

解 设三点 A,B,C 在圆周上顺时针排列,分别用 x,y,z 表示圆周上三段弧 $\overset{\frown}{AB}, \overset{\frown}{BC}, \overset{\frown}{CA}$ 的弧度,于是样本点是三维空间上的点 (x,y,z),而样本空间为

$$\Omega=\{(x,y,z)| x,y,z>0, x+y+z=2\pi\}$$

如图 1-5 所示,Ω 是空间直角坐标系下的 $\triangle FGH$,由取点的任意性,样本点在 Ω 内出现是等可能的.

设 D 表示事件"$\triangle ABC$ 成锐角三角形",则 $D=\{(x,y,z)| x,y,z\in\Omega, x,y,z \leqslant \pi\}$,如图 1-5 所示的阴影部分的 $\triangle LMN$,于是

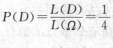

$$P(D) = \frac{L(D)}{L(\Omega)} = \frac{1}{4}$$

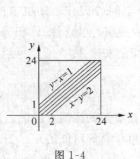

图 1-4　　　　　　　　　图 1-5

由以上的分析可见,几何概率可用于解决几何问题(如[0,1]区间上产生随机数的例子),也可用于解决非几何问题(如例 1.2.7).在解决几何概率的问题时,为帮助我们正确地计算,一般要先画出几何概率的模型图,图形上标出样本空间 Ω 及所涉及事件所在的区间或区域,再按(1.2.2)式计算.

定理 1.2.2　几何概率具有如下性质:
$1°$（非负性）对于每一个事件 A,有 $0 \leqslant P(A) \leqslant 1$;
$2°$（规范性）$P(\Omega) = 1$;
$3°$（可列可加性）设 $A_1, A_2, \cdots$ 是两两互不相容的事件,则有

$$P\left(\bigcup_{i=1}^{\infty} A_i\right) = \sum_{i=1}^{\infty} P(A_i)$$

证　$1°, 2°$ 显然成立,只证 $3°$.
由于 $A_1, A_2, \cdots$ 互不相容及度量具有可列可加性,有

$$L\left(\bigcup_{i=1}^{\infty} A_i\right) = \sum_{i=1}^{\infty} L(A_i)$$

于是,由(1.2.2)式有

$$P\left(\bigcup_{i=1}^{\infty} A_i\right) = \frac{L\left(\bigcup_{i=1}^{\infty} A_i\right)}{L(\Omega)} = \frac{\sum_{i=1}^{\infty} L(A_i)}{L(\Omega)} = \sum_{i=1}^{\infty} \frac{L(A_i)}{L(\Omega)} = \sum_{i=1}^{\infty} P(A_i)$$

*2. 贝特朗(Bertrand)悖论

在古典概型及几何概型中等可能性的假设是十分重要的.那么,是否对于各种概率问题只要找到适当的等可能性描述,就可以给出事件概率的唯一答案呢? 下面的例子通常称为贝特朗悖论,它是 1889 年由法国数学家贝特朗提出的一个几何概率问题,在他提出的三种解法中,由于对"等可能性"的含义的不同解释,而产生了三个不同的结论.

例 1.2.9　(贝特朗悖论)在单位圆上随机地作一条弦,问其长度超过该圆内

接等边三角形的边长 $\sqrt{3}$ 的概率.

解 法一:任意弦交圆周于两点,不妨将弦的一端 A 固定.问题化为在圆周上任取另一端点 B. 这时,样本空间 Ω 为圆周上任一点,假设任一点的选取具有等可能性. 如图 1-6(a)所示,以 A 为顶点作一等边 $\triangle AMN$,显然弦长 AB 大于 $\sqrt{3}$ 当且仅当端点 B 落在弧 $\overset{\frown}{MN}$ 上.而弧 $\overset{\frown}{MN}$ 的长为整个圆周的 $\dfrac{1}{3}$,于是所求概率为 $\dfrac{1}{3}$.

法二:如图 1-6(b)所示,不妨只考虑与直径 MN 垂直的弦,样本空间 Ω 为 MN 上任一点,假设弦 AB 的中点在 MN 上是等可能的.当且仅当弦 AB 与圆心的距离小于 $\dfrac{1}{2}$ 时,其长大于 $\sqrt{3}$,于是所求概率为 $\dfrac{1}{2}$.

法三:如图 1-6(c)所示,弦被其中点唯一确定,假设弦的中点在圆周内等可能. 当且仅当弦 AB 的中点在半径为 $\dfrac{1}{2}$ 的同心圆内时,其长大于 $\sqrt{3}$,此小圆面积为大圆面积的 $\dfrac{1}{4}$,于是所求概率为 $\dfrac{1}{4}$.

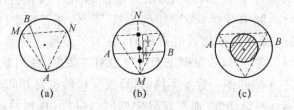

图 1-6

由于在取弦时采用了三种不同的等可能假设,即对三种不同的随机试验得到了三种不同结果,通过分析这三种结果均正确.这说明在以往定义中的等可能性要求并不明确,而要明确指出等可能的含义,又要因具体试验而定.而且在许多试验中,基本事件的发生不具有等可能性.因此,采用等可能性来定义一般的概率是困难的.对贝特朗悖论这类问题的研究,极大地推动了概率论概念和方法的发展,促使数学家们寻找另外的途径来定义事件的概率,从而最终建立了概率的公理化体系.

1.2.3 概率的统计定义

几何概型中虽然去掉了样本点个数有限的限制,但是它仍然要求试验满足等可能性,这在实际问题中仍有很大的局限性.例如,掷一枚不均匀硬币出现的正反面情况、射击中的中靶与脱靶、测量中的误差等一般都不具有等可能性.同时我们还注意到古典概型和几何概型定义中的等可能性严格地讲都是近似的.因此为满足实际问题的需要,有必要再次推广概率的定义.为此,我们引入频率的概念,通过研究频率的性质,给出概率的统计定义.

直观上,一事件发生的可能性的大小,与此事件在多次重复试验中其出现的频繁程度有密切的关系. 于是引入如下频率的概念:

在相同条件下,将试验 E 进行 n 次,在这 n 次试验中,事件 A 发生的次数 n_A 称为事件 A 的频数,比值 $\frac{n_A}{n}$ 称为事件 A 发生的频率,记为 $f_n(A)$,即

$$f_n(A) = \frac{n_A}{n}$$

定理 1.2.3 事件的频率具有如下的性质:
1° (非负性) $0 \leqslant f_n(A) \leqslant 1$;
2° (规范性) $f_n(\Omega) = 1$;
3° (有限可加性) 若 $A_1, A_2, \cdots, A_m$ 是两两互不相容的事件,则

$$f_n\left(\bigcup_{i=1}^m A_i\right) = \sum_{i=1}^m f_n(A_i)$$

频率在一定意义下反映了事件 A 在多次重复试验中发生的频繁程度,频率越大(小),事件 A 发生就越(不)频繁,从而事件 A 在一次试验中发生的可能性越大(小). 这反映出频率与概率有密切的关系. 那么,能否用事件 A 发生的频率作为概率呢?我们通过具体的试验来说明,表 1-3 是将一枚硬币抛掷 5 次,50 次,500 次,各做 10 遍,得到的抛得正面(H)的频率数据. 我们看到,对不同的试验次数 n 值,事件 A 的频率一般是不同的(即使 n 相同也是如此),有时甚至有较大的差别,即频率具有波动性. 而对试验中的同一事件,在相同的条件下发生的可能性即事件的概率应是一确定的数值. 因此,事件 A 发生的频率值不能作为概率的定义值.

表 1-3

实验序号	$n=5$		$n=50$		$n=500$	
	n_A	$f_n(A)$	n_A	$f_n(A)$	n_A	$f_n(A)$
1	2	0.4	22	0.44	251	0.502
2	3	0.6	25	0.50	249	0.498
3	1	0.2	21	0.42	256	0.512
4	5	1.0	25	0.50	253	0.506
5	1	0.2	24	0.48	251	0.502
6	2	0.4	21	0.42	246	0.492
7	4	0.8	18	0.36	244	0.488
8	2	0.4	24	0.48	258	0.516
9	3	0.6	27	0.54	262	0.524
10	3	0.6	31	0.62	247	0.494

进一步观察,在表 1-3 中我们同时注意到,当 n 较小时,频率 $f_n(A)$ 的值波动

较大,但随着 n 的增大,频率 $f_n(A)$ 逐渐呈现出稳定性,在此例中当 $n=500$ 时,$f_n(A)$ 总是在 0.5 附近波动,可以将 0.5 作为 $f_n(A)$ 波动的稳定值.

大量的实践表明,随机事件发生的频率具有稳定性,当重复试验的次数 n 逐渐增大时,频率 $f_n(A)$ 会稳定于某一常数 p. 这种"频率的稳定性"体现了通常所说的统计规律性,因此将这个大量试验中频率的稳定值 p 定义为事件 A 的概率是合理的,即 $P(A)=p$,这就是概率的统计定义. 而且由于频率具有定理 1.2.3 中的三个性质,这样定义的概率也应具有相应的性质.

通常,在实际问题中,这样定义的概率并不易求出其精确值. 但当 n 很大时,可用事件发生的频率值作为概率的近似值,从而概率可以通过频率来近似的"测量",即

$$P(A) \approx \frac{n_A}{n} = f_n(A)$$

例如在生产中可以根据抽取的一定量的产品中次品出现的频率来估计这批产品的次品率;在医学上根据一段时间内积累的资料来估计某种药品的有效率等.

同时,我们也注意到,概率的统计定义中使用的"大量试验中频率的稳定值",是一种极不规范的表达方式,不能作为严格的数学定义. 并且在实际问题中,很多事件无法或很难作大量的重复试验,从而也得不到频率的稳定值,因此有必要研究更严谨并有利于作演绎推理的概率的定义方式.

1.2.4 概率的公理化定义

综合上述关于概率的三种定义方式,我们发现三种定义均有局限性和含混之处,与其说它们是定义,不如说它们仅是对不同的情况给出了概率的三种计算方法,且无法统一各种计算公式. 因此需要给出事件概率的一个严密的、对各种情况都适用的定义. 由上面的分析可知,这种概率的统一定义不能从统一其计算方法入手. 我们注意到,虽然不同类型的随机问题中事件概率的计算公式是各式各样的,但它们有下列共同的特点:

(1) 事件是样本空间的子集;

(2) 事件的概率 $P(A)$ 是事件 A 的函数. 由于事件 A 是 Ω 的子集,所以 $P(A)$ 是以 Ω 中部分子集为变元的集合函数;

(3) 表达事件概率的集合函数 $P(A)$ 均满足非负性、规范性、有限可加性或可列可加性.

因此事件的概率 $P(A)$ 可用定义域为 Ω 中的部分子集(事件),其函数值域为 $[0,1]$ 且满足非负性、规范性、可列可加性的集合函数来定义. 这种方法定义的概率称为公理化定义,是前苏联数学家柯尔莫哥洛夫(A. N. Kolmogorov)在 1933 年提出的,它通过规定概率应具备的基本性质(公理)来定义概率,其他结论均由这些公理经过演绎导出. 这种公理化方法具有重要的意义,在概率的公理化定义提出后,

随机问题的研究得到了迅速的发展,逐步形成了概率论的一整套公理化体系,为现代概率论的发展奠定了坚实的基础,也使概率论成为了一门有严密理论基础的数学学科.

定义 1.2.1 设 Ω 是试验 E 的样本空间,对于 E 的每一个事件 A 有一个实数与之对应,记为 $P(A)$,且具有如下性质:

$1°$(非负性)$0 \leqslant P(A) \leqslant 1$;

$2°$(规范性)$P(\Omega)=1$;

$3°$(可列可加性)设 $A_1, A_2, \cdots$ 是两两互不相容的事件,即 $A_i A_j = \varnothing$, $i \neq j$, $i, j = 1, 2, \cdots$,有

$$P\left(\bigcup_{i=1}^{\infty} A_i\right) = \sum_{i=1}^{\infty} P(A_i)$$

则称 $P(A)$ 为事件 A 的概率.

由以上定义可导出概率的其他性质:

$4°$ $P(\varnothing) = 0$.

只需在定义 1.2.1 中取 $A_i = \varnothing$, $i = 1, 2, \cdots$, $\varnothing = \varnothing \cup \varnothing \cup \cdots$,由概率的可列可加性 $P(\varnothing) = P(\varnothing) + P(\varnothing) + \cdots$,可得 $P(\varnothing) = 0$.

$5°$(有限可加性)设 $A_1, A_2, \cdots, A_m$ 是两两互不相容的事件,则有

$$P\left(\bigcup_{i=1}^{m} A_i\right) = \sum_{i=1}^{m} P(A_i)$$

只需在定义 1.2.1 的 $3°$ 中取 $A_{m+1} = A_{m+2} = \cdots = \varnothing$,利用性质 $4°$ 即可得 $5°$.

$6°$ $P(A) = 1 - P(\bar{A})$.

这是由于 $P(\Omega) = P(A \cup \bar{A}) = P(A) + P(\bar{A})$,又由定义 1.2.1 中 $2°$ 移项即可得.

$7°$(单调性)若 $A \subset B$,则 $P(B - A) = P(B) - P(A)$, $P(B) \geqslant P(A)$.

由 $B = A \cup (B - A)$,且 $A \cap (B - A) = \varnothing$,利用性质 $5°$ 即可得.

$8°$(一般加法公式)设 A, B 为任意两事件,则 $P(A \cup B) = P(A) + P(B) - P(AB)$.

这是因为 $A \cup B = A \cup (B - AB)$,而 A、$(B - AB)$ 互不相容,利用性质 $5°$ 及性质 $7°$ 可得

$$P(A \cup B) = P(A) + P(B - AB) = P(A) + P(B) - P(AB)$$

同理可得 $P(A_1 \cup A_2 \cup A_3) = P(A_1) + P(A_2) + P(A_3) -$
$$P(A_1 A_2) - P(A_1 A_3) - P(A_2 A_3) + P(A_1 A_2 A_3)$$

一般地,对任意 n 个事件 $A_1, A_2, \cdots, A_n$,有

$$P\left(\bigcup_{i=1}^{n} A_i\right) = \sum_{i=1}^{n} A_i - \sum_{1 \leqslant i < j \leqslant n} P(A_i A_j) + \sum_{1 \leqslant i < j < k \leqslant n} P(A_i A_j A_k) - \cdots + (-1)^{n-1} P(A_1 A_2 \cdots A_n)$$

9°(概率的连续性)

若 $A_1 \subset A_2 \subset \cdots$,令 $A = \bigcup\limits_{m=1}^{\infty} A_m$,则 $P(A) = \lim\limits_{m \to \infty} P(A_m)$;

若 $A_1 \supset A_2 \supset \cdots$,令 $A = \bigcap\limits_{m=1}^{\infty} A_m$,则 $P(A) = \lim\limits_{m \to \infty} P(A_m)$.

证 在 $\{A_m\}$ 单调上升的情况,记 $B_1 = A_1$,$B_m = A_m - A_{m-1}(m > 1)$,则有

$$A = \bigcup_{m=1}^{\infty} A_m = \bigcup_{m=1}^{\infty} B_m$$

且 $B_1, B_2, \cdots$ 互不相容,$A_m = \bigcup\limits_{k=1}^{m} B_k$,利用概率的可列可加性得

$$P(A) = P\left(\bigcup_{m=1}^{\infty} B_m\right) = \sum_{m=1}^{\infty} P(B_m) = \lim_{m \to \infty} \sum_{k=1}^{m} P(B_k) = \lim_{m \to \infty} P\left(\bigcup_{k=1}^{m} B_k\right) = \lim_{m \to \infty} P(A_m)$$

在 $\{A_m\}$ 单调下降的情况,可考察 $\{\overline{A_m}\}$,由上式结论及性质 6° 即可证得,请读者自行完成.

例 1.2.10 设 $P(A) = a, P(B) = b, P(A \cup B) = c$,求 $P(A\overline{B})$.

解 由于 $P(A\overline{B}) = P(A) - P(AB)$,又 $P(A \cup B) = P(A) + P(B) - P(AB)$,从而 $P(AB) = P(A) + P(B) - P(A \cup B)$,于是

$$P(A\overline{B}) = P(A \cup B) - P(B) = c - b$$

例 1.2.11 某人将三封写好的信随机装入三个写好相应地址的信封中,问没有一封信装对地址的概率是多少?

解 设 A_i 表示"第 i 封信装对地址",$i = 1, 2, 3$,A 表示"没有一封信装对地址",则 $\overline{A}$ 表示"至少有一封信装对地址",直接计算 $P(A)$ 不易,我们先来计算 $P(\overline{A})$.

$$\begin{aligned} P(\overline{A}) &= P(A_1 \cup A_2 \cup A_3) \\ &= P(A_1) + P(A_2) + P(A_3) - P(A_1 A_2) - P(A_1 A_3) \\ &\quad - P(A_2 A_3) + P(A_1 A_2 A_3) \end{aligned}$$

而 $$P(A_1) = P(A_2) = P(A_3) = \frac{2!}{3!}$$

$$P(A_1 A_2) = P(A_1 A_3) = P(A_2 A_3) = P(A_1 A_2 A_3) = \frac{1}{3!}$$

从而 $$P(\overline{A}) = 3 \cdot \frac{2!}{3!} - 3 \cdot \frac{1}{3!} + \frac{1}{3!} = 1 - \frac{1}{2!} + \frac{1}{3!} = \frac{2}{3}$$

于是 $$P(A) = 1 - P(\overline{A}) = \frac{1}{3}$$

一般地,把 n 封信随机地装入 n 个写好相应地址的信封中,用类似的方法可得,没有一封信装对地址的概率为

$$1 - \left(1 - \frac{1}{2!} + \frac{1}{3!} - \cdots + (-1)^{n-1} \frac{1}{n!}\right)$$
$$= \frac{1}{2!} - \frac{1}{3!} + \cdots + (-1)^n \frac{1}{n!}$$

1.3 条件概率

1.3.1 条件概率与乘法公式

在实际问题中,除了要考虑事件 A 的概率 $P(A)$,还常常需要考虑在某些附加条件下,事件 A 发生的概率. 这些附加条件通常以"某事件 B 已发生"的形式给出,为了区别我们称这种概率为条件概率,这就是在已知某事件 B 已发生的条件下,事件 A 发生的条件概率,记为 $P(A|B)$. 下面通过一个例子来讨论条件概率的定义及计算.

例 1.3.1 设有 100 件的某一批产品,其中有 5 件不合格品,而 5 件不合格品中又有 3 件是次品,2 件是废品. 现任意在 100 件产品中抽取一件,求:
(1) 抽得的是废品的概率;
(2) 已知抽得的是不合格品,它是废品的概率.

解 令 A 表示"抽得的是废品",B 表示"抽得的是不合格品".
(1) 按古典概率计算得

$$P(A) = \frac{C_2^1}{C_{100}^1} = \frac{1}{50}$$

(2) 已知事件 B 已发生,实际是在缩小了的范围内,即 5 件不合格品中,计算抽取一件是废品的概率. 从而按古典概率

$$P(A|B) = \frac{2}{5}$$

由此可见 $P(A) \neq P(A|B)$,并且此时,B 的发生使 A 发生的可能性增大了.

例 1.3.1 中条件概率 $P(A|B)$ 是根据条件概率的直观意义利用古典概率计算出来的,那么一般地,条件概率应如何定义呢?我们继续分析上面的例子,将(2)中 $P(A|B)$ 稍加变形,记样本空间 Ω 中样本点的个数为 n_Ω,事件 B 所含样本点的个数为 r_B,事件 AB 所含样本点的个数为 r_{AB},有

$$P(A|B) = \frac{r_{AB}}{r_B} = \frac{\frac{r_{AB}}{n_\Omega}}{\frac{r_B}{n_\Omega}} = \frac{P(AB)}{P(B)} = \frac{2}{5}$$

从古典概率上分析,这一关系式具有普遍意义,即

$$P(A|B) = \frac{r_{AB}}{r_B} = \frac{\frac{r_{AB}}{n_\Omega}}{\frac{r_B}{n_\Omega}} = \frac{P(AB)}{P(B)}$$

另外,从频率的稳定性上分析,设实验 E 做了 n 次,令 n_A、n_B、n_{AB} 分别表示事件 A、B 及 AB 在 n 次试验中发生的次数,那么 $\frac{n_{AB}}{n_B}$ 表示在 B 发生的那些结果中,A

又出现的频率,即已知 B 发生的条件下,A 发生的条件频率 $f_n(A|B)$.

$$f_n(A|B)=\frac{n_{AB}}{n_B}=\frac{n_{AB}/n}{n_B/n}=\frac{f_n(AB)}{f_n(B)}$$

如果 n 足够大,$f_n(AB)$ 接近于 $P(AB)$,$f_n(B)$ 接近于 $P(B)$,$\frac{n_{AB}}{n_B}$ 接近于 $P(A|B)$,因此,从概率的统计定义意义上,式 $\frac{P(AB)}{P(B)}$ 可以用来描述在事件 B 发生的条件下事件 A 发生的可能性的大小. 这就启发我们用 $P(AB)$ 与 $P(B)$ 之比作为条件概率 $P(A|B)$ 的一般定义.

1. 条件概率的定义及性质

定义 1.3.1 设 A、B 为两事件,且 $P(B)>0$,称

$$P(A|B)=\frac{P(AB)}{P(B)} \tag{1.3.1}$$

为在事件 B 发生的条件下事件 A 发生的条件概率.

类似的,若 $P(A)>0$,称 $P(B|A)=\frac{P(AB)}{P(A)}$ 为在事件 A 发生的条件下事件 B 发生的条件概率.

定理 1.3.1 条件概率 $P(A|B)$ 有如下性质:
$1°$ $0 \leqslant P(A|B) \leqslant 1$;
$2°$ $P(\Omega|B)=1$;
$3°$ 若 $A_1,A_2,\cdots$, 是两两互不相容的事件,则有 $P\left(\bigcup\limits_{i=1}^{\infty} A_i \mid B\right) = \sum\limits_{i=1}^{\infty} P(A_i \mid B)$.

证 $1°$ 由于 $AB \subset B$,所以 $P(AB) \leqslant P(B)$,于是 $0 \leqslant P(A|B)=\frac{P(AB)}{P(B)} \leqslant 1$;

$2°$ 在 (1.3.1) 式中取 $A=\Omega$,则 $P(\Omega|B)=\frac{P(\Omega B)}{P(B)}=1$;

$3°$ 由于 $A_1,A_2,\cdots$ 互不相容,所以 $A_1B,A_2B,\cdots$ 也互不相容,于是

$$P\left(\bigcup_{i=1}^{\infty} A_i \mid B\right) = \frac{P\left(\bigcup\limits_{i=1}^{\infty} A_i B\right)}{P(B)} = \frac{\sum\limits_{i=1}^{\infty} P(A_i B)}{P(B)} = \sum_{i=1}^{\infty} \frac{P(A_i B)}{P(B)} = \sum_{i=1}^{\infty} P(A_i|B)$$

定理 1.3.1 表明,条件概率满足概率定义 1.2.1 中的三条公理,因此条件概率也是一种概率,概率所具有的性质都适用于条件概率,例如:$P(\varnothing|B)=0$;$P(A|B)=1-P(\overline{A}|B)$;$P(A_1 \cup A_2|B)=P(A_1|B)+P(A_2|B)-P(A_1A_2|B)$ 等.

例 1.3.2 袋中有 n 个黑球和 m 个白球,从中一次次取出,每次取一球,取后不放回. 若前 r 次已取出 $a(a<n)$ 个黑球和 $b(b<m)$ 个白球,$a+b=r$,求第 $r+1$ 次

取得白球的概率.

解 设 A 表示"前 r 次已取出 a 个黑球和 b 个白球", B 表示"第 $r+1$ 次取得白球", 所求为 $P(B|A)$.

法一: 由条件概率的意义, 用古典概率直接计算.

当 A 已经发生时, 袋中还剩 $n-a$ 个黑球和 $m-b$ 个白球, 因此再取一球为白球的概率为 $\dfrac{m-b}{m+n-r}$, 于是

$$P(B|A) = \dfrac{m-b}{m+n-r}$$

法二: 用条件概率的定义计算.

易知 $P(A) = \dfrac{C_{a+b}^{a} A_n^a A_m^b}{A_{m+n}^r}$, $P(AB) = \dfrac{C_{a+b}^{a} A_n^a A_m^b (m-b)}{A_{m+n}^{r+1}}$, 于是由(1.3.1)式有

$$P(B|A) = \dfrac{P(AB)}{P(A)} = \dfrac{A_{m+n}^r (m-b)}{A_{m+n}^{r+1}} = \dfrac{m-b}{m+n-r}$$

例 1.3.3 设某种集成电路使用到 2 000 小时还能正常工作的概率为 0.94, 使用到 3 000 小时还能正常工作的概率为 0.87. 问现有一集成电路已工作了 2 000 小时, 它能再工作 1 000 小时的概率是多少?

解 设 A 表示"集成电路能正常工作到 2 000 小时", B 表示"集成电路能正常工作到 3 000 小时", 且 $B \subset A$, 所求为 $P(B|A)$, 由(1.3.1)式有

$$P(B|A) = \dfrac{P(AB)}{P(A)} = \dfrac{P(B)}{P(A)} = \dfrac{0.87}{0.94} \approx 0.93$$

2. 乘法公式

由条件概率的定义(1.3.1)式, 若 $P(B) > 0$ ($P(A) > 0$), 则得到公式

$$P(AB) = P(B)P(A|B) \quad (P(AB) = P(A)P(B|A)) \tag{1.3.2}$$

式(1.3.2)可推广到任意有限多个事件的情形, 例如, 设 A, B, C 为三事件, 且 $P(AB) > 0$, 则

$$P(ABC) = P(A)P(B|A)P(C|AB) \tag{1.3.3}$$

这里, 注意到由假设 $P(AB) > 0$ 可推得 $P(A) \geqslant P(AB) > 0$.

一般的, 设 $A_1, A_2, \cdots, A_n$ 为 n 个事件, $n \geqslant 2$, 且 $P(A_1 A_2 \cdots A_{n-1}) > 0$, 则有

$$P(A_1 A_2 \cdots A_n) = P(A_1) P(A_2|A_1) \cdots P(A_{n-1}|A_1 A_2 \cdots A_{n-2}) \cdot$$
$$P(A_n | A_1 A_2 \cdots A_{n-1}) \tag{1.3.4}$$

上面(1.3.2)~(1.3.4)式均称为事件概率的乘法公式.

例 1.3.4 袋中装有白球、红球各一个. 每次从袋中随机地摸出一球不放回, 再放入一个白球. 试求第 n 次摸到白球的概率.

解 设 A_i 表示"第 i 次摸到白球", $i = 1, 2, \cdots, n$, 则所求为 $P(A_n)$. 注意到红

球只有一个,若第 n 次摸到红球,那么前 $n-1$ 次摸到的均为白球,即
$$\overline{A_n} = A_1 A_2 \cdots A_{n-1} \overline{A_n}$$
因此
$$P(A_n) = 1 - P(\overline{A_n}) = 1 - P(A_1 A_2 \cdots A_{n-1} \overline{A_n})$$
再由(1.3.4)式,有
$$P(A_n) = 1 - P(A_1) P(A_2 | A_1) \cdots P(\overline{A_n} | A_1 A_2 \cdots A_{n-1})$$
$$= 1 - \left(\frac{1}{2}\right)^n$$

例 1.3.5 为保证安全,某矿井内装有两个报警系统 a 和 b,每个报警系统单独使用时,系统 a 有效的概率为 0.92,系统 b 有效的概率为 0.93,而在系统 a 失灵的情况下,系统 b 有效的概率为 0.85,试求:

(1) 当发生事故时,两个报警系统至少一个有效的概率;

(2) 在系统 b 失灵的情况下,系统 a 有效的概率.

解 设 A 表示"系统 a 有效",B 表示"系统 b 有效".

(1) 所求概率为 $P(A \cup B)$. 由一般加法公式有
$$P(A \cup B) = P(A) + P(B) - P(AB)$$
而
$$P(AB) = P(B - B\overline{A}) = P(B) - P(B\overline{A}) = P(B) - P(\overline{A}) P(B | \overline{A})$$
$$= 0.93 - 0.08 \times 0.85 = 0.862$$
于是
$$P(A \cup B) = 0.92 + 0.93 - 0.862 = 0.988$$

(2) 所求概率为 $P(A | \overline{B})$. 由(1.3.1)式有
$$P(A | \overline{B}) = \frac{P(A\overline{B})}{P(\overline{B})} = \frac{P(A - AB)}{1 - P(B)} = \frac{P(A) - P(AB)}{1 - P(B)} = \frac{0.92 - 0.862}{1 - 0.93} \approx 0.829$$

1.3.2 全概率公式和贝叶斯公式

例 1.3.6 有一箱同类型的产品是由三家工厂共同生产的,其中 1/2 由甲厂生产,乙、丙厂各生产 1/4,甲、乙厂生产的产品均有 2% 的次品率,丙厂有 4% 的次品率,求该箱产品的次品率.

解 设该箱中共有 n 件产品,则该箱产品的次品率为
$$p = \frac{n \times \frac{1}{2} \times 0.02 + n \times \frac{1}{4} \times 0.02 + n \times \frac{1}{4} \times 0.04}{n}$$
$$= \frac{1}{2} \times 0.02 + \frac{1}{4} \times 0.02 + \frac{1}{4} \times 0.04 = 0.025$$

显然,该箱产品的次品率是各厂生产的产品次品率的加权平均.虽然上述计算完全没有涉及概率,但它对某些事件概率的计算具有启发性,下面从概率的角度加以分析.

该箱产品的次品率就是从箱中任取一产品是次品的概率.设 Ω 表示"箱中的全

部产品",A 表示"任取一产品是次品",$B_i(i=1,2,3)$ 分别表示取到的产品是由甲，乙，丙厂生产的. 则由题设，$P(B_1)=1/2$，$P(B_2)=P(B_3)=1/4$，$P(A|B_1)=P(A|B_2)=2/100$；$P(A|B_3)=4/100$. 于是上加权平均可用下式表达：

$$P(A) = \sum_{i=1}^{3} P(A|B_i)P(B_i) = \sum_{i=1}^{3} P(AB_i) = 0.025$$

这里 $B_i(i=1,2,3)$ 直观上可以认为是产生综合结果(综合次品率)的三个原因.

上式表明，在解决一个较复杂事件 A 的概率问题时，可寻找所有导致 A 发生的原因 B_i，从而利用 $B_i(i=1,2,\cdots,n)$，将 A 分解成一系列互不相容事件 $AB_i(i=1,2,\cdots,n)$ 的和，而 $P(AB_i)(i=1,2,\cdots,n)$ 可借助于乘法公式计算. 这正是全概率公式的意义. 下面首先介绍样本空间的划分的概念.

定义 1.3.2 设 Ω 为试验 E 的样本空间，$B_1,B_2,\cdots,B_n$ 为 E 的一组事件，若

(1) $B_iB_j=\varnothing$，$i\neq j$，$i,j=1,2,\cdots,n$；

(2) $\bigcup_{i=1}^{n} B_i=\Omega$.

则称 $B_1,B_2,\cdots,B_n$ 为样本空间 Ω 的一个划分. 显然，Ω 的划分不唯一.

例如，设试验 E 为"掷一颗骰子观察其点数". 它的样本空间为 $\Omega=\{1,2,3,4,5,6\}$，则 E 的一组事件 $B_1=\{1,2,3\}$，$B_2=\{4,5\}$，$B_3=\{6\}$ 是 Ω 的一个划分，而事件组 $C_1=\{1,2,3\}$，$C_2=\{3,4\}$，$C_3=\{5,6\}$ 不是 Ω 的划分.

若 $B_1,B_2,\cdots,B_n$ 为样本空间 Ω 的一个划分，那么，对每次试验，事件 $B_1,B_2,\cdots,B_n$ 中必有一个且仅有一个发生. 此时，对任意的事件 A，就被分解为 n 个互不相容事件的和，如图 1-7 所示，即

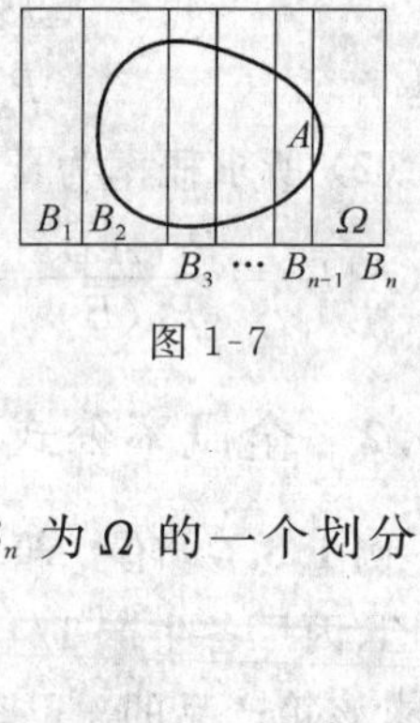

图 1-7

$$A=A\Omega=A\left(\bigcup_{i=1}^{n} B_i\right)=\bigcup_{i=1}^{n} AB_i$$

定理 1.3.2 设 Ω 为试验 E 的样本空间，$B_1,B_2,\cdots,B_n$ 为 Ω 的一个划分，且 $P(B_i)>0(i=1,2,\cdots,n)$，则对任意事件 A，有

$$P(A) = \sum_{i=1}^{n} P(A|B_i)P(B_i) \tag{1.3.5}$$

(1.3.5)式称为全概率公式.

证 由于 $A=\bigcup_{i=1}^{n} AB_i$，又 $P(B_i)>0$，$i=1,2,\cdots,n$，于是

$$P(A) = P\left(\bigcup_{i=1}^{n} AB_i\right) = \sum_{i=1}^{n} P(AB_i) = \sum_{i=1}^{n} P(A|B_i)P(B_i)$$

例 1.3.7 10 个考签中有 4 个难签，3 个人参加抽签(不放回)，抽签顺序为甲、乙、丙，求 3 人各抽得难签的概率.

解 设 A,B,C 分别表示事件甲、乙、丙抽得难签. 由古典概率

$$P(A) = \frac{4}{10}$$

又 $A, \overline{A}$ 构成样本空间的一个划分,由全概率公式

$$P(B) = P(B|A)P(A) + P(B|\overline{A})P(\overline{A}) = \frac{3}{9} \cdot \frac{4}{10} + \frac{4}{9} \cdot \frac{6}{10} = \frac{4}{10}$$

同理,甲,乙抽签的各种可能情况 $AB, \overline{A}B, A\overline{B}, \overline{A}\,\overline{B}$ 构成样本空间的一个划分,并分别记为 B_1, B_2, B_3, B_4,且

$$P(B_1) = P(AB) = P(A)P(B|A) = \frac{4}{10} \cdot \frac{3}{9} = \frac{2}{15}$$

$$P(B_2) = P(\overline{A}B) = P(\overline{A})P(B|\overline{A}) = \frac{6}{10} \cdot \frac{4}{9} = \frac{4}{15}$$

$$P(B_3) = P(A\overline{B}) = P(A)P(\overline{B}|A) = \frac{4}{10} \cdot \frac{6}{9} = \frac{4}{15}$$

$$P(B_4) = P(\overline{AB}) = P(\overline{A})P(\overline{B}|\overline{A}) = \frac{6}{10} \cdot \frac{5}{9} = \frac{1}{3}$$

由全概率公式

$$P(C) = \sum_{i=1}^{4} P(C|B_i)P(B_i) = \frac{2}{8} \cdot \frac{2}{15} + \frac{3}{8} \cdot \frac{4}{15} + \frac{3}{8} \cdot \frac{4}{15} + \frac{4}{8} \cdot \frac{1}{3} = \frac{4}{10}$$

计算结果表明,这种抽签考试是公平的.

需要注意的是,在利用全概率公式时,样本空间的一个划分 $B_i (i=1,2,\cdots,n)$ 是为了计算概率 $P(A)$ 而人为引入的,而样本空间的划分不唯一,因此,应根据实际问题选取一组适当的 B_i,以利于简化计算及问题的解决.

例1.3.8 在例1.3.6中,进一步求:(1)任取一产品是次品且恰是由甲厂生产的概率;(2)任取一产品发现是次品,问它是由甲厂生产的概率.

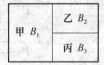

图1-8

解 (1)由乘法公式

$$P(AB_1) = P(A|B_1)P(B_1) = \frac{2}{100} \times \frac{1}{2} = 0.01$$

(2)由(1)及例1.3.6的结果,有

$$P(B_1|A) = \frac{P(AB_1)}{P(A)} = \frac{0.01}{0.025} = 0.4$$

同理,还可以求出这一次品是由乙、丙厂生产的概率 $P(B_2|A)$、$P(B_3|A)$.

一般地,对于例1.3.8(2)中已知结果"任取一产品发现是次品"已经发生的条件下,欲寻找产生这一结果的可能"原因",须计算条件概率 $P(B_i|A)$.关于这种"逆向"条件概率的计算,有下面的定理

定理1.3.3 设 Ω 为试验 E 的样本空间,$B_1, B_2, \cdots, B_n$ 为 Ω 的一个划分,A 为 E 的事件,且 $P(B_i) > 0 (i=1,2,\cdots,n)$,$P(A) > 0$,则有

$$P(B_i|A) = \frac{P(A|B_i)P(B_i)}{\sum_{k=1}^{n} P(A|B_k)P(B_k)}, i = 1, 2, \cdots, n \qquad (1.3.6)$$

(1.3.6)式称为贝叶斯(Bayes)公式.

证 由条件概率的定义及全概率公式,对固定的 i,有

$$P(B_i|A) = \frac{P(B_iA)}{P(A)} = \frac{P(A|B_i)P(B_i)}{\sum_{k=1}^{n} P(A|B_k)P(B_k)}$$

例 1.3.9 在电报通信中,由于随机干扰,当发出信号为"·"时,收到信号为"·"、"不清"和"—"的概率分别为 0.7,0.2 和 0.1. 当发出信号为"—"时,收到信号为"—"、"不清"和"·"的概率分别为 0.9,0.1 和 0. 若在发出信号过程中,"·"、"—"出现的概率分别为 0.6,0.4. 当收到信号"不清"时,试推测原发信号可能是什么信号.

解 设 A_1, A_2, A_3 分别表示收到信号为"·"、"不清"和"—",B 表示发出信号为"·",$\overline{B}$ 表示发出信号为"—". 由题设知:

$$P(B) = 0.6, \ P(\overline{B}) = 0.4$$
$$P(A_1|B) = 0.7, \ P(A_2|B) = 0.2, \ P(A_3|B) = 0.1$$
$$P(A_1|\overline{B}) = 0, \ P(A_2|\overline{B}) = 0.1, \ P(A_3|\overline{B}) = 0.9$$

要推测原发信号可能是什么信号,就是比较两概率 $P(B|A_2)$ 及 $P(\overline{B}|A_2)$. 由贝叶斯公式

$$P(B|A_2) = \frac{P(A_2|B)P(B)}{P(A_2|B)P(B) + P(A_2|\overline{B})P(\overline{B})} = \frac{0.2 \times 0.6}{0.2 \times 0.6 + 0.1 \times 0.4} = 0.75$$

$$P(\overline{B}|A_2) = \frac{P(A_2|\overline{B})P(\overline{B})}{P(A_2|B)P(B) + P(A_2|\overline{B})P(\overline{B})} = \frac{0.1 \times 0.4}{0.2 \times 0.6 + 0.1 \times 0.4} = 0.25$$

于是,原发信号是"·"的可能性大.

例 1.3.10 据调查某地区居民的肝癌发病率为 0.000 4,若记"该地区居民患肝癌"为事件 B,则 $P(B) = 0.000\ 4$,$P(\overline{B}) = 0.999\ 6$. 现用甲胎蛋白法检查肝癌,若呈阴性,表明不患肝癌;若呈阳性,表明患肝癌. 由于技术和操作不完善以及种种特殊原因,患病者未必检出阳性,不患病者也有可能检出呈阳性,据多次实验统计这二者错误发生的概率为:$P(A|B) = 0.99, P(A|\overline{B}) = 0.05$,其中事件 A 表示"阳性". 现设某人已检出呈阳性,问他患肝癌的概率 $P(B|A)$ 是多少?

解 由贝叶斯公式(1.3.6)有

$$P(B|A) = \frac{P(A|B)P(B)}{P(A|B)P(B) + P(A|\overline{B})P(\overline{B})}$$
$$= \frac{0.99 \times 0.000\ 4}{0.99 \times 0.000\ 4 + 0.05 \times 0.999\ 6} \approx 0.007\ 86 \qquad (1.3.7)$$

计算结果表明,虽然检验法相当可靠,但检验呈阳性的人真患肝癌的可能性并不大. 究其原因是由于发病率很低使得在式(1.3.7)中分子只占分母很小的比例. 因此,在实际应用中,医生常用另一些简单易行的辅助方法先进行初查,排除大量明显不是肝癌的人,当医生怀疑某人有可能患肝癌时,才建议用甲胎蛋白法检验. 这时在被怀疑的对象中,肝癌的发病率已显著提高了,例如,设 $P(B)=0.4$,再用贝叶斯公式进行计算,可得

$$P(B|A) = \frac{0.99 \times 0.4}{0.99 \times 0.4 + 0.05 \times 0.6} = 0.9296$$

这样就大大提高了甲胎蛋白法检验的准确率.

贝叶斯公式是英国哲学家贝叶斯在 1763 年首先提出的,这个公式在医学、通信、工程、经济、决策分析和社会统计等方面有广泛的应用. 假如 $B_i (i=1,2,\cdots,n)$ 是导致某个试验结果的"原因". 基于以往的数据记录统计可以得到各"原因"发生的概率 $P(B_i)$,称为"先验概率". 现在如果经试验又提供给我们新的信息,即知道事件 A 发生了,则条件概率 $P(B_i|A)$ 反映了经试验后对这个"原因"发生可能性大小的新认识,这类条件概率称为"后验概率". 贝叶斯公式就从数量上反映了这两种概率的变化情况. 后来的学者依据贝叶斯公式的思想发展了一整套统计推断方法,叫做"贝叶斯统计",可见贝叶斯公式的影响.

1.4 事件的独立性

1.4.1 两个事件的独立性

设 A,B 为试验 E 的两个事件,由 1.3 节例 1.3.1,一般情况下条件概率 $P(A|B)$ 与无条件概率 $P(A)$ 是有差异的,这反映了两事件之间存在着一些关联,这种关联反映在其中一个事件发生对另一事件发生概率的影响上. 例如,若 $P(A|B) > P(A)$,则 B 的发生使 A 发生的可能性增大,B 促进了 A 的发生. 若 $P(A|B) < P(A)$,则 B 抑制了 A 的发生. 特别的,若 $P(A) = P(A|B)$,则 B 的发生与否对 A 发生的概率没有影响,此时,容易得到 $P(B) = P(B|A)$,即 A、B 两事件其中一个发生对另一个发生的概率没有影响,这就是我们下面要定义的独立性.

但我们不用 $P(A) = P(A|B)$ 来定义独立性,因为此时要求 $P(B) > 0$. 易证,当 $P(B) > 0$ 时,$P(A) = P(A|B)$ 的充要条件是

$$P(AB) = P(A)P(B)$$

上式中事件 A、B 的地位对称,也更能反映"相互"独立的意义,因此对两事件的独立性如下定义.

定义 1.4.1 若 A,B 是两事件,且满足

$$P(AB) = P(A)P(B) \tag{1.4.1}$$

则称事件 A 与 B 相互独立,简称 A 与 B 独立.

相互独立的两事件具有如下性质:

$1°$ 当 $P(A)>0$ ($P(B)>0$)时,A 与 B 相互独立的充要条件是 $P(B|A)=P(B)$ ($P(A|B)=P(A)$).

$2°$ 若事件 A 与事件 B 相互独立,则 A 与 $\overline{B}$、$\overline{A}$ 与 B、$\overline{A}$ 与 $\overline{B}$ 也相互独立.

证 只证 A 与 $\overline{B}$ 相互独立.

由于 $A\overline{B}=A-AB$ 及 $P(AB)=P(A)P(B)$,从而
$$P(A\overline{B})=P(A-AB)=P(A)-P(AB)=P(A)-P(A)P(B)$$
$$=P(A)[1-P(B)]=P(A)P(\overline{B})$$

于是 A 与 $\overline{B}$ 相互独立.

$3°$ 若 $P(A)=0$ 或 $P(A)=1$,则 A 与任意事件 B 相互独立.

$4°$ 若 $P(A)>0,P(B)>0$,则 A,B 相互独立,与 A,B 互不相容不能同时成立.

证 反证 若 A,B 相互独立与 A,B 互不相容同时成立,则有
$$P(AB)=P(A)P(B)=0$$

这与已知 $P(A)>0,P(B)>0$ 矛盾.

注意 A,B 相互独立与 A,B 互不相容是两个不同的概念,A,B 相互独立是用与事件概率相关的(1.4.1)式来定义的,而 A,B 互不相容是利用事件的运算关系来刻画的.

1.4.2 两个以上事件的独立性

将独立性的概念推广到三个事件的情况,可定义两两相互独立及三个事件相互独立.

定义 1.4.2 若三个事件 A,B,C 满足
$$P(AB)=P(A)P(B)$$
$$P(BC)=P(B)P(C)$$
$$P(AC)=P(A)P(C)$$

则称三事件 A,B,C 两两相互独立.

定义 1.4.3 若三个事件 A,B,C 满足
$$P(AB)=P(A)P(B)$$
$$P(BC)=P(B)P(C)$$
$$P(AC)=P(A)P(C)$$
$$P(ABC)=P(A)P(B)P(C) \tag{1.4.2}$$

则称事件 A,B,C 相互独立.

一般地,当事件 A,B,C 两两相互独立时,等式(1.4.2)不一定成立,下面的例子说明了这一点.

例 1.4.1 一四面体,在三个面上分别涂红、白、蓝色,第四面上涂红、白、蓝三

种颜色. 抛掷此四面体,设 A,B,C 分别表示"抛得面含有红色","抛得面含有白色"和"抛得面含有蓝色",证明 A,B,C 两两独立但不相互独立.

证 容易算出

$$P(A)=P(B)=P(C)=\frac{1}{2}$$

$$P(AB)=P(AC)=P(BC)=1/4$$

$$P(ABC)=\frac{1}{4}$$

从而具有等式

$$P(AB)=P(A)P(B),\ P(AC)=P(A)P(C),\ P(BC)=P(B)P(C)$$

所以 A,B,C 两两独立.

但 $P(ABC)=\frac{1}{4}\neq P(A)P(B)P(C)$,因此 A,B,C 不相互独立.

对多个事件的独立性,更一般地有下面的定义.

定义 1.4.4 若 n 个事件 $A_1,A_2,\cdots,A_n$,满足:对于任意 $k(1<k\leqslant n)$,任意 $1\leqslant i_1<i_2<\cdots<i_k\leqslant n$,具有等式

$$P(A_{i_1}A_{i_2}\cdots A_{i_k})=P(A_{i_1})P(A_{i_2})\cdots P(A_{i_k}) \tag{1.4.3}$$

则称事件 $A_1,A_2,\cdots,A_n$ 相互独立.

注意,(1.4.3)式中包含的等式总数为

$$C_n^2+C_n^3+\cdots+C_n^n=(1+1)^n-C_n^1-C_n^0=2^n-n-1$$

$n(n\geqslant 2)$ 个事件相互独立具有以下性质:

$1°$ 若 $A_1,A_2,\cdots,A_n$ 相互独立,则其中任意 m 个事件 $A_{i_1},A_{i_2},\cdots,A_{i_m}$ 相互独立 $(2\leqslant m\leqslant n)$.

$2°$ 若 $A_1,A_2,\cdots,A_n$ 相互独立,则把其中任意 m 个事件换成各自的对立事件后构成的 n 个事件也相互独立 $(1\leqslant m\leqslant n)$.

事件的独立性是概率论中十分重要的概念. 从事件独立性定义可以看到,若 n 个事件相互独立,则许多概率的计算可以大为简化,例如若 $A_1,A_2,\cdots,A_n$ 相互独立,则 $A_1,A_2,\cdots,A_n$ 同时发生的概率为

$$P(A_1A_2\cdots A_n)=P(A_1)P(A_2)\cdots P(A_n)$$

此式又称为概率的乘法定理,它的作用与概率的有限可加性公式一样,把复杂事件概率的计算归结为更简单的事件概率的计算,这当然有条件,就是 $A_1,A_2,\cdots,A_n$ 要相互独立,而有限可加性公式要求 $A_1,A_2,\cdots,A_n$ 两两互不相容.

例 1.4.2 若 $A_1,A_2,\cdots,A_n$ 相互独立,且 $P(A_i)=p_i,i=1,2,\cdots,n$,求 $A_1,A_2,\cdots,A_n$ 这 n 个事件至少有一个发生的概率.

解 所求概率为

$$P(A_1\cup A_2\cup\cdots\cup A_n)=1-P(\overline{\bigcup_{i=1}^n A_i})=1-P(\bigcap_{i=1}^n \overline{A_i})$$

$$=1-P(\overline{A_1})P(\overline{A_2})\cdots P(\overline{A_n})=1-\prod_{i=1}^n(1-p_i)$$

例 1.4.3 已知 $P(\overline{A})=0.3$，$P(B)=0.4$，$P(A\overline{B})=0.5$，试求 $P(B|A\cup \overline{B})$，并问此时 A 与 B 是否相互独立．

解 由于 $P(A\overline{B})=0.5\neq 0.7\times 0.6=P(A)P(\overline{B})$，故 A 与 B 不相互独立．
又由条件概率的定义

$$P(B|A\cup\overline{B})=\frac{P(B(A\cup\overline{B}))}{P(A\cup\overline{B})}=\frac{P(BA)}{P(A)+P(\overline{B})-P(A\overline{B})}$$

$$=\frac{P(A)-P(A\overline{B})}{P(A)+P(\overline{B})-P(A\overline{B})}=\frac{1-0.3-0.5}{1-0.3+1-0.4-0.5}=0.25$$

例 1.4.4 电路系统的可靠性（指在某段时间内系统正常工作的概率）．如图 1-9 所示，两个系统各有 $2n$ 个元件，其中系统 I 先串联后并联，系统 II 先并联后串联．求两个系统的可靠性大小并加以比较．设每个元件正常工作的概率为 r，且相互独立．

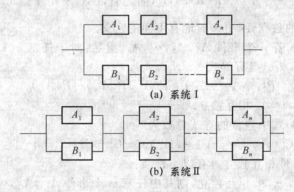

图 1-9

解 （1）系统 I 的可靠性

设 A_i，B_i 分别表示"两条串联支路中第 i 个元件正常工作"（如图 1-9(a)所示），$i=1,2,\cdots,n$．A,B 分别表示"相应各串联支路正常工作"，由于每条支路正常工作的充要条件是支路中 n 个元件都正常工作，而每个元件是否正常工作相互独立，所以

$$P(A)=P(A_1A_2\cdots A_n)=P(A_1)P(A_2)\cdots P(A_n)=r^n$$

同理 $P(B)=r^n$

而系统 I 正常工作的充要条件是两条支路至少有一条正常工作，于是

$$R_1=P(A\cup B)=P(A)+P(B)-P(AB)=r^n+r^n-r^{2n}=r^n(2-r^n)$$

（2）系统 II 的可靠性

如图 1-9(b)所示，每对并联元件的可靠性为

$$P(A_i\cup B_i)=P(A_i)+P(B_i)-P(A_i)P(B_i)=r+r-r^2=r(2-r)，\ i=1,2,\cdots,n$$

系统 II 正常工作的充要条件是 n 对并联元件均正常工作，于是

$$R_2=P(\bigcap_{i=1}^{n}(A_i\cup B_i))=\prod_{i=1}^{n}P(A_i\cup B_i)=r^n(2-r)^n$$

(3) 比较 R_1 与 R_2 的大小

易知,当 $0<r<1, n>1$ 时,$R_1<R_2$,即系统Ⅱ的可靠性高于系统Ⅰ.

1.4.3 伯努利(Bernoulli)概型

在实际问题中,经常遇到这样的试验 E,它只出现(或只须考虑)两种结果,如某产品抽样检查的结果合格或不合格,射击命中或不命中,试验成功或失败,传输的数字信号 0 或 1,掷一次骰子点数"6"是否出现等. 一般地,若试验 E 只有两种结果 A 和 $\overline{A}$ 而 $P(A)=p(0<p<1)$,则称 E 为伯努利试验或伯努利概型.

设 E 为伯努利试验,将 E 独立地重复进行 n 次,而且每次试验中结果 A 出现的概率保持不变. 将这 n 次独立重复伯努利试验总起来看成一个试验,称这种试验叫 n 重伯努利试验.

定理 1.4.1 设伯努利试验中 A 出现的概率为 $p(0<p<1)$,则在 n 重伯努利试验中,事件 A 恰出现 k 次的概率(记为 $P_n(k)$)为

$$P_n(k)=C_n^k p^k q^{n-k}, \quad k=0,1,\cdots,n, \quad q=1-p \tag{1.4.4}$$

证 由于在 n 重伯努利试验中,事件 A 在某指定的 k 次试验中出现,而在其余 $n-k$ 次试验中不出现的概率为 $p^k(1-p)^{n-k}=p^k q^{n-k}$.

又由于事件 A 在 n 次试验中发生 k 次($k=0,1,\cdots,n$)可以有 C_n^k 种不同排列方式,而所对应的 C_n^k 个事件是互不相容的,于是由概率的有限可加性有

$$P_n(k)=C_n^k p^k q^{n-k}$$

因为 $C_n^k p^k q^{n-k}$ 恰好是 $(p+q)^n$ 展开式中的第 k 项,所以常称 $C_n^k p^k q^{n-k}$ 为二项概率公式.

例 1.4.5 对某种药物的疗效进行研究,假定这种药对某种疾病的治愈率为 0.8,现有 10 个患此病的病人同时服用此药,求其中至少有 6 个病人治愈的概率.

解 设"病人服用此药后治愈"为事件 A,按题设 $P(A)=0.8$, $P(\overline{A})=0.2$. 10 人同时服用此药可视为 10 重伯努利试验,于是至少有 6 个病人治愈的概率为

$$P = \sum_{k=6}^{10} P_{10}(k) = \sum_{k=6}^{10} C_{10}^k \, 0.8^k \, 0.2^{10-k} \approx 0.97$$

例 1.4.6 某厂生产的过程中出现次品的概率为 0.01,且该厂以每 10 个产品为一包出售,并保证若包内多于一个次品便可退货,问卖出一包产品被退货的概率.

解 观察一包内产品次品数的试验可视为 10 重伯努利试验,设 A 表示事件"卖出的一包产品被退货",则

$$P(A)=1-P(\overline{A})=1-P_{10}(0)-P_{10}(1)=1-0.99^{10}-C_{10}^1\times 0.01\times 0.99^9 \approx 0.004$$

例 1.4.7 (赛制问题)甲、乙两名运动员进行单打比赛,若每局甲胜的概率为

0.6,乙胜的概率为 0.4. 比赛既可以采用三局两胜制,又可以采用五局三胜制,问采用哪种赛制对甲更有利.

解 只需计算并比较在两种赛制下甲胜的概率即可. 设 A 表示"甲取得最后比赛胜利".

(1) 采用三局两胜制. 设 A_1 表示"甲连胜两局",A_2 表示"前两局甲、乙各胜一局,第三局甲胜",则 $A=A_1 \cup A_2$,且 A_1、A_2 互不相容,而

$$P(A_1)=0.6^2=0.36$$
$$P(A_2)=C_2^1 \times 0.6 \times 0.4 \times 0.6=0.288$$

于是

$$P(A)=P(A_1 \cup A_2)=P(A_1)+P(A_2)=0.648$$

(2) 采用五局三胜制. 设 B_1 表示"甲连胜三局",B_2 表示"前三局中甲胜两局,乙胜一局,第四局甲胜",B_3 表示"前四局中甲、乙各胜两局,第五局甲胜",则 $A=B_1 \cup B_2 \cup B_3$,且 B_1,B_2,B_3 互不相容,而

$$P(B_1)=0.6^3=0.216$$
$$P(B_2)=C_3^2 \times 0.6^2 \times 0.4 \times 0.6=0.259$$
$$P(B_3)=C_4^2 \times 0.6^2 \times 0.4^2 \times 0.6=0.207$$

于是

$$P(A)=P(B_1 \cup B_2 \cup B_3)=P(B_1)+P(B_2)+P(B_3)=0.216+0.259+0.207=0.682$$

比较知,采用五局三胜制对甲更有利.

习题一

1. 写出下列各试验的样本空间:
   (1) 连续抛掷 1 颗骰子 2 次,记录它们的点数;
   (2) 连续抛掷 1 颗骰子 2 次,记录它们的点数之和;
   (3) 连续抛掷 1 颗骰子,直到点数"6"出现为止,记录抛掷次数;
   (4) 在(0,1)上任取 3 点,记录它们的坐标;
   (5) 从一生产线上生产出来的产品,或为正品(记为 1),或为次品(记为 0),观察这些产品并把它们的情况记录下来,这样继续下去,直到生产了 2 个次品,或检查了 4 件产品就停止记录.

2. 袋中装有分别标有数码 1,2,3,4 的 4 张卡片,写出下列试验的样本空间:
   (1) 从袋中不放回地先后抽取 2 张卡片,记录卡片上的数字;
   (2) 从袋中有放回地先后抽取 2 张卡片,记录卡片上的数字;
   (3) 从袋中任意抽取 2 张卡片,记录卡片上的数字.

(4) 从袋中不放回地一张接一张地抽取卡片,直到取出 1 号卡片为止,记录卡片上的数字.

3. 考虑 4 件物品 a,b,c 和 d,假设所登记的这些物品的次序代表一个试验的结果,令事件 A 和 B 定义如下:$A=\{a$ 在第一个位置$\}$,$B=\{b$ 在第二个位置$\}$.
(1) 说出事件 $A\cup B$ 和 $A\cap B$ 的意义;
(2) 用试验结果表示 $A\cup B$ 和 $A\cap B$.

4. 叙述下列事件的对立事件:
(1) 掷 2 枚硬币,结果皆为正面;
(2) 加工 4 个产品,至少有 1 个正品;
(3) 甲产品畅销而乙产品滞销.

5. A,B,C,D 表示 4 个事件,用运算关系表示:
(1) A,B,C,D 至少有 1 个发生;
(2) A,B,C,D 都不发生;
(3) A,B,C,D 都发生;
(4) A,B,C,D 恰有一个发生;
(5) A,B,C,D 至多一个发生.

6. 如题图 1-1 所示的电路中,以 A 表示事件"信号灯亮",B,C,D 分别表示事件:继电器接点Ⅰ,Ⅱ,Ⅲ闭合,试以 B,C,D 表示 A 及 $\overline{A}$.

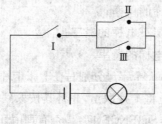

题图 1-1

7. 袋中装有 7 只球,其中 5 只红球、2 只黄球.从中任取一球,观察颜色后放回,再从袋中任取一球,求:
(1) 第一次第二次都取得黄球的概率;
(2) 第一次取得红球,第二次取得黄球的概率;
(3) 两次取得的球为红、黄各一球的概率;
(4) 第二次取得红球的概率.

8. 袋中有 α 个白球和 β 个黑球,从中任意地接连取出 $k+1(k+1\leqslant \alpha+\beta)$ 个球,若每次取后不放回,试求最后取出的球是白球的概率.

9. 设有 N 件产品,其中有 D 件次品,今从中任取 $n(n\leqslant N)$ 件,问其中恰有

$k(k\leqslant D)$ 件次品的概率是多少?

10. 从 $0,1,2,\cdots,9$ 个数字中随机有放回地取 4 个数字,并按其出现的先后排成一列,求下列事件的概率:

(1) 4 个数字排成一偶数;

(2) 4 个数字排成一 4 位数;

(3) 4 个数字中 0 恰好出现 2 次;

(4) 4 个数字中 0 至少出现 1 次.

11. 从 $1,2,\cdots,N$ 个数字中不放回的取 n 个数,并按大小排列成 $x_1<x_2<\cdots<x_n$,求第 m 个数为 $M(1\leqslant M\leqslant N)$ 的概率.

12. 从一副扑克的 13 张黑桃中,一张一张有放回地抽取 3 次,求:

(1) 抽到没有同号的概率;

(2) 抽到有同号的概率;

(3) 抽到最多有两张同号的概率.

13. 将 3 个球随机地放到 4 个盒子中去(球与盒均可辨),求:

(1) 盒子中球的最大个数分别是 1、2、3 的概率;

(2) 恰有一个盒子空着的概率.

14. 电梯中有 8 人,电梯自下而上经过 10 层,设每人在各层下电梯的概率均为 1/10,求:

(1) 8 人在同一层下电梯的概率;

(2) 8 人恰有 2 人在顶层下电梯的概率;

(3) 8 人在不同楼层下电梯的概率.

15. 把 C、C、E、E、I、N、S 七个字母分别写在七张卡片上,并且将卡片放入同一盒中,现从盒中任意一张一张地将卡片取出,并将其按取到的顺序排成一列,假设排列结果恰好拼成一个英文单词:SCIENCE,问:是否有理由怀疑这是一种魔术?

16. n 双相异的鞋共 $2n$ 只,随机地分成 n 堆,每堆 2 只,求各堆都自成一双鞋的概率.

17. 在 1~2 000 的整数中随机地取一个数,问取到的整数既不能被 6 整除,又不能被 8 整除的概率是多少?

18. 某人将 n 封写好的信随机装入 n 个写好相应地址的信封中,问没有一封信装对地址的概率是多少?

19. 甲、乙两人约定中午 1~2 点间在某地会面,约定先到者等候 10 分钟即离去,设甲、乙两人各自随意地在 1~2 点之间选一个时刻到达约会地点,问"甲、乙两人能会面"这一事件的概率为多少.

20. 在区域 $D=\{(x,y)|\ (x-a)^2+y^2\leqslant a^2,\ y\geqslant 0\}$ 内随机投一点.求该点和

原点的连线与 x 轴的夹角小于 $\pi/4$ 的概率.

21. 在 $[0,1]$ 上任取两数,求两数之和小于 $\dfrac{6}{5}$ 的概率.

22. 在时间间隔 T 内,两个信号等可能地进入收音机,若两个信号的时间间隔小于 $t(0<t<T)$,则收音机受到干扰,求收音机受到干扰的概率.

23. 在线段 AB 上任取三点 M_1,M_2,M_3,求:
(1) M_3 位于 M_1 与 M_2 之间的概率;
(2) AM_1,AM_2,AM_3 能构成一个三角形的概率.

24. 设 A,B,C 是三个事件,已知 $P(A)=P(B)=P(C)=\dfrac{1}{4}$,$P(AB)=P(BC)=0$,$P(AC)=\dfrac{1}{8}$,求 A,B,C 至少有一个发生的概率.

25. 设 $P(\overline{A})=0.3$,$P(B)=0.4$,$P(A\overline{B})=0.5$,求 $P(A\cup B)$,$P(A\cup B)$,$P(\overline{A}\cup\overline{B})$.

26. 设两个相互独立的事件 A 与 B,它们都不发生的概率为 $\dfrac{1}{9}$,A 发生 B 不发生的概率与 B 发生 A 不发生的概率相等,求 $P(A)$.

27. 掷两颗骰子,x_1,x_2 分别表示第一与第二颗骰子出现的点数,事件 $A=\{x_1+x_2=10\}$,$B=\{x_1>x_2\}$.求条件概率 $P(B|A)$ 和 $P(A|B)$.

28. 设某一批产品的合格率为 80%,一级品率为 30%,现从这批产品中任取一件为合格品,求它是一级品的概率.

29. 设某种动物由出生算起活到 20 年以上的概率为 0.8,活到 25 年以上的概率为 0.4.问现年 20 岁的这种动物,它能活到 25 岁以上的概率是多少?

30. 一次掷 10 颗骰子,已知至少出现了一个 1 点,求至少出现两个 1 点的概率.

31. 有甲,乙,丙三罐,甲罐中有白球二只和黑球一只,乙罐中有白球一只和黑球二只,丙罐中有白球二只和黑球二只,现从甲罐中随机地取一只放到乙罐中,然后再从乙罐中随机地取一球放到丙罐中,最后从丙罐中任取出一球,求:
(1) 三次都取到白球的概率;
(2) 第三次才取到白球的概率;
(3) 第三次取到白球的概率.

32. 10 个考签中有 4 个难签,3 个人参加抽签(无放回),甲先,乙次,丙最后,求(1)甲、乙、丙均抽得难签的概率;(2)甲、乙、丙各抽得难签的概率.

33. 设有一电路板是由电阻器、电容器和晶体管三种元件组成,三种元件的数目比为 3:2:1.已知在电压升高一倍时,三种元件损坏的概率分别为 0.1,0.3,0.6,试求在电压升高一倍后,任测一元件它被损坏的概率.

34. 盒中 12 个乒乓球,9 个没用过,第一次比赛从盒中任取 3 个球,用后放回,第二次比赛再从盒中任取 3 个球,求第二次比赛时所取的 3 个球都是没用过的概率.

35. 设有甲、乙两袋,甲袋中装有 n 个白球,m 个红球,乙袋中装有 N 个白球,M 个红球,现从甲袋中任意取一球放到乙袋中,再从乙袋中任意取一球,求取到白球的概率.若从乙袋中取出的是红球,求从甲袋中取出放到乙袋的球为白球的概率.

36. 有 a,b,c 三个盒子,a 盒子中有 1 个白球和 2 个黑球,b 盒子中有 1 个黑球和 2 个白球,c 盒子中有 3 个白球和 3 个黑球,现掷一骰子以决定选盒,若出现 1,2,3 点,则选 a 盒,若出现 4 点,则选 b 盒,若出现 5,6 点,则选 c 盒,在选出的盒子中任取一球,求:

(1) 取出白球的概率;

(2) 若取出的是白球,分别求此球来自 a,b,c 三盒的概率.

37. 3 人独立地去破译一个密码,它们能译出的概率分别为 $\frac{1}{5}$,$\frac{1}{3}$,$\frac{1}{4}$,求能将此密码译出的概率.

38. 今有两名射手,轮流对同一目标射击,甲命中的概率为 p_1,乙命中的概率为 p_2,甲先射击,谁先命中谁得胜,分别求甲、乙两人得胜的概率.

39. 一大楼装有 5 台同类型的供水设备,调查表明在任一时刻每个设备被使用的概率为 0.1,求:在同一时刻(1)恰有两台设备被使用的概率;(2)至少有三台设备被使用的概率;(3)至多有三台设备被使用的概率;(4)至少有一台被使用的概率.

40. 设有 n 门高射炮同时独立地向一飞机各发射一发炮弹,每门炮的命中率均为 0.6,若要求至少有一门炮击中敌机的概率不低于 0.99,则 n 至少要多大?

41. 设某射手在三次独立射击中至少命中一次的概率为 0.875,求在一次射击中命中靶子的概率.

42. 某人向目标射击,每次击中目标的概率为 0.8,现独立地射击 10 次,求他至多击中 8 次目标的概率.

43. 一架长机和两架僚机,一同飞往某地进行轰炸,途中必须经过敌方高炮阵地上空,此时每架飞机被击落的概率均为 0.2,如果长机被击落,则僚机也无法飞往目的地.每架飞机飞往目的地,炸毁目标的概率均为 0.3,求目标被炸毁的概率.

第 2 章 随机变量及其分布

随机变量是研究随机现象的重要工具之一,它建立了连接随机现象和实数集合的一座桥梁,使得各种随机现象中的随机事件都可以用随机变量来描述. 而反映随机变量统计规律的分布函数的引入,又使我们可以借助于数学分析中的数学工具来研究随机现象的本质,为概率论的理论研究和实际应用开拓了道路.

本章中首先我们引入随机变量、分布函数的概念,然后进一步研究最常见也是最重要的两种随机变量类型——离散型随机变量和连续型随机变量,并建立起广泛应用到不同领域的一些重要概率模型,如二项分布、泊松分布、正态分布等. 最后讨论随机变量函数的分布问题.

2.1 随机变量及其分布函数

2.1.1 随机变量的引入及定义

为了全面认识随机现象的统计规律,我们考虑将随机试验的结果数量化,即对于样本空间 Ω 的每个样本点 ω 指定一个实数 x 与之对应,并用一个变量例如 X 来描述这种对应关系.

我们注意到有的随机试验的结果本身就是数量.

例 2.1.1 设试验 E 为:在一批电子产品中,任意抽取一件,检验它的寿命. 则 E 的样本空间 $\Omega = \{\omega | \omega \geqslant 0\}$,每个样本点是 $[0, +\infty)$ 上的一个数字.

若令 X 表示"任取一件产品的寿命",它具有如下的特征:

(1) 它是 $[0, +\infty)$ 上取值的一个变量,且取值依赖于试验的结果 ω. 这种依赖关系可以用一个样本点 ω 的函数来表达:
$$X = X(\omega) = \omega, \omega \in \Omega$$
例如当 $\omega = 500$(小时)时,$X = X(500) = 500$.

(2) 对任意给定的实数 x,$\{X \leqslant x\} = \{\omega | X(\omega) \leqslant x\}$ 是一个事件.

例如 $x = 500$ 时,$\{X \leqslant 500\}$ 表示事件"任取一件产品的寿命不大于 500 小时",因而可以根据以往生产的数据,求出这一事件的概率. 同时,试验 E 的其他任意事件也可以用 X 取某些值来表示. 如事件"任取一件产品的寿命大于 500 小时而小于 1 000 小时",用 X 取值表示为 $\{500 < X < 1\ 000\}$.

由于这样的变量 X 的取值是随机的,且有一定概率规律,区别于取值遵循某种严格规律的"确定性的变量"——函数,我们称 X 为随机变量.

在有些实际问题中,虽然试验的结果不是数量,但我们可以将其数量化.

例 2.1.2 设试验 E 为:某学院球队参加学校比赛,记录每场比赛的结果. 若分别用 $\omega_1,\omega_2,\omega_3$ 表示比赛的结果"胜","平","负",则试验 E 的样本空间 $\Omega=\{\omega_1,\omega_2,\omega_3\}$. 比赛规则为:比赛以总积分决定名次,且一场比赛"胜","平","负"对应的分数分别是 2 分,1 分,0 分.

令 X 表示"该队参加一场比赛所得的分数",则它具有如下的特征:

(1) 它是在 $\{0,1,2\}$ 上取值的一个变量,且它的取值依赖于试验的结果 ω. 这种依赖关系可以用样本点 ω 的函数表达为

$$X=X(\omega)=\begin{cases}2, & \omega=\omega_1\\1, & \omega=\omega_2\\0, & \omega=\omega_3\end{cases},\omega\in\Omega$$

(2) 对任意给定的实数 $x,\{X\leqslant x\}=\{\omega\mid X(\omega)\leqslant x\}$ 是一个事件.

例如 $x=1$ 时,$\{X\leqslant 1\}$ 表示该队参加一场比赛的得分小于等于 1,即事件"该队参加一场比赛未取得胜利". 若根据以往数据,该队赢得一场比赛的概率为 $\frac{1}{2}$,平局及输掉比赛的概率分别为 $\frac{1}{4}$,则可求出 $\{X\leqslant 1\}$ 的概率为

$$P\{X\leqslant 1\}=P(\{\omega_2,\omega_3\})=\frac{1}{4}+\frac{1}{4}=\frac{1}{2}$$

又如当 $x=-1$ 时,$\{X\leqslant -1\}$ 表示该队参加一场比赛的得分小于等于 -1,此为不可能事件,因此

$$P\{X\leqslant -1\}=P(\varnothing)=0$$

当 $x=3$ 时,$\{X\leqslant 3\}=\{\omega_1,\omega_2,\omega_3\}$ 为必然事件,因此

$$P\{X\leqslant 3\}=P(\Omega)=1$$

这里的 X 也是一随机变量. 下面我们给出随机变量的严格定义.

定义 2.1.1 设试验 E 的样本空间为 $\Omega=\{\omega\}$,若对于每一个 $\omega\in\Omega$,都有一个实数 $X(\omega)$ 与之对应,且对任一实数 x,有 $\{\omega\mid X(\omega)\leqslant x\}$ 为随机事件,则称单值实函数 $X=X(\omega)$ 为定义在 Ω 上的随机变量(random variable).

随机变量常用大写字母 $X,Y,Z,U,V,W\cdots$ 表示,或简写成 r. v.,如随机变量 X 可简写成 r. v. X. 且事件 $\{\omega\mid X(\omega)\leqslant x\}$ 简记为 $\{X\leqslant x\}$,即 $\{X\leqslant x\}=\{\omega\mid X(\omega)\leqslant x\}$.

从例 2.1.1 及例 2.1.2 可以直观地看到,一方面,随机变量"它取一个值"或"它取值于某一给定的区间"为随机事件. 另一方面,当我们用某个随机变量来描述某一随机现象时,任意随机事件也能用随机变量的取值来表示. 因此引入随机变量后,对孤立的随机事件及其概率的研究,就抽象为对随机变量的取值及其取值概率规律的研究. 对随机变量的这种研究是以后几章中概率论的中心内容.

2.1.2 随机变量的分布函数及其性质

通常我们称一个随机变量 X 取值的概率规律为随机变量 X 的分布,下面就来介绍描述随机变量分布的一种方法——随机变量的分布函数.

注意到,在随机变量的定义中,对任一实数 x,事件 $\{X \leqslant x\}$ 的概率 $P\{X \leqslant x\}$ 是依赖于 x 的函数,从而有如下定义.

定义 2.1.2 设 X 为随机变量,x 为任意实数,称函数
$$F(x) = P\{X \leqslant x\} = P\{\omega \mid X(\omega) \leqslant x\} \tag{2.1.1}$$
为随机变量 X 的分布函数(distribution function). 分布函数可简写为 d.f..

例 2.1.3 在例 2.1.2 中,X 的取值为 $0,1,2$,且 $P\{X=0\} = \dfrac{1}{4}$,$P\{X=1\} = \dfrac{1}{4}$,$P\{X=2\} = \dfrac{1}{2}$,求随机变量 X 的分布函数.

解 当 $x<0$ 时,$\{X \leqslant x\}$ 为不可能事件,因此 $F(x) = P\{X \leqslant x\} = P(\varnothing) = 0$;当 $0 \leqslant x < 1$ 时,$F(x) = P\{X \leqslant x\} = P(\{\omega_3\}) = P\{X=0\} = \dfrac{1}{4}$;当 $1 \leqslant x < 2$ 时,$F(x) = P\{X \leqslant x\} = P(\{\omega_2, \omega_3\}) = P\{X=0\} + P\{X=1\} = \dfrac{1}{2}$;当 $x \geqslant 2$ 时,$F(x) = P\{X \leqslant x\} = P(\{\omega_1, \omega_2, \omega_3\}) = P(\Omega) = 1$. 于是得 X 的分布函数
$$F(x) = \begin{cases} 0, & x < 0 \\ \dfrac{1}{4}, & 0 \leqslant x < 1 \\ \dfrac{1}{2}, & 1 \leqslant x < 2 \\ 1, & x \geqslant 2 \end{cases}$$

$F(x)$ 是一个阶梯函数,它的图形如图 2-1 所示.

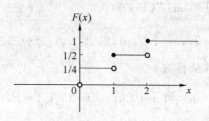

图 2-1

例 2.1.4 在区间 $[0,1]$ 上任取一点,以 X 表示取得点的坐标,则 X 为随机变量,求 X 的分布函数.

解 当 $x<0$ 时,由于取到点的坐标不可能为负值,因此 $\{X \leqslant x\}$ 为不可能事

件,于是 $F(x)=0$;当 $0 \leqslant x < 1$ 时,由几何概率计算公式,$F(x)=P\{X \leqslant x\}=P\{X \leqslant 0\}+P\{0 < X \leqslant x\}=x$;当 $x \geqslant 1$ 时,$F(x)=P\{X \leqslant x\}=P\{0 \leqslant X \leqslant 1\}=1$. 于是得 X 的分布函数

$$F(x)=\begin{cases} 0, & x<0 \\ x, & 0 \leqslant x<1 \\ 1, & x \geqslant 1 \end{cases}$$

此时 $F(x)$ 是一个连续函数,它的图形如图 2-2 所示.

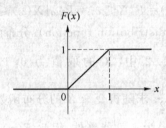

图 2-2

受此例的启发,若将 X 看成整个数轴上随机点的坐标,那么分布函数在 x 处的函数值 $F(x)$,就表示随机变量 X 落在区间 $(-\infty, x]$ 上的概率.

分布函数 $F(x)$ 具有以下基本性质:

$1°$ $F(x)$ 是一个不减函数,即若 $x_1 < x_2$,则 $F(x_1) \leqslant F(x_2)$;

$2°$ $0 \leqslant F(x) \leqslant 1$,且 $\lim\limits_{x \to -\infty} F(x)=0$, $\lim\limits_{x \to +\infty} F(x)=1$;

$3°$ $F(x)$ 右连续,即对任意实数 x,$F(x+0)=F(x)$.

证 $1°$ 若 $x_1 < x_2$,由于 $\{X \leqslant x_1\} \subset \{X \leqslant x_2\}$,从而有 $P\{X \leqslant x_1\} \leqslant P\{X \leqslant x_2\}$,于是 $F(x_1) \leqslant F(x_2)$.

$2°$ 由 $F(x)$ 的定义,显然有 $0 \leqslant F(x) \leqslant 1$,下证 $\lim\limits_{x \to -\infty} F(x)=0$.

利用性质 $1°$,只须证明 $\lim\limits_{n \to \infty} F(-n)=0$.

设事件 $A_n=\{X \leqslant -n\}$, $n=1,2,\cdots$,则 $A_1 \supset A_2 \supset \cdots \supset A_n \supset \cdots$ 且 $\bigcap\limits_{k=1}^{n} A_k = A_n$, $\bigcap\limits_{n=1}^{\infty} A_n = \varnothing$,于是由概率的连续性有

$$\lim_{n \to \infty} F(-n) = \lim_{n \to \infty} P(A_n) = P\left(\bigcap_{n=1}^{\infty} A_n\right) = P(\varnothing) = 0$$

类似可证 $\lim\limits_{x \to +\infty} F(x)=1$,请读者作为练习.

$3°$ 利用性质 $1°$,只须证明 $\lim\limits_{n \to \infty} F\left(x+\dfrac{1}{n}\right)=F(x)$.

设事件 $A=\{X \leqslant x\}$, $A_n=\left\{X \leqslant x+\dfrac{1}{n}\right\}$, $n=1,2,\cdots$,则 $A_1 \supset A_2 \supset \cdots \supset A_n \supset \cdots$ 且

$\bigcap_{k=1}^{n} A_k = A_n$, $\bigcap_{n=1}^{\infty} A_n = A$，由概率的连续性有

$$\lim_{n\to\infty} F\left(x+\frac{1}{n}\right) = \lim_{n\to\infty} P(A_n) = P\left(\bigcap_{n=1}^{\infty} A_n\right) = P(A) = F(x)$$

以上三条性质是分布函数的本质特征. 任一随机变量的分布函数必具有这三条性质；反之，可以证明若一个实函数具有这三条性质一定是某随机变量的分布函数.

利用分布函数 $F(x)$，还可以表达关于随机变量 X 其他事件的概率. 从这个意义上讲，分布函数完整地描述了随机变量 X 的统计规律. 例如：

(1) $P\{a < X \leqslant b\} = F(b) - F(a)$；

(2) $P\{X = b\} = F(b) - F(b-0)$；

(3) $P\{X < b\} = F(b-0)$；

(4) $P\{X > b\} = 1 - F(b)$；

(5) $P\{X \geqslant b\} = 1 - F(b-0)$；

(6) $P\{a < X < b\} = F(b-0) - F(a)$.

由以上的分析可见，分布函数是一种具有良好分析性质的普通实函数，若给定了随机变量 X 的分布函数就能计算出关于 X 各种事件的概率，因此引入分布函数使许多事件概率的问题归结为函数的运算，从而可以利用数学分析的许多结果来研究概率论的问题.

对于随机变量及其分布的研究，根据随机变量取值的特点，分为离散型和非离散型随机变量两类，而在非离散型随机变量中常见的是连续型随机变量. 下面我们就对离散型和连续型随机变量及其分布的特点作分别的讨论.

2.2 离散型随机变量及其分布律

对于离散型随机变量，其取值特点是只取有限个值或至多可列个值，因此这些值可以毫无遗漏地一一排列出来. 而其取值的概率规律只要知道它取每个值的概率即可，即下面将要定义的离散型随机变量的分布律.

2.2.1 离散型随机变量及其分布律

1. 离散型随机变量及其分布律的定义

定义 2.2.1 设 X 为一随机变量，若 X 的全部可能取值是有限个 $x_1, x_2, \cdots, x_n$ 或可列无限多个 $x_1, x_2, \cdots, x_n, \cdots$，则称随机变量 X 为离散型随机变量. 而称 X 取其每个可能值的概率，即下列一组概率

$$P\{X = x_k\} = p_k, \quad k = 1, 2, \cdots \tag{2.2.1}$$

为 X 的分布律(distributive law). 分布律可简写为 d.l..

离散型随机变量 X 的分布律又常用下面表格或图形(如图 2-3 所示)的方式表示(x_k 一般从小到大排列):

X	x_1	x_2	$\cdots$	x_k	$\cdots$
P	p_1	p_2	$\cdots$	p_k	$\cdots$

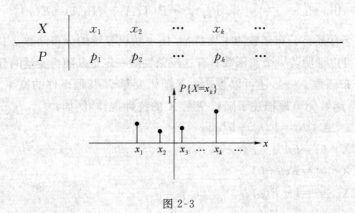

图 2-3

分布律具有下述性质:

$1°$(非负性)$p_k \geqslant 0, k=1,2,\cdots$;

$2°$(规范性)$\sum\limits_{k=1}^{\infty} p_k = 1.$

这是由于事件$\{X=x_1\},\cdots,\{X=x_k\},\cdots$两两互不相容,且和为必然事件,所以

$$\sum_{k=1}^{\infty} p_k = \sum_{k=1}^{\infty} P\{X=x_k\} = P\Big(\bigcup_{k=1}^{\infty}\{X=x_k\}\Big) = 1$$

例 2.2.1 袋中有 5 个编号为 1,2,3,4,5 的球,从中同时取出 3 个,以 X 表示取出球的最大编号,求 X 的分布律.

解 X 的取值为 3,4,5,取值的概率分别为

$$P\{X=3\} = \frac{1}{C_5^3} = \frac{1}{10}$$

$$P\{X=4\} = \frac{C_3^2}{C_5^3} = \frac{3}{10}$$

$$P\{X=5\} = \frac{C_4^2}{C_5^3} = \frac{6}{10}$$

于是 X 的分布律为

X	3	4	5
P	$\frac{1}{10}$	$\frac{3}{10}$	$\frac{6}{10}$

例 2.2.2 重复独立的进行伯努利试验,直到事件 A 出现 $r(r \geqslant 1)$ 次为止,求试验次数 X 的分布律,设每次试验事件 A 出现的概率为 p.

解 若当第 k 次试验时,事件 A 出现 r 次,则前 $k-1$ 次试验事件 A 恰出现

$r-1$ 次,利用式(1.4.4)有
$$P\{X=k\}=\mathrm{C}_{k-1}^{r-1}p^{r-1}q^{k-r}\cdot p=\mathrm{C}_{k-1}^{r-1}p^{r}q^{k-r},\ k=r,r+1,\cdots \quad (2.2.2)$$

若随机变量 X 的分布律为(2.2.2)式,则称 X 服从巴斯卡(Pascal)分布. 当 $r=1$ 时,(2.2.2)式为
$$P\{X=k\}=pq^{k-1},k=1,2,\cdots \quad (2.2.3)$$
此时称 X 服从几何分布,记为 $X\sim\mathrm{Ge}(p)$.

2. 分布律与分布函数的关系

设一离散型随机变量 X 的分布律为 $P\{X=x_k\}=p_k,k=1,2,\cdots$,由概率的可列可加性可得 X 的分布函数为
$$F(x)=P\{X\leqslant x\}=\sum_{x_k\leqslant x}P\{X=x_k\}=\sum_{x_k\leqslant x}p_k$$
这里的和式是对所有满足 $x_k\leqslant x$ 的 k 求和,即
$$F(x)=\begin{cases}0, & x<x_1 \\ p_1, & x_1\leqslant x<x_2 \\ p_1+p_2, & x_2\leqslant x<x_3 \\ \vdots & \vdots \\ \sum_{i=1}^{k}p_i, & x_k\leqslant x<x_{k+1} \\ \vdots & \vdots\end{cases}$$

由此看到,离散型随机变量的分布函数 $F(x)$ 是一阶梯函数,在 X 的每个可能值 $X=x_k(k=1,2,\cdots)$ 处有跳跃型间断点,其跳跃值为 $p_k=P\{X=x_k\}$.

由离散型随机变量 X 的分布函数的这一特点,若已知 X 的分布函数 $F(x)$,亦可求出 X 的分布律:
$$P\{X=x_k\}=F(x_k)-F(x_k-0),\quad k=1,2,3,\cdots$$

通过随机变量 X 的分布律,可求出任意事件的概率. 例如,求事件 $\{X\in B\}$ (B 为实轴上的一个区间)的概率 $P\{X\in B\}$,只需将属于 B 的 X 的可能取值找出来,把 X 取这些值的概率相加,即
$$P\{X\in B\}=\sum_{x_k\in B}p_k$$

例如在例 2.2.1 中,进一步可求得 $P\{X\leqslant 3\}=\dfrac{1}{10}$,$P\left\{\dfrac{7}{2}<X\leqslant 4\right\}=\dfrac{3}{10}$ 及 $P\{X>3\}=\dfrac{9}{10}$ 等.

可见,离散型随机变量 X 的分布律完整地描述了它的概率分布情况. 因此分布律和分布函数都可以描述 X 的分布. 而用分布律这种描述方法比分布函数要简单方便、直观,所以在实际使用中,常用分布律描述离散型随机变量的分布.

2.2.2 几种常见的离散型随机变量

1. 二项分布与 n 重伯努利试验

定义 2.2.2 若离散型随机变量 X 的分布律为
$$P\{X=k\}=C_n^k p^k q^{n-k},\ k=0,1,\cdots,n \tag{2.2.4}$$
其中 $0<p<1, q=1-p$，则称 X 服从参数为 n,p 的二项分布，记为 $X\sim b(n,p)$。

容易验证，(2.2.4) 满足分布律的两条性质：

$1°\ P\{X=k\}\geqslant 0, k=0,1,\cdots,n$;

$2°\ \sum\limits_{k=0}^{n} P\{X=k\}=\sum\limits_{k=0}^{n} C_n^k p^k q^{n-k}=(p+q)^n=1.$

注意到，在 n 重伯努利试验中，若以 X 表示事件 A 出现的次数，且每次试验中事件 A 发生的概率均为 p，则 X 的分布律恰为 (2.2.4) 式，因此 X 服从二项分布。

特别地，当 $n=1$ 时称 X 服从 (0-1) 分布，或 $X\sim b(1,p)$。

在伯努利试验中，若事件 A 发生的概率为 p，X 表示在一次伯努利试验中事件 A 发生的次数，即

$$X=\begin{cases}1, & A\text{ 发生} \\ 0, & A\text{ 不发生}\end{cases}$$

则 X 服从 (0-1) 分布。

例 2.2.3 某数字传输系统以每秒 512×10^3 个 0 或 1 的速度传送信息。由于存在干扰，传送过程中会出现误码，设误码率为 10^{-7}，求在 10 秒内出现 1 个误码的概率。

解 设 X 表示"10 秒内出现误码的个数"，则 $X\sim b(512\times 10^4, 10^{-7})$，于是所求概率为
$$P\{X=1\}=C_{512\times 10^4}^1 10^{-7}\cdot(1-10^{-7})^{512\times 10^4-1}$$

这里直接计算相当复杂。下面介绍的泊松 (Possion) 定理提供了在一定限制下近似计算 $C_n^k p^k q^{n-k}$ 的一个方法。

定理 2.2.1 （泊松定理）设 $\lambda>0$ 是一常数，n 是任意正整数，设 $np_n=\lambda$，则对于任一固定的非负整数 k，有
$$\lim_{n\to\infty} C_n^k p_n^k (1-p_n)^{n-k}=\frac{\lambda^k e^{-\lambda}}{k!} \tag{2.2.5}$$

证 由 $p_n=\dfrac{\lambda}{n}$，有

$$C_n^k p_n^k (1-p_n)^{n-k}=\frac{n(n-1)\cdots(n-k+1)}{k!}\left(\frac{\lambda}{n}\right)^k\left(1-\frac{\lambda}{n}\right)^{n-k}$$

$$=\frac{\lambda^k}{k!}\left[1\cdot\left(1-\frac{1}{n}\right)\cdot\left(1-\frac{2}{n}\right)\cdots\left(1-\frac{k-1}{n}\right)\right]\left(1-\frac{\lambda}{n}\right)^n\left(1-\frac{\lambda}{n}\right)^{-k}$$

对于任意固定的非负整数 k，当 $n\to\infty$ 时，

$$\left[1\cdot\left(1-\frac{1}{n}\right)\left(1-\frac{2}{n}\right)\cdots\left(1-\frac{k-1}{n}\right)\right]\to 1$$

$$\left(1-\frac{\lambda}{n}\right)^n\to e^{-\lambda}$$

$$\left(1-\frac{\lambda}{n}\right)^{-k}\to 1$$

于是(2.2.5)式成立.

定理的条件 $np_n=\lambda$,由于 λ 是常数,表明当 n 很大时,p_n 应很小. 因此,泊松定理的意义在于当 n 很大、p 很小时,有如下泊松近似公式:

$$C_n^k p^k(1-p)^{n-k}\approx\frac{\lambda^k e^{-\lambda}}{k!} \tag{2.2.6}$$

其中 $\lambda=np$.

从下面的表格中可以直观地看出(2.2.6)式的近似程度.

k	按二项分布公式直接计算				按泊松近似公式计算
	$n=10$	$n=20$	$n=40$	$n=100$	$\lambda=np=1$
	$p=0.1$	$p=0.05$	$p=0.25$	$p=0.01$	
0	0.349	0.358	0.369	0.366	0.368
1	0.385	0.377	0.372	0.370	0.368
2	0.194	0.189	0.186	0.185	0.184
3	0.057	0.060	0.060	0.061	0.061
4	0.011	0.013	0.014	0.015	0.015
>4	0.004	0.003	0.005	0.003	0.004

在实际计算中,当 $n\geqslant 20$,$p\leqslant 0.05$ 时应用(2.2.6)式一般可得到满意的结果. 而对(2.2.6)式右端常见的求和计算可以查表得到(见附表2).

用泊松近似公式计算例2.2.3,其中 $\lambda=np=512\times 10^4\times 10^{-7}=0.512$,于是

$$P\{X=1\}=C_{512\times 10^4}^1 10^{-7}\cdot(1-10^{-7})^{512\times 10^4-1}\approx\frac{0.512}{1!}e^{-0.512}=0.307$$

例2.2.4 保险公司设置一项汽车抢盗险,投保人每年交保费1000元,若一年内汽车发生抢盗,假设发生概率为 0.001,保险公司将赔付 10 万元,求:

(1) 设现有 500 辆汽车投保,保险公司赔本的概率;

(2) 若有 2000 辆汽车投保,保险公司盈利 100 万元的概率.

解 设 X 表示"一年内汽车发生抢盗的数量".

(1) 由题设 $X\sim b(500,0.001)$. 当 $500\times 1\,000-10^5 X<0$ 时,保险公司将赔本,于是保险公司赔本的概率

$$P\{500\times 1000-10^5 X<0\}=P\{X>5\}$$
$$=\sum_{k=6}^{500}C_{500}^k 10^{-3k}(1-10^{-3})^{500-k}$$

由于 $n=500$, $p=0.001$, 应用(2.2.6)式, $\lambda=np=0.5$, 于是查表得

$$P\{500\times 1000-10^5 X<0\}\approx \sum_{k=6}^{500}\frac{0.5^k}{k!}e^{-0.5}\approx \sum_{k=6}^{\infty}\frac{0.5^k}{k!}e^{-0.5}=0.000\,014$$

(2) 由题设 $X\sim b(2\,000,0.001)$. 保险公司盈利 100 万元的概率为

$$P\{2\,000\times 1\,000-10^5 X>10^6\}=P\{X<10\}=1-P\{X\geqslant 11\}$$

应用(2.2.6)式, $\lambda=np=2$, 于是

$$P\{X\geqslant 11\}=\sum_{k=11}^{2\,000}C_{2\,000}^k 10^{-3k}(1-10^{-3})^{2\,000-k}$$
$$\approx \sum_{k=11}^{2\,000}\frac{2^k}{k!}e^{-2}\approx \sum_{k=11}^{\infty}\frac{2^k}{k!}e^{-2}=0.000\,008$$

从而保险公司几乎肯定能够盈利 100 万元.

例 2.2.5 某证券营业部开有 1 000 个资金账户,每户 10 万元. 假设每日每个资金账户到营业部提取 20% 现金的概率为 0.006,问该营业部每日至少要准备多少现金才能以 95% 以上的概率满足客户提款的需求.

解 设营业部准备的现金数为 N 万元. 又设每日提取现金的客户数为 X,则 $X\sim b(1\,000,0.006)$,且每日提取现金的总数为 $2X$ 万元. 由题意,需求最小的 N,使 $P\{2X\leqslant N\}\geqslant 0.95$.

$$P\{2X\leqslant N\}=P\left\{X\leqslant \frac{N}{2}\right\}=\sum_{k=0}^{\frac{N}{2}}P\{X=k\}=\sum_{k=0}^{\frac{N}{2}}C_{1\,000}^k(0.006)^k(0.994)^{1\,000-k}$$

由于 n 很大, p 很小,应用(2.2.6)式, $\lambda=np=6$, 于是

$$\sum_{k=0}^{\frac{N}{2}}C_{1\,000}^k(0.006)^k(0.994)^{1\,000-k}\approx \sum_{k=0}^{\frac{N}{2}}\frac{6^k e^{-6}}{k!}\geqslant 0.95$$

可得: $\frac{N}{2}\geqslant 10$, 从而 $N\geqslant 20$, 即至少需准备 20 万元现金才能满足需求. 这里 $\sum_{k=0}^{9}\frac{6^k e^{-6}}{k!}=0.916\,1$, $\sum_{k=0}^{10}\frac{6^k e^{-6}}{k!}=0.957\,4$.

2. 泊松分布与泊松流

定义 2.2.3 设离散型随机变量 X 的分布律为

$$P\{X=k\}=\frac{\lambda^k e^{-\lambda}}{k!},\quad k=0,1,\cdots$$

其中 $\lambda>0$ 是常数.则称 X 服从参数为 λ 的泊松分布,记为 $X\sim \pi(\lambda)$.

显然, $P\{X=k\}=\frac{\lambda^k e^{-\lambda}}{k!}\geqslant 0$, $\sum_{k=0}^{\infty}P\{X=k\}=\sum_{k=0}^{\infty}\frac{\lambda^k e^{-\lambda}}{k!}=e^{-\lambda}\cdot e^{\lambda}=1$.

泊松定理指出,以 $n,p(np=\lambda)$ 为参数的二项分布,当 $n\to\infty$ 时趋于以 λ 为参数

的泊松分布,因此泊松分布是二项分布的极限分布.历史上,泊松分布就是作为二项分布的近似,由法国数学家泊松于 1837 年引入,之后,随着社会的发展和科技的进步,人们发现许多随机现象服从泊松分布.在科技领域中,例如在通信和网络等信息科学领域,包括卫星通信中信号和信息的接收、传递与管理,计算机网络信息的传输和网站的访问管理,自动化集成生产制造系统中物流及自动控制等,这些问题涉及排队论和可靠性,泊松分布都占有很突出的地位.在社会和经济生活中对服务的各种要求,例如医院门诊接待的病人数,公交站到来的乘客数,一般地,在服务系统中对服务的呼唤数,产品的缺陷数(如一本书一页中的印刷错误数、某地区在一天内邮递遗失的信件数),一定时期内出现的稀有事件数(如意外事故,灾害等),一个时间间隔内放射性物质发出的粒子数等都服从泊松分布.因此在运筹与管理科学中,泊松分布也起着重要的作用.由此看到,泊松分布广泛存在于社会生活的各个方面,是概率论中的一个重要分布.

下面我们从另一个角度引入泊松分布,介绍泊松流与泊松分布的关系.

在上面提到的例子中,若将对服务的呼唤,意外事故或放射性粒子等抽象为"质点",而每个"质点"出现的时刻是随机的,我们将这些在随机时刻相继出现的"质点"所形成的序列,称为"随机质点流".

定义 2.2.4 设 $X(t)$ 表示某随机质点流在 $(0,t]$ 时段内出现的质点数,并记 $p_k(t)=P\{X(t)=k\},k=0,1,\cdots$. 若随机质点流满足下列条件,则称它为泊松流:

(1) 增量独立性.在任意两个不相重叠的时段 $(s_i,t_i], i=1,2$ 内质点出现的个数(记为 $X(s_i,t_i)$)相互独立,即两事件 $\{X(s_i,t_i)=k_i\}, i=1,2$ 相互独立.

(2) 增量平稳性. $P\{X(s,s+t)=k\}=P\{X(t)=k\}=p_k(t),k=0,1,\cdots,s\geqslant 0$. 即在 $(s,s+t]$ 内出现的质点数只与时间间隔 t 有关而与时间起点 s 无关.

(3) 有限性.在任意有限长的时段内只有有限多个质点出现,即

$$P\{X(t)=\infty\}=0, \forall t\geqslant 0 \text{ 或 } \sum_{k=0}^{\infty}p_k(t)=P\{X(t)<\infty\}=1$$

且排除总也不来质点这种无意义的情况,即设 $p_0(t)$ 不恒为 1.

(4) 普通性.在充分小的时刻间隔 Δt 内,出现两个以上质点的概率可以忽略不计.即

$$\sum_{k=2}^{\infty}P\{X(t,t+\Delta t)=k\}=o(\Delta t)$$

下面证明在泊松流中,必存在 $\lambda>0$,使对一切 $t\geqslant 0$,有

$$p_k(t)=P\{X(t)=k\}=\frac{(\lambda t)^k e^{-\lambda t}}{k!}, k=0,1,\cdots \qquad (2.2.7)$$

事实上,对 $\Delta t>0$,考查 $p_k(t+\Delta t)$.由全概率公式,有

$$p_k(t+\Delta t) = \sum_{i=0}^{k} P\{X(t)=i\}P\{X(t,t+\Delta t)=k-i \mid X(t)=i\}$$

再由定义 2.2.4 中条件(1)及(2),得

$$p_k(t+\Delta t) = \sum_{i=0}^{k} P\{X(t)=i\}P\{X(\Delta t)=k-i\} \qquad (2.2.8)$$

特别地,$p_0(t+\Delta t)=p_0(t)p_0(\Delta t)$,由于 $p_0(t)$ 是 $(0,t]$ 时段内无质点出现的概率,所以 $p_0(t)$ 单调非增,从而存在 $0\leqslant a\leqslant 1$,使 $p_0(t)=a^t$. 若 $a=0$,则 $p_0(t)\equiv 0$,即对任一 $t>0$,$P\{X(t)>0\}=1$. 这表明不管多么短的时间间隔内都出现质点,因此在有限时间间隔内会出现无穷多的质点,与条件(3)矛盾. 若 $a=1$,则 $p_0(t)\equiv 1$,这表明在任意时段内都不出现质点,已不是我们讨论的质点流了. 于是有 $0<a<1$. 从而必有 $\lambda>0$,使

$$p_0(t)=e^{-\lambda t}$$

这样有

$$P\{X(\Delta t)=0\}=e^{-\lambda\Delta t}=1-\lambda\Delta t+o(\Delta t)$$

又由条件(4)有

$$P\{X(\Delta t)=1\}=1-P\{X(\Delta t)=0\}-\sum_{k=2}^{\infty}P\{X(t,t+\Delta t)=k\}=\lambda\Delta t+o(\Delta t)$$

因此(2.2.8)式可写为

$$\begin{aligned}p_k(t+\Delta t) &= P\{X(t)=k\}P\{X(\Delta t)=0\}+P\{X(t)=k-1\}P\{X(\Delta t)=1\}\\&\quad+\sum_{i=0}^{k-2}P\{X(t)=i\}P\{X(\Delta t)=k-i\}\\&= P\{X(t)=k\}(1-\lambda\Delta t+o(\Delta t))+P\{X(t)=k-1\}(\lambda\Delta t+o(\Delta t))\\&\quad+\sum_{i=0}^{k-2}P\{X(t)=i\}P\{X(\Delta t)=k-i\}\end{aligned}$$

而由条件(4)有

$$\sum_{i=0}^{k-2}P\{X(t)=i\}P\{X(\Delta t)=k-i\}\leqslant\sum_{k=2}^{\infty}P\{X(\Delta t)=k\}=o(\Delta t)$$

于是

$$p_k(t+\Delta t)=P\{X(t)=k\}(1-\lambda\Delta t)+P\{X(t)=k-1\}(\lambda\Delta t)+o(\Delta t)$$

或

$$\frac{p_k(t+\Delta t)-p_k(t)}{\Delta t}=\lambda[p_{k-1}(t)-p_k(t)]+\frac{o(\Delta t)}{\Delta t}$$

令 $\Delta t\to 0$,得微分方程:

$$p'_k(t)=\lambda[p_{k-1}(t)-p_k(t)]$$

由初值 $p_0(t)=e^{-\lambda t}$,解得 $p_1(t)=\lambda t e^{-\lambda t}$,进一步归纳可证得(2.2.7)式成立.

由泊松定理我们已经知道泊松分布可以看做二项分布的近似,现在又得到泊

松流有参数为 λt 的泊松分布. 在(2.2.7)式中若取 $t=1$,则得到下面结论:任何泊松流在单位时间内出现质点个数的分布,都服从参数为 λ 的泊松分布.因此泊松流是产生泊松分布的直接且最重要的背景.在第 4 章中,我们会看到 λ 的实际意义是单位时间内出现质点的平均个数,故称为泊松流的强度.

例 2.2.6 设某售后服务站的电话交换台每分钟接到的呼叫次数 X 服从参数 $\lambda=5$ 的泊松分布. 求:(1)在一分钟内恰接到 10 次呼叫的概率;(2)在一分钟内接到不超过 10 次呼叫的概率;(3)若在一分钟内一次呼叫需占用一条线路,该交换台至少要设置多少条线路才能保证以不低于 90% 的概率使用户呼叫时得到及时服务.

解 由题设 $X \sim \pi(5)$,其分布律为

$$P\{X=k\}=\frac{5^k e^{-5}}{k!}, k=0,1,\cdots$$

(1) 所求概率为 $P\{X=10\}=P\{X \geqslant 10\}-P\{X \geqslant 11\}$,经查附表 2 得

$$P\{X=10\}=\sum_{k=10}^{\infty}\frac{5^k e^{-5}}{k!}-\sum_{k=11}^{\infty}\frac{5^k e^{-5}}{k!}=0.0181$$

(2) 所求概率为 $P\{X \leqslant 10\}$,经查附表 2 得

$$P\{X \leqslant 10\}=1-P\{X \geqslant 11\}=0.9863$$

(3) 问题是求最小的设置线路条数 k,使 $P\{X \leqslant k\} \geqslant 0.9$,即

$$P\{X \leqslant k\}=1-P\{X \geqslant k+1\} \geqslant 0.9$$
$$P\{X \geqslant k+1\} \leqslant 0.1$$

查表得 $k+1 \geqslant 9$,即至少要设置 8 条线路才能符合要求.

2.3 连续型随机变量及其概率密度

在除离散型随机变量外的非离散型随机变量中,有一类最常见的也是最重要的随机变量,这类随机变量的特征是它的取值不能像离散型随机变量那样可以一一排列出来,但它的分布函数可以写为一个非负函数积分上限(下限取 $-\infty$)的函数.如在本章 2.1 小节例 2.1.4 中,随机变量 X 的取值充满了 $[0,1]$ 区间,因此不能一一排列出来,其分布函数

$$F(x)=\begin{cases} 0, & x<0 \\ x, & 0 \leqslant x<1 \\ 1, & x \geqslant 1 \end{cases}$$

是连续函数,且容易验证 $F(x)$ 可表示为

$$F(x)=\int_{-\infty}^{x}f(t)dt$$

其中

$$f(x)=\begin{cases} 1, & 0<x<1 \\ 0, & 其他 \end{cases}$$

具有这样特征的随机变量就是下面将要定义的连续型随机变量.

2.3.1 连续型随机变量及其概率密度

定义 2.3.1 设随机变量 X 的分布函数为 $F(x)$,若存在非负函数 $f(x)$,使对于任意实数 x,有

$$F(x) = \int_{-\infty}^{x} f(t)\mathrm{d}t$$

则称 X 为连续型随机变量,其中函数 $f(x)$ 称为随机变量 X 的概率密度函数,简称为概率密度(probability density). 概率密度可简写为 p.d..

连续型随机变量的分布函数 $F(x)$ 具有下列性质:

1° 连续型随机变量的分布函数 $F(x)$ 是连续函数.

2° 对于连续型随机变量 X,它取任一指定实数 a 的概率均为零,即 $P\{X=a\}=0$.

事实上,设 X 的分布函数为 $F(x)$,则

$$P\{X=a\} = F(a) - F(a-0)$$

而 $F(x)$ 为连续函数,所以有 $F(a-0)=F(a)$,于是 $P\{X=a\}=0$.

性质 2° 表明,虽然 $P\{X=a\}=0$,但事件 $\{X=a\}$ 并非不可能事件. 就是说,若 A 是不可能事件,则有 $P(A)=0$;反之,若 $P(A)=0$,则 A 并不一定是不可能事件. 同样的,对必然事件也有类似的结论. 因此,在计算连续型随机变量 X 落在某一区间上的概率时,不必区分该区间是开区间还是闭区间或半开区间. 例如有

$$P\{a<X\leqslant b\} = P\{a\leqslant X<b\} = P\{a<X<b\} = P\{a\leqslant X\leqslant b\}$$

连续型随机变量的概率密度 $f(x)$ 具有下列性质:

1° $f(x) \geqslant 0$. (2.3.1)

2° $\int_{-\infty}^{+\infty} f(t)\mathrm{d}t = 1$. (2.3.2)

这是因为 $F(+\infty) = \int_{-\infty}^{+\infty} f(t)\mathrm{d}t = 1$.

反之,满足(2.3.1),(2.3.2)式的一个可积函数 $f(x)$ 必是某连续型随机变量 X 的概率密度,因此,常用这两条性质检验 $f(x)$ 是否为概率密度.

3° X 落在区间 $(x_1, x_2]$ 的概率为

$$P\{x_1 < X \leqslant x_2\} = \int_{x_1}^{x_2} f(x)\mathrm{d}x \qquad (2.3.3)$$

这是因为 $P\{x_1 < X \leqslant x_2\} = F(x_2) - F(x_1) = \int_{x_1}^{x_2} f(x)\mathrm{d}x$.

(2.3.2)式的几何意义是介于曲线 $y=f(x)$ 与 x 轴之间的面积为 1,如图 2-4 所示. (2.3.3)式的几何意义是 X 落在区间 $(x_1, x_2]$ 的概率 $P\{x_1<X\leqslant x_2\}$ 等于区间 $(x_1, x_2]$ 上曲线 $y=f(x)$ 之下的曲边梯形的面积,如图 2-5 所示. 将(2.3.3)式用于区间 $(x, x+\Delta x)$,有

$$P\{x < X < x+\Delta x\} = \int_{x}^{x+\Delta x} f(x)\mathrm{d}x \approx f(x)\Delta x$$

图 2-4　　　　　　　　　　　图 2-5

因此当 Δx 很小时,随机变量 X 落在 x 附近的概率近似为 $f(x)\Delta x$.

4° 若 $f(x)$ 在点 x 处连续,则有

$$F'(x)=f(x) \tag{2.3.4}$$

这是因为 $F(x)=\int_{-\infty}^{x}f(t)\mathrm{d}t$,当 $f(x)$ 在点 x 处连续时,$F(x)$ 在点 x 处可导,且 $F'(x)=f(x)$.(2.3.4)式常用于已知连续型随机变量 X 的分布函数,求其概率密度.至于 $f(x)$ 在间断点处的函数值可任意给出非负值.

此外,由(2.3.4)式,在 $f(x)$ 的连续点 x 处有

$$f(x)=\lim_{\Delta x\to 0+}\frac{F(x+\Delta x)-F(x)}{\Delta x}=\lim_{\Delta x\to 0+}\frac{P(x<X\leqslant x+\Delta x)}{\Delta x}$$

因此看到概率密度 $f(x)$ 反映了概率在 x 点处的"密集程度".这与物理学中的线密度的意义相类似.且若非均匀直线的线密度为 $f(x)$,则在区间 (x_1,x_2) 上直线的质量为 $\int_{x_1}^{x_2}f(x)\mathrm{d}x$.

以后当我们提到一个随机变量 X 的"概率分布"时,指的是它的分布函数;或者,当 X 是离散型随机变量时,指的是它的分布律,当 X 是连续型随机变量时,指的是它的概率密度.

例 2.3.1　设随机变量 X 具有概率密度

$$f(x)=\begin{cases}Ax, & 1<x\leqslant 2\\ B, & 2<x\leqslant 3\\ 0, & 其他\end{cases}$$

且 $P\{1<X\leqslant 2\}=P\{2<X\leqslant 3\}$,(1) 试确定常数 A,B;(2) 求 X 的分布函数 $F(x)$.

解　(1) 由于 $\int_{-\infty}^{+\infty}f(x)\mathrm{d}x=\int_{1}^{2}Ax\mathrm{d}x+\int_{2}^{3}B\mathrm{d}x=1$,得 $\frac{3}{2}A+B=1$,又已知 $P\{1<X\leqslant 2\}=P\{2<X<3\}$,从而有 $\int_{1}^{2}Ax\mathrm{d}x=\int_{2}^{3}B\mathrm{d}x$,得 $\frac{3}{2}A=B$,于是 $A=\frac{1}{3}$,$B=\frac{1}{2}$.

(2) 当 $x<1$ 时:

$$F(x)=\int_{-\infty}^{x}f(t)\mathrm{d}t=0$$

当 $1\leqslant x<2$ 时:

$$F(x) = \int_{-\infty}^{x} f(t)dt = \int_{1}^{x} \frac{t}{3}dt = \frac{1}{6}(x^2 - 1)$$

当 $2 \leqslant x < 3$ 时：

$$F(x) = \int_{-\infty}^{x} f(t)dt = \int_{1}^{2} \frac{t}{3}dt + \int_{2}^{x} \frac{1}{2}dt = \frac{1}{2}(x-1)$$

当 $x \geqslant 3$ 时：

$$F(x) = \int_{-\infty}^{x} f(t)dt = \int_{1}^{2} \frac{t}{3}dt + \int_{2}^{3} \frac{1}{2}dt = 1$$

于是

$$F(x) = \begin{cases} 0, & x < 1 \\ \frac{1}{6}(x^2 - 1), & 1 \leqslant x < 2 \\ \frac{1}{2}(x-1), & 2 \leqslant x < 3 \\ 1, & x \geqslant 3 \end{cases}$$

例 2.3.2 试确定常数 A, B 使得函数

$$F(x) = \begin{cases} Ae^x, & x < 0 \\ B - Ae^{-x}, & x \geqslant 0 \end{cases}$$

为连续型随机变量 X 的分布函数，并求出 X 的概率密度及概率 $P\{-1 < X < 2\}$。

解 由分布函数的性质知：

$$1 = \lim_{x \to +\infty} F(x) = B$$

所以 $B = 1$

又由连续型随机变量分布函数的连续性，$F(x)$ 在 $x=0$ 处连续，有 $F(0-0) = F(0)$，即 $A = 1 - A$，所以 $A = \frac{1}{2}$，于是 X 的分布函数为

$$F(x) = \begin{cases} \frac{1}{2}e^x, & x < 0 \\ 1 - \frac{1}{2}e^{-x}, & x \geqslant 0 \end{cases}$$

从而 X 的概率密度为

$$f(x) = \begin{cases} \frac{1}{2}e^x, & x < 0 \\ \frac{1}{2}e^{-x}, & x \geqslant 0 \end{cases} = \frac{1}{2}e^{-|x|}$$

$$P\{-1 < X < 2\} = F(2) - F(-1) = 1 - \frac{1}{2}e^{-2} - \frac{1}{2}e^{-1}$$

2.3.2 三种重要的连续型随机变量

1. 均匀分布与舍入误差

定义 2.3.2 设连续型随机变量 X 具有概率密度

$$f(x) = \begin{cases} \dfrac{1}{b-a}, & a < x < b \\ 0, & \text{其他} \end{cases}$$

则称 X 在区间 (a,b) 上服从均匀分布,记为 $X \sim U(a,b)$.

易知 X 的分布函数为

$$F(x) = \begin{cases} 0, & x < a \\ \dfrac{x-a}{b-a}, & a \leqslant x < b \\ 1, & x \geqslant b \end{cases}$$

$f(x)$ 及 $F(x)$ 的图形分别如图 2-6 及 2-7 所示.

图 2-6　　　　　　　　　　图 2-7

若 $X \sim U(a,b)$,则对于任意的区间 $(c, c+l) \subset (a,b)$,有

$$P\{c < X < c+l\} = \int_c^{c+l} \frac{1}{b-a} \mathrm{d}x = \frac{l}{b-a}$$

这表明 X 落在 (a,b) 内同样长的子区间的概率是相同的,这个概率只依赖于区间的长度而不依赖于区间的位置. 这一特性刻画了均匀分布的本质.

在应用中,定点计算时的舍入误差 X 可认为服从均匀分布. 例如,若运算中的数据只保留小数点后 5 位,第 6 位四舍五入,则可认为 $X \sim U(-0.5 \times 10^{-5}, 0.5 \times 10^{-5})$. 有了这样的假定,就可以对经过大量计算后的数据进行误差分析. 又如,在区间 (a,b) 上随机取点,则取得点的坐标 $X \sim U(a,b)$. 这些例子都可以看成产生均匀分布的实际背景.

例 2.3.3　某公共汽车站从上午 7 时起,每 15 分钟来一班车,即 7:00,7:15,7:30,7:45 等时刻有汽车到达此站,如果乘客到达此站的时间在 7:00~7:30 之间是等可能的,试求他候车时间少于 5 分钟的概率 p.

解　设 X 表示"乘客到达此站的时间",若以 7:00 为时间起点 0,以分为单位,依题意,$X \sim U(0,30)$,即其概率密度为

$$f(x) = \begin{cases} \dfrac{1}{30}, & 0 < x < 30 \\ 0, & \text{其他} \end{cases}$$

为使候车时间少于 5 分钟,乘客必须在 7:10~7:15 之间,或在 7:25~7:30 之间到达车站. 于是

$$\begin{aligned} p &= P(\{10 < X < 15\} \cup \{25 < X < 30\}) \\ &= P\{10 < X < 15\} + P\{25 < X < 30\} \\ &= \int_{10}^{15} \frac{1}{30} \mathrm{d}x + \int_{25}^{30} \frac{1}{30} \mathrm{d}x = \frac{1}{3} \end{aligned}$$

即乘客候车时间少于5分钟的概率是 $\frac{1}{3}$.

2. 泊松流与指数分布

在上一节中,得到:泊松流在 $(0,t]$ 时间内出现质点的个数 X 服从参数为 λt 的泊松分布.现在若令 T_1 表示第一个质点出现的时间,则 T_1 为随机变量.下面求 T_1 的概率分布.

由于 $t>0$ 时,事件 $\{T_1>t\}$ 表示在 $(0,t]$ 时间内没有质点出现,即
$$\{T_1>t\}=\{X(t)=0\}$$
从而 $F(t)=P\{T_1\leqslant t\}=1-P\{T_1>t\}=1-P\{X(t)=0\}=1-e^{-\lambda t}$

当 $t\leqslant 0$ 时,$F(t)=P\{T_1\leqslant t\}=0$,于是 T_1 的分布函数为
$$F(t)=\begin{cases}1-e^{-\lambda t}, & t>0\\ 0, & t\leqslant 0\end{cases}$$

T_1 的概率密度为
$$f(t)=\begin{cases}\lambda e^{-\lambda t}, & t>0\\ 0, & t\leqslant 0\end{cases}$$

这就是指数分布的概率模型.

定义 2.3.3 设连续型随机变量 X 的概率密度为
$$f(x)=\begin{cases}\lambda e^{-\lambda x}, & x>0\\ 0, & x\leqslant 0\end{cases}$$

其中 $\lambda>0$ 为常数,则称 X 服从参数为 λ 的指数分布,记为 $X\sim Ex(\lambda)$.

指数分布的分布函数为
$$F(x)=\begin{cases}1-e^{-\lambda x}, & x>0\\ 0, & x\leqslant 0\end{cases}$$

$f(x)$ 及 $F(x)$ 的图形分别如图 2-8 及 2-9 所示.

图 2-8　　　　　　　　图 2-9

由指数分布的产生背景可知,在应用中指数分布常作为某些等待时间的概率分布.例如一些产品、设备、系统的使用寿命,排队模型中的服务时间等.

指数分布的一个重要特性是"无记忆性".设随机变量 X 若满足:对于任意的 $s>0, t>0$,有
$$P\{X\geqslant s+t|X\geqslant s\}=P\{X\geqslant t\} \tag{2.3.5}$$

则称随机变量 X 具有无记忆性.

事实上,设随机变量 $X\sim Ex(\lambda)$,则对于任意的 $s>0, t>0$:

$$P\{X\geqslant s+t \mid X\geqslant s\} = \frac{P\{X\geqslant s+t, X\geqslant s\}}{P\{X\geqslant s\}}$$

$$= \frac{P\{X\geqslant s+t\}}{P\{X\geqslant s\}} = \frac{\mathrm{e}^{-\lambda(s+t)}}{\mathrm{e}^{-\lambda s}} = \mathrm{e}^{-\lambda t}$$

于是 $P\{X\geqslant s+t \mid X\geqslant s\} = P\{X\geqslant t\}$.

假设某种产品的寿命 $X\sim \mathrm{Ex}(\lambda)$，(2.3.5)式表明，无论它已经使用了多长时间 s，它能再使用一段时间 t 的概率与一件新产品能使用到时间 t 的概率相同. 或说这种产品"永远年轻"无老化现象. 这说明用指数分布作为寿命的分布是有缺陷的. 但由于在一段时间内产品(或人)的老化现象很小，人们仍然愿意采用这种易于计算的分布作为寿命的概率模型.

例 2.3.4 某仪器装有 5 只独立工作的同型号电子元件，每电子元件的寿命均服从参数为 $\dfrac{1}{1\,000}$ 的指数分布(单位是小时)，求此仪器在 1 000 小时内恰好有两个电子元件损坏的概率.

解 设每元件的使用寿命为 X，则 $X\sim \mathrm{Ex}\left(\dfrac{1}{1\,000}\right)$，即

$$f(x) = \begin{cases} \dfrac{1}{1\,000}\mathrm{e}^{\frac{-x}{1\,000}}, & x>0 \\ 0, & x\leqslant 0 \end{cases}$$

于是，每个电子元件的寿命小于 1 000 小时的概率为

$$p = P\{X<1\,000\} = \int_0^{1\,000} \frac{1}{1\,000}\mathrm{e}^{\frac{-x}{1\,000}}\mathrm{d}x = 1-\mathrm{e}^{-1}$$

又设 Y 为仪器中寿命小于 1 000 小时的这种电子元件数，则 $Y\sim b(5, 1-\mathrm{e}^{-1})$.
于是，仪器在 1 000 小时内恰好有两个电子元件损坏的概率为

$$P\{Y=2\} = C_5^2 (1-\mathrm{e}^{-1})^2 (\mathrm{e}^{-1})^3 = 10\mathrm{e}^{-3}(1-\mathrm{e}^{-1})^2$$

3. 正态分布与误差分析

定点近似计算的舍入误差服从均匀分布，但不是所有的误差都是均匀分布的，例如在机加工中对加工出的零件直径、长度等的测量误差就不服从均匀分布，统计发现，测量误差的数据大多数集中在某一个值附近，离此值越远数据越少，并且对这个值两边偏离一个相同范围的可能性相同，即这种测量误差的分布具有对称、非均匀、中间大两头小的特点. 这些正是正态分布的特点. 正态分布是由高斯(Gauss)在研究误差理论时发现的，因此又称为高斯分布. 下面给出其定义.

(1) 参数为 μ, σ^2 的正态分布

定义 2.3.4 设随机变量 X 的概率密度为

$$f(x) = \frac{1}{\sqrt{2\pi}\sigma}\mathrm{e}^{-\frac{(x-\mu)^2}{2\sigma^2}}, \quad -\infty<x<+\infty$$

其中 $\mu, \sigma(\sigma>0)$ 为常数，则称 X 服从参数为 μ, σ^2 的正态分布，记为 $X\sim N(\mu, \sigma^2)$.

首先验证 $f(x)$ 是一个合理的概率密度函数. 显然 $f(x) \geqslant 0$, 下面证明 $\int_{-\infty}^{+\infty} f(x) \mathrm{d}x = 1$.

$$\int_{-\infty}^{+\infty} f(x) \mathrm{d}x = \int_{-\infty}^{+\infty} \frac{1}{\sqrt{2\pi}\sigma} \mathrm{e}^{-\frac{(x-\mu)^2}{2\sigma^2}} \mathrm{d}x$$

对此积分作代换 $t = \dfrac{x-\mu}{\sigma}$, 则

$$\int_{-\infty}^{+\infty} \frac{1}{\sqrt{2\pi}\sigma} \mathrm{e}^{-\frac{(x-\mu)^2}{2\sigma^2}} \mathrm{d}x = \int_{-\infty}^{+\infty} \frac{1}{\sqrt{2\pi}\sigma} \mathrm{e}^{-\frac{t^2}{2}} \sigma \mathrm{d}t = \frac{1}{\sqrt{2\pi}} \int_{-\infty}^{+\infty} \mathrm{e}^{-\frac{t^2}{2}} \mathrm{d}t$$

由于 $\int_{-\infty}^{+\infty} \mathrm{e}^{-\frac{t^2}{2}} \mathrm{d}t = \sqrt{2\pi}$, 于是 $\int_{-\infty}^{+\infty} f(x) \mathrm{d}x = 1$.

用分析法作 $f(x)$ 的图形(如图 2-10 所示), 易知它有如下特点:

1° 曲线关于 $x = \mu$ 对称, 这表明对于任意 $h > 0$, 有

$$P\{\mu - h < X \leqslant \mu\} = P\{\mu < X \leqslant \mu + h\}$$

2° $x = \mu$ 为函数 $f(x)$ 的最大值点且最大值为

$$f(\mu) = \frac{1}{\sqrt{2\pi}\sigma}$$

且 X 离 μ 越远, $f(x)$ 的值越小, 这表明对于同样长度的区间, 区间离 μ 越远, X 落在这个区间上的概率就越小.

3° 在 $x = \mu \pm \sigma$ 处曲线有拐点, 又由于 $\lim\limits_{x \to \infty} f(x) = 0$, 所以曲线以 x 轴为水平渐近线.

4° 如果固定 σ, 改变 μ 的值, 则图形沿着 x 轴平移, 而不改变其形状(如图 2-11(a)所示), 可见正态分布的概率密度曲线 $y = f(x)$ 的位置完全由参数 μ 所确定, μ 称为位置参数.

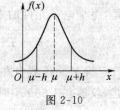

图 2-10

如果固定 μ, 改变 σ, 由于最大值 $f(\mu) = \dfrac{1}{\sqrt{2\pi}\sigma}$, 可知当 σ 越小时图形变得越尖(如图 2-11(b)所示), 因而 X 落在 μ 附近的概率越大.

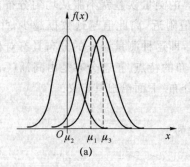
(a)

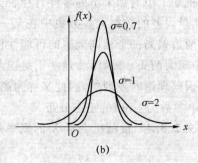
(b)

图 2-11

若 $X \sim N(\mu,\sigma^2)$，X 的分布函数为

$$F(x) = \frac{1}{\sqrt{2\pi}\sigma}\int_{-\infty}^{x} e^{-\frac{(t-\mu)^2}{2\sigma^2}} dt \qquad (2.3.6)$$

它的图形如图 2-12 所示.

正态分布是应用最广泛的一种连续型分布. 在第 4 章中心极限定理中我们将看到，如果一随机现象是由许多独立随机因素的作用总和构成，而各随机因素在此随机现象中都不起主要作用，那么这个随机现象的概率模型就近似为正态分布模型. 因此服从或近似服从正态分布的随机变量广泛存在于客

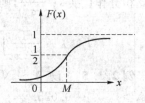

图 2-12

观世界中. 如测量的误差，在正常条件下各种产品的质量指标（如零件的尺寸、重量等），农作物的产量，射击目标的水平或垂直偏差，信号噪声等，都服从或近似服从正态分布.

(2) 标准正态分布

定义 2.3.5 $\mu=0,\sigma=1$ 时的正态分布，称为标准正态分布. 即若 X 的概率密度为

$$\varphi(x) = \frac{1}{\sqrt{2\pi}} e^{-\frac{x^2}{2}}$$

称 X 服从标准正态分布，记为 $X \sim N(0,1)$.

标准正态分布的概率密度 $\varphi(x)$ 的曲线如图 2-13(a) 所示.

标准正态分布的分布函数为 $\Phi(x) = \dfrac{1}{\sqrt{2\pi}}\int_{-\infty}^{x} e^{-\frac{t^2}{2}} dt$，曲线如图 2-13(b) 所示.

由于 $\Phi(x)$ 写不出它的解析表达式，通过近似计算方法求出的函数值列于附表 3.

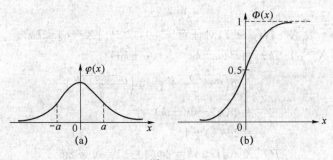

图 2-13

容易证明对 $\Phi(x)$ 有如下常用性质：

1° 对于任意实数 x，有 $\Phi(x) + \Phi(-x) = 1$；

2° $\Phi(0) = \dfrac{1}{2}$；

3° 若 $X \sim N(\mu,\sigma^2)$，分布函数为 $F(x)$，则 $F(x) = \Phi\left(\dfrac{x-\mu}{\sigma}\right)$.

只证性质 3°. 事实上，X 的分布函数为

$$F(x) = \frac{1}{\sqrt{2\pi}\,\sigma}\int_{-\infty}^{x} e^{-\frac{(t-\mu)^2}{2\sigma^2}} dt$$

对此积分作代换 $s=\dfrac{t-\mu}{\sigma}$，则

$$F(x) = \frac{1}{\sqrt{2\pi}\,\sigma}\int_{-\infty}^{x} e^{-\frac{(t-\mu)^2}{2\sigma^2}} dt = \frac{1}{\sqrt{2\pi}}\int_{-\infty}^{\frac{x-\mu}{\sigma}} e^{-\frac{s^2}{2}} ds = \Phi\left(\frac{x-\mu}{\sigma}\right)$$

例 2.3.5 设 $X \sim N(0,1)$，(1) 求 $P\{|X|<1.54\}$；(2) 求 $z_{0.025}$ 使得 $P\{X>z_{0.025}\}=0.025$.

解 (1) $P\{|X|<1.54\}=\Phi(1.54)-\Phi(-1.54)=2\Phi(1.54)-1=0.8764$

(2) $P\{X>z_{0.025}\}=1-P\{X\leqslant z_{0.025}\}=0.025$，即 $P\{X\leqslant z_{0.025}\}=0.975$，反查表得 $z_{0.025}=1.96$.

一般地，在数理统计中，设 $X \sim N(0,1)$，若 z_α 满足

$$P\{X>z_\alpha\}=\alpha, \quad 0<\alpha<1$$

则称点 z_α 为标准正态分布的上 α 分位点(如图 2-14 所示)。由标准正态分布的概率密度 $\varphi(x)$ 的对称性有 $z_{1-\alpha}=-z_\alpha$.

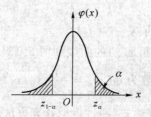

图 2-14

例 2.3.6 设 $X \sim N(\mu, \sigma^2)$，对任意 $k>0$，求 $P\{|X-\mu|<k\sigma\}$.

解 $P\{|X-\mu|<k\sigma\}=P\{\mu-k\sigma<X<\mu+k\sigma\}$

$$=\Phi\left(\frac{\mu+k\sigma-\mu}{\sigma}\right)-\Phi\left(\frac{\mu-k\sigma-\mu}{\sigma}\right)$$
$$=\Phi(k)-\Phi(-k)$$
$$=2\Phi(k)-1$$

特别地，
$$P\{|X-\mu|<\sigma\}=2\Phi(1)-1=0.6826$$
$$P\{|X-\mu|<2\sigma\}=2\Phi(2)-1=0.9544$$
$$P\{|X-\mu|<3\sigma\}=2\Phi(3)-1=0.9974$$

由此计算结果看到，尽管正态随机变量的取值为 $(-\infty, +\infty)$，但在应用中，X 几乎总落在 $(\mu-3\sigma, \mu+3\sigma)$ 区间内，这一规律称为"3σ 规则".

例 2.3.7 设某种测量方法的随机误差 $X \sim N(0, 10^2)$，试求在 100 次独立重复测量中至少有三次测量误差的绝对值大于 19.6 的概率.

解 设 p 为一次测量误差的绝对值大于 19.6 的概率,则
$$p = P\{|X|>19.6\} = 1 - P\{|X|\leqslant 19.6\}$$
$$= 1 - \Phi(1.96) + \Phi(-1.96)$$
$$= 2 - 2\Phi(1.96)$$
$$= 0.05$$

又设 Y 表示 100 次独立测量中测量误差的绝对值大于 19.6 出现的次数,则 $Y \sim b(100, 0.05)$,所求概率为 $P\{Y \geqslant 3\}$,并用泊松近似公式(2.2.6)计算,其中 $\lambda = np = 100 \times 0.05 = 5$,于是

$$P\{Y \geqslant 3\} = \sum_{k=3}^{100} C_{100}^k 0.05^k 0.95^{100-k} \approx \sum_{k=3}^{\infty} \frac{5^k e^{-5}}{k!} = 0.8753$$

即在 100 次独立重复测量中至少有三次测量误差的绝对值大于 19.6 的概率为 0.8753.

4. 其他常用的连续型随机变量

设连续型随机变量 X 具有概率密度

$$f(x) = \begin{cases} \dfrac{\beta^\alpha}{\Gamma(\alpha)} x^{\alpha-1} e^{-\beta x}, & x>0 \\ 0, & x \leqslant 0 \end{cases} \tag{2.3.7}$$

$\alpha > 0, \beta > 0$ 为常数,则称 X 服从参数为 α 和 β 的 Γ 分布,记为 $X \sim \Gamma(\alpha, \beta)$. 其中 $\Gamma(x) = \int_0^{+\infty} s^{x-1} e^{-s} ds, x>0$,且有性质 $\Gamma(x+1) = x\Gamma(x)$,$\Gamma(k) = (k-1)!$,$\Gamma\left(\dfrac{1}{2}\right) = \sqrt{\pi}$.

在泊松流中,若令 T_n 表示第 n 个质点出现的时间,则可以证明 T_n 的概率密度为

$$f(t) = \begin{cases} \dfrac{\lambda^n}{\Gamma(n)} t^{n-1} e^{-\lambda t}, & t>0 \\ 0, & t \leqslant 0 \end{cases}$$

即 $T_n \sim \Gamma(n, \lambda)$.

由指数分布及 Γ 分布的概率模型可知,某种产品出现第一次故障的时间,其概率分布可设为指数分布.而产品出现第 n 次故障的时间,就可设为 Γ 分布.特别地,当 $n=1$ 时,$\Gamma(1, \lambda)$ 分布就是参数为 λ 的指数分布.

2.4 随机变量函数的分布

在实践中,常常需要处理这样的随机问题:若已知随机变量 X 及其分布,我们关心的是 X 的某随机变量函数 $Y = g(X)$ 的分布(其中 $y = g(x)$ 是 x 的一个实值连续函数),并希望通过 X 的分布求得 Y 的分布.例如在通信中处理随机噪声

问题时,可以通过测量得到 $t=t_0$ 时刻噪声电压 V 的分布(如图 2-15 所示为一次测量得到的噪声电压曲线),需要求出功率 $W=\dfrac{V^2}{R}$ (R 是常数)的分布.这里由于 V 是试验结果的函数,因而 W 也是试验结果的函数,即 W 也是一个随机变量.这类问题一般的提法是,设 $y=g(x)$ 是一个实值连续函数,X 为定义在样本空间 Ω 上的随机变量,令 $Y=g(X)$,则 Y 也是定义在 Ω 上的随机变量.若 X 的分布已知,如何求出随机变量函数 Y 的分布.本节我们就对离散型及连续型随机变量函数分别进行讨论.

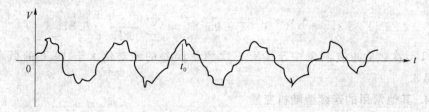

图 2-15

2.4.1 离散型随机变量函数的分布

设 X 是离散型随机变量,则 $Y=g(X)$ 也是离散型随机变量.此时,只需由 X 的分布律求得 Y 的分布律即可.

例 2.4.1 设离散型随机变量 X 的分布律为

X	-1	0	1	2	3
P	$\dfrac{2}{10}$	$\dfrac{1}{10}$	$\dfrac{1}{10}$	$\dfrac{3}{10}$	$\dfrac{3}{10}$

求:(1) $Y_1=X-1$; (2) $Y_2=-2X^2$ 的分布律.

解 由 X 的分布律可得下表:

P	$\dfrac{2}{10}$	$\dfrac{1}{10}$	$\dfrac{1}{10}$	$\dfrac{3}{10}$	$\dfrac{3}{10}$
X	-1	0	1	2	3
Y_1	-2	-1	0	1	2
Y_2	-2	0	-2	-8	-18

(1) $Y_1=X-1$ 的所有可能取值为 $-2,-1,0,1,2$,且 $P\{Y_1=-2\}=P\{X=-1\}=\dfrac{2}{10}$,其余类似可得.于是 $Y_1=X-1$ 的分布律为

Y_1	-2	-1	0	1	2
P	$\frac{2}{10}$	$\frac{1}{10}$	$\frac{1}{10}$	$\frac{3}{10}$	$\frac{3}{10}$

(2) 只要注意到 $P\{Y_2=-2\}=P\{X=1\}+P\{X=-1\}=\frac{1}{10}+\frac{2}{10}=\frac{3}{10}$, 易得 Y_2 的分布律为

Y_2	-18	-8	-2	0
P	$\frac{3}{10}$	$\frac{3}{10}$	$\frac{3}{10}$	$\frac{1}{10}$

通过此例,我们总结出离散型随机变量函数 $Y=g(X)$ 分布律的一般求法如下:

$1°$ 先由 X 的取值 $x_k, k=1,2,\cdots$, 求出 Y 的可能取值 $y_k=g(x_k), k=1,2,\cdots$;

$2°$ 再求 Y 取各值的概率. 若诸 y_k 都不相同, 则由 $P\{Y=y_k\}=P\{X=x_k\}$, $k=1,2,\cdots$, 便直接得到 Y 的分布律; 若诸 y_k 中有某些值相同, 则把相应的值合并, 将对应的取值 x_k 的概率相加即可.

2.4.2 连续型随机变量函数的分布

设 X 为连续型随机变量且具有概率密度 $f_X(x)$, 又 $Y=g(X)$, 一般地, Y 也是连续型随机变量. 若 Y 是连续型随机变量, 现考虑求出 Y 的概率密度 $f_Y(y)$.

1. 分布函数法

为求 Y 的概率密度 $f_Y(y)$, 一般可先求出 Y 的分布函数 $F_Y(y)$.

因为 $F_Y(y)=P\{Y\leqslant y\}=P\{g(X)\leqslant y\}$, 设 $l_y=\{x|g(x)\leqslant y\}$, 则

$$F_Y(y)=P\{X\in l_y\}=\int_{l_y}f_X(x)\mathrm{d}x=\int_{g(x)\leqslant y}f_X(x)\mathrm{d}x$$

于是, Y 的概率密度 $f_Y(y)=F'_Y(y)$.

这种方法称为分布函数法. 这里计算的关键在于确定积分域 l_y, 即解不等式 $g(x)\leqslant y$ 得出 x 的解集 l_y.

例 2.4.2 设随机变量 X 具有概率密度

$$f_X(x)=\begin{cases}\dfrac{x}{8}, & 0<x<4\\ 0, & \text{其他}\end{cases}$$

求 $Y=2X+1$ 的概率密度.

解 先求 Y 的分布函数 $F_Y(y)$:

$$F_Y(y) = P\{Y \leq y\} = P\{2X+1 \leq y\}$$
$$= P\left\{X \leq \frac{y-1}{2}\right\} = \int_{-\infty}^{\frac{y-1}{2}} f_X(x) \mathrm{d}x$$

当 $\frac{y-1}{2} < 0$,即 $y < 1$ 时,由于 $f_X(x) = 0$,有
$$F_Y(y) = 0$$

当 $0 \leq \frac{y-1}{2} < 4$,即 $1 \leq y < 9$ 时,有
$$F_Y(y) = \int_0^{\frac{y-1}{2}} \frac{x}{8} \mathrm{d}x = \frac{(y-1)^2}{64}$$

当 $y \geq 9$ 时,有
$$F_Y(y) = \int_0^4 \frac{x}{8} \mathrm{d}x = 1$$

于是
$$F_Y(y) = \begin{cases} 0, & y < 1 \\ \frac{(y-1)^2}{64}, & 1 \leq y < 9 \\ 1, & y \geq 9 \end{cases}$$

从而 Y 的概率密度为
$$f_Y(y) = \begin{cases} \frac{y-1}{32}, & 1 < y < 9 \\ 0, & \text{其他} \end{cases}$$

例 2.4.3 设随机变量 X 具有概率密度 $f_X(x)$,求 $Y = X^2$ 的概率密度.

解 先求 Y 的分布函数 $F_Y(y)$. 由于 $Y = X^2 \geq 0$,故当 $y \leq 0$ 时,$F_Y(y) = 0$. 当 $y > 0$ 时,有
$$F_Y(y) = P\{X^2 \leq y\} = P\{-\sqrt{y} \leq X \leq \sqrt{y}\}$$
$$= \int_{-\sqrt{y}}^{\sqrt{y}} f_X(x) \mathrm{d}x$$

于是,Y 的概率密度为
$$f_Y(y) = \begin{cases} \dfrac{[f_X(\sqrt{y}) + f_X(-\sqrt{y})]}{2\sqrt{y}}, & y > 0 \\ 0, & y \leq 0 \end{cases}$$

例如,设 $X \sim N(0,1)$,其概率密度为 $\varphi(x) = \frac{1}{\sqrt{2\pi}} \mathrm{e}^{-\frac{x^2}{2}}$,则 $Y = X^2$ 的概率密度为 $f_Y(y) = \begin{cases} \frac{1}{\sqrt{2\pi}} y^{-\frac{1}{2}} \mathrm{e}^{-\frac{y}{2}}, & y > 0 \\ 0, & y \leq 0 \end{cases}$. 此时称 Y 服从自由度为 1 的 χ^2 分布,记为 $Y \sim \chi^2(1)$. 联系 Γ 分布的定义(2.3.7)式,注意到 $\chi^2(1)$ 分布即为 $\Gamma\left(\frac{1}{2}, \frac{1}{2}\right)$ 分布.

2. 公式法

当函数 $y=g(x)$ 可导且为严格单调函数时,我们有下面的一般结果.

定理 2.4.1 设随机变量 X 具有概率密度 $f_X(x)$,$-\infty<x<+\infty$,又设函数 $g(x)$ 处处可导且恒有 $g'(x)>0$(或恒有 $g'(x)<0$),则 $Y=g(X)$ 的概率密度为

$$f_Y(y)=\begin{cases} f_X[h(y)]|h'(y)|, & \alpha<y<\beta \\ 0, & \text{其他} \end{cases} \quad (2.4.1)$$

其中 $x=h(y)$ 为 $y=g(x)$ 的反函数,$\alpha=\min\{g(-\infty),g(+\infty)\}$,$\beta=\max\{g(-\infty),g(+\infty)\}$.

证 当 $g'(x)>0$ 时,$g(x)$ 在 $(-\infty,+\infty)$ 严格单调增加,它的反函数 $x=h(y)$ 存在,且在 (α,β) 严格单调增加且可导,现先求 Y 的分布函数 $F_Y(y)$.

由于 $Y=g(X)$ 在 (α,β) 上取值,故当 $y\leqslant\alpha$ 时,$F_Y(y)=P\{Y\leqslant y\}=0$;当 $y\geqslant\beta$ 时,$F_Y(y)=P\{Y\leqslant y\}=1$. 当 $\alpha<y<\beta$ 时,

$$F_Y(y) = P\{Y\leqslant y\} = P\{g(X)\leqslant y\} = P\{X\leqslant h(y)\} = \int_{-\infty}^{h(y)} f_X(x)\mathrm{d}x$$

于是,Y 的概率密度为

$$f_Y(y)=\begin{cases} f_X[h(y)]h'(y), & \alpha<y<\beta \\ 0, & \text{其他} \end{cases} \quad (2.4.2)$$

对于 $g'(x)<0$ 的情况只需注意,当 $\alpha<y<\beta$ 时,
$$F_Y(y)=P\{Y\leqslant y\}=P\{g(X)\leqslant y\}=P\{X\geqslant h(y)\}=1-P\{X<h(y)\}=1-F[h(y)]$$
可以同样地证明,有

$$f_Y(y)=\begin{cases} f_X[h(y)][-h'(y)], & \alpha<y<\beta \\ 0, & \text{其他} \end{cases} \quad (2.4.3)$$

合并 (2.4.2) 与 (2.4.3) 两式,便得 (2.4.1) 式.

若随机变量 X 的概率密度 $f_X(x)$ 在有限区间 (a,b) 以外等于零,又设函数 $g(x)$ 在 (a,b) 内处处可导且恒有 $g'(x)>0$(或恒有 $g'(x)<0$),则 $Y=g(X)$ 的概率密度仍可由 (2.4.1) 式给出,其中 $x=h(y)$ 为 $y=g(x)$ 的反函数,但注意此时

$$\alpha=\min\{g(a),g(b)\}$$
$$\beta=\max\{g(a),g(b)\}$$

例 2.4.4 设随机变量 $X\sim N(\mu,\sigma^2)$,试证明 X 的线性函数 $Y=aX+b(a\neq 0)$ 也服从正态分布.

证 X 的概率密度为

$$f_X(x)=\frac{1}{\sqrt{2\pi}\sigma}e^{\frac{-(x-\mu)^2}{2\sigma^2}}, -\infty<x<+\infty$$

由 $y=g(x)=ax+b$,解得 $x=h(y)=\dfrac{y-b}{a}$,且有 $h'(y)=\dfrac{1}{a}$,满足定理 2.4.1

条件,于是由(2.4.1)式,$Y=aX+b$ 的概度密度为

$$f_Y(y)=\frac{1}{|a|}f_X\left(\frac{y-b}{a}\right), -\infty<y<+\infty$$

即

$$f_Y(y)=\frac{1}{|a|}\frac{1}{\sqrt{2\pi}\sigma}e^{-\frac{(\frac{y-b}{a}-\mu)^2}{2\sigma^2}}=\frac{1}{|a|}\frac{1}{\sqrt{2\pi}\sigma}e^{-\frac{[y-(b+a\mu)]^2}{2(a\sigma)^2}}, -\infty<y<+\infty$$

可见 X 的线性函数 $Y=aX+b(a\neq 0)$ 服从正态分布,且 $Y=aX+b \sim N(a\mu+b, (a\sigma)^2)$.

特别地,在此例中若取 $a=\frac{1}{\sigma}, b=-\frac{\mu}{\sigma}$,易得

$$Y=\frac{X-\mu}{\sigma} \sim N(0,1)$$

例 2.4.5 设随机变量 $X \sim U(0,1)$,求 $Y=X^2$ 的概率密度.

解 随机变量 X 的概率密度为

$$f_X(x)=\begin{cases}1, & 0<x<1 \\ 0, & 其他\end{cases}$$

在 $(0,1)$ 内,$y=x^2$ 连续且严格单调,其反函数 $x=h(y)=\sqrt{y}, y\in(0,1)$,且 $h'(y)=\frac{1}{2\sqrt{y}}$,于是 $Y=X^2$ 的概率密度为

$$f_Y(y)=\begin{cases}\frac{1}{2\sqrt{y}}, & 0<y<1 \\ 0, & 其他\end{cases}$$

例 2.4.6 设 $X \sim U(0,\pi)$,求 $Y=\sin X$ 的概率密度 $f_Y(y)$.

解 由于在 $(0,\pi)$ 上,$y=\sin x$ 不满足定理 2.4.1 条件,故不能应用(2.4.1)式. 采用分布函数法,先求 Y 的分布函数 $F_Y(y)$.

X 的概率密度为

$$f_X(x)=\begin{cases}\frac{1}{\pi}, & 0<x<\pi \\ 0, & 其他\end{cases}$$

由于 $0 \leqslant Y=\sin X \leqslant 1$,所以当 $y<0$ 时,$F_Y(y)=0$,当 $y \geqslant 1$ 时,$F_Y(y)=1$.
当 $0 \leqslant y<1$ 时,如图 2-16 所示:

$$F_Y(y)=P\{\sin X \leqslant y\}=P\{0 \leqslant X \leqslant \arcsin y\}+P\{\pi-\arcsin y \leqslant X \leqslant \pi\}$$

$$=\int_0^{\arcsin y}\frac{1}{\pi}dx+\int_{\pi-\arcsin y}^{\pi}\frac{1}{\pi}dx$$

$$=\frac{1}{\pi}\arcsin y+\frac{1}{\pi}\arcsin y=\frac{2}{\pi}\arcsin y$$

于是

$$F_Y(y) = \begin{cases} 0, & y<0 \\ \dfrac{2}{\pi}\arcsin y, & 0\leqslant y<1 \\ 1, & y\geqslant 1 \end{cases}$$

从而

$$f_Y(y) = \begin{cases} \dfrac{2}{\pi}\dfrac{1}{\sqrt{1-y^2}}, & 0<y<1 \\ 0, & 其他 \end{cases}$$

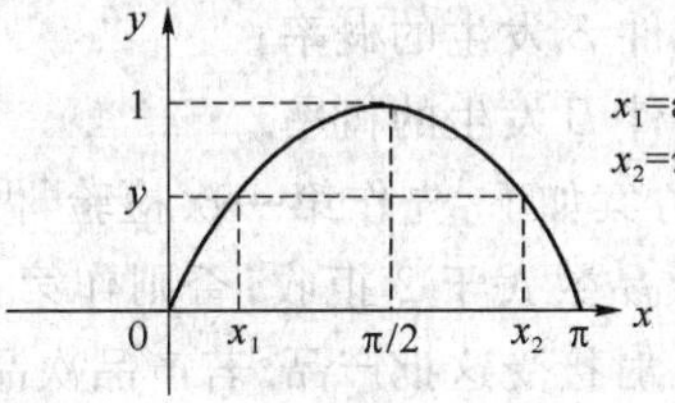

图 2-16

习题二

1. 设随机变量 X 的分布函数为

$$F(x) = \begin{cases} 0, & x<0 \\ A-e^{-x}, & x\geqslant 0 \end{cases}$$

求:(1)常数 A;(2)$P\{-1<X<1\}$.

2. 设一汽车在开往目的地的道路上需经过 4 盏信号灯,每盏信号灯以 $\dfrac{1}{2}$ 的概率允许或禁止汽车通过,以 X 表示汽车首次停下时,它已通过的信号灯的盏数(设各信号灯的工作是相互独立的),求 X 的分布律.

3. 已知随机变量 X 的分布律为

X	-2	0	3	5
P	$\dfrac{1}{4}$	a	$\dfrac{1}{2}$	$\dfrac{1}{12}$

求:(1) 常数 a;(2) 分布函数 $F(x)$;(3) $P\left\{X>-\dfrac{1}{2}\right\}$,$P\{0<X<5\}$.

4. 设 10 件产品中恰有 2 件次品,现在接连进行无放回抽样,每次抽一件,直至取到正品为止,求抽取次数 X 的分布律和分布函数.

5. N 件产品中有 M 件次品,现从中任取 $n(n\leqslant N)$ 件,以 X 表示取出的 n 件中所包含的次品数,求 X 的分布律(X 的分布称为超几何分布).

6. 甲、乙两名篮球队员独立的轮流投篮,直到某人投中为止. 设甲先投,如果甲投中的概率为 0.4,乙投中的概率为 0.6,以 X、Y 分别表示甲、乙的投篮次数,求 X、Y 的分布律.

7. 将 n 个球随机的放入分别标有号码 $1,2,\cdots,n$ 的 n 个盒子中去,以 X 表示有球盒子的最小标号,求 X 的分布律.

8. 设事件 A 在每一次试验中发生的概率为 0.3. 当 A 发生不少于 3 次时,事件 B 发生.

(1) 进行了 5 次试验,求事件 B 发生的概率;

(2) 进行了 7 次试验,求事件 B 发生的概率.

9. 有一大批产品,其验收方案如下:先作第一次检验,做法是从中任取 10 件,经检验无次品接受这批产品,次品数大于 2 拒收;否则作第二次检验,做法是从中再任取 5 件,仅当 5 件中无次品时接受这批产品. 若产品次品率为 10%,求:

(1) 这批产品第一次检验就能被接受的概率;

(2) 这批产品需作第二次检验的概率;

(3) 这批产品按第二次检验的标准被接受的概率;

(4) 这批产品在第一次检验未能作决定且第二次检验时被接受的概率;

(5) 这批产品被接受的概率.

10. 某工厂生产的导火线中有 1% 不能导火,求 400 根导火线中不少于 5 根不能导火的概率.

11. 某路口有大量汽车通过. 设每辆汽车在一天的某段时间内出事故的概率为 0.0001. 为使一天的这段时间内在该路口不出现事故的概率不小于 0.9,应控制一天在这段时间内通过该路口的汽车不超过多少辆. (用泊松定理计算)

12. 设 $X\sim b(2,p),Y\sim b(3,p)$,已知 $P\{X\geqslant 1\}=\dfrac{5}{9}$,求 $P\{Y\geqslant 1\}$.

13. 设 $X\sim \pi(\lambda)$,已知 $P\{X=1\}=P\{X=2\}$,求 $P\{X=4\}$.

14. 设 $X\sim \pi(\lambda)$,(1) 求 X 取偶数的概率;(2) 若 $P\{X=2\}=P\{X=3\}$,求 X 取偶数的概率.

15. 设某 120 救护电话每分钟接到的呼叫次数 $X\sim \pi(3)$,求:(1)在一分钟内接到超过 7 次呼叫的概率;(2)若一分钟内一次呼叫需占用一条线路. 该救护电话至少要设置多少条线路才能以不低于 90% 的概率使呼叫得到回应.

16. 设连续型随机变量 X 具有概率密度

$$f(x)=\begin{cases} x, & 0<x<1 \\ a, & 1\leqslant x<2 \\ 0, & 其他 \end{cases}$$

求:(1) 常数 a; (2) 分布函数 $F(x)$; (3) $P\left\{\dfrac{1}{2}<X<4\right\}$.

17. 设 X 具有概率密度

$$f(x)=\begin{cases} Ce^{-x^2}, & x>0 \\ 0, & x\leq 0 \end{cases}$$

求:(1) 常数 C; (2) $P\{-\sqrt{2}<X<\sqrt{2}\}$;(3) X 的分布函数.

18. 设 X 的分布函数为

$$F(x)=\begin{cases} A-Be^{-2x}, & x\geq 0 \\ 0, & x<0 \end{cases}$$

(1) 确定常数 A,并指出 B 应满足什么条件;

(2) 若 X 为连续型随机变量,确定 B 的值并求出 X 的概率密度.

19. 设随机变量 X 的分布函数为

$$F(x)=A+B\arctan e^{-x}, -\infty<x<+\infty$$

求:(1) 常数 A,B;(2) $P\left\{-\frac{1}{2}\ln 3<X<\frac{1}{2}\ln 3\right\}$;(3) X 的概率密度.

20. 设 X 在 $(0,5)$ 上均匀分布,求方程 $4x^2+4Xx+X+2=0$ 无实根的概率.

21. 设一种元件的使用寿命为随机变量 X(小时),它的概率密度为

$$f(x)=\begin{cases} \dfrac{1\,000}{x^2}, & x\geq 1\,000 \\ 0, & x<1\,000 \end{cases}$$

求:(1) X 的分布函数;(2) 该元件的寿命不大于 $1\,500$ 小时的概率;(3) 从一大批这种元件中任取 5 只,其中至少有两只寿命不大于 $1\,500$ 小时的概率.

22. 设顾客在某银行的窗口等待服务的时间 X(分钟)的概率密度为

$$f(x)=\begin{cases} \dfrac{1}{5}e^{-\frac{x}{5}}, & x>0 \\ 0, & x\leq 0 \end{cases}$$

某顾客在窗口等待服务,若超过 10 分钟,他就离开.他在一个月要到银行 5 次.以 Y 表示一个月内他未等到服务而离开窗口的次数,求 Y 的分布律,并求 $P\{Y\geq 1\}$.

23. 测量距离时产生的随机误差 X(米)服从正态分布 $N(10,20^2)$,做三次独立测量,求:(1)至少有一次误差的绝对值不超过 20 米的概率;(2)只有两次误差的绝对值不超过 20 米的概率.

24. 一工厂生产的电子元件的寿命为 $X\sim N(120,\sigma^2)$(小时),(1)若 $\sigma=20$,求 $P\{110<X<150\}$;(2)若要求 $P\{100<X<140\}\geq 0.9$,问 σ 最大为多少.

25. 设 $f(x),g(x)$ 都是概率密度函数,证明 $h(x)=\alpha f(x)+(1-\alpha)g(x),0\leq\alpha\leq 1$ 也是一个概率密度函数.

26. 设离散型随机变量 X 的分布律为

X	-2	-1	0	1	2
P	$\dfrac{1}{5}$	$\dfrac{1}{6}$	$\dfrac{1}{5}$	$\dfrac{1}{15}$	$\dfrac{11}{30}$

求 $Y=X^2$ 的分布律.

27. 设离散型随机变量 X 的分布律为

X	$-\dfrac{\pi}{2}$	$-\dfrac{\pi}{4}$	0	$\dfrac{\pi}{4}$	$\dfrac{\pi}{2}$
P	$\dfrac{1}{2}$	$\dfrac{1}{4}$	$\dfrac{1}{8}$	$\dfrac{1}{16}$	$\dfrac{1}{16}$

求:(1) $Y=\sin X$,(2) $Y=\cos X$ 的分布律.

28. 设离散型随机变量 X 的分布律为 $P\{X=k\}=pq^{k-1}$, $k=1,2,\cdots,q=1-p$, 求 $Y=\cos\dfrac{X\pi}{2}$ 的分布律.

29. 设随机变量 $X\sim U\left(-\dfrac{\pi}{2},\dfrac{\pi}{2}\right)$, $Y=\tan X$, 求 Y 的概率密度(Y 的分布称为柯西分布).

30. 设随机变量 $X\sim N(0,1)$, 分别求:(1) $Y=2X+1$;(2) $Y=e^X$ 的概率密度.

31. (1) 设随机变量 $X\sim U(0,1)$, 求 $Y=\ln X$ 的概率密度;(2) 设随机变量 $X\sim U(-1,1)$, 求 $Y=|X|$ 的概率密度.

32. 设随机变量 X 的概率密度为
$$f(x)=\begin{cases}\dfrac{2x}{\pi^2}, & 0<x<\pi\\ 0, & \text{其他}\end{cases}$$

求 $Y=\sin X$ 的概率密度.

33. 设随机变量 X 的分布函数 $F(x)$ 是严格单调的连续函数, 求 $Y=F(X)$ 的分布函数和概率密度.

34. 设 $F(x)$ 是连续型随机变量 X 的分布函数, 证明对任意 $a<b$ 有
$$\int_{-\infty}^{+\infty}[F(x+b)-F(x+a)]\mathrm{d}x=b-a$$

第 3 章 多维随机变量及其分布

一个随机现象常常需要用多个随机变量来描述,例如在一平面区域内取点,点的坐标需要用横坐标 X 与纵坐标 Y 同时描述,又如检查某地区人群的身体素质,就需要用更多项指标(如身高、体重、健康状况等)描述.因此,我们需要同时考虑两个或两个以上的随机变量.对于这样的多个随机变量,首先要将其作为一个整体(称为多维随机变量,例如(X,Y))研究其统计规律,其次还要讨论构成这个多维随机变量的各个随机变量(例如 X,Y)的统计规律,并进一步讨论各随机变量间相互影响的情况.这些问题就是本章要讨论的主要内容,我们重点讨论二维随机变量,相应结论不难推广到 n 维随机变量.在本章的最后还将给出关于二维随机变量函数分布的一些结果.

3.1 二维随机变量及其分布

3.1.1 二维随机变量及其分布函数

定义 3.1.1 设 X,Y 为定义在同一样本空间 Ω 上的随机变量,称它们构成的一个向量 (X,Y) 为二维随机变量或二维随机向量.其中 X,Y 分别称为随机向量 (X,Y) 的第一、第二个分量.

一维随机变量就是第 2 章中的随机变量,二维及二维以上的随机变量统称为多维随机变量或多维随机向量.

对于二维随机变量,首先需要考察二维随机变量作为一个整体的概率分布或称联合分布,和一维随机变量的情况类似,我们引入二维随机变量分布函数的概念.

定义 3.1.2 设 (X,Y) 为二维随机变量,对任意两个实数 x,y,称二元函数
$$F(x,y)=P\{X\leqslant x,Y\leqslant y\}$$
为 (X,Y) 的分布函数或 X,Y 的联合分布函数.

注意到分布函数 $F(x,y)$ 是普通的二元实函数,这样,我们就把对二维随机变量统计规律的研究问题转化为对此二元函数性质的研究.

二维随机变量 (X,Y) 的一个"取值"是数对 (x,y),因此 (X,Y) 可看成平面上随机点的坐标.于是,(X,Y) 的分布函数 $F(x,y)=P\{X\leqslant x,Y\leqslant y\}$ 在 (x,y) 处的函数值就是随机点 (X,Y) 落在如图 3-1 所示的以点 (x,y) 为顶点而位于该点左下方的

无穷矩形区域上的概率.

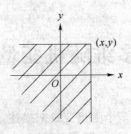

图 3-1

二维随机变量的分布函数具有如下性质:

1° $F(x,y)$ 是变量 x 和 y 的不减函数,即对于任意固定的 y,当 $x_2 > x_1$ 时:
$$F(x_2,y) \geqslant F(x_1,y) \qquad (3.1.1)$$
对于任意固定的 x,当 $y_2 > y_1$ 时:
$$F(x,y_2) \geqslant F(x,y_1) \qquad (3.1.2)$$

2° $0 \leqslant F(x,y) \leqslant 1$. 且对于任意固定的 y:
$$F(-\infty,y) = \lim_{x \to -\infty} F(x,y) = 0$$
对于任意固定的 x:
$$F(x,-\infty) = \lim_{y \to -\infty} F(x,y) = 0$$
$$F(-\infty,-\infty) = \lim_{\substack{x \to -\infty \\ y \to -\infty}} F(x,y) = 0, \quad F(+\infty,+\infty) = \lim_{\substack{x \to +\infty \\ y \to +\infty}} F(x,y) = 1$$

3° $F(x,y)$ 关于 x 右连续,关于 y 也右连续.即
$$F(x,y) = F(x+0,y)$$
$$F(x,y) = F(x,y+0)$$

4° 对于任意的 $(x_1,y_1),(x_2,y_2)$,且 $x_1 < x_2, y_1 < y_2$,下述不等式成立:
$$F(x_2,y_2) - F(x_2,y_1) - F(x_1,y_2) + F(x_1,y_1) \geqslant 0 \qquad (3.1.3)$$

证 1° 由于当 $x_2 > x_1$ 时,有 $\{X \leqslant x_1, Y \leqslant y\} \subset \{X \leqslant x_2, Y \leqslant y\}$,于是可得(3.1.1)式. 同理可得(3.1.2)式.

2° 由于 $0 \leqslant F(x,y) = P\{X \leqslant x, Y \leqslant y\} \leqslant P\{X \leqslant x\} \leqslant 1$,所以 $0 \leqslant F(x,y) \leqslant 1$.

下面只证 $F(-\infty,y) = 0$,其他类似可证.

由于 $0 \leqslant P\{X \leqslant x, Y \leqslant y\} \leqslant P\{X \leqslant x\}$,若记 $F_X(x) = P\{X \leqslant x\}$,则有 $0 \leqslant F(x,y) \leqslant F_X(x)$,令 $x \to -\infty$,而 $\lim_{x \to -\infty} F_X(x) = 0$,于是有 $F(-\infty,y) = 0$.

3° 只证 $F(x,y) = F(x+0,y)$.

由于 $F(x+\Delta x,y) = F(x,y) + P\{x < X \leqslant x+\Delta x, Y \leqslant y\}$,而
$$P\{x < X \leqslant x+\Delta x, Y \leqslant y\} \leqslant P\{x < X \leqslant x+\Delta x\} = F_X(x+\Delta x) - F_X(x) \to 0 \, (\Delta x \to 0)$$
于是
$$F(x,y) = F(x+0,y)$$

4° 注意到(如图 3-2 所示)：
$$P\{x_1<X\leqslant x_2,y_1<Y\leqslant y_2\}=F(x_2,y_2)-F(x_2,y_1)-F(x_1,y_2)+F(x_1,y_1)$$
于是(3.1.3)式成立.

反之,任何一个满足性质 1°~4°的二元函数 $F(x,y)$ 都可以是某个二维随机变量的分布函数. 区别于一维随机变量分布函数 $F(x)$ 满足的三个性质,二维随机变量分布函数的性质 4°是特有的,本质上它仍是概率非负性的体现. 仅满足性质 1°~3°的 $F(x,y)$ 不一定是分布函数. 例如,令

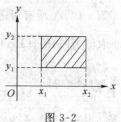

图 3-2

$$F(x,y)=\begin{cases}1, & x+y\geqslant 1\\ 0, & \text{其他}\end{cases}$$

容易验证 $F(x,y)$ 满足性质 1°~3°,但若取点 $(1,1),(0,0)$,则有
$$P\{0<X\leqslant 1,0<Y\leqslant 1\}=F(1,1)-F(1,0)-F(0,1)+F(0,0)=-1<0$$

3.1.2 二维离散型随机变量及其分布律

定义 3.1.3 若二维随机变量 (X,Y) 的可能取值只有有限个或可列个,则称 (X,Y) 是二维离散型随机变量. 设其所有可能取值为 $(x_i,y_j),i,j=1,2,\cdots$,且记
$$P\{X=x_i,Y=y_j\}=p_{ij}, \quad i,j=1,2,\cdots \qquad (3.1.4)$$
则称这组等式(3.1.4)为 (X,Y) 的分布律,或 X 和 Y 的联合分布律.

常用表 3-1 的形式表示离散型随机变量 (X,Y) 的分布律.

表 3-1

X \ Y	y_1	y_2	$\cdots$	y_j	$\cdots$
x_1	p_{11}	p_{12}	$\cdots$	p_{1j}	$\cdots$
x_2	p_{21}	p_{22}	$\cdots$	p_{2j}	$\cdots$
$\vdots$	$\vdots$	$\vdots$		$\vdots$	
x_i	p_{i1}	p_{i2}	$\cdots$	p_{ij}	$\cdots$
$\vdots$	$\vdots$	$\vdots$		$\vdots$	

分布律(3.1.4)式具有下列性质：

1° $p_{ij}\geqslant 0, \quad i,j=1,2,\cdots$;

2° $\sum\limits_{i=1}^{\infty}\sum\limits_{j=1}^{\infty}p_{ij}=1.$

这是因为 $P(\Omega)=P(\bigcup\limits_{i=1}^{\infty}(\bigcup\limits_{j=1}^{\infty}\{X=x_i,Y=y_j\}))=\sum\limits_{i=1}^{\infty}\sum\limits_{j=1}^{\infty}p_{ij}=1.$

若 (X,Y) 的分布律为(3.1.4)式,则 (X,Y) 的分布函数为
$$F(x,y)=\sum_{x_i\leqslant x,y_j\leqslant y}p_{ij} \qquad (3.1.5)$$
其中和式是对一切满足 $x_i\leqslant x,y_j\leqslant y$ 的 i,j 求和.

例 3.1.1 从 1,2,3,4,5 这五个数字中任意取 3 个数字,X,Y 分别表示"取出的 3 个数字中的最小数字和最大数字",求:(1) (X,Y) 的分布律;(2) $P\{X\leqslant 2,Y<4\}$,$P\{X+Y\leqslant 5\}$,$P\{X=2\}$.

解 (1) X 所有可能取值 i 为 1,2,3;Y 所有可能取值 j 为 3,4,5. (X,Y) 的所有可能取值为 (1,3),(1,4),(1,5),(2,4),(2,5),(3,5),且 $P\{X=1,Y=3\}=\dfrac{1}{C_5^3}=\dfrac{1}{10}$,

$P\{X=1,Y=4\}=\dfrac{C_2^1}{C_5^3}=\dfrac{2}{10}$,$P\{X=1,Y=5\}=\dfrac{C_3^1}{C_5^3}=\dfrac{3}{10}$,$P\{X=2,Y=4\}=\dfrac{1}{C_5^3}=\dfrac{1}{10}$,

$P\{X=2,Y=5\}=\dfrac{C_2^1}{C_5^3}=\dfrac{2}{10}$,$P\{X=3,Y=5\}=\dfrac{1}{C_5^3}=\dfrac{1}{10}$.

于是 (X,Y) 的分布律如表 3-2 所示.

表 3-2

X \ Y	3	4	5
1	$\dfrac{1}{10}$	$\dfrac{2}{10}$	$\dfrac{3}{10}$
2	0	$\dfrac{1}{10}$	$\dfrac{2}{10}$
3	0	0	$\dfrac{1}{10}$

(2) $P\{X\leqslant 2,Y<4\}=P\{X=1,Y=3\}=\dfrac{1}{10}$

$P\{X+Y\leqslant 5\}=P\{X=1,Y=3\}+P\{X=1,Y=4\}=\dfrac{1}{10}+\dfrac{2}{10}=\dfrac{3}{10}$

$P\{X=2\}=P\{X=2,Y=4\}+P\{X=2,Y=5\}=\dfrac{1}{10}+\dfrac{2}{10}=\dfrac{3}{10}$

例 3.1.2 若 (X,Y) 的分布律为

X \ Y	0	1
0	$\dfrac{1}{2}$	0
1	0	$\dfrac{1}{2}$

求 (X,Y) 的分布函数 $F(x,y)$.

解 (X,Y) 以概率 $\dfrac{1}{2}$ 取值 $(0,0)$ 和 $(1,1)$,由 (3.1.5) 式参考图 3-3,有

$$F(x,y)=\begin{cases}0, & x<0 \text{ 或 } y<0 \\ \dfrac{1}{2}, & 0\leqslant x<1,y\geqslant 0 \text{ 或 } x\geqslant 1,0\leqslant y<1 \\ 1, & x\geqslant 1,y\geqslant 1\end{cases}$$

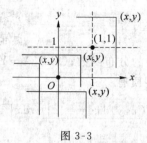

图 3-3

3.1.3 二维连续型随机变量及其概率密度

定义 3.1.4 设二维随机变量(X,Y)的分布函数为$F(x,y)$,若存在一非负函数$f(x,y)$,使得对于任意的实数x,y有

$$F(x,y) = \int_{-\infty}^{y}\int_{-\infty}^{x} f(u,v)\mathrm{d}u\mathrm{d}v \qquad (3.1.6)$$

则称(X,Y)是二维连续型随机变量,函数$f(x,y)$称为(X,Y)的概率密度或X,Y的联合概率密度.

概率密度$f(x,y)$具有下列性质:

$1°\ f(x,y)\geqslant 0$;

$2°\ \int_{-\infty}^{+\infty}\int_{-\infty}^{+\infty} f(x,y)\mathrm{d}x\mathrm{d}y = 1$.

这是因为

$$\int_{-\infty}^{+\infty}\int_{-\infty}^{+\infty} f(x,y)\mathrm{d}x\mathrm{d}y = F(+\infty,+\infty) = 1$$

与一维连续型随机变量类似,若二元函数$f(x,y)$具有性质$1°、2°$,则它一定是某二维连续型随机变量的概率密度.

$3°$ 在$f(x,y)$的连续点(x,y),有

$$\frac{\partial^2 F(x,y)}{\partial x \partial y} = f(x,y) \qquad (3.1.7)$$

由连续型随机变量(X,Y)的定义(3.1.6)式易得(3.1.7)式.

当$F(x,y)$已知时,常用(3.1.7)式计算$f(x,y)$(在$f(x,y)$间断点处的函数值可任意给出).

$4°$ 设G是平面上的一个区域,则(X,Y)落在G内的概率为

$$P\{(X,Y)\in G\} = \iint_{G} f(x,y)\mathrm{d}x\mathrm{d}y$$

在几何上$z=f(x,y)$表示空间的一个曲面.由性质$2°$,介于它和xoy平面的空间区域的体积为1,由性质$4°$,$P\{(X,Y)\in G\}$的值等于以G为底,以曲面$z=f(x,y)$为顶的曲顶柱体体积.

例 3.1.3 设(X,Y)的概率密度为

$$f(x,y)=\begin{cases}ax\mathrm{e}^{-x(1+y)},&x>0,y>0\\0,&\text{其他}\end{cases}$$

求:(1)常数 a;(2)(X,Y)的分布函数;(3)$P\{X-Y>1\}$.

解 (1) 由概率密度的性质有

$$1=\int_{-\infty}^{+\infty}\int_{-\infty}^{+\infty}f(x,y)\mathrm{d}x\mathrm{d}y=a\int_{0}^{+\infty}\mathrm{d}x\int_{0}^{+\infty}x\mathrm{e}^{-x(1+y)}\mathrm{d}y$$

$$=-a\int_{0}^{+\infty}\mathrm{e}^{-x(1+y)}\Big|_{0}^{+\infty}\mathrm{d}x=a\int_{0}^{+\infty}\mathrm{e}^{-x}\mathrm{d}x=a$$

于是
$$a=1$$

(2) 需分区域计算(X,Y)的分布函数 $F(x,y)$,当 $x>0,y>0$ 时

$$F(x,y)=\int_{0}^{x}\mathrm{d}x\int_{0}^{y}x\mathrm{e}^{-x(1+y)}\mathrm{d}y=\int_{0}^{x}(\mathrm{e}^{-x}-\mathrm{e}^{-x(1+y)})\mathrm{d}x$$

$$=\left(\frac{1}{1+y}\mathrm{e}^{-x(1+y)}-\mathrm{e}^{-x}\right)\Big|_{0}^{x}$$

$$=\frac{1}{1+y}(\mathrm{e}^{-x(1+y)}-1)+(1-\mathrm{e}^{-x})$$

于是

$$F(x,y)=\begin{cases}\dfrac{1}{1+y}(\mathrm{e}^{-x(1+y)}-1)+(1-\mathrm{e}^{-x}),&x>0,y>0\\0,&\text{其他}\end{cases}$$

(3) $\{X-Y>1\}=\{(X,Y)\in G\}$,其中 $G=\{(x,y)\,|\,x-y>1\}$,如图 3-4 所示,于是

$$P\{X-Y>1\}=\iint_{x-y>1}f(x,y)\mathrm{d}x\mathrm{d}y=\int_{1}^{+\infty}\mathrm{d}x\int_{0}^{x-1}x\mathrm{e}^{-x(1+y)}\mathrm{d}y$$

$$=\int_{1}^{+\infty}(\mathrm{e}^{-x}-\mathrm{e}^{-x^2})\mathrm{d}x=-\mathrm{e}^{-x}\Big|_{1}^{+\infty}-\int_{1}^{+\infty}\mathrm{e}^{-\frac{x^2}{2(\frac{1}{\sqrt{2}})^2}}\mathrm{d}x$$

$$=\mathrm{e}^{-1}-\sqrt{\pi}[1-\Phi(\sqrt{2})]\approx 0.2273$$

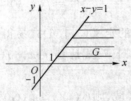

图 3-4

3.1.4 两个重要的二维连续型随机变量

1. 均匀分布

定义 3.1.5 设 G 是平面上的有限区域,面积为 A,若二维随机变量(X,Y)具有概率密度

第 3 章 多维随机变量及其分布

$$f(x,y)=\begin{cases}\dfrac{1}{A}, & (x,y)\in G \\ 0, & \text{其他}\end{cases}$$

则称 (X,Y) 在 G 上服从均匀分布,记为 $(X,Y)\sim U_G$.

2. 二维正态分布

定义 3.1.6 若 (X,Y) 具有概率密度

$$f(x,y)=\frac{1}{2\pi\sigma_1\sigma_2\sqrt{1-\rho^2}}\mathrm{e}^{-\frac{1}{2(1-\rho^2)}\left[\frac{(x-\mu_1)^2}{\sigma_1^2}-2\rho\frac{(x-\mu_1)(y-\mu_2)}{\sigma_1\sigma_2}+\frac{(y-\mu_2)^2}{\sigma_2^2}\right]} \quad (3.1.8)$$

其中 $-\infty<\mu_1<+\infty,-\infty<\mu_2<+\infty,\sigma_1>0,\sigma_2>0,|\rho|<1$

则称 (X,Y) 服从参数为 $\mu_1,\mu_2,\sigma_1^2,\sigma_2^2,\rho$ 的二维正态分布,记为 $(X,Y)\sim N(\mu_1,\mu_2,\sigma_1^2,\sigma_2^2,\rho)$.

多维正态分布是一种重要的分布,它在概率论、数理统计、随机过程中都占有重要地位,有关一般的 n 维正态分布的定义及许多重要性质,我们将在后面陆续介绍.

例 3.1.4 设二维随机变量 (X,Y) 在 D 上服从均匀分布,其中 D 是由 x 轴、y 轴及直线 $y=2x+1$ 所围的平面区域,求 (X,Y) 的概率密度及分布函数.

解 由均匀分布的定义可得 (X,Y) 的概率密度为

$$f(x,y)=\begin{cases}4, & (x,y)\in D \\ 0, & \text{其他}\end{cases}$$

现计算 (X,Y) 的分布函数 $F(x,y)=\displaystyle\int_{-\infty}^{x}\int_{-\infty}^{y}f(u,v)\mathrm{d}v\mathrm{d}u$. 将整个平面分为如图 3-5(a)~(e) 中的五个区域 $D_1,D_2,\cdots,D_5$,分别计算如下:

(1) 当 $(x,y)\in D_1$ 时,$D_1:-\dfrac{1}{2}\leqslant x<0,0\leqslant y<2x+1$,如图 3-5(a) 所示:

$$F(x,y)=\int_0^y\mathrm{d}v\int_{\frac{1}{2}(v-1)}^{x}4\mathrm{d}u=4xy+2y-y^2$$

(2) 当 $(x,y)\in D_2$ 时,$D_2:y<0$,或 $x<-\dfrac{1}{2}$,如图 3-5(b) 所示:

$$F(x,y)=0$$

(3) 当 $(x,y)\in D_3$ 时,$D_3:-\dfrac{1}{2}\leqslant x<0,y\geqslant 2x+1$,如图 3-5(c) 所示:

$$F(x,y)=\int_{-\frac{1}{2}}^{x}\mathrm{d}u\int_0^{2u+1}4\mathrm{d}v=(2x+1)^2$$

(4) 当 $(x,y)\in D_4$ 时,$D_4:0\leqslant y<1,x\geqslant 0$,如图 3-5(d) 所示:

$$F(x,y)=\int_0^y\mathrm{d}v\int_{\frac{1}{2}(v-1)}^{0}4\mathrm{d}u=2y-y^2$$

(5) 当 $(x,y)\in D_5$,$D_5:x\geqslant 0,y\geqslant 1$,如图 3-5(e) 所示:

$$F(x,y)=1$$

于是,(X,Y)的分布函数为

$$F(x,y)=\begin{cases} 0, & y<0 \text{ 或 } x<-\frac{1}{2} \\ 4xy+2y-y^2, & -\frac{1}{2}\leqslant x<0, 0\leqslant y<2x+1 \\ (2x+1)^2, & -\frac{1}{2}\leqslant x<0, y\geqslant 2x+1 \\ 2y-y^2, & x\geqslant 0, 0\leqslant y<1 \\ 1, & x\geqslant 0, y\geqslant 1 \end{cases}$$

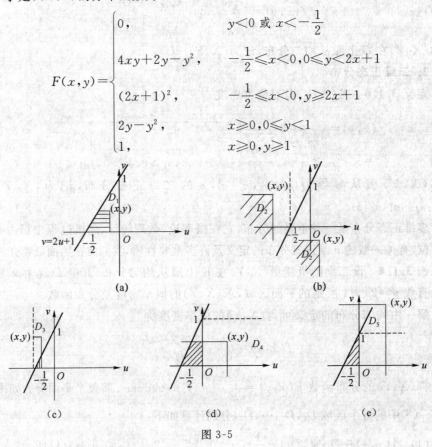

图 3-5

3.2 边缘分布与随机变量的独立性

本节讨论以下两个问题:若已知(X,Y)的(联合)分布,如何求出(X,Y)各分量X与Y的(边缘)分布.并将两事件相互独立的概念推广到两个随机变量的情况.

3.2.1 边缘分布函数与两个随机变量的独立性

1. 边缘分布函数

定义 3.2.1 设二维随机变量(X,Y)的分布函数为$F(x,y)$,X和Y的分布函数分别记为$F_X(x)$和$F_Y(y)$,依次称$F_X(x)$,$F_Y(y)$为(X,Y)关于X和关于Y的边缘分布函数.

由联合分布函数$F(x,y)$可以确定边缘分布函数$F_X(x)$,$F_Y(y)$.事实上,由于
$$F_X(x)=P\{X\leqslant x\}=P\{X\leqslant x, Y<+\infty\}=\lim_{y\to+\infty}P\{X\leqslant x, Y\leqslant y\}=F(x,+\infty)$$

于是 $$F_X(x)=F(x,+\infty) \quad (3.2.1)$$
同理可得 $$F_Y(y)=F(+\infty,y) \quad (3.2.2)$$

2. 两个随机变量的独立性

在第 1 章中我们用 $P(AB)=P(A)P(B)$ 定义了两个事件 A,B 相互独立,并且认识到事件独立性在研究随机现象中的重要性.因此有必要将此独立性概念推广到两个随机变量的情况,下面给出两个随机变量 X 和 Y 相互独立的概念.

定义 3.2.2 设 $F(x,y)$ 及 $F_X(x),F_Y(y)$ 分别是二维随机变量 (X,Y) 的分布函数及边缘分布函数.若对于任意实数 x,y 有
$$F(x,y)=F_X(x)F_Y(y)$$
则称随机变量 X 和 Y 相互独立.

由这个定义可以推得"若随机变量 X 与 Y 相互独立,则任一个与 X 有关的事件 A 与任一个与 Y 有关的事件 B 都相互独立".例如,若 X 与 Y 相互独立,当 $x_1<x_2, y_1<y_2$ 时,有

$$P\{x_1<X\leqslant x_2, y_1<Y\leqslant y_2\}=F(x_2,y_2)-F(x_2,y_1)-F(x_1,y_2)+F(x_1,y_1)$$
$$=F_X(x_2)F_Y(y_2)-F_X(x_2)F_Y(y_1)-F_X(x_1)F_Y(y_2)+F_X(x_1)F_Y(y_1)$$
$$=[F_X(x_2)-F_X(x_1)][F_Y(y_2)-F_Y(y_1)]$$
$$=P\{x_1<X\leqslant x_2\}P\{y_1<Y\leqslant y_2\}$$

即 $$P\{x_1<X\leqslant x_2, y_1<Y\leqslant y_2\}=P\{x_1<X\leqslant x_2\}P\{y_1<Y\leqslant y_2\} \quad (3.2.3)$$
于是两事件 $\{x_1<X\leqslant x_2\}$ 与 $\{y_1<Y\leqslant y_2\}$ 相互独立.

反之,若任一个与 X 有关的事件 A 与任一个与 Y 有关的事件 B 都相互独立,特别地,两事件 $\{X\leqslant x\}$ 与 $\{Y\leqslant y\}$ 相互独立,则有 $P\{X\leqslant x, Y\leqslant y\}=P\{X\leqslant x\}P\{Y\leqslant y\}$,即对任意的 x,y,有 $F(x,y)=F_X(x)F_Y(y)$.因此,两个随机变量独立性的本质是任一个与 X 有关的事件 A 与任一个与 Y 有关的事件 B 都相互独立.这与两个随机变量相互独立的直观意义相一致.

此外,我们知道,由 X 与 Y 的联合分布可以确定关于 X 与 Y 的边缘分布,但由 X 与 Y 的边缘分布一般不能确定它们的联合分布.但由定义 3.2.2,当 X 与 Y 相互独立时,则由 X 与 Y 的分布可以确定它们的联合分布.

例 3.2.1 一电子仪器由两个部件构成,以 X 和 Y 分别表示两个部件的寿命(千小时),已知 X 和 Y 的联合分布函数为

$$F(x,y)=\begin{cases} 1-e^{-0.5x}-e^{-0.5y}+e^{-0.5(x+y)}, & x\geqslant 0, y\geqslant 0 \\ 0, & \text{其他} \end{cases}$$

求:(1)关于 X 和 Y 的边缘分布函数,并判断 X 和 Y 是否相互独立;(2)两个部件的寿命都超过 100 小时的概率.

解 (1) 由(3.2.1)式,当 $x<0$ 时,$F_X(x)=F(x,+\infty)=0$;当 $x\geqslant 0$ 时,$F_X(x)=$

$F(x,+\infty)=\lim\limits_{y\to+\infty}(1-\mathrm{e}^{-0.5x}-\mathrm{e}^{-0.5y}+\mathrm{e}^{-0.5(x+y)})=1-\mathrm{e}^{-0.5x}$,于是

$$F_X(x)=\begin{cases}1-\mathrm{e}^{-0.5x},&x\geqslant 0\\0,&\text{其他}\end{cases}$$

由(3.2.2)式,同理可得

$$F_Y(y)=\begin{cases}1-\mathrm{e}^{-0.5y},&y\geqslant 0\\0,&\text{其他}\end{cases}$$

可见,对于任意实数 x,y 有

$$F(x,y)=F_X(x)F_Y(y)$$

于是,X 和 Y 相互独立.

(2) 所求概率为 $P\{X>0.1,Y>0.1\}$. 由于 X 和 Y 相互独立,于是
$$\begin{aligned}P\{X>0.1,Y>0.1\}&=P\{X>0.1\}P\{Y>0.1\}\\&=[1-F_X(0.1)][1-F_Y(0.1)]\\&=\mathrm{e}^{-0.5\times 0.1}\cdot \mathrm{e}^{-0.5\times 0.1}=\mathrm{e}^{-0.1}\end{aligned}$$

3.2.2 边缘分布律与两个离散型随机变量独立的等价条件

1. 边缘分布律

定义 3.2.3 设 (X,Y) 为二维离散型随机变量,分别称 X 和 Y 的分布律为 (X,Y) 关于 X 和 Y 的边缘分布律.

设 (X,Y) 的联合分布律为(3.1.4)式,下面求关于 X 和 Y 的边缘分布律.

由于 $F(x,y)=\sum\limits_{x_i\leqslant x,y_j\leqslant y}p_{ij}$,而

$$F_X(x)=F(x,+\infty)=\sum_{x_i\leqslant x}\sum_{y_j<+\infty}p_{ij}=\sum_{x_i\leqslant x}\left(\sum_{j=1}^{\infty}p_{ij}\right)$$

又
$$F_X(x)=\sum_{x_i\leqslant x}P\{X=x_i\}$$

于是有
$$P\{X=x_i\}=\sum_{j=1}^{\infty}p_{ij}$$

若记 $\sum\limits_{j=1}^{\infty}p_{ij}=p_{i\cdot}$,则关于 X 的边缘分布律为

$$P\{X=x_i\}=p_{i\cdot},\quad i=1,2,\cdots \tag{3.2.4}$$

同理,若记 $\sum\limits_{i=1}^{\infty}p_{ij}=p_{\cdot j}$,则关于 Y 的边缘分布律为

$$P\{Y=y_j\}=p_{\cdot j},\quad j=1,2,\cdots \tag{3.2.5}$$

边缘分布律(3.2.4)式和(3.2.5)式也常表示在联合分布律表中的边缘位置上,如表 3-3 所示.

表 3-3

X \ Y	y_1	y_2	$\cdots$	y_j	$\cdots$	$p_i.$
x_1	p_{11}	p_{12}	$\cdots$	p_{1j}	$\cdots$	$p_1.$
x_2	p_{21}	p_{22}	$\cdots$	p_{2j}	$\cdots$	$p_2.$
$\vdots$	$\vdots$	$\vdots$		$\vdots$		$\vdots$
x_i	p_{i1}	p_{i2}	$\cdots$	p_{ij}	$\cdots$	$p_i.$
$\vdots$	$\vdots$	$\vdots$		$\vdots$		$\vdots$
$p._j$	$p._1$	$p._2$	$\cdots$	$p._j$	$\cdots$	1

例 3.2.2 袋中有 5 张外形相同的卡片,其中 3 张写着数字 0,另两张写着数字 1. 现从袋中任取出两张卡片,分别用 X,Y 表示第一张与第二张上的数字. 对放回与不放回两种抽取方式,可以分别求出 (X,Y) 的联合分布律及边缘分布律如下:

放回方式

X \ Y	0	1	$p_i.$
0	$\frac{9}{25}$	$\frac{6}{25}$	$\frac{3}{5}$
1	$\frac{6}{25}$	$\frac{4}{25}$	$\frac{2}{5}$
$p._j$	$\frac{3}{5}$	$\frac{2}{5}$	1

不放回方式

X \ Y	0	1	$p_i.$
0	$\frac{6}{20}$	$\frac{6}{20}$	$\frac{3}{5}$
1	$\frac{6}{20}$	$\frac{2}{20}$	$\frac{2}{5}$
$p._j$	$\frac{3}{5}$	$\frac{2}{5}$	1

注意到,在两种不同的取数方式中 X 的边缘分布相同,Y 的边缘分布也相同,但 (X,Y) 的联合分布却不同,相同的边缘分布可构成不同的联合分布. 这反映出两个分量的结合方式不同,关联程度不同. 直观上,在可放回方式中 X 与 Y 较少关联,而不放回方式中 X 与 Y 的关系较密切,但这种随机变量间的关联程度在各边缘分布中没有体现,从而仅由边缘分布不能决定联合分布. 因此,从这一点上看,单纯的研究各分量的分布是不够的,对两随机变量联合分布的研究是必要的.

2. 两个离散型随机变量独立的等价条件

定理 3.2.1 设 (X,Y) 为离散型随机变量,其分布律为 (3.1.4) 式,其边缘分布律分别为 (3.2.4) 式及 (3.2.5) 式,则 X 与 Y 相互独立的充要条件是对任意的 $i,j = 1,2,\cdots$,有

$$p_{ij} = p_i. \cdot p._j \tag{3.2.6}$$

证 (1) 充分性. 若 (3.2.6) 式成立,则对任意实数 x,y,有

$$F(x,y) = \sum_{x_i \leqslant x, y_j \leqslant y} p_{ij} = \sum_{x_i \leqslant x, y_j \leqslant y} p_i. \cdot p._j = \sum_{x_i \leqslant x} p_i. \cdot \sum_{y_j \leqslant y} p._j = F_X(x) \cdot F_Y(y)$$

于是,X 与 Y 相互独立.

（2）必要性. 若 X 与 Y 相互独立，则对任意的 $x_i, y_j (i,j=1,2,\cdots)$，由于

$$\{X=x_i, Y=y_j\} = \bigcap_{n,m=1}^{\infty} \left\{x_i - \frac{1}{n} < X \leqslant x_i, y_j - \frac{1}{m} < Y \leqslant y_j\right\}$$

$$\{X=x_i\} = \bigcap_{n=1}^{\infty} \left\{x_i - \frac{1}{n} < X \leqslant x_i\right\}$$

$$\{Y=y_j\} = \bigcap_{m=1}^{\infty} \left\{y_j - \frac{1}{m} < Y \leqslant y_j\right\}$$

及概率的连续性和(3.2.3)式，有

$$p_{ij} = P\{X=x_i, Y=y_j\} = \lim_{\substack{n\to\infty \\ m\to\infty}} P\left\{x_i - \frac{1}{n} < X \leqslant x_i, y_j - \frac{1}{m} < Y \leqslant y_j\right\}$$

$$= \lim_{n\to\infty} P\left\{x_i - \frac{1}{n} < X \leqslant x_i\right\} \cdot \lim_{m\to\infty} P\left\{y_j - \frac{1}{m} < Y \leqslant y_j\right\}$$

$$= P\{X=x_i\} \cdot P\{Y=y_j\} = p_i. \cdot p_{\cdot j}$$

即(3.2.6)式成立.

由这个等价条件知：若存在一对 i, j，使 $p_{ij} \neq p_i. \cdot p_{\cdot j}$，则 X 与 Y 不相互独立. 例如在例 3.2.2 中，对可放回取数方式，X 与 Y 相互独立，不放回方式时 X 与 Y 不相互独立.

例 3.2.3 设随机变量 X 的概率密度为

$$f(x) = \begin{cases} e^{-x}, & x > 0 \\ 0, & x \leqslant 0 \end{cases}$$

定义随机变量 $Y_1 = \begin{cases} 0, & X < \ln 2 \\ 1, & X \geqslant \ln 2 \end{cases}$，$Y_2 = \begin{cases} 0, & X < \ln 3 \\ 1, & X \geqslant \ln 3 \end{cases}$，(1)求 (Y_1, Y_2) 的联合分布律；(2)判断 Y_1, Y_2 是否相互独立.

解 (1) (Y_1, Y_2) 的可能取值为 $(0,0), (0,1), (1,0), (1,1)$. 相应取值的概率为

$$P\{Y_1=0, Y_2=0\} = P\{X < \ln 2, X < \ln 3\} = P\{X < \ln 2\} = \int_0^{\ln 2} e^{-x} dx = \frac{1}{2}$$

$$P\{Y_1=0, Y_2=1\} = P\{X < \ln 2, X \geqslant \ln 3\} = 0$$

$$P\{Y_1=1, Y_2=0\} = P\{X \geqslant \ln 2, X < \ln 3\} = \int_{\ln 2}^{\ln 3} e^{-x} dx = \frac{1}{6}$$

$$P\{Y_1=1, Y_2=1\} = P\{X \geqslant \ln 2, X \geqslant \ln 3\} = P\{X \geqslant \ln 3\} = \int_{\ln 3}^{+\infty} e^{-x} dx = \frac{1}{3}$$

即 (Y_1, Y_2) 的分布律为

Y_1 \ Y_2	0	1
0	$\frac{1}{2}$	0
1	$\frac{1}{6}$	$\frac{1}{3}$

(2) 因 $P\{Y_1=0\}=\dfrac{1}{2}, P\{Y_2=1\}=\dfrac{1}{3}$，从而 $P\{Y_1=0,Y_2=1\}=0\neq P\{Y_1=0\}\cdot P\{Y_2=1\}=\dfrac{1}{6}$，于是 Y_1,Y_2 不相互独立．

例 3.2.4 设随机变量 X,Y 的分布律分别为

X	-1	0	1
P	$\dfrac{1}{4}$	$\dfrac{1}{2}$	$\dfrac{1}{4}$

Y	0	1
P	$\dfrac{1}{2}$	$\dfrac{1}{2}$

且 $P\{XY=0\}=1$，求 (X,Y) 的联合分布律，并判断 X,Y 是否相互独立．

解 由题设 $P\{XY=0\}=1$，有 $P\{XY\neq 0\}=0$，从而
$$P\{X=-1,Y=1\}=P\{X=1,Y=1\}=0$$
又由边缘分布律与联合分布律的关系，有
$$P\{X=-1,Y=0\}=P\{X=-1\}-P\{X=-1,Y=1\}=\dfrac{1}{4}$$
$$P\{X=0,Y=1\}=P\{Y=1\}-P\{X=-1,Y=1\}-P\{X=1,Y=1\}=\dfrac{1}{2}$$
$$P\{X=1,Y=0\}=P\{X=1\}-P\{X=1,Y=1\}=\dfrac{1}{4}$$
而 $P\{X=0,Y=0\}=1-\left(\dfrac{1}{4}+\dfrac{1}{2}+\dfrac{1}{4}\right)=0$

于是，(X,Y) 的联合分布律为

X \ Y	0	1
-1	$\dfrac{1}{4}$	0
0	0	$\dfrac{1}{2}$
1	$\dfrac{1}{4}$	0

因 $P\{X=0,Y=0\}=0\neq P\{X=0\}\cdot P\{Y=0\}=\dfrac{1}{4}$，所以，$X$ 与 Y 不相互独立．

3.2.3 边缘概率密度与两个连续型随机变量独立的等价条件

1. 边缘概率密度

定义 3.2.4 设 (X,Y) 为二维连续型随机变量，具有概率密度 $f(x,y)$，分别称 X 和 Y 的概率密度为 (X,Y) 关于 X 和 Y 的边缘概率密度，记为 $f_X(x),f_Y(y)$．

因为 $F_X(x)=F(x,+\infty)=\displaystyle\int_{-\infty}^{x}\left[\int_{-\infty}^{+\infty}f(x,y)\mathrm{d}y\right]\mathrm{d}x$，所以关于 X 的边缘概

率密度为
$$f_X(x) = \int_{-\infty}^{+\infty} f(x,y)\mathrm{d}y \tag{3.2.7}$$

同理,关于 Y 的边缘概率密度为
$$f_Y(y) = \int_{-\infty}^{+\infty} f(x,y)\mathrm{d}x \tag{3.2.8}$$

2. 两个连续型随机变量独立的等价条件

定理 3.2.2 设 (X,Y) 是二维连续型随机变量,$f(x,y)$,$f_X(x)$,$f_Y(y)$ 分别为 (X,Y) 的概率密度和边缘概率密度,则 X 和 Y 相互独立的充要条件是等式
$$f(x,y) = f_X(x)f_Y(y) \tag{3.2.9}$$
对 $f(x,y)$,$f_X(x)$,$f_Y(y)$ 的所有连续点成立.

证 （1）充分性. 若(3.2.9)式成立,则对任意的 x,y,有
$$\begin{aligned} F(x,y) &= \int_{-\infty}^{x}\int_{-\infty}^{y} f(u,v)\mathrm{d}v\mathrm{d}u \\ &= \int_{-\infty}^{x}\int_{-\infty}^{y} f_X(u) \cdot f_Y(v)\mathrm{d}v\mathrm{d}u \\ &= \int_{-\infty}^{x} f_X(u)\mathrm{d}u \cdot \int_{-\infty}^{y} f_Y(v)\mathrm{d}v \\ &= F_X(x) \cdot F_Y(y) \end{aligned}$$

于是,X 与 Y 相互独立.

（2）必要性. 若 X 与 Y 相互独立,则在 $f(x,y)$,$f_X(x)$,$f_Y(y)$ 的所有连续点有
$$\begin{aligned} f(x,y) &= \frac{\partial^2 F(x,y)}{\partial x \partial y} = \frac{\partial^2 [F_X(x)F_Y(y)]}{\partial x \partial y} \\ &= \frac{\mathrm{d}F_X(x)}{\mathrm{d}x} \cdot \frac{\mathrm{d}F_Y(y)}{\mathrm{d}y} = f_X(x) \cdot f_Y(y) \end{aligned}$$

即(3.2.9)式成立.

由这个等价条件知:若存在连续点 (x,y),使 $f(x,y) \neq f_X(x)f_Y(y)$,则 X 与 Y 不相互独立.

例 3.2.5 设 (X,Y) 在单位圆 $D = \{(x,y) | x^2 + y^2 < 1\}$ 上服从均匀分布,求关于 X 和 Y 的边缘概率密度 $f_X(x)$,$f_Y(y)$,并判断 X 与 Y 是否相互独立.

解 (X,Y) 的概率密度为
$$f(x,y) = \begin{cases} \dfrac{1}{\pi}, & x^2 + y^2 < 1 \\ 0, & \text{其他} \end{cases}$$

当 $|x| \geqslant 1$ 时,参考图 3-6,由于 $f(x,y) = 0$,从而
$$f_X(x) = \int_{-\infty}^{\infty} f(x,y)\mathrm{d}y = 0$$

当 $|x| < 1$ 时,有

$$f_X(x) = \int_{-\infty}^{+\infty} f(x,y)\,\mathrm{d}y = \int_{-\sqrt{1-x^2}}^{\sqrt{1-x^2}} \frac{1}{\pi}\mathrm{d}y = \frac{2\sqrt{1-x^2}}{\pi}$$

于是

$$f_X(x) = \begin{cases} \dfrac{2\sqrt{1-x^2}}{\pi}, & |x|<1 \\ 0, & \text{其他} \end{cases}$$

类似可得

$$f_Y(y) = \begin{cases} \dfrac{2\sqrt{1-y^2}}{\pi}, & |y|<1 \\ 0, & \text{其他} \end{cases}$$

容易看到,$\left(\dfrac{1}{2},\dfrac{1}{2}\right)$ 是 $f(x,y), f_X(x), f_Y(y)$ 的连续点,但

$$f\left(\frac{1}{2},\frac{1}{2}\right) = \frac{1}{\pi} \neq f_X\left(\frac{1}{2}\right)f_Y\left(\frac{1}{2}\right) = \frac{3}{\pi^2}$$

所以,X 与 Y 不相互独立.

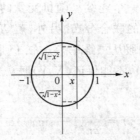

图 3-6

例 3.2.6 设 $(X,Y) \sim N(\mu_1,\mu_2,\sigma_1^2,\sigma_2^2,\rho)$,即 (X,Y) 具有概率密度(3.1.8)式,证明 X 与 Y 相互独立的充要条件为 $\rho=0$.

证 先求关于 X 和 Y 的边缘概率密度 $f_X(x), f_Y(y)$.

将(3.1.8)式 $f(x,y)$ 的指数部分对 y 配方,有

$$f(x,y) = \frac{1}{2\pi\sigma_1\sigma_2\sqrt{1-\rho^2}} \exp\left\{-\frac{(x-\mu_1)^2}{2\sigma_1^2} - \frac{1}{2(1-\rho^2)}\left(\frac{y-\mu_2}{\sigma_2} - \rho\frac{x-\mu_1}{\sigma_1}\right)^2\right\}$$

于是

$$f_X(x) = \frac{1}{2\pi\sigma_1\sigma_2\sqrt{1-\rho^2}} \exp\left[-\frac{(x-\mu_1)^2}{2\sigma_1^2}\right] \cdot \int_{-\infty}^{+\infty} \exp\left\{-\frac{1}{2(1-\rho^2)}\left(\frac{y-\mu_2}{\sigma_2} - \rho\frac{x-\mu_1}{\sigma_1}\right)^2\right\}\mathrm{d}y$$

$$= \frac{1}{2\pi\sigma_1} e^{-\frac{(x-\mu_1)^2}{2\sigma_1^2}} \int_{-\infty}^{+\infty} e^{-\frac{t^2}{2}}\mathrm{d}t \quad \left(\diamondsuit\ t = \frac{1}{\sqrt{1-\rho^2}}\left(\frac{y-\mu_2}{\sigma_2} - \rho\frac{x-\mu_1}{\sigma_1}\right)\right)$$

$$= \frac{1}{\sqrt{2\pi}\sigma_1} e^{-\frac{(x-\mu_1)^2}{2\sigma_1^2}}$$

可见，$X \sim N(\mu_1, \sigma_1^2)$．类似可得 $Y \sim N(\mu_2, \sigma_2^2)$，即 $f_Y(y) = \dfrac{1}{\sqrt{2\pi}\sigma_2} e^{-\frac{(y-\mu_2)^2}{2\sigma_2^2}}$．

$f(x,y), f_X(x), f_Y(y)$ 均为连续函数，因此若 $\rho = 0$，有

$$f(x,y) = \frac{1}{2\pi\sigma_1\sigma_2} e^{-\frac{1}{2}\left[\frac{(x-\mu_1)^2}{\sigma_1^2} + \frac{(y-\mu_2)^2}{\sigma_2^2}\right]} = f_X(x) f_Y(y)$$

对一切 x, y 成立，即 X 与 Y 相互独立．

反之，若 X 与 Y 相互独立，则对一切 x, y，有 $f(x,y) = f_X(x) f_Y(y)$．

特别地，有

$$f(\mu_1, \mu_2) = \frac{1}{2\pi\sigma_1\sigma_2} \frac{1}{\sqrt{1-\rho^2}} = \frac{1}{\sqrt{2\pi}\sigma_1} \cdot \frac{1}{\sqrt{2\pi}\sigma_2} = f_X(\mu_1) f_Y(\mu_2)$$

从而 $\rho = 0$．

因此，X 与 Y 相互独立的充要条件是 $\rho = 0$．

对于给定的 $\mu_1, \mu_2, \sigma_1^2, \sigma_2^2$，不同的 ρ 对应不同的二维正态分布，它们的边缘分布却都是一样的，这里给了我们一个连续型随机变量的例子，说明由 X 和 Y 的边缘分布，一般并不能确定 (X,Y) 的联合分布．另外，若 X 和 Y 分别服从正态分布，当 X, Y 相互独立时，可得 (X,Y) 服从二维正态分布．但是，如果去掉独立的条件，一般地，由 X 和 Y 均服从正态分布，不能保证 (X,Y) 服从二维正态分布，请看下例．

例 3.2.7 设 (X,Y) 的概率密度为

$$f(x,y) = \frac{1}{2\pi}(1 - \sin xy) e^{-\frac{x^2+y^2}{2}}$$

求关于 X 与关于 Y 的边缘概率密度．

解
$$\begin{aligned}
f_X(x) &= \int_{-\infty}^{+\infty} f(x,y) \mathrm{d}y = \frac{1}{2\pi} \int_{-\infty}^{+\infty} (1 - \sin xy) e^{-\frac{x^2+y^2}{2}} \mathrm{d}y \\
&= \frac{1}{2\pi} \int_{-\infty}^{+\infty} e^{-\frac{x^2+y^2}{2}} \mathrm{d}y - \frac{1}{2\pi} \int_{-\infty}^{+\infty} \sin xy \, e^{-\frac{x^2+y^2}{2}} \mathrm{d}y \\
&= \frac{1}{\sqrt{2\pi}} e^{-\frac{x^2}{2}}
\end{aligned}$$

可见，$X \sim N(0,1)$，类似可得，$Y \sim N(0,1)$．

这里 X, Y 都是一维正态随机变量，但显然 (X,Y) 不是二维正态随机变量．

3.3 条件分布

设 Ω 为试验 E 的样本空间，任意固定事件 B，且 $P(B) > 0$，则对每一事件 A 有在事件 B 发生条件下的条件概率 $P(A|B) = \dfrac{P(AB)}{P(B)}$．利用这个条件概率，若 X 是定义在此样本空间上的随机变量，则可定义在 B 发生条件下 X 的条件分布函数

$$F(x|B)=P\{X\leqslant x|B\}=\frac{P\{X\leqslant x,B\}}{P(B)} \qquad (3.3.1)$$

又若 Y 是 Ω 上的另一随机变量,由(3.3.1)式,当 $B=\{Y=y\}>0$ 时,$F(x|Y=y)$ 就是在已知 $Y=y$ 条件下 X 的条件分布函数.

但当 Y 是连续型随机变量时,因为对任意实数 y,都有 $P\{Y=y\}=0$,从而按 (3.3.1)式定义条件分布函数 $F(x|Y=y)$ 时遇到了麻烦. 本节将就这种情况给出处理方法. 下面分别就二维离散型及连续型随机变量给出在 $Y=y$(或 $X=x$)条件下,X(或 Y)的条件分布的定义和计算方法.

3.3.1 二维离散型随机变量的条件分布律

设 (X,Y) 是二维离散型随机变量,其分布律为
$$P\{X=x_i,Y=y_j\}=p_{ij}, \quad i,j=1,2,\cdots$$
(X,Y) 关于 X 和关于 Y 的边缘分布律分别为
$$P\{X=x_i\}=p_{i\cdot}, \quad i=1,2,\cdots$$
$$P\{Y=y_j\}=p_{\cdot j}, \quad j=1,2,\cdots$$

设 $p_{\cdot j}>0$,考虑在事件 $\{Y=y_j\}$ 已发生的条件下事件 $\{X=x_i\}$ 发生的概率,由条件概率的定义,有
$$P\{X=x_i|Y=y_j\}=\frac{P\{X=x_i,Y=y_j\}}{P\{Y=y_j\}}=\frac{p_{ij}}{p_{\cdot j}}, \qquad i=1,2,\cdots$$

需要注意的是,上式中 j 是取定的,i 是变动的,且这组概率值满足分布律的两条性质:

$1°\ P\{X=x_i|Y=y_j\}\geqslant 0$;

$2°\ \sum_{i=1}^{\infty}P\{X=x_i|Y=y_j\}=\sum_{i=1}^{\infty}\frac{p_{ij}}{p_{\cdot j}}=\frac{p_{\cdot j}}{p_{\cdot j}}=1.$

因此可称其为在 $Y=y_j$ 条件下随机变量 X 的条件分布律. 当 y_j 取不同值时,$P\{X=x_i|Y=y_j\}, i=1,2,\cdots$ 是 X 的不同的条件分布律.

定义 3.3.1 设 (X,Y) 是二维离散型随机变量,对于固定的 j,若 $P\{Y=y_j\}>0$,则称
$$P\{X=x_i|Y=y_j\}=\frac{p_{ij}}{p_{\cdot j}}, \quad i=1,2,\cdots \qquad (3.3.2)$$
为在 $Y=y_j$ 条件下随机变量 X 的条件分布律.

类似地,对于固定的 i,若 $P\{X=x_i\}>0$,则称
$$P\{Y=y_j|X=x_i\}=\frac{p_{ij}}{p_{i\cdot}}, \quad j=1,2,\cdots \qquad (3.3.3)$$
为在 $X=x_i$ 条件下随机变量 Y 的条件分布律.

特别地,若 X 与 Y 相互独立,则

$$P\{X=x_i|Y=y_j\}=P\{X=x_i\}=p_i.\,,\quad i=1,2,\cdots$$
$$P\{Y=y_j|X=x_i\}=P\{Y=y_j\}=p_{\cdot j},\quad j=1,2,\cdots$$

如在上节例 3.2.2 中的可放回情形时,因 X 与 Y 相互独立,所以条件分布律与相应边缘(无条件)分布律相同,即第一次取数的结果对第二次取出数的分布没有影响. 对于不放回情形,条件分布律与边缘分布律不同. 例如在 $X=1$ 条件下,由 (3.3.3)式 Y 的条件分布律为 $P\{Y=0|X=1\}=\dfrac{\frac{6}{20}}{\frac{2}{5}}=\dfrac{3}{4}$, $P\{Y=1|X=1\}=\dfrac{\frac{2}{20}}{\frac{2}{5}}=\dfrac{1}{4}$. 而 Y 的边缘分布律为 $P\{Y=0\}=\dfrac{3}{5}$, $P\{Y=1\}=\dfrac{2}{5}$.

进一步,可由条件分布律得到条件分布函数. 事实上,由(3.3.1)式,若将二维离散型随机变量在 $Y=y_j$ 及 $X=x_i$ 条件下 X 和 Y 的条件分布函数分别记为 $F_{X|Y}(x|Y=y_j)$ 及 $F_{Y|X}(y|X=x_i)$ 或简记为 $F_{X|Y}(x|y_j)$ 及 $F_{Y|X}(y|x_i)$,则

$$F_{X|Y}(x\mid y_j)=P\{X\leqslant x\mid Y=y_j\}=\sum_{x_i\leqslant x}P\{X=x_i\mid Y=y_j\}$$
$$=\sum_{x_i\leqslant x}\frac{p_{ij}}{p_{\cdot j}}=\frac{\sum_{x_i\leqslant x}p_{ij}}{p_{\cdot j}}$$

同理
$$F_{Y|X}(y\mid x_i)=\frac{\sum_{y_j\leqslant y}p_{ij}}{p_{i\cdot}}$$

例 3.3.1 已知 (X,Y) 的分布律为

X \ Y	1	2
0	$\frac{1}{4}$	$\frac{1}{2}$
1	$\frac{1}{8}$	$\frac{1}{8}$

求在 $Y=1$ 条件下,随机变量 X 的条件分布律和条件分布函数 $F_{X|Y}(x|Y=1)$.

解 容易算得
$$P\{Y=1\}=\frac{3}{8}$$

于是,在 $Y=1$ 条件下 X 的条件分布律为
$$P\{X=0|Y=1\}=\frac{\frac{1}{4}}{\frac{3}{8}}=\frac{2}{3}$$

$$P\{X=1|Y=1\}=\frac{\frac{1}{8}}{\frac{3}{8}}=\frac{1}{3}$$

所求条件分布函数为

$$F_{X|Y}(x|Y=1)=\begin{cases}0, & x<0\\ \dfrac{2}{3}, & 0\leqslant x<1\\ 1, & x\geqslant 1\end{cases}$$

例 3.3.2 一射手进行射击,击中目标的概率为 $p(0<p<1)$,射击到击中目标两次为止. 设以 X 表示首次击中目标所进行的射击次数,以 Y 表示总共进行的射击次数,试求 X 和 Y 的联合分布律及条件分布律.

解 依题意 $Y=n$ 就表示在第 n 次射击时击中目标,且在第 1 次,第 2 次,…,第 $n-1$ 次射击中恰有一次击中目标. 已知各次射击是相互独立的,于是不管 $m(m<n)$ 是多少,概率 $P\{X=m,Y=n\}$ 都应等于

$$p \cdot p \cdot q \cdot q \cdots q = p^2 q^{n-2} \quad (\text{这里 } q=1-p)$$

即得 X 和 Y 的联合分布律为

$$P\{X=m,Y=n\}=p^2 q^{n-2},\quad n=2,3,\cdots;m=1,2,\cdots,n-1$$

又

$$P\{X=m\}=\sum_{n=m+1}^{\infty}P\{X=m,Y=n\}=\sum_{n=m+1}^{\infty}p^2 q^{n-2}=p^2\sum_{n=m+1}^{\infty}q^{n-2}$$

$$=p^2\frac{q^{m-1}}{1-q}=pq^{m-1},\quad m=1,2,\cdots$$

$$P\{Y=n\}=\sum_{m=1}^{n-1}P\{X=m,Y=n\}=\sum_{m=1}^{n-1}p^2 q^{n-2}=(n-1)p^2 q^{n-2},\quad n=2,3,\cdots$$

于是所求条件分布律为

当 $n=2,3,\cdots$ 时,

$$P\{X=m|Y=n\}=\frac{p^2 q^{n-2}}{(n-1)p^2 q^{n-2}}=\frac{1}{n-1},\quad m=1,2,\cdots,n-1$$

当 $m=1,2,\cdots$ 时,

$$P\{Y=n|X=m\}=\frac{p^2 q^{n-2}}{pq^{m-1}}=pq^{n-m-1},\quad n=m+1,m+2,\cdots$$

例如,$P\{X=m|Y=3\}=\dfrac{1}{2},m=1,2;P\{Y=n|X=3\}=pq^{n-4},n=4,5,\cdots$.

3.3.2 二维连续型随机变量的条件概率密度

设 (X,Y) 是二维连续型随机变量,这时由于对任意的 y 有 $P\{Y=y\}=0$,因此不能直接利用(3.3.1)式计算条件分布. 为了克服这一困难,我们借助于极限的方法来处理.

对给定的 y,设对于任意固定的 $\varepsilon>0, P\{y-\varepsilon<Y\leqslant y+\varepsilon\}>0$,于是对于任意 x 有

$$P\{X\leqslant x|y-\varepsilon<Y\leqslant y+\varepsilon\}=\frac{P\{X\leqslant x,y-\varepsilon<Y\leqslant y+\varepsilon\}}{P\{y-\varepsilon<Y\leqslant y+\varepsilon\}}$$

上式给出了在任意 $y-\varepsilon<Y\leqslant y+\varepsilon$ 条件下 X 的条件分布函数,现在引入以下的定义.

定义 3.3.2 对给定的 y,设对于任意的 $\varepsilon>0, P\{y-\varepsilon<Y\leqslant y+\varepsilon\}>0$,且对任意实数 x,若极限

$$\lim_{\varepsilon\to 0^+}P\{X\leqslant x|y-\varepsilon<Y\leqslant y+\varepsilon\}=\lim_{\varepsilon\to 0^+}\frac{P\{X\leqslant x,y-\varepsilon<Y\leqslant y+\varepsilon\}}{P\{y-\varepsilon<Y\leqslant y+\varepsilon\}}$$

存在,则称此极限为在 $Y=y$ 条件下 X 的条件分布函数,记为 $P\{X\leqslant x|Y=y\}$ 或记为 $F_{X|Y}(x|Y=y)$,简记为 $F_{X|Y}(x|y)$. 即

$$F_{X|Y}(x|y)=\lim_{\varepsilon\to 0^+}\frac{P\{X\leqslant x,y-\varepsilon<Y\leqslant y+\varepsilon\}}{P\{y-\varepsilon<Y\leqslant y+\varepsilon\}} \tag{3.3.4}$$

类似可定义在 $X=x$ 条件下,Y 的条件分布函数

$$F_{Y|X}(y|x)=\lim_{\varepsilon\to 0^+}\frac{P\{Y\leqslant y,x-\varepsilon<X\leqslant x+\varepsilon\}}{P\{x-\varepsilon<X\leqslant x+\varepsilon\}} \tag{3.3.5}$$

其中 $P\{x-\varepsilon<X\leqslant x+\varepsilon\}>0$,且(3.3.5)式极限存在.

在(3.3.4)式(或(3.3.5)式)中,作为条件的 $Y=y$(或 $X=x$)是取定的,x(或 y)是变动的. 当 y 值(或 x 值)不同时,(3.3.4)式(或(3.3.5)式)给出的是 X(或 Y)的不同的条件分布函数.

定理 3.3.1 设二维连续型随机变量 (X,Y) 的概率密度为 $f(x,y)$,关于 Y 的边缘概率密度为 $f_Y(y)$,且 $f_Y(y)>0$,若 (x,y) 是 $f(x,y)$ 的连续点,y 是 $f_Y(y)$ 的连续点,则有

$$F_{X|Y}(x\mid y)=\int_{-\infty}^{x}\frac{f(u,y)}{f_Y(y)}\mathrm{d}u \tag{3.3.6}$$

证 设 (X,Y) 的分布函数为 $F(x,y)$. 则

$$F_{X|Y}(x|y)=\lim_{\varepsilon\to 0^+}\frac{P\{X\leqslant x,y-\varepsilon<Y\leqslant y+\varepsilon\}}{P\{y-\varepsilon<Y\leqslant y+\varepsilon\}}$$

$$=\lim_{\varepsilon\to 0^+}\frac{F(x,y+\varepsilon)-F(x,y-\varepsilon)}{F_Y(y+\varepsilon)-F_Y(y-\varepsilon)}=\lim_{\varepsilon\to 0^+}\frac{\dfrac{[F(x,y+\varepsilon)-F(x,y-\varepsilon)]}{2\varepsilon}}{\dfrac{[F_Y(y+\varepsilon)-F_Y(y-\varepsilon)]}{2\varepsilon}}$$

$$=\frac{\dfrac{\partial F(x,y)}{\partial y}}{\dfrac{\mathrm{d}F_Y(y)}{\mathrm{d}y}}=\int_{-\infty}^{x}\frac{f(u,y)}{f_Y(y)}\mathrm{d}u$$

于是(3.3.6)式成立.

类似地,在相应条件下,有

$$F_{Y|X}(y \mid x) = \int_{-\infty}^{y} \frac{f(x,v)}{f_X(x)} dv \qquad (3.3.7)$$

易知，(3.3.6)及(3.3.7)式中 $\frac{f(x,y)}{f_Y(y)}$ 及 $\frac{f(x,y)}{f_X(x)}$ 分别满足概率密度的两个性质，因此，当 $f(x,y)$ 在 (x,y) 连续，$f_Y(y)>0$ 且在 y 处连续时，称 $\frac{f(x,y)}{f_Y(y)}$ 为在 $Y=y$ 条件下 X 的条件概率密度，当 $f_X(x)>0$ 且在 x 处连续时，称 $\frac{f(x,y)}{f_X(x)}$ 为在 $X=x$ 条件下 Y 的条件概率密度，分别记为 $f_{X|Y}(x|y)$ 及 $f_{Y|X}(y|x)$. 即

$$f_{X|Y}(x|y) = \frac{f(x,y)}{f_Y(y)} \qquad (3.3.8)$$

$$f_{Y|X}(y|x) = \frac{f(x,y)}{f_X(x)} \qquad (3.3.9)$$

例 3.3.3 设 (X,Y) 服从二维正态分布 $N(\mu_1,\mu_2,\sigma_1^2,\sigma_2^2,\rho)$，求在 $X=x$ 的条件下，Y 的条件概率密度 $f_{Y|X}(y|x)$.

解 (X,Y) 的概率密度为

$$f(x,y) = \frac{1}{2\pi\sigma_1\sigma_2\sqrt{1-\rho^2}} \exp\left\{-\frac{1}{2(1-\rho^2)}\left[\frac{(x-\mu_1)^2}{\sigma_1^2} - 2\rho\frac{(x-\mu_1)(y-\mu_2)}{\sigma_1\sigma_2} + \frac{(y-\mu_2)^2}{\sigma_2^2}\right]\right\}$$

由上一节的例 3.2.6 知，X 的边缘概率密度为

$$f_X(x) = \frac{1}{\sqrt{2\pi}\sigma_1} e^{-\frac{(x-\mu_1)^2}{2\sigma_1^2}}$$

于是，在 $X=x$ 条件下 Y 的条件概率密度为

$$f_{Y|X}(y|x) = \frac{f(x,y)}{f_X(x)} = \frac{1}{\sqrt{2\pi}\sigma_2\sqrt{1-\rho^2}} \exp\left[-\frac{\left(y-\left(\mu_2+\rho\frac{\sigma_2}{\sigma_1}(x-\mu_1)\right)\right)^2}{2\sigma_2^2(1-\rho^2)}\right]$$

可见在 $X=x$ 条件下，$Y \sim N\left(\mu_2+\rho\frac{\sigma_2}{\sigma_1}(x-\mu_1), \sigma_2^2(1-\rho^2)\right)$.

例 3.3.4 设数 X 在区间 $(0,1)$ 上随机地取值，当观察到 $X=x$ $(0<x<1)$ 时，数 Y 在区间 $(x,1)$ 上随机取值. 求 Y 的概率密度 $f_Y(y)$.

解 按题意 X 具有概率密度

$$f_X(x) = \begin{cases} 1, & 0<x<1 \\ 0, & \text{其他} \end{cases}$$

对于任意给定的 x $(0<x<1)$，在 $X=x$ 的条件下，Y 的条件概率密度为

$$f_{Y|X}(y|x) = \begin{cases} \dfrac{1}{1-x}, & 0<x<y<1 \\ 0, & \text{其他} \end{cases}$$

所以，X 和 Y 的联合概率密度为

$$f(x,y) = f_{Y|X}(y) \cdot f_X(x) = \begin{cases} \dfrac{1}{1-x}, & 0 < x < y < 1 \\ 0, & \text{其他} \end{cases}$$

于是 Y 的概率密度为

$$f_Y(y) = \int_{-\infty}^{+\infty} f(x,y) \mathrm{d}x = \begin{cases} \int_0^y \dfrac{1}{1-x} \mathrm{d}x = -\ln(1-y), & 0 < y < 1 \\ 0, & \text{其他} \end{cases}$$

例 3.3.5 设 (X,Y) 的概率密度为

$$f(x,y) = \begin{cases} \dfrac{3}{16}(4-2x-y), & x>0, y>0, 2x+y<4 \\ 0, & \text{其他} \end{cases}$$

求:(1) $f_{Y|X}(y|x)$;(2) $P\{Y \geqslant 2 | X = \dfrac{1}{2}\}$;(3) $P\{Y \geqslant 2 | X \geqslant \dfrac{1}{2}\}$.

解 (1)先求 X 的边缘概率密度,参考图 3-7,有

$$f_X(x) = \int_{-\infty}^{+\infty} f(x,y) \mathrm{d}y$$

$$= \begin{cases} \int_0^{4-2x} \dfrac{3}{16}(4-2x-y) \mathrm{d}y = \dfrac{3}{8}(2-x)^2, & 0 < x < 2 \\ 0, & \text{其他} \end{cases}$$

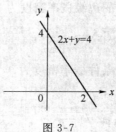

图 3-7

当 $0 < x < 2$ 时,

$$f_{Y|X}(y|x) = \dfrac{f(x,y)}{f_X(x)} = \begin{cases} \dfrac{4-2x-y}{2(2-x)^2}, & 0 < y < 4-2x \\ 0, & \text{其他} \end{cases}$$

(2) 由于 $\quad f_{Y|X}\left(y \mid X = \dfrac{1}{2}\right) = \begin{cases} \dfrac{2(3-y)}{9}, & 0 < y < 3 \\ 0, & \text{其他} \end{cases}$

于是 $\quad P\left\{Y \geqslant 2 \mid X = \dfrac{1}{2}\right\} = \int_2^{+\infty} f_{Y|X}\left(y \mid X = \dfrac{1}{2}\right) \mathrm{d}y = \int_2^3 \dfrac{2}{9}(3-y) \mathrm{d}y = \dfrac{1}{9}$

(3) 由于 $P\left\{X \geqslant \dfrac{1}{2}\right\} = \int_{\frac{1}{2}}^{+\infty} f_X(x) \mathrm{d}x = \int_{\frac{1}{2}}^{2} \dfrac{3}{8}(2-x)^2 \mathrm{d}x = \dfrac{27}{64}$

$$P\left\{X \geqslant \dfrac{1}{2}, Y \geqslant 2\right\} = \iint_{x \geqslant \frac{1}{2}, y \geqslant 2} f(x,y) \mathrm{d}x \mathrm{d}y = \int_{\frac{1}{2}}^{1} \mathrm{d}x \int_{2}^{4-2x} \dfrac{3}{16}(4-2x-y) \mathrm{d}y = \dfrac{1}{64}$$

于是
$$P\left\{Y\geqslant 2\mid X\geqslant \frac{1}{2}\right\}=\frac{P\{X\geqslant \frac{1}{2},Y\geqslant 2\}}{P\{X\geqslant \frac{1}{2}\}}=\frac{\frac{1}{64}}{\frac{27}{64}}=\frac{1}{27}$$

例 3.3.6 设 X 与 Y 相互独立,$X\sim \text{Ex}(\lambda)$,$Y\sim \text{Ex}(\mu)$,其中 $\lambda>0$,$\mu>0$ 是常数,令 $Z=\begin{cases}1, & 2X\leqslant Y\\ 0, & 其他\end{cases}$,求 Z 的分布函数和在 $X=x(x>0)$ 条件下 Z 的条件分布律.

解 先求随机变量 Z 的分布律,设 X,Y 的概率密度分别为 $f_X(x),f_Y(y)$,则

$$P\{Z=1\}=P\{2X\leqslant Y\}=\iint\limits_{2x\leqslant y}f_X(x)f_Y(y)\mathrm{d}x\mathrm{d}y$$

$$=\iint\limits_{0<2x\leqslant y}\lambda\mathrm{e}^{-\lambda x}\cdot \mu\mathrm{e}^{-\mu y}\mathrm{d}x\mathrm{d}y=\int_0^{+\infty}\lambda\mathrm{e}^{-\lambda x}\left(\int_{2x}^{+\infty}\mu\mathrm{e}^{-\mu y}\mathrm{d}y\right)\mathrm{d}x$$

$$=\int_0^{+\infty}\lambda\mathrm{e}^{-\lambda x}\mathrm{e}^{-2\mu x}\mathrm{d}x=\frac{\lambda}{\lambda+2\mu}$$

$$P\{Z=0\}=1-P\{Z=1\}=\frac{2\mu}{\lambda+2\mu}$$

于是,Z 的分布函数为

$$F(z)=\begin{cases}0, & z<0\\ \dfrac{2\mu}{\lambda+2\mu}, & 0\leqslant z<1\\ 1, & z\geqslant 1\end{cases}$$

当 $x>0$ 时:

$$P\{Z=1\mid X=x\}=P\{2X\leqslant Y\mid X=x\}=P\{Y\geqslant 2x\mid X=x\}$$

$$=P\{Y\geqslant 2x\}=\int_{2x}^{+\infty}\mu\mathrm{e}^{-\mu y}\mathrm{d}y=\mathrm{e}^{-2\mu x}$$

从而 $P\{Z=0\mid X=x\}=1-P\{Z=1\mid X=x\}=1-\mathrm{e}^{-2\mu x}$.

于是,在 $X=x(x>0)$ 条件下 Z 的条件分布律为

$Z=k$	0	1
$P\{Z=k\mid X=x\}$	$1-\mathrm{e}^{-2\mu x}$	$\mathrm{e}^{-2\mu x}$

3.4 两个随机变量函数的分布

本节讨论关于两个随机变量函数的分布.若已知二维随机变量 (X,Y) 的分布,主要解决以下两个问题:

(1) 若随机变量 Z 是随机变量 X,Y 的函数 $Z=g(X,Y)$,其中 $g(x,y)$ 是 (x,y) 的连续函数,即 (X,Y) 经变换后为一维随机变量 Z,如何求出 Z 的分布;

(2) 介绍若二维连续型随机变量(X,Y)变换到二维连续型随机变量(Z_1,Z_2)，其中$Z_i=g_i(X,Y),i=1,2$，如何求出(Z_1,Z_2)的分布．

3.4.1 二维离散型随机变量函数的分布

设二维离散型随机变量(X,Y)的分布律为(3.1.4)式，而随机变量$Z=g(X,Y)$，为求得Z的分布律，只需对(X,Y)的一切可能值(x_i,y_j)算出Z的对应值z_k，并按下式计算相应取值的概率即可

$$P\{Z=z_k\}=P\{g(X,Y)=z_k\}=\sum_{g(x_i,y_j)=z_k}p_{ij}$$

这里的和式是对所有满足$g(x_i,y_j)=z_k$的i,j求和．下面举例说明方法．

例 3.4.1 设(X,Y)的分布律如下

Y \ X	0	1	2	3	4	5
0	0	0.01	0.03	0.05	0.07	0.09
1	0.01	0.02	0.04	0.05	0.06	0.08
2	0.01	0.03	0.05	0.05	0.05	0.06
3	0.01	0.02	0.04	0.06	0.06	0.05

求：(1) $V=\text{Max}(X,Y)$；(2) $U=\text{Min}(X,Y)$；(3) $W=X+Y$ 的分布律．

解 (1) $V=\text{Max}(X,Y)$可能取值为$0,1,2,3,4,5$．则

$$P\{V=i\}=P\{X=i,Y\leqslant i\}+P\{X<i,Y=i\}$$

$$=\sum_{k=0}^{i}P\{X=i,Y=k\}+\sum_{j=0}^{i-1}P\{X=j,Y=i\},\quad i=0,1,2,3,4,5$$

例如，$P\{V=1\}=P\{X=1,Y\leqslant 1\}+P\{X<1,Y=1\}=P\{X=1,Y=0\}+P\{X=1,Y=1\}+P\{X=0,Y=1\}=0.01+0.02+0.01=0.04$，于是$V$的分布律为

V	0	1	2	3	4	5
P	0	0.04	0.16	0.28	0.24	0.28

(2) $U=\text{Min}(X,Y)$的可能取值为$0,1,2,3$．则

$$P\{U=i\}=P\{X=i,Y\geqslant i\}+P\{X>i,Y=i\}$$

$$=\sum_{k=i}^{3}P\{X=i,Y=k\}+\sum_{j=i+1}^{5}P\{X=j,Y=i\},\quad i=0,1,2,3$$

于是U的分布律为

U	0	1	2	3
P	0.28	0.30	0.25	0.17

(3) $W=X+Y$ 的可能取值为 $0,1,2,3,4,5,6,7,8$. 则
$$P\{W=i\}=\sum_{k=0}^{i}P\{X=k,Y=i-k\},\quad i=0,1,2,\cdots,8$$
于是 W 的分布律为

W	0	1	2	3	4	5	6	7	8
P	0	0.02	0.06	0.13	0.19	0.24	0.19	0.12	0.05

特别地,若 X 与 Y 相互独立,对于 $Z=X+Y$ 的分布律有如下的一般化公式:

例 3.4.2 设 X 与 Y 相互独立,分布律分别为
$$P\{X=k\}=p_k,k=0,1,2,\cdots$$
$$P\{Y=r\}=q_r,r=0,1,2,\cdots$$

证明: $Z=X+Y$ 的分布律为 $P\{Z=n\}=\sum_{k=0}^{n}p_k q_{n-k},n=0,1,2,\cdots$,此式称为离散卷积公式.

证 由全概率公式及 X,Y 的独立性
$$P\{Z=n\}=\sum_{k=0}^{n}P\{X=k\}P\{X+Y=n\mid X=k\}$$
$$=\sum_{k=0}^{n}P\{X=k\}P\{Y=n-k\mid X=k\}$$
$$=\sum_{k=0}^{n}P\{X=k\}P\{Y=n-k\}=\sum_{k=0}^{n}p_k q_{n-k}$$

其中 $n=0,1,2,\cdots$,于是得证.

例 3.4.3 设 X 与 Y 相互独立,分别服从二项分布 $b(n_1,p)$ 和 $b(n_2,p)$,求 $Z=X+Y$ 的分布律.

解 Z 的可能取值为 $0,1,\cdots,n_1+n_2$,固定 k 于上述范围内,由独立性有
$$P\{Z=k\}=P\{X+Y=k\}=\sum_{k_1,k_2}P\{X=k_1,Y=k_2\}$$
$$=\sum_{k_1,k_2}P\{X=k_1\}\cdot P\{Y=k_2\}=\sum_{k_1,k_2}C_{n_1}^{k_1}p^{k_1}q^{n_1-k_1}\cdot C_{n_2}^{k_2}p^{k_2}q^{n_2-k_2}$$

这里 k_1,k_2 为非负整数, $k_1\leqslant n_1,k_2\leqslant n_2$,且 $k_1+k_2=k,q=1-p$. 又由于 $\sum_{k_1,k_2}C_{n_1}^{k_1}C_{n_2}^{k_2}=C_{n_1+n_2}^{k_1+k_2}$,于是
$$P\{Z=k\}=C_{n_1+n_2}^{k}p^k q^{n_1+n_2-k},\quad k=0,1,\cdots,n_1+n_2$$

可见, $Z\sim b(n_1+n_2,p)$.

这个结果可以推广至多个的情况：若 $X_i \sim b(n_i, p), i=1,2,\cdots,m$，且 $X_1,\cdots,X_m$ 相互独立，则 $X_1+X_2+\cdots+X_m \sim b(n_1+n_2+\cdots+n_m, p)$. 特别地，若 $X_i \sim b(1,p), i=1,2,\cdots,n, X_1,\cdots,X_n$ 相互独立，则 $Y=X_1+X_2+\cdots+X_n \sim b(n,p)$.

直观上这个结果容易理解，若 X_i 表示 n_i 次独立重复伯努利试验中事件 A 出现的次数，而且每次试验中 A 出现的概率均为 $p, X_i \sim b(n_i, p), i=1,2,\cdots,m$，而 $X_1,\cdots,X_m$ 相互独立，可知 $Y=X_1+X_2+\cdots+X_m$ 是 $n_1+n_2+\cdots+n_m$ 次独立试验中 A 出现的次数，而且每次试验中 A 出现的概率保持 p，故可得 $Y \sim b(n_1+n_2+\cdots+n_m, p)$. 泊松分布也有类似的结果，请见本章习题 22.

3.4.2　二维连续型随机变量函数的分布

设 (X,Y) 为连续型随机变量，具有概率密度 $f(x,y)$，又 $Z=g(X,Y)$，其中 $g(x,y)$ 是 (x,y) 的连续函数，若 Z 是连续型随机变量，现讨论如何求出 Z 的概率密度.

1. 分布函数法

与一维随机变量函数中的分布函数法类似，可先求出 Z 的分布函数 $F_Z(z)$，再由 $F_Z(z)$ 进一步求导，即可求出 Z 的概率密度 $f_Z(z)$. 其中的关键步骤是解不等式 $g(x,y) \leqslant z$，得到 (x,y) 的解区域 $D_z=\{(x,y)|g(x,y) \leqslant z\}$.

$$F_Z(z) = P\{Z \leqslant z\} = P\{g(X,Y) \leqslant z\} = P\{(X,Y) \in D_z\}$$
$$= \iint\limits_{g(x,y) \leqslant z} f(x,y)\mathrm{d}x\mathrm{d}y$$

例 3.4.4　设 $X \sim N(0,1), Y \sim N(0,1)$，且 X 与 Y 相互独立，求 $Z=X^2+Y^2$ 的概率密度 $f_Z(z)$.

解　X,Y 的概率密度分别为 $f_X(x)=\dfrac{1}{\sqrt{2\pi}}\mathrm{e}^{-\frac{x^2}{2}}, f_Y(y)=\dfrac{1}{\sqrt{2\pi}}\mathrm{e}^{-\frac{y^2}{2}}$，又 X 与 Y 相互独立，从而

$$f(x,y)=f_X(x)f_Y(y)=\frac{1}{2\pi}\mathrm{e}^{-\frac{x^2+y^2}{2}}$$

用分布函数法，由于 $Z=X^2+Y^2 \geqslant 0$，所以

当 $z<0$ 时，　　$F_Z(z)=P\{X^2+Y^2 \leqslant z\}=0$

当 $z \geqslant 0$ 时，　$F_Z(z)=P\{X^2+Y^2 \leqslant z\}=\iint\limits_{x^2+y^2 \leqslant z}\dfrac{1}{2\pi}\mathrm{e}^{-\frac{x^2+y^2}{2}}\mathrm{d}x\mathrm{d}y$

$$=\frac{1}{2\pi}\int_0^{2\pi}\mathrm{d}\theta\int_0^{\sqrt{z}}r\mathrm{e}^{-\frac{1}{2}r^2}\mathrm{d}r=1-\mathrm{e}^{-\frac{z}{2}}$$

于是

$$F_Z(z)=\begin{cases}1-\mathrm{e}^{-\frac{z}{2}}, & z \geqslant 0 \\ 0, & z<0\end{cases}$$

$$f_Z(z)=\begin{cases}\dfrac{1}{2}\mathrm{e}^{-\frac{z}{2}}, & z \geqslant 0 \\ 0, & z<0\end{cases}$$

此时,称 $Z=X^2+Y^2$ 服从自由度为 2 的 χ^2 分布,记为 $Z\sim\chi^2(2)$.将此结论推广,一般地有:设 $X_1,X_2,\cdots,X_n$ 相互独立,且同分布于标准正态分布 $N(0,1)$,称 $\chi^2=\sum_{k=1}^{n}X_k^2$ 服从自由度为 n 的 χ^2 分布,记为 $\chi^2\sim\chi^2(n)$.

例 3.4.5 设 X 与 Y 相互独立,且概率密度分别为

$$f_X(x)=\begin{cases}xe^{-\frac{x^2}{2}}, & x>0 \\ 0, & x\leqslant 0\end{cases} \qquad f_Y(y)=\begin{cases}ye^{-\frac{y^2}{2}}, & y>0 \\ 0, & y\leqslant 0\end{cases}$$

求 $Z=\max(X,Y)$ 的概率密度 $f_Z(z)$.

解 由 X 与 Y 相互独立,有

$$f(x,y)=\begin{cases}xye^{-\frac{1}{2}(x^2+y^2)}, & x>0,y>0 \\ 0, & 其他\end{cases}$$

由分布函数法,当 $z<0$ 时,有

$$F_Z(z)=0$$

当 $z\geqslant 0$ 时,

$$F_Z(z)=P\{\max(X,Y)\leqslant z\}=P\{X\leqslant z,Y\leqslant z\}$$
$$=\int_{-\infty}^{z}\int_{-\infty}^{z}f(x,y)\mathrm{d}x\mathrm{d}y=\int_{0}^{z}\mathrm{d}x\int_{0}^{z}xye^{-\frac{1}{2}(x^2+y^2)}\mathrm{d}y$$
$$=(1-e^{-\frac{z^2}{2}})^2$$

于是

$$F_Z(z)=\begin{cases}(1-e^{-\frac{z^2}{2}})^2, & z\geqslant 0 \\ 0, & z<0\end{cases}$$

$$f_Z(z)=\begin{cases}2ze^{-\frac{z^2}{2}}(1-e^{-\frac{z^2}{2}}), & z\geqslant 0 \\ 0, & z<0\end{cases}$$

2. 几个简单函数的分布

(1) $Z=X+Y$ 的分布

设 (X,Y) 的概率密度为 $f(x,y)$,则 $Z=X+Y$ 的分布函数为

$$F_Z(z)=P\{Z\leqslant z\}=P\{X+Y\leqslant z\}=\iint\limits_{x+y\leqslant z}f(x,y)\mathrm{d}x\mathrm{d}y$$

积分区域如图 3-8 所示,化成累次积分,得

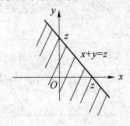

图 3-8

$$F_Z(z) = \int_{-\infty}^{+\infty} \mathrm{d}y \int_{-\infty}^{z-y} f(x,y) \mathrm{d}x$$

固定 z 和 y 对上式内层积分作变量代换,令 $x = u - y$,得

$$\int_{-\infty}^{z-y} f(x,y) \mathrm{d}x = \int_{-\infty}^{z} f(u-y, y) \mathrm{d}u$$

于是交换积分顺序,有

$$F_Z(z) = \int_{-\infty}^{+\infty} \mathrm{d}y \int_{-\infty}^{z} f(u-y, y) \mathrm{d}u = \int_{-\infty}^{z} \left[\int_{-\infty}^{+\infty} f(u-y, y) \mathrm{d}y\right] \mathrm{d}u$$

上式对变量 z 求导,即得 Z 的概率密度为

$$f_Z(z) = \int_{-\infty}^{+\infty} f(z-y, y) \mathrm{d}y \tag{3.4.1}$$

类似可得

$$f_Z(z) = \int_{-\infty}^{+\infty} f(x, z-x) \mathrm{d}x \tag{3.4.2}$$

上两式即是两个随机变量和的概率密度一般公式.

特别地,当 X 和 Y 相互独立时,设 (X,Y) 关于 X,Y 的边缘概率密度分别为 $f_X(x), f_Y(y)$,则(3.4.1)式、(3.4.2)式分别为

$$f_Z(z) = \int_{-\infty}^{+\infty} f_X(z-y) f_Y(y) \mathrm{d}y \tag{3.4.3}$$

$$f_Z(z) = \int_{-\infty}^{+\infty} f_X(x) f_Y(z-x) \mathrm{d}x \tag{3.4.4}$$

这两个公式称为独立和分布的卷积公式,$f_X(x)$ 与 $f_Y(y)$ 的卷积记为 $f_X * f_Y(z)$,即

$$f_X * f_Y(z) = \int_{-\infty}^{+\infty} f_X(z-y) f_Y(y) \mathrm{d}y = \int_{-\infty}^{+\infty} f_X(x) f_Y(z-x) \mathrm{d}x$$

例 3.4.6 设 X 和 Y 是两个相互独立的随机变量,它们都服从 $N(0,1)$ 分布,即有

$$f_X(x) = \frac{1}{\sqrt{2\pi}} \mathrm{e}^{-\frac{x^2}{2}}, \quad f_Y(y) = \frac{1}{\sqrt{2\pi}} \mathrm{e}^{-\frac{y^2}{2}}$$

求 $Z = X + Y$ 的概率密度.

解 由(3.4.4)式

$$f_Z(z) = \int_{-\infty}^{+\infty} f_X(x) f_Y(z-x) \mathrm{d}x$$

$$= \frac{1}{2\pi} \int_{-\infty}^{+\infty} \mathrm{e}^{-\frac{x^2}{2}} \cdot \mathrm{e}^{-\frac{(z-x)^2}{2}} \mathrm{d}x = \frac{1}{2\pi} \mathrm{e}^{-\frac{z^2}{4}} \int_{-\infty}^{+\infty} \mathrm{e}^{-\left(x-\frac{z}{2}\right)^2} \mathrm{d}x$$

令 $t = x - \left(\dfrac{z}{2}\right)$,得

$$f_Z(z) = \frac{1}{2\pi} \mathrm{e}^{-\frac{z^2}{4}} \int_{-\infty}^{+\infty} \mathrm{e}^{-t^2} \mathrm{d}t = \frac{1}{2\pi} \mathrm{e}^{-\frac{z^2}{4}} \sqrt{\pi} = \frac{1}{2\sqrt{\pi}} \mathrm{e}^{-\frac{z^2}{4}}$$

即 $Z \sim N(0, 2)$.

一般地,设 X, Y 相互独立且 $X \sim N(\mu_1, \sigma_1^2), Y \sim N(\mu_2, \sigma_2^2)$,则 $Z = X + Y$ 仍然

服从正态分布,且有 $Z \sim N(\mu_1+\mu_2, \sigma_1^2+\sigma_2^2)$.这个结论可推广到 n 个独立正态随机变量之和的情况,即若 $X_i \sim N(\mu_i, \sigma_i^2)$, $i=1,2,\cdots,n$,且它们相互独立,则它们的和 $Z=X_1+X_2+\cdots+X_n$ 仍然服从正态分布,且有 $Z \sim N(\sum_{i=1}^{n}\mu_i, \sum_{i=1}^{n}\sigma_i^2)$.

例 3.4.7 在一简单电路中,两电阻 R_1, R_2 串联连接,且相互独立,它们的概率密度均为

$$f(x)=\begin{cases} \dfrac{10-x}{50}, & 0 \leqslant x \leqslant 10 \\ 0, & 其他 \end{cases}$$

试求总电阻 $R=R_1+R_2$ 的概率密度.

解 由(3.4.4)式,R 的概率密度为

$$f_R(z) = \int_{-\infty}^{+\infty} f(x)f(z-x)\mathrm{d}x$$

仅当 $\begin{cases} 0<x<10 \\ 0<z-x<10 \end{cases}$ 亦即 $\begin{cases} 0<x<10 \\ z-10<x<z \end{cases}$ 时,上述积分的被积函数不为 0,参考图 3-9,即得

$$f_R(z)=\begin{cases} \int_0^z f(x)f(z-x)\mathrm{d}x, & 0 \leqslant z < 10 \\ \int_{z-10}^{10} f(x)f(z-x)\mathrm{d}x, & 10 \leqslant z < 20 \\ 0, & 其他 \end{cases}$$

将 $f(x)$ 的表达式代入上式得

$$f_R(z)=\begin{cases} \dfrac{1}{15\,000}(600z-60z^2+z^3), & 0 \leqslant z < 10 \\ \dfrac{1}{15\,000}(20-z)^3, & 10 \leqslant z < 20 \\ 0, & 其他 \end{cases}$$

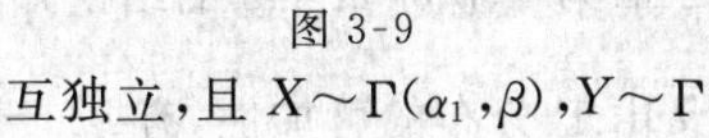

图 3-9

例 3.4.8 设 X, Y 相互独立,且 $X \sim \Gamma(\alpha_1, \beta)$, $Y \sim \Gamma(\alpha_2, \beta)$,即

$$f_X(x)=\begin{cases} \dfrac{\beta^{\alpha_1}}{\Gamma(\alpha_1)} x^{\alpha_1-1}\mathrm{e}^{-\beta x}, & x>0 \\ 0, & x \leqslant 0 \end{cases}$$

$$f_Y(y)=\begin{cases} \dfrac{\beta^{\alpha_2}}{\Gamma(\alpha_2)} y^{\alpha_2-1}\mathrm{e}^{-\beta y}, & y>0 \\ 0, & y \leqslant 0 \end{cases}$$

其中 $\alpha_1, \alpha_2 > 0, \beta > 0$. 证明: $X+Y \sim \Gamma(\alpha_1+\alpha_2, \beta)$.

证 设 $Z=X+Y$, 由于 X, Y 相互独立, 由(3.4.4)式

$$f_Z(z) = \int_{-\infty}^{+\infty} f_X(x) f_Y(z-x) \mathrm{d}x$$

仅当 $\begin{cases} x>0 \\ z-x>0 \end{cases}$, 即 $0 < x < z$ 时, 上述积分中被积函数不为 0, 于是, 当 $z \leqslant 0$ 时, $f_Z(z)=0$, 当 $z>0$ 时:

$$f_Z(z) = \int_{-\infty}^{+\infty} f_X(x) f_Y(z-x) \mathrm{d}x = \int_0^z \frac{\beta^{\alpha_1+\alpha_2}}{\Gamma(\alpha_1)\Gamma(\alpha_2)} x^{\alpha_1-1} (z-x)^{\alpha_2-1} \mathrm{e}^{-\beta x} \mathrm{e}^{-\beta(z-x)} \mathrm{d}x$$

$$= \frac{\beta^{\alpha_1+\alpha_2} \mathrm{e}^{-\beta z}}{\Gamma(\alpha_1)\Gamma(\alpha_2)} \int_0^z x^{\alpha_1-1} (z-x)^{\alpha_2-1} \mathrm{d}x$$

$$= \frac{\beta^{\alpha_1+\alpha_2} \mathrm{e}^{-\beta z} z^{\alpha_1+\alpha_2-1}}{\Gamma(\alpha_1)\Gamma(\alpha_2)} \int_0^1 t^{\alpha_1-1} (1-t)^{\alpha_2-1} \mathrm{d}t \ (令 \ x = zt)$$

$$\stackrel{\text{记为}}{=\!=\!=} A \mathrm{e}^{-\beta z} z^{\alpha_1+\alpha_2-1}$$

其中 $A = \dfrac{\beta^{\alpha_1+\alpha_2} \int_0^1 t^{\alpha_1-1} (1-t)^{\alpha_2-1} \mathrm{d}t}{\Gamma(\alpha_1)\Gamma(\alpha_2)}$.

下面利用分布函数的性质求常数 A:

$$1 = \int_{-\infty}^{+\infty} f_Z(z) \mathrm{d}z = \int_0^{+\infty} A \mathrm{e}^{-\beta z} z^{\alpha_1+\alpha_2-1} \mathrm{d}z = \int_0^{+\infty} A \mathrm{e}^{-t} t^{\alpha_1+\alpha_2-1} \beta^{-(\alpha_1+\alpha_2)} \mathrm{d}t \ (令 \ \beta z = t)$$

$$= A \beta^{-(\alpha_1+\alpha_2)} \int_0^{+\infty} \mathrm{e}^{-t} t^{\alpha_1+\alpha_2-1} \mathrm{d}t = A \beta^{-(\alpha_1+\alpha_2)} \Gamma(\alpha_1+\alpha_2)$$

于是

$$A = \frac{\beta^{\alpha_1+\alpha_2}}{\Gamma(\alpha_1+\alpha_2)}$$

所以

$$f_Z(z) = \begin{cases} \dfrac{\beta^{\alpha_1+\alpha_2}}{\Gamma(\alpha_1+\alpha_2)} z^{\alpha_1+\alpha_2-1} \mathrm{e}^{-\beta z}, & z>0 \\ 0, & z \leqslant 0 \end{cases}$$

此结论可以推广到 n 个相互独立的服从 Γ 分布的随机变量的情况. 设 $X_1, X_2, \cdots, X_n$ 相互独立, $X_i \sim \Gamma(\alpha_i, \beta), i=1, 2, \cdots, n$, 则 $\sum_{i=1}^n X_i \sim \Gamma(\sum_{i=1}^n \alpha_i, \beta)$. 此性质称为 Γ 分布的可加性. 利用这一性质, 可以得到例 3.4.4 中自由度为 n 的 χ^2 分布概率密度的表达式. 事实上, 由第 2 章第 4 节例 2.4.3 的结论知 $X_i^2 \sim \chi^2(1)$, 而 $\chi^2(1)$ 分布即为 $\Gamma\left(\dfrac{1}{2}, \dfrac{1}{2}\right)$ 分布, 于是又由 Γ 分布的可加性, 有 $\chi^2 = \sum_{i=1}^n X_i^2 \sim \Gamma\left(\dfrac{n}{2}, \dfrac{1}{2}\right)$, 即其概率密度为

$$f(x) = \begin{cases} \dfrac{1}{2^{\frac{n}{2}} \Gamma\left(\dfrac{n}{2}\right)} x^{\frac{n}{2}-1} \mathrm{e}^{-\frac{x}{2}}, & x>0 \\ 0, & x \leqslant 0 \end{cases}$$

$f(x)$ 的图形如图 3-10 所示. χ^2 分布是统计中的重要分布之一.

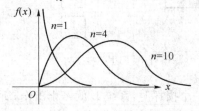

图 3-10

(2) $M=\max(X,Y)$ 及 $N=\min(X,Y)$ 的分布

设 X,Y 是两个相互独立的随机变量,它们的分布函数分别为 $F_X(x)$ 和 $F_Y(y)$. 下面分别求 $M=\max(X,Y)$ 及 $N=\min(X,Y)$ 的分布函数.

对任意实数 z,由于 $M=\max(X,Y)$ 不大于 z 等价于 X 和 Y 都不大于 z,故有
$$P\{M\leqslant z\}=P\{X\leqslant z,Y\leqslant z\}$$

又由于 X 和 Y 相互独立,于是得到 $M=\max(X,Y)$ 的分布函数为
$$F_{\max}(z)=P\{M\leqslant z\}=P\{X\leqslant z,Y\leqslant z\}=P\{X\leqslant z\}P\{Y\leqslant z\}$$

即有
$$F_{\max}(z)=F_X(z)F_Y(z) \tag{3.4.5}$$

类似地,可得 $N=\min(X,Y)$ 的分布函数为
$$F_{\min}(z)=P\{N\leqslant z\}=1-P\{N>z\}=1-P\{X>z,Y>z\}$$
$$=1-P\{X>z\}P\{Y>z\}$$

即
$$F_{\min}(z)=1-[1-F_X(z)][1-F_Y(z)] \tag{3.4.6}$$

以上结果容易推广到 n 个相互独立随机变量的情况. 设 $X_1,X_2,\cdots,X_n$ 是 n 个相互独立的随机变量. 它们的分布函数分别为 $F_{X_i}(x_i),i=1,2,\cdots,n$,则 $M=\max(X_1,X_2,\cdots,X_n)$ 及 $N=\min(X_1,X_2,\cdots,X_n)$ 的分布函数分别为

$$F_{\max}(z)=F_{X_1}(z)\cdot F_{X_2}(z)\cdots F_{X_n}(z) \tag{3.4.7}$$
$$F_{\min}(z)=1-[1-F_{X_1}(z)][1-F_{X_2}(z)]\cdots[1-F_{X_n}(z)] \tag{3.4.8}$$

特别地,当 $X_1,X_2,\cdots,X_n$ 相互独立且具有相同分布函数 $F(x)$ 时,有
$$F_{\max}(z)=[F(z)]^n$$
$$F_{\max}(z)=1-[1-F(z)]^n$$

例 3.4.9 设系统 L 由两个相互独立的子系统 L_1,L_2 连接而成,连接的方式分别为①串联,②并联,③备用(当系统 L_1 损坏时,系统 L_2 开始工作),如图3-11所示. 设 L_1,L_2 的寿命分别为 X,Y,已知它们的概率密度分别为

$$f_X(x)=\begin{cases}\alpha e^{-\alpha x}, & x>0 \\ 0, & x\leqslant 0\end{cases}; \quad f_Y(y)=\begin{cases}\beta e^{-\beta y}, & y>0 \\ 0, & y\leqslant 0\end{cases}$$

其中 $\alpha>0,\beta>0$ 且 $\alpha\neq\beta$,试分别就以上三种连接方式写出 L 的寿命 Z 的概率密度.

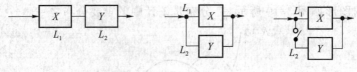

图 3-11

解 ① 串联的情况

由于当 L_1,L_2 中有一个损坏时,系统 L 就停止工作,所以这时 L 的寿命为 $Z=\min(X,Y)$. X,Y 的分布函数分别为

$$F_X(x)=\begin{cases}1-\mathrm{e}^{-\alpha x},&x>0\\0,&x\leqslant 0\end{cases};\quad F_Y(y)=\begin{cases}1-\mathrm{e}^{-\beta y},&y>0\\0,&y\leqslant 0\end{cases}$$

由(3.4.6)式得 $Z=\min(X,Y)$ 的分布函数为

$$F_{\min}(z)=1-[1-F_X(z)][1-F_Y(z)]=\begin{cases}1-\mathrm{e}^{-(\alpha+\beta)z},&z>0\\0,&z\leqslant 0\end{cases}$$

于是 $Z=\min(X,Y)$ 的概率密度为

$$f_{\min}(z)=\begin{cases}(\alpha+\beta)\mathrm{e}^{-(\alpha+\beta)z},&z>0\\0,&z\leqslant 0\end{cases}$$

② 并联的情况

由于当且仅当 L_1,L_2 都损坏时,系统 L 才停止工作,所以这时 L 的寿命 Z 为 $Z=\max(X,Y)$,由(3.4.5)式得 $Z=\max(X,Y)$ 的分布函数

$$F_{\max}(z)=F_X(z)F_Y(z)=\begin{cases}(1-\mathrm{e}^{-\alpha z})(1-\mathrm{e}^{-\beta z}),&z>0\\0,&z\leqslant 0\end{cases}$$

于是 $Z=\max(X,Y)$ 的概率密度为

$$f_{\max}(z)=\begin{cases}\alpha\mathrm{e}^{-\alpha z}+\beta\mathrm{e}^{-\beta z}-(\alpha+\beta)\mathrm{e}^{-(\alpha+\beta)z},&z>0\\0,&z\leqslant 0\end{cases}$$

③ 备用的情况

由于当系统 L_1 损坏时系统 L_2 才开始工作,因此整个系统 L 的寿命 Z 是 L_1,L_2 两者寿命之和,即 $Z=X+Y$. 由(3.4.3)式,当 $z>0$ 时,$Z=X+Y$ 的概率密度为

$$f_Z(z)=\int_{-\infty}^{+\infty}f_X(z-y)f_Y(y)\mathrm{d}y=\int_0^z\alpha\mathrm{e}^{-\alpha(z-y)}\beta\mathrm{e}^{-\beta y}\mathrm{d}y$$

$$=\alpha\beta\mathrm{e}^{-\alpha z}\int_0^z\mathrm{e}^{-(\beta-\alpha)y}\mathrm{d}y=\frac{\alpha\beta}{\beta-\alpha}[\mathrm{e}^{-\alpha z}-\mathrm{e}^{-\beta z}]$$

当 $z\leqslant 0$ 时,$f_Z(z)=0$,于是 $Z=X+Y$ 的概率密度为

$$f_Z(z)=\begin{cases}\dfrac{\alpha\beta}{\beta-\alpha}[\mathrm{e}^{-\alpha z}-\mathrm{e}^{-\beta z}],&z>0\\0,&z\leqslant 0\end{cases}$$

*3. 随机向量变换的定理

现在考虑二维随机变量 (X,Y) 变换到二维随机变量 (U,V),如何由 (X,Y) 的概率密度去求 (U,V) 的概率密度的问题. 为此,我们有以下定理:

定理 3.4.1 设 (X,Y) 的概率密度为 $f(x,y)$,且在区域 D 上满足 $P\{(X,Y)\in D\}=1$,

对变换 $u=u(x,y), v=v(x,y)$，当 $(x,y)\in D$ 时，(u,v) 的值域为 G，且满足条件：

(1) 方程组
$$\begin{cases} u=u(x,y) \\ v=v(x,y) \end{cases}, \quad (x,y)\in D \tag{3.4.9}$$

有唯一实数解
$$\begin{cases} x=x(u,v) \\ y=y(u,v) \end{cases}, \quad (u,v)\in G$$

(2) 函数 $u(x,y), v(x,y)$ 在 D 上连续且有一阶连续偏导数；

(3) 雅可比行列式
$$J=\frac{\partial(x,y)}{\partial(u,v)}=\begin{vmatrix} \frac{\partial x}{\partial u} & \frac{\partial x}{\partial v} \\ \frac{\partial y}{\partial u} & \frac{\partial y}{\partial v} \end{vmatrix}\neq 0, (u,v)\in G$$

设 $U=u(X,Y), V=v(X,Y)$，则 (U,V) 的概率密度为

$$\varphi(u,v)=\begin{cases} f(x(u,v),y(u,v))|J|, & (u,v)\in G \\ 0, & \text{其他} \end{cases} \tag{3.4.10}$$

利用定理 3.4.1 不仅可以得到 (U,V) 的联合概率密度，还可通过求 (U,V) 的边缘概率密度而求出一维随机变量函数 $U=u(X,Y)$ 或 $V=v(X,Y)$ 的概率密度.

例 3.4.10 设 X,Y 相互独立，都服从参数为 1 的指数分布，而 $U=X+Y, V=\frac{X}{Y}$，(1) 求 (U,V) 的联合概率密度，(2) 分别求 U,V 的概率密度，(3) 讨论 U,V 的独立性.

解 (1) 由于 X,Y 相互独立，(X,Y) 的概率密度为
$$f(x,y)=\begin{cases} \mathrm{e}^{-(x+y)}, & x>0, y>0 \\ 0, & \text{其他} \end{cases}$$

记 $D=\{(x,y)|x>0, y>0\}$，显然有 $P\{(X,Y)\in D\}=1$，当 $(x,y)\in D$ 时，通过变换 $\begin{cases} u=x+y \\ v=\frac{x}{y} \end{cases}$，$(u,v)$ 的值域为 $G=\{(u,v)|u>0, v>0\}$，且 $u=x+y, v=\frac{x}{y}$ 在 D 上连续且有一阶连续偏导数，方程组 $\begin{cases} u=x+y \\ v=\frac{x}{y} \end{cases}$ 可解得唯一反函数 $\begin{cases} x=\frac{uv}{1+v} \\ y=\frac{u}{1+v} \end{cases}$.

在 G 上：
$$J=\frac{\partial(x,y)}{\partial(u,v)}=\begin{vmatrix} \frac{\partial x}{\partial u} & \frac{\partial x}{\partial v} \\ \frac{\partial y}{\partial u} & \frac{\partial y}{\partial v} \end{vmatrix}=\begin{vmatrix} \frac{v}{1+v} & \frac{u}{(1+v)^2} \\ \frac{1}{1+v} & \frac{-u}{(1+v)^2} \end{vmatrix}=-\frac{u}{(1+v)^2}\neq 0$$

于是，由定理 3.4.1 得 (U,V) 的联合概率密度为

$$\varphi(u,v) = \begin{cases} e^{-u}\dfrac{u}{(1+v)^2}, & u>0, v>0 \\ 0, & \text{其他} \end{cases}$$

(2) 易得 U,V 的概率密度分别为

$$f_U(u) = \int_{-\infty}^{+\infty}\varphi(u,v)\mathrm{d}v = \begin{cases} \int_0^{+\infty} e^{-u}\dfrac{u}{(1+v)^2}\mathrm{d}v = ue^{-u}, & u>0 \\ 0, & \text{其他} \end{cases}$$

$$f_V(v) = \int_{-\infty}^{+\infty}\varphi(u,v)\mathrm{d}u = \begin{cases} \int_0^{+\infty} e^{-u}\dfrac{u}{(1+v)^2}\mathrm{d}u = \dfrac{1}{(1+v)^2}, & v>0 \\ 0, & \text{其他} \end{cases}$$

(3) 因对任意 u,v,有 $\varphi(u,v)=f_U(u)f_V(v)$,所以 U,V 相互独立.

例 3.4.11 设 $X\sim U(0,1), Y\sim U(0,2)$,且 X,Y 相互独立,求 $X-Y$ 的概率密度.

解 $f_X(x) = \begin{cases} 1, & 0<x<1 \\ 0, & \text{其他} \end{cases}$, $f_Y(y) = \begin{cases} \dfrac{1}{2}, & 0<y<2 \\ 0, & \text{其他} \end{cases}$

由于 X,Y 相互独立,所以 (X,Y) 的概率密度

$$f(x,y) = f_X(x)f_Y(y) = \begin{cases} \dfrac{1}{2}, & 0<x<1, 0<y<2 \\ 0, & \text{其他} \end{cases}$$

令 $U=X-Y, V=Y$,记 $D=\{(x,y)|0<x<1, 0<y<2\}$,则有 $P\{(X,Y)\in D\}=1$,且通过变换 $\begin{cases} u=x-y \\ v=y \end{cases}$,$(u,v)$ 的值域为

$$G = \{(u,v)|0<u+v<1, 0<v<2\}$$

容易验证上述变换满足定理 3.4.1 条件,于是,(U,V) 的联合概率密度为

$$\varphi(u,v) = \begin{cases} \dfrac{1}{2}, & 0<u+v<1, 0<v<2 \\ 0, & \text{其他} \end{cases}$$

从而,参考图 3-12,$U=X-Y$ 的概率密度为

$$f_U(u) = \begin{cases} \int_{-u}^{2}\dfrac{1}{2}\mathrm{d}v = \dfrac{1}{2}(2+u), & -2\leqslant u<-1 \\ \int_{-u}^{1-u}\dfrac{1}{2}\mathrm{d}v = \dfrac{1}{2}, & -1\leqslant u<0 \\ \int_{0}^{1-u}\dfrac{1}{2}\mathrm{d}v = \dfrac{1}{2}(1-u), & 0\leqslant u<1 \\ 0, & \text{其他} \end{cases}$$

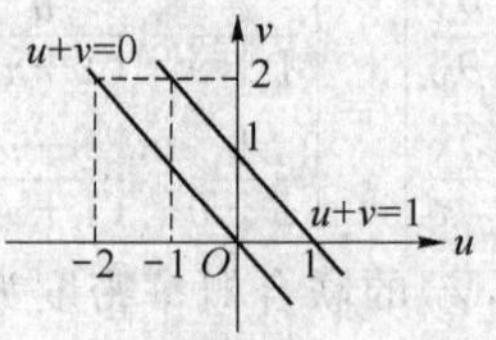

图 3-12

由此例看到,在求 $Z=g(X,Y)$ 的概率密度时,可以再找一个 X 与 Y 的函数 $W=h(X,Y)$ 使得变换 $\begin{cases} z=g(x,y) \\ w=h(x,y) \end{cases}$ 满足定理的条件,利用定理的结论就可以求出 (Z,W) 的联合概率密度,再由联合概率密度便可求出 Z 的概率密度.

可以用此方法导出 $X+Y, \dfrac{X}{Y}, XY, X-Y$ 等简单函数的概率密度的一般公式.

4. 几个公式

下面给出两随机变量的和、差、积、商的概率密度的计算公式,设二维随机变量 (X,Y) 的概率密度为 $f(x,y)$,关于 X 和关于 Y 的边缘概率密度分别为 $f_X(x)$,$f_Y(y)$.

(1) $Z=X+Y$ 的概率密度

$$f_Z(z) = \int_{-\infty}^{+\infty} f(x, z-x)\mathrm{d}x = \int_{-\infty}^{+\infty} f(z-y, y)\mathrm{d}y \qquad (3.4.11)$$

若 X 与 Y 相互独立,(3.4.11)式化为

$$f_Z(z) = f_X * f_Y(z) = \int_{-\infty}^{+\infty} f_X(x) f_Y(z-x)\mathrm{d}x = \int_{-\infty}^{+\infty} f_X(z-y) f_Y(y)\mathrm{d}y$$

(2) $Z=X-Y$ 的概率密度

$$f_Z(z) = \int_{-\infty}^{+\infty} f(x, x-z)\mathrm{d}x = \int_{-\infty}^{+\infty} f(y+z, y)\mathrm{d}y \qquad (3.4.12)$$

若 X 与 Y 相互独立,(3.4.12)式化为

$$f_Z(z) = \int_{-\infty}^{+\infty} f_X(x) f_Y(x-z)\mathrm{d}x = \int_{-\infty}^{+\infty} f_X(y+z) f_Y(y)\mathrm{d}y$$

(3) $Z=XY$ 的概率密度

$$f_Z(z) = \int_{-\infty}^{+\infty} f\left(x, \frac{z}{x}\right)\frac{1}{|x|}\mathrm{d}x = \int_{-\infty}^{+\infty} f\left(\frac{z}{y}, y\right)\frac{1}{|y|}\mathrm{d}y \qquad (3.4.13)$$

若 X 与 Y 相互独立,(3.4.13)式化为

$$f_Z(z) = \int_{-\infty}^{+\infty} f_X(x) f_Y\left(\frac{z}{y}\right)\frac{1}{|x|}\mathrm{d}x = \int_{-\infty}^{+\infty} f_X\left(\frac{z}{y}\right) f_Y(y) \frac{1}{|y|}\mathrm{d}y$$

(4) $Z=\dfrac{X}{Y}$ 的概率密度

$$f_Z(z) = \int_{-\infty}^{+\infty} f\left(x, \frac{x}{z}\right)\frac{|x|}{z^2}\mathrm{d}x = \int_{-\infty}^{+\infty} f(yz, y)|y|\mathrm{d}y \qquad (3.4.14)$$

若 X 与 Y 相互独立,(3.4.14)式化为

$$f_Z(z) = \int_{-\infty}^{+\infty} f_X(x) f_Y\left(\frac{x}{z}\right)\frac{|x|}{z^2}\mathrm{d}x = \int_{-\infty}^{+\infty} f_X(yz) f_Y(y)|y|\mathrm{d}y$$

3.5 n 维随机变量简介

作为二维随机变量的推广,本节介绍 n 维随机变量的一些基本内容.

3.5.1 n 维随机变量及其分布函数、边缘分布函数和独立性

1. n 维随机变量及其分布函数

定义 3.5.1 设试验 E 的样本空间为 $\Omega=\{\omega\}$, $X_1, X_2, \cdots, X_n$ 为定义在同一样本空间 Ω 上的随机变量,称它们构成的一个向量 $(X_1, X_2, \cdots, X_n)$ 为定义在 Ω 上的 n 维随机变量或 n 维随机向量. 其中第 k 个随机变量 X_k 称为随机向量 $(X_1, X_2, \cdots, X_n)$ 的第 k 个分量, $k=1, 2, \cdots, n$.

定义 3.5.2 设 $(X_1, X_2, \cdots, X_n)$ 为 n 维随机变量, $x_1, x_2, \cdots, x_n$ 为任意 n 个实数,称 n 元函数

$$F(x_1, x_2, \cdots, x_n) = P\{X_1 \leqslant x_1, X_2 \leqslant x_2, \cdots, X_n \leqslant x_n\} = P(\bigcap_{k=1}^{n}\{X_k \leqslant x_k\})$$

为 $(X_1, X_2, \cdots, X_n)$ 的分布函数或 $X_1, X_2, \cdots, X_n$ 的联合分布函数.

n 维随机变量 $(X_1, X_2, \cdots, X_n)$ 的分布函数 $F(x_1, x_2, \cdots, x_n)$ 具有下列性质:

1° 对任一 $x_i (i=1, 2, \cdots, n)$ 是不减函数.

2° $0 \leqslant F(x_1, x_2, \cdots, x_n) \leqslant 1$, $\lim\limits_{\substack{x_1 \to +\infty \\ \vdots \\ x_n \to +\infty}} F(x_1, x_2, \cdots, x_n) = 1$;

$\lim\limits_{\substack{x_{j_1} \to -\infty \\ \vdots \\ x_{j_k} \to -\infty}} F(x_1, x_2, \cdots, x_n) = 0, 1 \leqslant j_1 < j_2 < \cdots < j_k \leqslant n, 1 \leqslant k \leqslant n,$

3° 对任一 $x_i (i=1, 2, \cdots, n)$ 右连续.

4° 当 $x_i < y_i (i=1, 2, \cdots, n)$ 时:

$$F(y_1, y_2, \cdots, y_n) - \sum_{i=1}^{n} F(i) + \sum_{i<j} F(i,j) - \cdots + (-1)^n F(x_1, x_2, \cdots, x_n) \geqslant 0$$

其中 $F(i, j, \cdots, k)$ 是 $F(z_1, z_2, \cdots, z_n)$ 当 $z_i = x_i, z_j = x_j, \cdots z_k = x_k$,而其余 $z_i = y_i$ 时的值.

2. 边缘分布函数

定义 3.5.3 n 维随机变量 $(X_1, X_2, \cdots, X_n)$ 的任意子随机向量 $(X_i, X_j, \cdots, X_k)$, $(1 \leqslant i < j < \cdots < k \leqslant n)$ 的分布函数,称为关于 $(X_i, X_j, \cdots, X_k)$ 的边缘分布函数.

若 n 维随机变量 $(X_1, X_2, \cdots, X_n)$ 的分布函数为 $F(x_1, x_2, \cdots, x_n)$,令 $F_{ij\cdots k}$ 表示保留 $x_i, x_j, \cdots, x_k$,而其余 $x_l \to +\infty$ 时, $F(x_1, x_2, \cdots, x_n)$ 的极限,即

$$F_{ij\cdots k} = \lim_{\substack{x_l \to +\infty \\ l \neq i, j, \cdots, k}} F(x_1, x_2, \cdots, x_n)$$

则 $(X_i, X_j, \cdots, X_k)$ 的边缘分布函数为 $F_{ij\cdots k}$.

例如,关于 $(X_1, X_2, \cdots, X_k)$ 的边缘分布函数为

$$F(x_1, x_2, \cdots, x_k) = F_{12\cdots k}, 1 \leqslant k \leqslant n-1$$

特别地,关于 $X_k (k=1, 2, \cdots, n)$ 的边缘分布函数为

$$F_k(x_k) = F_k, \quad k=1,2,\cdots,n$$

3. 独立性

定义 3.5.4 设 $(X_1,X_2,\cdots,X_n)$ 的分布函数为 $F(x_1,x_2,\cdots,x_n)$，关于 X_k 的边缘分布函数为 $F_k(x_k), k=1,2,\cdots,n$. 若对于任意实数 $x_1,x_2,\cdots,x_n$，有

$$F(x_1,x_2,\cdots,x_n) = \prod_{k=1}^{n} F_k(x_k)$$

则称 $X_1,X_2,\cdots,X_n$ 相互独立.

定义 3.5.5 设 $X_1,X_2,\cdots,X_m,Y_1,Y_2,\cdots,Y_n$ 的联合分布函数为 $F(x_1,\cdots,x_m,y_1,\cdots,y_n)$，关于 $(X_1,X_2,\cdots,X_m),(Y_1,Y_2,\cdots,Y_n)$ 的边缘分布函数分别为 $F_1(x_1,\cdots,x_m), F_2(y_1,\cdots,y_n)$. 若对于任意实数 $x_1,\cdots,x_m,y_1,\cdots,y_n$，有

$$F(x_1,\cdots,x_m,y_1,\cdots,y_n) = F_1(x_1,\cdots,x_m) F_2(y_1,\cdots,y_n)$$

则称两随机向量 $(X_1,X_2,\cdots,X_m),(Y_1,Y_2,\cdots,Y_n)$ 相互独立.

定理 3.5.1 若随机变量 $X_1,X_2,\cdots,X_n$ 相互独立，则

(1) 其中任意 k 个 $(2 \leqslant k \leqslant n)$ 随机变量也相互独立；

(2) $Y_1=g_1(X_1), Y_2=g_2(X_2),\cdots, Y_n=g_n(X_n)$ 也相互独立，其中 $g_i(x_i)(i=1,2,\cdots,n)$ 为 n 个连续函数.

定理 3.5.2 若 $(X_1,X_2,\cdots,X_m),(Y_1,Y_2,\cdots,Y_n)$ 相互独立，则

(1) $(X_1,X_2,\cdots,X_m)$ 的任意子随机向量与 $(Y_1,Y_2,\cdots,Y_n)$ 的任意子随机向量相互独立；

(2) $h(X_1,X_2,\cdots,X_m)$ 与 $g(Y_1,Y_2,\cdots,Y_n)$ 也相互独立，其中 h,g 是连续函数.

定义 3.5.6 设 $X_1,X_2,\cdots,X_n,\cdots$ 为一随机变量序列，如果对于任意正整数 $k(k \geqslant 2)$ 及任意 k 个随机变量 $X_{i_1},X_{i_2},\cdots,X_{i_k}$ 相互独立，则称随机变量序列 $X_1,X_2,\cdots,X_n,\cdots$ 相互独立.

3.5.2 n 维离散型随机变量及其分布律、边缘分布律和独立性的等价条件

1. n 维离散型随机变量及其分布律

定义 3.5.7 设试验 E 的样本空间为 $\Omega=\{\omega\}$，$X_1,X_2,\cdots,X_n$ 为定义在同一样本空间 Ω 上的离散型随机变量，则称 $(X_1,X_2,\cdots,X_n)$ 为定义在 Ω 上的 n 维离散型随机变量或 n 维离散型随机向量.

为了便于表达 n 维离散型随机变量 $(X_1,X_2,\cdots,X_n)$ 的分布，我们把对 $X_i(i=1,2,\cdots,n)$ 的所有可能取值放在一起，记为 $x_1,x_2,\cdots$. 并称

$$P\{X_1=x_{i_1}, X_2=x_{i_2},\cdots,X_n=x_{i_n}\} \xlongequal{\text{记为}} p_{i_1 i_2 \cdots i_n}, \quad i_1,i_2,\cdots,i_n=1,2,\cdots \quad (3.5.1)$$

为 $(X_1,X_2,\cdots,X_n)$ 的分布律或 $X_1,X_2,\cdots,X_n$ 的联合分布律.

联合分布律具有下列性质：

$1°\ p_{i_1 i_2 \cdots i_n} \geqslant 0,$

$2°\ \sum\limits_{i_1} \sum\limits_{i_2} \cdots \sum\limits_{i_n} p_{i_1 i_2 \cdots i_n} = 1.$

2. 边缘分布律

离散型随机变量$(X_1, X_2, \cdots, X_n)$的任意子随机向量$(X_i, X_j, \cdots, X_k)$,$1 \leqslant i < j < \cdots < k \leqslant n$的分布律,称为关于$(X_i, X_j, \cdots, X_k)$的边缘分布律. 且若已知$(X_1, X_2, \cdots, X_n)$的分布律为(3.5.1)式,则可求出子随机向量$(X_i, X_j, \cdots, X_k)$的边缘分布律. 例如$(X_1, X_2, \cdots, X_{n-1})$的边缘分布律为

$$P\{X_1 = x_{i_1}, X_2 = x_{i_2}, \cdots, X_{n-1} = x_{i_{n-1}}\} = \sum\limits_{i_n} p_{i_1 i_2 \cdots i_n}, \quad i_1, i_2, \cdots, i_{n-1} = 1, 2 \cdots$$

特别地,X_k的边缘分布律为

$$P\{X_k = x_{i_k}\} = \sum\limits_{i_s, s \neq k} p_{i_1 i_2 \cdots i_n}, \quad i_k = 1, 2 \cdots$$

其中$k = 1, 2, \cdots, n$. $\sum\limits_{i_s, s \neq k}$表示对一切$i_s, s = 1, 2, \cdots, n, s \neq k$求和.

3. 独立性的等价条件

定理 3.5.3 若离散型随机变量$(X_1, X_2, \cdots, X_n)$的分布律为(3.5.1)式,则$X_1, X_2, \cdots, X_n$相互独立的充要条件是对一切$i_1, i_2, \cdots, i_n$,有

$$P\{X_1 = x_{i_1}, X_2 = x_{i_2}, \cdots, X_n = x_{i_n}\} = \prod\limits_{k=1}^{n} P\{X_k = x_{i_k}\}, \quad i_1, i_2, \cdots, i_n = 1, 2, \cdots$$

3.5.3 n维连续型随机变量及其概率密度、边缘概率密度和独立性的等价条件

1. n维连续型随机变量及其概率密度

定义 3.5.8 设n维随机变量$(X_1, X_2, \cdots, X_n)$的分布函数为$F(x_1, x_2, \cdots, x_n)$. 若存在非负函数$f(x_1, x_2, \cdots, x_n)$,使得对任意实数$x_1, x_2, \cdots, x_n$,有

$$F(x_1, x_2, \cdots, x_n) = \int_{-\infty}^{x_1} \int_{-\infty}^{x_2} \cdots \int_{-\infty}^{x_n} f(u_1, u_2, \cdots, u_n) \mathrm{d}u_n \cdots \mathrm{d}u_2 \mathrm{d}u_1$$

则称$(X_1, X_2, \cdots, X_n)$是n维连续型随机变量,函数$f(x_1, x_2, \cdots, x_n)$称为n维连续型随机变量$(X_1, X_2, \cdots, X_n)$的概率密度或$X_1, X_2, \cdots, X_n$的联合概率密度.

概率密度$f(x_1, x_2, \cdots, x_n)$具有下列性质:

$1°\ f(x_1, x_2, \cdots, x_n) \geqslant 0;$

$2°\ \int_{-\infty}^{+\infty} \int_{-\infty}^{+\infty} \cdots \int_{-\infty}^{+\infty} f(x_1, x_2, \cdots, x_n) \mathrm{d}x_1 \mathrm{d}x_2 \cdots \mathrm{d}x_n = 1;$

$3°$ 对$f(x_1, x_2, \cdots, x_n)$的连续点$(x_1, x_2, \cdots, x_n)$,有

$$f(x_1, x_2, \cdots, x_n) = \frac{\partial^n F(x_1, x_2, \cdots, x_n)}{\partial x_1 \partial x_2 \cdots \partial x_n}$$

$4°$ 设G是n维空间的某一区域,则

$$P\{(X_1, X_2, \cdots, X_n) \in G\} = \underset{G}{\iint \cdots \int} f(x_1, x_2, \cdots, x_n) \mathrm{d}x_1 \mathrm{d}x_2 \cdots \mathrm{d}x_n$$

2. 边缘概率密度

连续型随机变量$(X_1, X_2, \cdots, X_n)$的任意子随机向量$(X_i, X_j, \cdots, X_k)$, $1 \leqslant i < j < \cdots < k \leqslant n$的概率密度,称为关于$(X_i, X_j, \cdots, X_k)$的边缘概率密度. 且若已知$(X_1, X_2, \cdots, X_n)$的概率密度为$f(x_1, x_2, \cdots, x_n)$,则可求出子随机向量$(X_i, X_j, \cdots, X_k)$的边缘概率密度. 例如$(X_1, X_2, \cdots, X_{n-1})$的边缘概率密度为

$$f(x_1, x_2, \cdots, x_{n-1}) = \int_{-\infty}^{+\infty} f(x_1, x_2, \cdots, x_n) \mathrm{d}x_n$$

特别地,关于X_k的边缘概率密度为

$$f_k(x_k) = \int_{-\infty}^{+\infty} \cdots \int_{-\infty}^{+\infty} \cdots \int_{-\infty}^{+\infty} f(x_1, \cdots, x_{k-1}, x_k, x_{k+1}, \cdots, x_n) \mathrm{d}x_1 \cdots \mathrm{d}x_{k-1} \mathrm{d}x_{k+1} \cdots \mathrm{d}x_n$$

其中$k = 1, 2, \cdots, n$.

3. 独立性的等价条件

定理 3.5.4 设n维随机变量$(X_1, X_2, \cdots, X_n)$的概率密度为$f(x_1, x_2, \cdots, x_n)$,关于X_k的边缘概率密度为$f_k(x_k)$, $k = 1, 2, \cdots, n$. 则$X_1, X_2, \cdots, X_n$相互独立的充要条件是对一切连续点$(x_1, x_2, \cdots, x_n)$,有

$$f(x_1, x_2, \cdots, x_n) = \prod_{k=1}^{n} f_k(x_k)$$

3.5.4 条件分布

设n维离散型随机变量$(X_1, X_2, \cdots, X_n)$的分布律为(3.5.1)式. 若$P\{X_1 = x_{i_1}, X_2 = x_{i_2}, \cdots, X_{n-1} = x_{i_{n-1}}\} > 0$,则称

$$P\{X_n = x_{i_n} | X_1 = x_{i_1}, X_2 = x_{i_2}, \cdots, X_{n-1} = x_{i_{n-1}}\}$$
$$= \frac{P\{X_1 = x_{i_1}, X_2 = x_{i_2}, \cdots, X_n = x_{i_n}\}}{P\{X_1 = x_{i_1}, X_2 = x_{i_2}, \cdots, X_{n-1} = x_{i_{n-1}}\}}, i_n = 1, 2, \cdots$$

为在$X_1 = x_{i_1}, X_2 = x_{i_2}, \cdots, X_{n-1} = x_{i_{n-1}}$的条件下, X_n的条件分布律.

若$P\{Z_1 = x_{i_1}\} > 0$,则称

$$P\{X_2 = x_{i_2}, X_3 = x_{i_3}, \cdots, X_n = x_{i_n} | X_1 = x_{i_1}\}$$
$$= \frac{P\{X_1 = x_{i_1}, X_2 = x_{i_2}, \cdots, X_n = x_{i_n}\}}{P\{X_1 = x_{i_1}\}}, \quad i_2, i_3, \cdots, i_n = 1, 2, \cdots$$

为在$X_1 = x_{i_1}$的条件下, $(X_2, X_3, \cdots, X_n)$的条件分布律.

设n维连续型随机变量$(X_1, X_2, \cdots, X_n)$的概率密度为$f(x_1, x_2, \cdots, x_n)$,关于$(X_1, X_2, \cdots, X_{n-1})$的边缘概率密度为$f(x_1, x_2, \cdots, x_{n-1})$,关于$X_1$的边缘概率密度为$f_1(x_1)$. 若$(x_1, x_2, \cdots, x_{n-1})$是$f(x_1, x_2, \cdots, x_{n-1})$的连续点,且$f(x_1, x_2, \cdots, x_{n-1}) > 0$,则称

$$f(x_n|x_1,\cdots,x_{n-1}) = \frac{f(x_1,x_2,\cdots,x_n)}{f(x_1,\cdots,x_{n-1})}$$

为在 $X_1=x_1, X_2=x_2, \cdots, X_{n-1}=x_{n-1}$ 的条件下,X_n 的条件概率密度.

若 x_1 是 $f_1(x_1)$ 的连续点,且 $f_1(x_1)>0$,则称 $f(x_2,\cdots,x_n|x_1) = \frac{f(x_1,x_2,\cdots,x_n)}{f_1(x_1)}$ 为在 $X_1=x_1$ 条件下,$(X_2,\cdots,X_n)$ 的条件概率密度.

习题三

1. 在一箱子中装有 12 只开关,其中 2 只是次品,在箱中取两次,每次任取一只,考虑两种试验方式:(1)可放回;(2)不放回.定义随机变量

$$X = \begin{cases} 0, & \text{若第一次取出的是正品} \\ 1, & \text{若第一次取出的是次品} \end{cases}, \quad Y = \begin{cases} 0, & \text{若第二次取出的是正品} \\ 1, & \text{若第二次取出的是次品} \end{cases}$$

就(1)、(2)两种情况,分别写出 X 和 Y 的联合分布律.

2. 盒子中装有 3 只黑球、2 只红球、2 只白球,在其中任取 4 只球.以 X 表示取到的黑球数,以 Y 表示取到的红球数.求:(1)X 和 Y 的联合分布律;(2)$P\{X>Y\}$,$P\{Y=2X\}$,$P\{X+Y=3\}$,$P\{X<3-Y\}$.

3. 同时掷两粒骰子,设 X 表示第一粒骰子出现的点数,Y 表示两粒骰子出现的点数的最大值,求二维随机变量 (X,Y) 的分布律.

4. 甲从 1,2,3,4 中任取一数 X,乙从 1,$\cdots$,X 中任取一数 Y,求 (X,Y) 的分布律.

5. 甲、乙两人轮流投篮,直到有一人投中为止.假定每次投篮甲、乙投中的概率分别为 0.4,0.6.若甲先投,X,Y 分别表示甲、乙的投篮次数,求 (X,Y) 的分布律.

6. 将 3 个球任意地放入到 3 个盒子中,若 X 表示放入第一个盒子中的球数,Y 表示有球放入的盒子的个数,求 (X,Y) 的分布律.

7. 设二维随机变量 (X,Y) 的概率密度为

$$f(x,y) = \begin{cases} a(6-x-y), & 0<x<2, \ 2<y<4 \\ 0, & \text{其他} \end{cases}$$

(1)确定常数 a;(2)求 $P\{X<1,Y<3\}$,$P\{X<1.5\}$,$P\{X+Y\leqslant 4\}$.

8. 设二维随机变量 (X,Y) 的概率密度为

$$f(x,y) = \begin{cases} Axe^{-x(1+y)}, & x>0, y>0 \\ 0, & \text{其他} \end{cases}$$

(1)确定常数 A;(2)求 $P\{X<Y\}$;(3)求 (X,Y) 的分布函数.

9. 设二维连续型随机变量 (X,Y) 的分布函数为 $F(x,y) = A\left(B+\arctan\frac{x}{2}\right) \cdot \left(C+\arctan\frac{y}{3}\right)$,求:(1)常数 A,B,C;(2)(X,Y) 的概率密度.

10. 设 X,Y 都是非负的连续型随机变量,且相互独立,证明:

$$P\{X<Y\} = \int_0^{+\infty} F_X(x) f_Y(x) dx$$

其中 $F_X(x)$ 是 X 的分布函数，$f_Y(y)$ 是 Y 的概率密度.

11. 设 (X,Y) 的分布律为

Y \ X	1	2	3	4	5
1	0.06	0.05	0.05	0.01	0.01
2	0.07	0.05	0.01	0.01	0.01
3	0.05	0.10	0.10	0.05	0.05
4	0.05	0.02	0.01	0.01	0.03
5	0.05	0.06	0.05	0.01	0.03

(1) 求关于 X 和 Y 的边缘分布律；(2) 求 $X=1$ 时，Y 的条件分布律.

12. 设 (X,Y) 的分布律为

$$P\{X=m, Y=n\} = \frac{e^{-14}(7.14)^n (6.86)^{m-n}}{n!(m-n)!}$$

其中 $m=0,1,2,\cdots, n=0,1,2,\cdots,m$. 求：(1) 关于 X 和 Y 的边缘分布律；(2) 两个条件分布律；(3) 判断 X 与 Y 是否相互独立.

13. 设 X,Y 同分布且相互独立，分布律为 $P\{X=1\}=p>0, P\{X=0\}=1-p>0$，定义

$$Z = \begin{cases} 1, & X+Y=偶数 \\ 0, & X+Y=奇数 \end{cases}$$

问 p 为何值时，X 与 Z 相互独立.

14. 设 X,Y 相互独立，且服从相同的几何分布，X 的分布律为 $P\{X=k\}=p(1-p)^{k-1}, k=1,2,\cdots(0<p<1)$，(1) 证明：$P\{X\geqslant n+m \mid X\geqslant n\}=P\{X\geqslant m\}$；(2) 求 $X+Y=6$ 的条件下，X 的条件分布律.

15. 设二维随机变量 (X,Y) 的概率密度为 $f(x,y)=\begin{cases} 6x, & 0<x<y<1 \\ 0, & 其他 \end{cases}$，求：
(1) X,Y 的边缘概率密度；(2) 当 $X=\frac{1}{3}$ 时，Y 的条件概率密度 $f_{Y|X}\left(y \mid X=\frac{1}{3}\right)$；
(3) $P\{X+Y\leqslant 1\}$.

16. 设随机变量 $X \sim U(0,1)$，当给定 $X=x(0<x<1)$ 时，随机变量 Y 的条件概率密度为

$$f_{Y|X}(y|x) = \begin{cases} x, & 0<y<\frac{1}{x} \\ 0, & 其他 \end{cases}$$

求:(1) (X,Y)的概率密度;(2) Y的边缘密度函数$f_Y(y)$;(3) $P\{X>Y\}$.

17. 设随机变量X的概率密度为

$$f_X(x)=\begin{cases}\dfrac{\ln x}{x^2}, & x\geqslant 1\\ 0, & x<1\end{cases}$$

当$x>1$时,在$X=x$条件下,Y的条件概率密度为

$$f_{Y|X}(y|x)=\begin{cases}\dfrac{1}{2y\ln x}, & \dfrac{1}{x}<y<x\\ 0, & \text{其他}\end{cases}$$

求:(1) Y的概率密度;(2) 条件概率密度$f_{X|Y}(x|y)$.

18. 设X与Y是相互独立的随机变量,$X\sim U(0,1)$,Y的概率密度为

$$f_Y(y)=\begin{cases}\dfrac{1}{2}\mathrm{e}^{-\frac{y}{2}}, & y>0\\ 0, & y\leqslant 0\end{cases}$$

(1) 求(X,Y)的概率密度;(2)求在方程$a^2+2Xa+Y=0$中,a有实根的概率.

19. 设X与Y是相互独立的随机变量,其概率密度分别为

$$f_X(x)=\begin{cases}\lambda\mathrm{e}^{-\lambda x}, & x>0\\ 0, & x\leqslant 0\end{cases}, \quad f_Y(y)=\begin{cases}\mu\mathrm{e}^{-\mu y}, & y>0\\ 0, & y\leqslant 0\end{cases}$$

其中$\lambda>0,\mu>0$是常数. 引入随机变量

$$Z=\begin{cases}1, & X\leqslant Y\\ 0, & X>Y\end{cases}$$

求:(1)条件概率密度$f_{X|Y}(x|y)$;(2)Z的分布律和分布函数.

20. 设二维随机变量(X,Y)的概率密度为$f(x,y)=\begin{cases}\mathrm{e}^{-x}, & 0<y<x\\ 0, & \text{其他}\end{cases}$,求:

(1) 条件概率密度$f_{Y|X}(y|x)$;(2)$P\{X\leqslant 1|Y\leqslant 1\}$.

21. 设二维随机变量(X,Y)的分布律为

Y \ X	0	1	2
0	$\dfrac{1}{12}$	$\dfrac{1}{6}$	$\dfrac{1}{24}$
1	$\dfrac{1}{4}$	$\dfrac{1}{4}$	$\dfrac{1}{40}$
2	$\dfrac{1}{8}$	$\dfrac{1}{20}$	0
3	$\dfrac{1}{120}$	0	0

求:(1) 概率 $P\{X=Y\},P\{X+Y\leqslant 1\}$;(2) $W_1=X+Y,W_2=XY$ 的分布律.

22. 设 X 与 Y 是相互独立的随机变量,且分别服从参数为 λ,μ 的泊松分布,证明:$Z=X+Y$ 服从参数为 $\lambda+\mu$ 的泊松分布.

23. 设 X 与 Y 独立同分布,分布律为 $P\{X=n\}=P\{Y=n\}=\dfrac{1}{2^n},n=1,2,\cdots,$ 求 $X-Y$ 的分布律.

24. 设二维随机变量 (X,Y) 的分布律为

Y \ X	0	1	2
0	$\dfrac{1}{6}$	$\dfrac{1}{3}$	$\dfrac{1}{12}$
1	$\dfrac{2}{9}$	$\dfrac{1}{6}$	0
2	$\dfrac{1}{36}$	0	0

求:(1) $Z=X+Y$ 的分布律;

(2) 在 $X=1$ 条件下,Y 的条件分布律;

(3) 在 $X+Y=1$ 条件下,X 的条件分布律.

25. 设二维随机变量 (X,Y) 的概率密度为
$$f(x,y)=\begin{cases}a(x+y),&x>0,y>0,x+y<1\\0,&\text{其他}\end{cases}$$
求:(1) a;(2) X 的边缘概率密度 $f_X(x)$;(3) $Z=X+Y$ 的概率密度.

26. 设二维随机变量 (X,Y) 的概率密度为
$$f(x,y)=\begin{cases}3x,&0<x<1,0<y<x\\0,&\text{其他}\end{cases}$$
求 $Z=X-Y$ 的概率密度.

27. 设随机变量 X 与 Y 相互独立,其概率密度分别为
$$f_X(x)=\begin{cases}1,&0\leqslant x\leqslant 1\\0,&\text{其他}\end{cases},\quad f_Y(y)=\begin{cases}e^{-y},&y>0\\0,&\text{其他}\end{cases}$$
求 $Z=X+Y$ 的概率密度.

28. 设二维随机变量 (X,Y) 的概率密度为
$$f(x,y)=\begin{cases}be^{-(x+y)},&0<x<1,y>0\\0,&\text{其他}\end{cases}$$
(1) 试确定常数 b;(2) 求边缘概率密度 $f_X(x),f_Y(y)$;(3) 求 $U=\max(X,Y)$ 的分布函数.

29. 对某种电子装置的输出测量了 5 次,得到结果为 X_1,X_2,X_3,X_4,X_5.设它

们是相互独立的随机变量且都服从参数 $\sigma=2$ 的瑞利分布,即

$$f(x)=\begin{cases} \dfrac{x}{4}e^{-\frac{x^2}{8}}, & x>0 \\ 0, & 其他 \end{cases}$$

(1) 求 $Z=\max\{X_1,X_2,X_3,X_4,X_5\}$ 的分布函数;(2) 求 $P\{Z>4\}$.

30. 设随机变量 X 与 Y 相互独立,且 $X\sim U(0,1), Y\sim U(0,2)$,求 $M=\max(X,Y)$ 的概率密度.

31. 设随机变量 X 与 Y 相互独立,它们的概率密度均为

$$f(x)=\begin{cases} e^{-x}, & x>0 \\ 0, & 其他 \end{cases}$$

求 $Z=\dfrac{Y}{X}$ 的概率密度.

32. 设随机变量 X 与 Y 相互独立,且服从同一分布,证明:
$$P\{a<\min\{X,Y\}\leqslant b\}=[P\{X>a\}]^2-[P\{X>b\}]^2, a\leqslant b$$

33. 设随机变量 X、Y 相互独立,$X\sim N(0,1)$,Y 的分布律为

Y	0	1
P	$\dfrac{1}{2}$	$\dfrac{1}{2}$

求随机变量 $Z=XY$ 的分布函数 $F_Z(z)$(用标准正态分布的分布函数表示).

第 4 章 随机变量的数字特征

在前面的章节中,我们主要讨论了随机变量的概率分布问题,这种分布完整地描述了随机变量的概率性质.然而在很多实际问题的研究中,并不需要知道随机变量的全部概率性质,事实上很多问题中随机变量的概率分布也较难确定,而只要知道它的某些统计特征就够了.例如,要考察大批生产的某品牌产品的质量情况,当然如果能了解这批产品寿命的分布是最好的,但想知道寿命的分布情况往往是困难的,而实践中人们往往更关心这种产品的平均寿命以及这批产品寿命与平均寿命的分散程度.因为平均寿命越高说明产品质量就越好,分散程度越小说明产品质量越稳定.类似的情况很多,又比如我们在了解一个地区居民的经济状况时,首先关心的是居民的平均收入及居民收入与平均收入的差异情况,即收入的分散程度等.

从上面的例子中可以体会到,与随机变量相关的某些数值,可以描述随机变量分布在某些方面的重要特征.例如上面提到的平均值和分散程度,就是刻画随机变量性质的两类最常用、最重要的数字特征.对多维随机变量而言,则还需要有一类刻画各分量之间关系的数字特征.在本章中,我们就介绍随机变量的几个常用数字特征:数学期望、方差、协方差和相关系数.最后介绍随机变量的特征函数.

4.1 数学期望

4.1.1 数学期望的定义

1. 数学期望的引入

我们首先通过一个例子,说明随机变量的数学期望的引进和实际意义.

例 4.1.1 有甲、乙两射手,各射击 10 次,X,Y 分别表示他们射中的环数(如下所示),现要评价这两射手的水平.

X(甲)	8	9	10
击中次数	3	1	6
频率	0.3	0.1	0.6

Y(乙)	8	9	10
击中次数	2	5	3
频率	0.2	0.5	0.3

通常我们会用每人平均射击的环数来客观地评价这两射手的水平. 设甲、乙射手在这 10 次射击中平均击中的环数分别为 $\overline{X}$、$\overline{Y}$,则

$$\overline{X}=\frac{8\times 3+9\times 1+10\times 6}{10}=9.3;\quad \overline{Y}=\frac{8\times 2+9\times 5+10\times 3}{10}=9.1$$

因此甲射手水平较高.

从另一个角度分析,$\overline{X}=8\times\frac{3}{10}+9\times\frac{1}{10}+10\times\frac{6}{10}=9.3$,由此看到,甲射手 10 次射击的平均环数是所有射击环数的加权平均,权重是相应射击环数的频率 $\frac{N_i}{N}$,其中 N_i 是击中该环数的次数,N 是总射击次数. 而从概率的角度看,在未进行实际射击之前,射手射击的环数是一个随机变量 X,若分布律设为

X(甲)	8	9	10
P	p_1	p_2	p_3

那么,如何定义这个随机变量 X 的平均值呢?

根据概率的统计定义作分析:射中环数的频率 $\frac{N_i}{N}$,当 N 很大时,$\frac{N_i}{N}$ 接近于射中环数的概率. 因此,启发我们可以用相应射击环数的概率为权的加权平均

$$8\times p_1+9\times p_2+10\times p_3$$

视为该射手每次射击环数 X 在数学上可以期望的数值,即作为随机变量 X 的平均值. 因此,一般地有如下离散型随机变量的均值或数学期望的定义.

2. 离散型随机变量的数学期望

(1) 定义

定义 4.1.1 设离散型随机变量 X 的分布律为 $P\{X=x_k\}=p_k,k=1,2,\cdots$,若级数 $\sum_{k=1}^{\infty}x_k p_k$ 绝对收敛,则称此级数的和为随机变量 X 的数学期望,简称为 X 的期望或均值,记为 $E(X)$,即

$$E(X)=\sum_{k=1}^{\infty}x_k p_k \qquad (4.1.1)$$

在这个定义中需要注意以下两点:

① X 的数学期望 $E(X)$ 是一个实数,它形式上是 X 的可能值的加权平均,其权重是其可能值相应的概率,实质上它体现了随机变量 X 取值的平均值,描述了

其分布的"中心"所在位置. 如果将 X 的概率分布看做总质量为 1 的质量分布,则 $E(X)$ 就是质量分布的重心. 因为 $E(X)$ 完全由 X 的分布所决定,所以又称为分布的均值.

② $E(X)$ 作为刻画随机变量 X 的平均取值特性的数值,不应与 $\sum\limits_{k=1}^{\infty} x_k p_k$ 各项的排列次序有关,这一实际要求在数学表达上体现为定义中要求级数 $\sum\limits_{k=1}^{\infty} x_k p_k$ 绝对收敛.

例 4.1.2 十万张奖券为一组,每组设一等奖 2 名各得奖金一万元,二等奖 20 名各得奖金一千元,三等奖 200 名各得奖金一百元,四等奖 2 000 名各得奖金十元,五等奖 10 000 名各得奖金二元. 于是买一张奖券能获得的奖金数 X 的分布律如下:

X	10 000	1 000	100	10	2	0
P	2×10^{-5}	2×10^{-4}	2×10^{-3}	2×10^{-2}	10^{-1}	0.877 78

注意,如果删掉最后一列没有奖金的情况,就不是 X 的分布律了. 对于一个买了一张奖券等待开奖的人来说,他"期望"的奖金数就是 X 的平均值
$$E(X)=0.2+0.2+0.2+0.2+0.2+0=1 \text{元}$$
就是说,他必须再买一张奖券,才能期望开奖时得到一个二元的五等奖.

例 4.1.3 在一个人数很多的团体中普查某种疾病,为此要抽验 N 个人的血,可以用两种方法进行. (1) 将每个人的血都分别检验,这就需要验 N 次;(2) 按 k 个人一组进行分组,把从 k 个人抽来的血混合在一起进行检验,如果这混合血液呈阴性反应,就说明 k 个人的血都呈阴性反应,这样,这 k 个人的血就只需验一次,若呈阳性,则再对这 k 个人的血液分别进行化验,这样,这 k 个人的血总共要化验 $k+1$ 次. 假设每个人化验呈阳性的概率为 p,且这些人的试验反应是相互独立的. 试说明当 p 较小时,选取适当的 k,按第二种方法可以减少化验的次数. 并说明 k 取什么值时最适宜.

解 各人的血呈阴性反应的概率为 $q=1-p$. 因而 k 个人的混合血呈阴性反应的概率为 q^k,k 个人的混合血呈阳性反应的概率为 $1-q^k$.

设以 k 个人为一组时,组内每人化验的次数为 X,则 X 是一个随机变量,其分布律为

X	$\dfrac{1}{k}$	$1+\dfrac{1}{k}$
P	q^k	$1-q^k$

数学期望为

$$E(X) = \frac{1}{k}q^k + \left(1+\frac{1}{k}\right)(1-q^k) = 1 - q^k + \frac{1}{k}$$

即 N 个人平均需化验的次数为 $N \cdot \left(1-q^k+\frac{1}{k}\right)$.

由此可知,只要选择 k 使 $1-q^k+\frac{1}{k}<1$,则 N 个人平均需化验的次数就小于 N,即可以减少化验的次数. 当 p 固定时,选取 k 使得 $1-q^k+\frac{1}{k}$ 小于 1 且取到最小值,这时就能得到最好的分组方法.

例如,$p=0.1,q=0.9$ 时,计算可得当 $k=4$ 时,$1-q^k+\frac{1}{k}$ 取到最小值. 此时得到最好的分组方法. 若 $N=1\,000$,此时以 4 个人为一组,则按第二方案平均只需化验

$$1\,000\left(1-0.9^4+\frac{1}{4}\right) = 594$$

这样平均来说,可以减少近 40% 的工作量.

例 4.1.4 按规定,某车站每天 8:00~9:00,9:00~10:00 都恰有一班客车到站,但到站的时间是随机的,且两者到站的时间相互独立,其规律为

到站时刻	8:10	8:30	8:50
	9:10	9:30	9:50
概率	$\frac{1}{6}$	$\frac{3}{6}$	$\frac{2}{6}$

(1) 一旅客 8:00 到站,求他候车时间的数学期望;(2) 一旅客 8:20 到站,求他候车时间的数学期望.

解 设旅客候车时间为 X(以分钟计).

(1) X 的分布律为

X	10	30	50
P	$\frac{1}{6}$	$\frac{3}{6}$	$\frac{2}{6}$

于是

$$E(X) = 10 \times \frac{1}{6} + 30 \times \frac{3}{6} + 50 \times \frac{2}{6} = 33.33$$

(2) X 的分布律为

X	10	30	50	70	90
P	$\frac{3}{6}$	$\frac{2}{6}$	$\frac{1}{6} \cdot \frac{1}{6}$	$\frac{1}{6} \cdot \frac{3}{6}$	$\frac{1}{6} \cdot \frac{2}{6}$

在此分布律表中,例如

$$P\{X=70\}=P(AB)=P(A)P(B)=\frac{1}{6}\cdot\frac{3}{6}$$

其中 A 为事件"第一班车在 8:10 到站", B 为事件"第二班车在 9:30 到站".

于是
$$E(X)=10\times\frac{3}{6}+30\times\frac{2}{6}+50\times\frac{1}{36}+70\times\frac{3}{36}+90\times\frac{2}{36}=27.22$$

例 4.1.5 设随机变量 $X\sim Ge(p)$,即 $P\{X=k\}=pq^{k-1}, k=1,2,\cdots,p+q=1$,求 $E(X)$.

解
$$E(X)=\sum_{k=1}^{\infty}k\cdot pq^{k-1}=p\sum_{k=1}^{\infty}kq^{k-1}=p\Big(\sum_{k=0}^{\infty}q^{k}\Big)'$$
$$=p\Big(\frac{1}{1-q}\Big)'=p\frac{1}{(1-q)^{2}}=\frac{1}{p}$$

(2) 几种典型的离散型随机变量的数学期望

例 4.1.6 设随机变量 X 服从参数为 p 的(0-1)分布,则
$$E(X)=0\times(1-p)+1\times p=p$$

例 4.1.7 设 $X\sim b(n,p)$,求 $E(X)$.

解 X 的分布律为 $P\{X=k\}=C_n^k p^k q^{n-k}$, $k=0,1,2,\cdots,n$. 于是
$$E(X)=\sum_{k=0}^{n}k\cdot C_n^k p^k q^{n-k}=\sum_{k=0}^{n}k\cdot\frac{n!}{k!(n-k)!}p^k q^{n-k}$$
$$=np\sum_{k=1}^{n}\frac{(n-1)!}{(k-1)!(n-k)!}p^{k-1}q^{n-k}$$
$$=np\sum_{k=1}^{n}C_{n-1}^{k-1}p^{k-1}q^{n-k}=np(p+q)^{n-1}=np$$

例 4.1.8 设 $X\sim\pi(\lambda)$,求 $E(X)$.

解 X 的分布律为 $P\{X=k\}=\frac{\lambda^k e^{-\lambda}}{k!}, k=0,1,2,\cdots$,于是
$$E(X)=\sum_{k=0}^{\infty}k\cdot\frac{\lambda^k e^{-\lambda}}{k!}=\sum_{k=1}^{\infty}\frac{\lambda^k e^{-\lambda}}{(k-1)!}$$
$$=\lambda e^{-\lambda}\sum_{k=1}^{\infty}\frac{\lambda^{k-1}}{(k-1)!}=\lambda e^{-\lambda}\cdot e^{\lambda}=\lambda$$

3. 连续型随机变量的数学期望

若 X 是连续型随机变量,设其密度函数为 $f(x)$. 在 x 轴上用密集的点列 $\{x_k\}$ 将 x 轴分为许多的小区间(如图 4-1 所示),则 X 落在任一小区间 $[x_k,x_{k+1})$ 上的概率近似为 $f(x_k)(x_{k+1}-x_k)$,因此 X 可近似离散化为以概率 $f(x_k)(x_{k+1}-x_k)$ 取值 x_k 的离散型随机变量,其数学期望为 $\sum_{k}x_k f(x_k)(x_{k+1}-x_k)$,若这样的分割无限加

细,此和式极限存在即为 $\int_{-\infty}^{+\infty} x f(x) \mathrm{d}x$,这就启发我们引入连续型随机变量的数学期望.

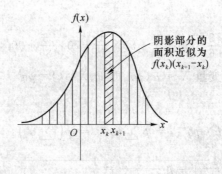

图 4-1

(1) 定义

定义 4.1.2 设连续型随机变量 X 的概率密度为 $f(x)$,若积分 $\int_{-\infty}^{+\infty} x f(x) \mathrm{d}x$ 绝对收敛,则称此积分值为随机变量 X 的数学期望,简称为 X 的期望或均值,记为 $E(X)$. 即

$$E(X) = \int_{-\infty}^{+\infty} x f(x) \mathrm{d}x \qquad (4.1.2)$$

例 4.1.9 若 $X \sim N(\mu, \sigma^2)$,求 $E(X)$.

解 X 的概率密度为 $f(x) = \frac{1}{\sqrt{2\pi}\sigma} \mathrm{e}^{-\frac{(x-\mu)^2}{2\sigma^2}}$,于是

$$E(X) = \int_{-\infty}^{+\infty} x f(x) \mathrm{d}x = \int_{-\infty}^{+\infty} x \cdot \frac{1}{\sqrt{2\pi}\sigma} \mathrm{e}^{-\frac{(x-\mu)^2}{2\sigma^2}} \mathrm{d}x$$

令 $\frac{x-\mu}{\sigma} = t$,则

$$E(X) = \frac{1}{\sqrt{2\pi}} \int_{-\infty}^{+\infty} (\sigma t + \mu) \mathrm{e}^{-\frac{t^2}{2}} \mathrm{d}t = \frac{\mu}{\sqrt{2\pi}} \int_{-\infty}^{+\infty} \mathrm{e}^{-\frac{t^2}{2}} \mathrm{d}t = \mu$$

特别地,若 $X \sim N(0,1)$,则 $E(X) = 0$.

例 4.1.10 有 5 个相互独立工作的电子装置,它们的寿命 $X_k(k=1,2,3,4,5)$ 服从同一指数分布,其概率密度为

$$f(x) = \begin{cases} \alpha \mathrm{e}^{-\alpha x}, & x > 0 \\ 0, & x \leqslant 0 \end{cases}, \alpha > 0$$

(1) 若将这 5 个电子装置串联工作组成整机,求整机寿命 N 的数学期望;(2) 若将这 5 个电子装置并联工作组成整机,求整机寿命 M 的数学期望.

解 $X_k(k=1,2,3,4,5)$ 的分布函数为

$$F(x) = \begin{cases} 1-e^{-ax}, & x>0 \\ 0, & x\leq 0 \end{cases}$$

(1) 由第 3 章知 $N=\min(X_1,X_2,X_3,X_4,X_5)$ 的分布函数为

$$F_N(x)=1-[1-F(x)]^5 = \begin{cases} 1-e^{-5ax}, & x>0 \\ 0, & x\leq 0 \end{cases}$$

因而 N 的概率密度为

$$f_N(x) = \begin{cases} 5\alpha e^{-5ax}, & x>0 \\ 0, & x\leq 0 \end{cases}$$

于是 N 的数学期望为

$$E(N) = \int_{-\infty}^{+\infty} x f_N(x)\,dx = \int_0^{+\infty} 5\alpha x e^{-5ax}\,dx = \frac{1}{5\alpha}$$

(2) $M=\max(X_1,X_2,X_3,X_4,X_5)$ 的分布函数为

$$F_M(x)=[F(x)]^5 = \begin{cases} (1-e^{-ax})^5, & x>0 \\ 0, & x\leq 0 \end{cases}$$

因而 M 的概率密度为

$$f_M(x) = \begin{cases} 5\alpha(1-e^{-ax})^4 e^{-ax}, & x>0 \\ 0, & x\leq 0 \end{cases}$$

M 的数学期望为

$$E(M) = \int_{-\infty}^{+\infty} x f_M(x)\,dx = \int_0^{+\infty} 5\alpha x(1-e^{-ax})^4 e^{-ax}\,dx = \frac{137}{60\alpha}$$

我们看到 $\dfrac{E(M)}{E(N)} = \dfrac{\frac{137}{60\alpha}}{\frac{1}{5\alpha}} \approx 11.4$,这就是说,5 个电子装置并联连接工作的平均寿命是串联连接工作平均寿命的 11.4 倍.

(2) 几个常见连续型随机变量的数学期望

由例 4.1.9,设 $X \sim N(\mu,\sigma^2)$,则 $E(X)=\mu$. 若 $X \sim N(0,1)$,则 $E(X)=0$.

下面再求几个常见连续型随机变量的数学期望.

例 4.1.11 设 $X \sim U(a,b)$,求 $E(X)$.

解 X 的概率密度为 $f(x) = \begin{cases} \dfrac{1}{b-a}, & x \in (a,b) \\ 0, & x \notin (a,b) \end{cases}$,于是

$$E(X) = \int_{-\infty}^{+\infty} x f(x)\,dx = \int_a^b x \cdot \frac{1}{b-a}\,dx = \frac{a+b}{2}$$

例 4.1.12 设 $X \sim Ex(\alpha)$,即 X 的概率密度为 $f(x) = \begin{cases} \alpha e^{-ax}, & x>0 \\ 0, & x\leq 0 \end{cases}$,求 $E(X)$.

解 $E(X) = \int_{-\infty}^{+\infty} xf(x)\mathrm{d}x = \int_{0}^{+\infty} \alpha x \mathrm{e}^{-\alpha x}\mathrm{d}x = -x\mathrm{e}^{-\alpha x}\Big|_{0}^{+\infty} + \int_{0}^{+\infty}\mathrm{e}^{-\alpha x}\mathrm{d}x$

$= -\frac{1}{\alpha}\mathrm{e}^{-\alpha x}\Big|_{0}^{+\infty} = \frac{1}{\alpha}$

需要注意的是,对任意的随机变量,其数学期望不一定存在. 例如:

(1) 设随机变量 X 的取值为 $x_k = (-1)^k \frac{2^k}{k}, k=1,2,\cdots$,相应取值的概率为 $p_k = \frac{1}{2^k}, k=1,2,\cdots$,容易验证 $p_k = \frac{1}{2^k}, k=1,2,\cdots$ 满足分布律的两个条件,但由于

$$\sum_{k=1}^{\infty} |x_k| p_k = \sum_{k=1}^{\infty} \left|(-1)^k \frac{2^k}{k}\right| \frac{1}{2^k} = \sum_{k=1}^{\infty} \left|\frac{(-1)^k}{k}\right|$$

发散. 所以数学期望 $E(X)$ 不存在.

(2) 设随机变量 X 的概率密度为 $f(x) = \frac{1}{\pi}\frac{1}{1+x^2}$ (柯西分布). 由于

$$\int_{-\infty}^{+\infty} |x| f(x)\mathrm{d}x = 2\int_{0}^{+\infty} \frac{1}{\pi} \cdot \frac{x}{1+x^2}\mathrm{d}x = \frac{1}{\pi}\ln(1+x^2)\Big|_{0}^{+\infty} = +\infty$$

发散. 所以 $E(X)$ 不存在.

4. 随机变量函数的数学期望

我们常常需要计算随机变量函数的期望,例如计算 $Y = g(X)$ 的期望,由随机变量函数分布的求法,可以先确定 $Y = g(X)$ 的分布,进而计算 Y 的期望 $E(Y)$,但由前两章的讨论可以看出,确定 Y 的分布并不容易,因此这种计算方法较烦琐,尤其是求多维随机变量函数的期望时更是如此. 所以在求随机变量函数的期望时,我们一般利用下面定理的结论去计算. 定理的重要意义在于当我们求 $E(Y)$ 时,不必知道 Y 的分布而只需知道 X 的分布就可以了.

定理 4.1.1 设 Y 是随机变量 X 的函数,即 $Y = g(X)$ ($g(x)$ 是连续函数):

(1) 设 X 的分布律为 $P\{X = x_k\} = p_k, k=1,2,\cdots$,若 $\sum_{k=1}^{\infty} g(x_k)p_k$ 绝对收敛,则有

$$E(Y) = E[g(X)] = \sum_{k=1}^{\infty} g(x_k)p_k \tag{4.1.3}$$

(2) 设 X 的概率密度为 $f(x)$,若 $\int_{-\infty}^{+\infty} g(x)f(x)\mathrm{d}x$ 绝对收敛,则有

$$E(Y) = E[g(X)] = \int_{-\infty}^{+\infty} g(x)f(x)\mathrm{d}x \tag{4.1.4}$$

定理 4.1.2 设 Z 是随机变量 (X,Y) 的函数,即 $Z = g(X,Y)$ ($g(x,y)$ 是连续函数),

(1) 设 (X,Y) 的分布律为 $P\{X=x_i, Y=y_j\} = p_{ij}, i,j=1,2,\cdots$,若级数 $\sum_{j=1}^{\infty}\sum_{i=1}^{\infty} g(x_i,y_j)p_{ij}$ 绝对收敛,则

$$E(Z) = E(g(X,Y)) = \sum_{j=1}^{\infty}\sum_{i=1}^{\infty} g(x_i,y_j)p_{ij} \tag{4.1.5}$$

(2) 设 (X,Y) 的概率密度为 $f(x,y)$，若积分 $\int_{-\infty}^{+\infty}\int_{-\infty}^{+\infty}g(x,y)f(x,y)\mathrm{d}x\mathrm{d}y$ 绝对收敛，则

$$E(Z) = E[g(X,Y)] = \int_{-\infty}^{+\infty}\int_{-\infty}^{+\infty}g(x,y)f(x,y)\mathrm{d}x\mathrm{d}y \tag{4.1.6}$$

例 4.1.13 若 $X \sim \pi(\lambda)$，求 $E(X^2)$.

解 由(4.1.3)式得

$$\begin{aligned} E(X^2) &= \sum_{k=0}^{\infty} k^2 \cdot \frac{\lambda^k \mathrm{e}^{-\lambda}}{k!} = \sum_{k=1}^{\infty} k \frac{\lambda^k \mathrm{e}^{-\lambda}}{(k-1)!} \\ &= \lambda \sum_{k=0}^{\infty}(k+1)\frac{\lambda^k}{k!}\mathrm{e}^{-\lambda} = \lambda\Big(\sum_{k=0}^{\infty}k\frac{\lambda^k}{k!}\mathrm{e}^{-\lambda}+1\Big) \\ &= \lambda(\lambda+1) \end{aligned}$$

例 4.1.14 设二维随机变量 (X,Y) 的概率密度为

$$f(x,y) = \begin{cases} x+y, & 0 \leqslant x \leqslant 1, 0 \leqslant y \leqslant 1 \\ 0, & \text{其他} \end{cases}$$

试求 XY 的期望 $E(XY)$.

解 由(4.1.6)式得

$$\begin{aligned} E(XY) &= \int_{-\infty}^{+\infty}\int_{-\infty}^{+\infty}xyf(x,y)\mathrm{d}x\mathrm{d}y \\ &= \int_{0}^{1}\mathrm{d}y\int_{0}^{1}xy(x+y)\mathrm{d}x = \frac{1}{3} \end{aligned}$$

例 4.1.15 按季节出售的某种商品，每售出 1 kg 获利 b 元. 若到季末剩余, 则剩余 1 kg 亏损 l 元. 设在季节内销售量为随机变量 X，$X \sim U(s_1,s_2)$，为使平均获利最大，问应进多少货.

解 设 s 表示进货数，显然 $s_1 \leqslant s \leqslant s_2$，并设销售利润为 $A(X)$，则有

$$A(X) = \begin{cases} bX-(s-X)l, & s_1 \leqslant X \leqslant s \\ sb, & s < X \leqslant s_2 \end{cases}$$

X 的概率密度为

$$f(s) = \begin{cases} \dfrac{1}{s_2-s_1}, & s_1 \leqslant s \leqslant s_2 \\ 0, & \text{其他} \end{cases}$$

$$E[A(X)] = \int_{s_1}^{s}(bx-(s-x)l)\frac{1}{s_2-s_1}\mathrm{d}x + \int_{s}^{s_2}sb\frac{1}{s_2-s_1}\mathrm{d}x$$

$$= \frac{-\dfrac{b+l}{2}s^2 + (bs_2+ls_1)s - \dfrac{b+l}{2}s_1^2}{s_2-s_1} \tag{4.1.7}$$

以下求函数(4.1.7)的最大值点：

$$\frac{\mathrm{d}E[A(X)]}{\mathrm{d}s} = \frac{-(b+l)s + bs_2 + ls_1}{s_2-s_1}$$

令 $\dfrac{\mathrm{d}E[A(X)]}{\mathrm{d}s}=0$，解得唯一驻点 $s = \dfrac{bs_2+ls_1}{b+l}$，即此时销售利润的期望最大. 于

是，进货量应为 $\dfrac{bs_2+ls_1}{b+l}$ kg.

4.1.2 数学期望的性质

数学期望具有以下几条重要性质（设所涉随机变量的数学期望均存在）：

$1°$ 设 C 为常数，则有
$$E(C)=C$$

$2°$ 设 X 是一个随机变量，C 常数，则有
$$E(CX)=CE(X)$$

$3°$ 设 X,Y 是两个随机变量，则有
$$E(X+Y)=E(X)+E(Y)$$

这一性质可以推广到任意有限个随机变量之和的情况：
$$E\left(\sum_{k=1}^{n}X_k\right)=\sum_{k=1}^{n}E(X_k)$$

$4°$ 设 X,Y 是相互独立的随机变量，则有
$$E(XY)=E(X)E(Y)$$

这一性质可以推广到任意有限个相互独立的随机变量之积的情况：设 $X_1, X_2,\cdots,X_n$ 相互独立，则
$$E\left(\prod_{k=1}^{n}X_k\right)=\prod_{k=1}^{n}E(X_k)$$

$5°$ 若 $X\geqslant 0$，则 $E(X)\geqslant 0$. 由此性质进一步可推得：若 $X\geqslant Y$，则
$$E(X)\geqslant E(Y);|E(X)|\leqslant E(|X|)$$

证 性质 $1°$、$5°$ 显然成立. 对于性质 $2°$、$3°$ 和 $4°$，只需分离散型和连续型随机变量这两种情况，利用定理 4.1.1 及定理 4.1.2 中公式即可证明. 例如，对于性质 $3°$，设二维随机变量 (X,Y) 的概率密度为 $f(x,y)$，其边缘概率密度为 $f_X(x),f_Y(y)$，则有

$$\begin{aligned}E(X+Y)&=\int_{-\infty}^{+\infty}\int_{-\infty}^{+\infty}(x+y)f(x,y)\mathrm{d}x\mathrm{d}y\\&=\int_{-\infty}^{+\infty}\int_{-\infty}^{+\infty}xf(x,y)\mathrm{d}x\mathrm{d}y+\int_{-\infty}^{+\infty}\int_{-\infty}^{+\infty}yf(x,y)\mathrm{d}x\mathrm{d}y\\&=\int_{-\infty}^{+\infty}xf_X(x)\mathrm{d}x+\int_{-\infty}^{+\infty}yf_Y(y)\mathrm{d}y\\&=E(X)+E(Y)\end{aligned}$$

对于性质 $4°$，若 X 和 Y 相互独立，且分布律分别为
$$P\{X=x_i\}=p_i,i=1,2,\cdots,P\{Y=y_j\}=q_j,j=1,2,\cdots$$
则
$$\begin{aligned}E(XY)&=\sum_{i=1}^{\infty}\sum_{j=1}^{\infty}x_iy_jp_{ij}=\sum_{i=1}^{\infty}\sum_{j=1}^{\infty}x_iy_jp_iq_j\\&=\sum_{i=1}^{\infty}x_ip_i\sum_{j=1}^{\infty}y_jq_j=E(X)E(Y)\end{aligned}$$

性质 $3°$ 和 $4°$ 常用来简化随机变量数学期望的计算. 例如，在计算一些分布较复

杂甚至难以确定的随机变量的数学期望时,若能将 X 表示成有限个简单随机变量之和,那么利用性质 3° 就可以大大简化我们的问题.

例 4.1.16 一辆机场的交通车,运送 25 名乘客到 9 个站,设每位乘客等可能的在任一站下车,且他们下车与否相互独立. 又交通车只在有人下车时才停车,求该交通车停车次数的数学期望.

解 引入随机变量 $X_i = \begin{cases} 1, & \text{第 } i \text{ 站有人下车} \\ 0, & \text{第 } i \text{ 站无人下车} \end{cases}$, $i=1,2,\cdots,9$, 则交通车停车总次数 $X = \sum_{i=1}^{9} X_i$, 由题意,任一乘客在第 i 站不下车的概率为 $\frac{8}{9}$, 因此 25 位乘客都不在第 i 站下车的概率为 $\left(\frac{8}{9}\right)^{25}$, 在第 i 站有乘客下车的概率为 $1-\left(\frac{8}{9}\right)^{25}$. 即

$$P\{X_i=0\} = \left(\frac{8}{9}\right)^{25}, P\{X_i=1\} = 1-\left(\frac{8}{9}\right)^{25}, i=1,2,\cdots,9$$

于是

$$E(X) = E\left(\sum_{i=1}^{9} X_i\right) = \sum_{i=1}^{9} E(X_i) = 9\left[1-\left(\frac{8}{9}\right)^{25}\right] \approx 8.53$$

例 4.1.17 甲、乙两射手各自向自己的靶独立射击,直到命中时该射手停止射击. 若甲、乙两射手每次命中的概率分别为 p_1、p_2, $0 < p_1, p_2 < 1$. 求两射手均停止射击时脱靶总数的分布律及数学期望.

解 设 X_1, X_2 分别表示甲、乙两射手的脱靶数,则 $X_k+1 \sim \mathrm{Ge}(p_k), k=1,2$, 由本节例 4.1.5 知, $E(X_k+1) = \frac{1}{p_k}, k=1,2$. 从而 $E(X_k) = \frac{1}{p_k} - 1$, 于是两射手脱靶总数 $X = X_1 + X_2$ 的期望为

$$E(X) = E(X_1) + E(X_2) = \frac{1}{p_1} + \frac{1}{p_2} - 2$$

又由于 X_1, X_2 相互独立,于是由离散卷积公式,有

$$P\{X=n\} = \sum_{i=0}^{n} P\{X_1=i\}P\{X_2=n-i\}$$
$$= \sum_{i=0}^{n} (1-p_1)^i p_1 (1-p_2)^{n-i} p_2$$
$$= p_1 p_2 (1-p_2)^n \sum_{i=0}^{n} \left(\frac{1-p_1}{1-p_2}\right)^i$$

当 $p_1 \neq p_2$ 时, $P\{X=n\} = p_1 p_2 (1-p_2)^n \dfrac{1-\left(\dfrac{1-p_1}{1-p_2}\right)^{n+1}}{1-\dfrac{1-p_1}{1-p_2}}$

$$= \frac{p_1 p_2}{p_1 - p_2}[(1-p_2)^{n+1} - (1-p_1)^{n+1}], n=0,1,2,\cdots$$

当 $p_1 = p_2$ 时, $P\{X=n\} = (n+1)p_1^2(1-p_1)^n, n=0,1,2,\cdots$

4.2 方差和矩

4.2.1 方差的定义

1. 方差的引入

例 4.2.1 设甲、乙两射手各自对目标进行射击,X,Y 分别表示他们射中的环数,X,Y 的分布律如下:

X(甲)	8	9	10
P	0.2	0.6	0.2

Y(乙)	8	9	10
P	0.4	0.2	0.4

问哪一个选手技术较好且发挥稳定?

解 X,Y 的均值分别为

$$E(X)=8\times 0.2+9\times 0.6+10\times 0.2=9.0$$
$$E(Y)=8\times 0.4+9\times 0.2+10\times 0.4=9.0$$

但直观上,他们射击的水平有差异,甲较稳定,相对与 $E(X)$ 的偏离较小,所以甲发挥稳定.

由此可见,除了刻画随机变量"平均值"概念的数学期望外,在实际问题和理论上,还需要刻画随机变量与其取值中心位置偏离程度的数字特征,下面我们就介绍其中最重要的数字特征方差.

2. 方差的定义

定义 4.2.1 设 X 是一个随机变量,若 $E\{[X-E(X)]^2\}$ 存在,则称 $E\{[X-E(X)]^2\}$ 为随机变量 X 的方差,记为 $D(X)$ 或 $\text{Var}(X)$,即

$$D(X)=E\{[X-E(X)]^2\} \tag{4.2.1}$$

而称 $\sqrt{D(X)}$ 为标准差或均方差,记为 σ_X,即 $\sigma_X=\sqrt{D(X)}$.

X 的均方差是与随机变量 X 具有相同量纲的量. 由定义,随机变量 X 的方差是 X 的取值与其数学期望的平方距离,以 X 取值的概率为权的加权平均. 它刻画了 X 的取值与其数学期望的偏离程度,若 X 的取值比较集中,则 $D(X)$ 较小;反之,若 X 的取值比较分散,则 $D(X)$ 较大.

注意到,对任意的随机变量 $X,D(X)$ 不一定存在. 例如,X 的概率密度为 $f(x)=\dfrac{1}{\pi}\dfrac{1}{1+x^2}$,因为 $E(X)$ 不存在,所以 $D(X)$ 不存在.

由(4.2.1)式,因为方差是随机变量函数 $[X-E(X)]^2$ 的均值,所以根据定理 4.1.1,当 X 为离散型随机变量时,设其分布律为 $P\{X=x_k\}=p_k,k=1,2,\cdots$,则

$$D(X)=E\{[X-E(X)]^2\}=\sum_{k=1}^{\infty}[x_k-E(X)]^2 p_k$$

当 X 为连续型随机变量时,设其概率密度为 $f(x)$,则

$$D(X) = E\{[X-E(X)]^2\} = \int_{-\infty}^{+\infty} [x-E(X)]^2 f(x)\mathrm{d}x$$

例如在例 4.2.1 中,计算两射手射击环数 X、Y 的方差分别为

$$D(X) = \sum_{k=1}^{3} [x_k - 9]^2 p_k = 0.4$$

$$D(Y) = \sum_{k=1}^{3} [y_k - 9]^2 p_k = 0.8$$

4.2.2 方差的性质

1. 方差的性质

随机变量的方差具有如下性质(假定所涉随机变量的方差均存在):

$1°$ 若 C 是常数,则

$$D(C) = 0$$

$2°$ 设 X 是随机变量,a 是常数,则 $D(aX) = a^2 D(X)$,从而

$$D(aX+b) = a^2 D(X)$$

$3°$ 设 X 是随机变量,则

$$D(X) = E(X^2) - [E(X)]^2$$

$4°$ 设 X, Y 是两个相互独立的随机变量,则有 $D(X \pm Y) = D(X) + D(Y)$

这一性质可以推广到任意有限多个相互独立的随机变量之和的情况.即若 $X_1, X_2, \cdots, X_n$ 相互独立,则

$$D\left(\sum_{k=1}^{n} X_k\right) = \sum_{k=1}^{n} D(X_k)$$

$5°$ $D(X)=0$ 的充要条件是 X 以概率 1 取常数 C,即 $P\{X=C\}=1$. 显然,这里 $C=E(X)$.

$6°$ 若常数 $C \neq E(X)$,则 $D(X) < E[(X-C)^2]$.

性质 $1°$、$2°$ 容易用方差的定义及数学期望的性质证明,请读者练习. 性质 $5°$ 的证明将在切比雪夫不等式后给出. 下面只证明性质 $3°$、$4°$ 和 $6°$.

证 $3°$ $D(X) = E\{[X-E(X)]^2\} = E\{X^2 - 2X \cdot E(X) + [E(X)]^2\}$
$= E(X^2) - 2E(X) \cdot E(X) + [E(X)]^2$
$= E(X^2) - [E(X)]^2$

性质 $3°$ 常用来计算随机变量的方差.

$4°$ 由于 X 与 Y 相互独立,则 $X-E(X)$ 与 $Y-E(Y)$ 亦相互独立,从而有

$$E\{[X-E(X)][Y-E(Y)]\} = E\{[X-E(X)]\}E\{[Y-E(Y)]\} = 0$$

于是

$$D(X \pm Y) = E\{[(X \pm Y) - E(X \pm Y)]^2\} = E\{[(X-E(X)) \pm (Y-E(Y))]^2\}$$

$$= E\{[X-E(X)]^2\} + E\{[Y-E(Y)]^2\} \pm 2E\{[X-E(X)][Y-E(Y)]\}$$
$$= D(X) + D(Y)$$

6° 由于 $C \neq E(X)$ 及性质 3°,有
$$D(X) - E[(X-C)^2] = E(X^2) - [E(X)]^2 - E(X^2) + 2CE(X) - C^2$$
$$= -[E(X) - C]^2 < 0$$

于是
$$D(X) < E[(X-C)^2]$$

性质 6°表明,X 离 $E(X)$ 的平方距离按概率的加权平均值为最小,这再次说明 $E(X)$ 是 X 取值的"中心位置"。

例 4.2.2 若 X,Y 为相互独立的随机变量,且方差均存在,证明:
$$D(XY) = D(X)D(Y) + [E(X)]^2 D(Y) + D(X)[E(Y)]^2$$

证 由于 X,Y 相互独立,从而 X^2,Y^2 相互独立,故有 $E(X^2Y^2) = E(X^2) \cdot E(Y^2)$。
于是
$$D(XY) = E(X^2Y^2) - [E(XY)]^2 = E(X^2) \cdot E(Y^2) - [E(X)]^2[E(Y)]^2$$
$$= \{D(X) + [E(X)]^2\}\{D(Y) + [E(Y)]^2\} - [E(X)]^2[E(Y)]^2$$
$$= D(X)D(Y) + [E(X)]^2 D(Y) + D(X)[E(Y)]^2$$

由此可得
$$D(XY) \geq D(X)D(Y)$$

例 4.2.3 设随机变量 X 服从参数为 p 的 $(0-1)$ 分布,求 $D(X)$。

解 由于 $E(X) = p$,$E(X^2) = 0^2 \cdot (1-p) + 1^2 \cdot p = p$,于是
$$D(X) = E(X^2) - [E(X)]^2 = p - p^2 = p(1-p)$$

2. 几个重要随机变量的方差

例 4.2.4 设 $X \sim b(n,p)$,求 $E(X),D(X)$。

解 令 X_k 服从参数为 p 的 $(0-1)$ 分布,$k=1,2,\cdots,n$,且 $X_1,X_2,\cdots,X_n$ 相互独立,则 $X = X_1 + X_2 + \cdots + X_n \sim b(n,p)$,于是
$$E(X) = E(X_1 + X_2 + \cdots + X_n) = np$$
$$D(X) = D(X_1 + X_2 + \cdots + X_n) = D(X_1) + D(X_2) + \cdots + D(X_n) = np(1-p) = npq$$

将 X 表示成 n 个独立随机变量之和,可简化方差的计算。这也是计算方差的一个技巧。

例 4.2.5 设 $X \sim \pi(\lambda)$,其分布律为 $P\{X=k\} = \dfrac{\lambda^k e^{-\lambda}}{k!}$,$k=0,1,2,\cdots$,求 $D(X)$。

解 由上节例 4.1.8 及例 4.1.13 知 $E(X) = \lambda$,$E(X^2) = \lambda^2 + \lambda$,于是
$$D(X) = E(X^2) - [E(X)]^2 = \lambda$$

可见,泊松分布只含一个参数 λ,因而只要知道它的数学期望或方差就能完全确定它的分布。

例 4.2.6 设 $X \sim U(a,b)$,求 $D(X)$。

解 由例 4.1.11 知 $E(X)=\dfrac{a+b}{2}$，于是

$$D(X)=E(X^2)-[E(X)]^2=\int_a^b \dfrac{x^2}{b-a}dx-\left(\dfrac{a+b}{2}\right)^2=\dfrac{(b-a)^2}{12}$$

例 4.2.7 设 $X\sim Ex(\alpha)$，即 X 的概率密度为 $f(x)=\begin{cases}\alpha e^{-\alpha x}, & x>0 \\ 0, & x\leqslant 0\end{cases}$，求 $D(X)$.

解 由上节例 4.1.12 知 $E(X)=\dfrac{1}{\alpha}$，而

$$\begin{aligned}E(X^2)&=\int_0^{+\infty}x^2\cdot\alpha e^{-\alpha x}dx=-\int_0^{+\infty}x^2 de^{-\alpha x}\\&=-x^2 e^{-\alpha x}\Big|_0^{+\infty}+2\int_0^{+\infty}xe^{-\alpha x}dx\\&=\dfrac{2}{\alpha^2}\end{aligned}$$

于是

$$D(X)=E(X^2)-[E(X)]^2=\dfrac{2}{\alpha^2}-\dfrac{1}{\alpha^2}=\dfrac{1}{\alpha^2}$$

例 4.2.8 设 $X\sim N(\mu,\sigma^2)$，求 $D(X)$.

解 X 的概率密度为 $f(x)=\dfrac{1}{\sqrt{2\pi}\sigma}e^{-\frac{(x-\mu)^2}{2\sigma^2}}$，于是

$$\begin{aligned}D(X)&=\int_{-\infty}^{+\infty}(x-\mu)^2 f(x)dx=\dfrac{1}{\sqrt{2\pi}\sigma}\int_{-\infty}^{+\infty}(x-\mu)^2 e^{-\frac{(x-\mu)^2}{2\sigma^2}}dx\\&=\dfrac{\sigma^2}{\sqrt{2\pi}}\int_{-\infty}^{+\infty}t^2 e^{-\frac{t^2}{2}}dt\left(令\dfrac{x-\mu}{\sigma}=t\right)\\&=\dfrac{\sigma^2}{\sqrt{2\pi}}\left[-te^{-\frac{t^2}{2}}\Big|_{-\infty}^{+\infty}+\int_{-\infty}^{+\infty}e^{-\frac{t^2}{2}}dt\right]\\&=0+\dfrac{\sigma^2}{\sqrt{2\pi}}\sqrt{2\pi}=\sigma^2\end{aligned}$$

由此可见，正态随机变量的分布完全可由它的数学期望和方差确定. 因此，若 $X\sim N(\mu,\sigma^2)$，$Y=\dfrac{X-\mu}{\sigma}$，根据第 2 章例 2.4.4 知 Y 服从正态分布，易得 $E(Y)=0$，$D(Y)=1$，所以 $Y\sim N(0,1)$.

一些常用随机变量的概率分布及其数学期望和方差见附表 1.

例 4.2.9 设随机变量 $X=A\sin(\omega_0+\Theta)$，其中 ω_0 是常数，$\Theta\sim U[-\pi,\pi]$，A 的分布律为 $\begin{array}{c|ccc}A & -1 & 0 & 1 \\ \hline P & q & r & p\end{array}$，$q,r,p>0$，$q+r+p=1$，且 Θ 与 A 相互独立，求 $E(X),D(X)$.

解 设 Θ 的概率密度为 $f_\Theta(\theta)$，由于随机变量 Θ 与 A 相互独立，故 $\sin(\omega_0+\Theta)$ 与 A 相互独立，从而

$$E(X) = E(A)E[\sin(\omega_0 + \Theta)] = E(A) \cdot \int_{-\infty}^{+\infty} \sin(\omega_0 + \theta) f_\Theta(\theta) d\theta$$

注意到 $\Theta \sim U[-\pi, \pi]$，且 $\int_{-\pi}^{\pi} \sin(\omega_0 + \theta) d\theta = 0$，于是有

$$E(X) = E(A) \cdot \int_{-\pi}^{\pi} \sin(\omega_0 + \theta) \frac{1}{2\pi} d\theta = 0$$

又由于 $\sin^2(\omega_0 + \Theta)$ 与 A^2 相互独立，从而

$$D(X) = E(X^2) = E(A^2) \cdot E[\sin^2(\omega_0 + \Theta)]$$
$$= (p+q) E\left[\frac{1}{2}(1 - \cos 2(\omega_0 + \Theta))\right] = \frac{p+q}{2}$$

上式中最后一个期望的计算利用了周期函数的积分性质，得 $E[\cos 2(\omega_0 + \Theta)] = 0$。

3. 切比雪夫(Chebyshev)不等式

定理 4.2.1 设 X 为一随机变量，$g(x)$ 是一非负函数，在 $(0, +\infty)$ 上单调不减，且 $E[g(X)] < +\infty$，则对任意的 $\varepsilon > 0$，有

$$P\{X \geqslant \varepsilon\} \leqslant \frac{E[g(X)]}{g(\varepsilon)} \tag{4.2.2}$$

证 这里只对连续型随机变量情况给出证明。设 X 的概率密度为 $f(x)$，则有

$$P\{X \geqslant \varepsilon\} = \int_{x \geqslant \varepsilon} f(x) dx \leqslant \int_{x \geqslant \varepsilon} f(x) \frac{g(x)}{g(\varepsilon)} dx$$
$$\leqslant \int_{-\infty}^{+\infty} f(x) \frac{g(x)}{g(\varepsilon)} dx = \frac{E[g(X)]}{g(\varepsilon)}$$

推论 1 设 X 为一随机变量，且 $E(|X|^r) < +\infty$，其中 $r > 0$ 为常数，则对任意的 $\varepsilon > 0$，有

$$P\{|X| \geqslant \varepsilon\} \leqslant \frac{E(|X|^r)}{\varepsilon^r} \tag{4.2.3}$$

(4.2.3)式通常称为马尔可夫(Markov)不等式。只需在(4.2.2)式中，取 $g(x) = |x|^r$ ($r > 0$)，便得(4.2.3)式。

推论 2 设随机变量 X 的数学期望和方差都存在，且 $E(X) = \mu$，$D(X) = \sigma^2$，则对任意的 $\varepsilon > 0$，有

$$P\{|X - \mu| \geqslant \varepsilon\} \leqslant \frac{\sigma^2}{\varepsilon^2} \tag{4.2.4}$$

(4.2.4)式通常称为切比雪夫(Chebyshev)不等式，也可改写成如下的形式：

$$P\{|X - \mu| < \varepsilon\} \geqslant 1 - \frac{\sigma^2}{\varepsilon^2}$$

只需在(4.2.3)式中取 $r = 2$，并用 $|X - \mu|$ 代替 $|X|$，便得(4.2.4)式。

切比雪夫不等式的意义在于，它给出了随机变量 X 在只知道其数学期望和方差，而 X 的分布未知情况下对事件 $|X - \mu| < \varepsilon$ 的概率的一种估计方法。例如：

$$P\{|X-\mu|<3\sigma\}\geqslant 1-\frac{1}{9}=0.8889$$

$$P\{|X-\mu|<4\sigma\}\geqslant 1-\frac{1}{16}=0.9375$$

这也从另一角度说明了数学期望和方差两个数字特征的重要性.

切比雪夫不等式同时体现了方差 $D(X)$ 的意义. 从切比雪夫不等式可以看出, 当 $D(X)$ 很小时, X 的取值以很大的概率集中在其中心 $E(X)$ 的附近.

切比雪夫不等式作为一个理论工具, 其进一步的应用将在下一章中介绍.

例 4.2.10 已知正常男性成人血液中, 每一毫升白细胞数平均是 7 300, 均方差是 700. 利用切比雪夫不等式估计每毫升白细胞数在 5 200~9 400 之间的概率.

解 设每毫升血液中白细胞数为 X, 依题意, $E(X)=7\,300$, $D(X)=700^2$, 所求为
$$P\{5\,200\leqslant X\leqslant 9\,400\}=P\{5\,200-7\,300\leqslant X-7\,300\leqslant 9\,400-7\,300\}$$
$$=P\{-2\,100\leqslant X-E(X)\leqslant 2\,100\}=P\{|X-E(X)|\leqslant 2\,100\}$$

由切比雪夫不等式
$$P\{|X-E(X)|\leqslant 2\,100\}\geqslant 1-\frac{D(X)}{2\,100^2}=1-\left(\frac{700}{2\,100}\right)^2=1-\frac{1}{9}=\frac{8}{9}$$

即每毫升白细胞数在 5 200~9 400 之间的概率不小于 $\frac{8}{9}$.

例 4.2.11 证明随机变量 X 的方差 $D(X)=0$ 的充要条件是 $P\{X=E(X)\}=1$.

证 充分性. 设 $P\{X=E(X)\}=1$, 则有 $P\{X^2=[E(X)]^2\}=1$, 于是 $D(X)=E(X^2)-[E(X)]^2=0$.

必要性. 反证, 假设 $P\{X=E(X)\}<1$, 则对于某一 $\varepsilon>0$, 有 $P\{|X-E(X)|\geqslant \varepsilon\}>0$, 但由切比雪夫不等式, 对于任意 $\varepsilon>0$, 因 $\sigma^2=0$, 有 $P\{|X-E(X)|\geqslant \varepsilon\}=0$, 矛盾! 于是 $P\{X=E(X)\}=1$.

4.2.3 矩

定义 4.2.2 设 X,Y 为两随机变量, c 为任意常数, k 为正整数, 若 $E[(X-c)^k]$ 存在, 则称 $E[(X-c)^k]$ 为 X 关于 c 点的 k 阶矩. 特别地, 当 $c=0$ 时, 称 $E(X^k)$ 为 X 的 k 阶原点矩, 简称 k 阶矩; 当 $c=E(X)$ 时, 称 $E\{[X-E(X)]^k\}$ 为 X 的 k 阶中心矩.

对正整数 k 与 l, 若 $E(X^k Y^l)$ 存在, 称 $E(X^k Y^l)$ 为 X 和 Y 的 $k+l$ 阶混合 (原点) 矩; 若 $E\{[X-E(X)]^k [Y-E(Y)]^l\}$ 存在, 称它为 X 和 Y 的 $k+l$ 阶混合中心矩.

由此定义可知, X 的一阶原点矩就是数学期望, 一阶中心矩为 0, 二阶中心矩是方差 $D(X)$. 所以, 矩的概念是数学期望、方差等概念的推广.

例 4.2.12 设 $X\sim N(\mu,\sigma^2)$, 求 X 的 k 阶中心矩 $E\{[X-E(X)]^k\}$ (k 为正

整数).

解 $E(X)=\mu$,设 $b_k=E[(X-\mu)^k]$,则

$$b_k = E[(X-\mu)^k] = \int_{-\infty}^{+\infty}(x-\mu)^k f(x)\mathrm{d}x = \frac{1}{\sqrt{2\pi}\sigma}\int_{-\infty}^{+\infty}(x-\mu)^k \mathrm{e}^{-\frac{(x-\mu)^2}{2\sigma^2}}\mathrm{d}x$$

当 k 为奇数时,上式积分为 0,即 $b_k=0$.

当 k 为偶数时,

$$b_k = \frac{1}{\sqrt{2\pi}\sigma}\int_{-\infty}^{+\infty}(x-\mu)^k \mathrm{e}^{-\frac{(x-\mu)^2}{2\sigma^2}}\mathrm{d}x$$

$$= -\frac{\sigma}{\sqrt{2\pi}}\int_{-\infty}^{+\infty}(x-\mu)^{k-1}\mathrm{d}\mathrm{e}^{-\frac{(x-\mu)^2}{2\sigma^2}}(\text{分部积分})$$

$$= (k-1)\sigma^2 \int_{-\infty}^{+\infty}(x-\mu)^{k-2}\frac{1}{\sqrt{2\pi}\sigma}\mathrm{e}^{-\frac{(x-\mu)^2}{2\sigma^2}}\mathrm{d}x$$

$$= (k-1)\sigma^2 b_{k-2}$$

从而有推递关系 $b_k=(k-1)(k-3)\cdots 3\sigma^{k-2}b_2$,而 $b_2=D(X)=\sigma^2$,所以当 k 为偶数时: $b_k=(k-1)!!\ \sigma^k$. 于是,X 的 k 阶中心矩为

$$E\{[X-E(X)]^k\} = \begin{cases}(k-1)!!\ \sigma^k, & k\text{ 为偶数} \\ 0, & k\text{ 为奇数}\end{cases}$$

例 4.2.13 设随机变量 X,Y 的二阶矩存在且不为 0,则有

$$[E(XY)]^2 \leqslant E(X^2)E(Y^2) \qquad (4.2.5)$$

且等号成立的充要条件是存在常数 a,使 $P\{Y=aX\}=1$. (4.2.5)式称为柯西-施瓦茨(Cauchy-Schwarz)不等式.

证 设 $g(t)=E\{(Y+tX)^2\}=t^2 E(X^2)+2tE(XY)+E(Y^2)$,对任意实数 t,有 $g(t)\geqslant 0$,因 $E(X^2)>0$,则有

$$2^2[E(XY)]^2-4E(X^2)E(Y^2)\leqslant 0$$

即

$$[E(XY)]^2\leqslant E(X^2)E(Y^2)$$

等号成立的充要条件是存在 t_0,使 $g(t_0)=0$,即 $g(t_0)=E(Y+t_0 X)^2=0$. 而

$$E(Y+t_0 X)^2 = D(Y+t_0 X)+[E(Y+t_0 X)]^2 = 0$$

从而有 $E(Y+t_0 X)=0, D(Y+t_0 X)=0$

由方差的性质: $D(Y+t_0 X)=0$ 的充要条件是 $P\{Y+t_0 X=E(Y+t_0 X)\}=1$,即 $P\{Y+t_0 X=0\}=1$. 令 $a=-t_0$,有 $P\{Y=aX\}=1$. 即等号成立的充要条件是存在常数 a,使 $P\{Y=aX\}=1$.

4.3 协方差与相关系数

本节讨论随机向量的数字特征,介绍随机向量的数学期望,并引入描述随机向

量每个分量之间关系的数字特征——协方差与相关系数及协方差矩阵,并利用这些概念将二维正态分布推广至 n 维正态分布.

4.3.1 随机向量的数学期望

对于 n 维随机向量 $(X_1, X_2, \cdots, X_n)$,常将向量 $(X_1, X_2, \cdots, X_n)$ 用列向量形式表示,并记为 $\boldsymbol{X}$,即 $\boldsymbol{X} = (X_1, X_2, \cdots, X_n)'$.

定义 4.3.1 设 $(X_1, \cdots, X_n)'$ 为 n 维随机向量,若 $E(X_k), k=1,2,\cdots,n$ 均存在,并记 $\mu_k = E(X_k)$,则称 $\boldsymbol{\mu} = (\mu_1, \mu_2, \cdots, \mu_n)'$ 为随机向量 $\boldsymbol{X}$ 的数学期望或均值,记为 $E(\boldsymbol{X})$.

例如,随机向量 $\boldsymbol{X} = (X_1, X_2)'$ 服从二维正态分布 $N(\mu_1, \mu_2, \sigma_1^2, \sigma_2^2, \rho)$,由于 $X_1 \sim N(\mu_1, \sigma_1^2), X_2 \sim N(\mu_2, \sigma_2^2)$,从而 $E(X_1) = \mu_1, E(X_2) = \mu_2$,因此 $E(\boldsymbol{X}) = (\mu_1, \mu_2)'$.

又设 $\boldsymbol{X} = (X_1, \cdots, X_n)', \boldsymbol{Y} = (Y_1, \cdots, Y_n)'$,且 $E(\boldsymbol{X}), E(\boldsymbol{Y})$ 均存在,则随机向量的数学期望具有如下性质:

1° 设 $\boldsymbol{C}$ 为常向量,则有 $E(\boldsymbol{C}) = \boldsymbol{C}$;

2° 对任意实数 a,有 $E(a\boldsymbol{X}) = aE(\boldsymbol{X})$;

3° 对任意的 $m \times n$ 阶非随机矩阵 A,有
$$E(A\boldsymbol{X}) = AE(\boldsymbol{X})$$

4° $E(\boldsymbol{X} \pm \boldsymbol{Y}) = E(\boldsymbol{X}) \pm E(\boldsymbol{Y})$;

5° 若 $\boldsymbol{X}, \boldsymbol{Y}$ 相互独立,则
$$E(\boldsymbol{X}'\boldsymbol{Y}) = [E(\boldsymbol{X})]'E(\boldsymbol{Y})$$

证明不难,请读者自行练习.

4.3.2 随机向量的协方差矩阵

对于随机向量,不仅关心它的每个分量作为一维随机变量的均值和方差,更需要了解各个分量之间的关系,因此考虑引入新的数字特征,在某种意义上来描述各个分量之间的关联程度.

首先可以考虑二维随机变量 (X, Y),注意到若 X, Y 相互独立,则有 $E\{[X - E(X)][Y - E(Y)]\} = 0$. 若 $E\{[X - E(X)][Y - E(Y)]\} \neq 0$,则 X, Y 不相互独立. 这表明量 $E\{[X - E(X)][Y - E(Y)]\}$ 从某种程度上反映了 X, Y 间的关系,于是有如下定义.

1. 二个随机变量的协方差和相关系数

定义 4.3.2 对二维随机变量 (X, Y),若 $E(X), E(Y)$ 及 $E\{[X - E(X)][Y - E(Y)]\}$ 均存在,则量 $E\{[X - E(X)][Y - E(Y)]\}$ 称为随机变量 X 与 Y 的协方差,记为 $\mathrm{cov}(X, Y)$,即

$$\mathrm{cov}(X, Y) = E\{[X - E(X)][Y - E(Y)]\} \tag{4.3.1}$$

易证,协方差具有下述性质:

1° $\operatorname{cov}(X,Y) = E(XY) - E(X)E(Y)$; (4.3.2)

2° $D(X \pm Y) = D(X) + D(Y) \pm 2\operatorname{cov}(X,Y)$; (4.3.3)

一般地,有

$$D\left(\sum_{i=1}^{n} c_i X_i\right) = \sum_{i,j=1}^{n} c_i c_j \operatorname{cov}(X_i, X_j) = \sum_{i=1}^{n} c_i^2 D(X_i) + 2\sum_{i<j}^{n} c_i c_j \operatorname{cov}(X_i, X_j)$$

(4.3.4)

3° 对称性:

$$\operatorname{cov}(X,Y) = \operatorname{cov}(Y,X) \quad (4.3.5)$$

4° 设 a,b 是常数,则

$$\operatorname{cov}(aX,bY) = ab\operatorname{cov}(X,Y) \quad (4.3.6)$$

5° 对单个变量的线性性:

$$\operatorname{cov}(aX_1 + bX_2, Y) = a\operatorname{cov}(X_1, Y) + b\operatorname{cov}(X_2, Y) \quad (4.3.7)$$

其中性质 1°、2° 常用来通过数学期望或方差计算协方差.

例 4.3.1 在第 3 章第 2 节例 3.2.2 中,对 (1) 放回、(2) 不放回两种方式,分别求两次取数结果 X 与 Y 的协方差.

解 X 及 Y 的边缘分布均为 (0-1) 分布,则

$$E(X) = E(Y) = \frac{2}{5}$$

$$D(X) = D(Y) = \frac{6}{25}$$

下面利用 (4.3.2) 式计算 $\operatorname{cov}(X,Y)$.

(1) 由于

$$E(XY) = 0 \cdot 0 \cdot \frac{9}{25} + 0 \cdot 1 \cdot \frac{6}{25} + 1 \cdot 0 \cdot \frac{6}{25} + 1 \cdot 1 \cdot \frac{4}{25} = \frac{4}{25}$$

于是

$$\operatorname{cov}(X,Y) = E(XY) - E(X)E(Y) = \frac{4}{25} - \frac{2}{5} \cdot \frac{2}{5} = 0$$

(2) 由于

$$E(XY) = 0 \cdot 0 \cdot \frac{6}{20} + 0 \cdot 1 \cdot \frac{6}{20} + 1 \cdot 0 \cdot \frac{6}{20} + 1 \cdot 1 \cdot \frac{2}{20} = \frac{2}{20}$$

于是

$$\operatorname{cov}(X,Y) = E(XY) - E(X)E(Y) = \frac{2}{20} - \frac{2}{5} \cdot \frac{2}{5} = -\frac{3}{50}$$

例 4.3.2 设 $(X,Y) \sim N(\mu_1, \mu_2, \sigma_1^2, \sigma_2^2, \rho)$,求 X 与 Y 的协方差 $\operatorname{cov}(X,Y)$.

解 由于

$$X \sim N(\mu_1, \sigma_1^2), E(X) = \mu_1, \ D(X) = \sigma_1^2$$

$$Y \sim N(\mu_2, \sigma_2^2), E(Y) = \mu_2, \ D(X) = \sigma_2^2$$

于是,利用定义(4.3.1)式

$$\text{cov}(X,Y) = E[(X-\mu_1)(Y-\mu_2)]$$

$$= \int_{-\infty}^{+\infty}\int_{-\infty}^{+\infty}(x-\mu_1)(y-\mu_2)f(x,y)\mathrm{d}x\mathrm{d}y$$

$$= \frac{1}{2\pi\sigma_1\sigma_2\sqrt{1-\rho^2}}\int_{-\infty}^{+\infty}\int_{-\infty}^{+\infty}(x-\mu_1)(y-\mu_2)\mathrm{e}^{-\frac{(y-\mu_2)^2}{2\sigma_2^2}}\mathrm{e}^{-\frac{1}{2(1-\rho^2)}\left[\frac{x-\mu_1}{\sigma_1}-\rho\frac{y-\mu_2}{\sigma_2}\right]^2}\mathrm{d}x\mathrm{d}y$$

$$(\text{令 } u = \frac{x-\mu_1}{\sigma_1})$$

$$= \frac{\sigma_1}{2\pi\sigma_2\sqrt{1-\rho^2}}\int_{-\infty}^{+\infty}(y-\mu_2)\mathrm{e}^{-\frac{(y-\mu_2)^2}{2\sigma_2^2}}\mathrm{d}y\int_{-\infty}^{+\infty}u\mathrm{e}^{-\frac{1}{2(1-\rho^2)}\left[u-\rho\frac{y-\mu_2}{\sigma_2}\right]^2}\mathrm{d}u$$

$$= \frac{\sigma_1\rho}{\sqrt{2\pi\sigma_2^2}}\int_{-\infty}^{+\infty}(y-\mu_2)^2\mathrm{e}^{-\frac{(y-\mu_2)^2}{2\sigma_2^2}}\mathrm{d}y$$

$$= \frac{\sigma_1\rho}{\sigma_2}\cdot\sigma_2^2 = \rho\sigma_1\sigma_2$$

在实际应用中,注意到协方差是一个有量纲的量,例如(X,Y)表示炮弹落点横坐标与纵坐标的误差,若均以米为单位,则协方差的单位是米^2. 若X,Y改用其他单位,则虽然X,Y之间的关系并未改变,但反映这种关系的数值却可能有很大的变化. 因此,需要引入一个不依赖于度量单位的量来表示这一数字特征.

定义 4.3.3 在定义 4.3.2 中,当 $D(X)>0$, $D(Y)>0$ 时,称

$$\rho_{XY} = \frac{\text{cov}(X,Y)}{\sqrt{D(X)}\cdot\sqrt{D(Y)}} \tag{4.3.8}$$

为随机变量 X 与 Y 的相关系数或标准协方差.

由(4.3.8)式有

$$\rho_{XY} = \frac{\text{cov}(X,Y)}{\sqrt{D(X)}\cdot\sqrt{D(Y)}} = E\left\{\left[\frac{X-E(X)}{\sigma_X}\right]\left[\frac{Y-E(Y)}{\sigma_Y}\right]\right\} = \text{cov}(X^*,Y^*)$$

其中 $X^* = \frac{X-E(X)}{\sigma_X}$, $Y^* = \frac{Y-E(Y)}{\sigma_Y}$,且 $E(X^*)=E(Y^*)=0, D(X^*)=D(Y^*)=1$. 一般地,数学期望为0,方差为1的随机变量的分布称为标准分布,故 ρ_{XY} 又称为标准协方差.

相关系数 ρ_{XY} 具有下述性质:

$1°$ $|\rho_{XY}| \leqslant 1$;

$2°$ $|\rho_{XY}| = 1$ 的充要条件是存在常数 a,b,使

$$P\{Y=aX+b\}=1 \tag{4.3.9}$$

证 $1°$ 对 $X-E(X)$ 与 $Y-E(Y)$ 应用柯西-施瓦茨不等式(4.2.5),有

$$|E[(X-E(X))(Y-E(Y))]| \leqslant \sqrt{E[(X-E(X))^2]}\cdot\sqrt{E[(Y-E(Y))^2]} \tag{4.3.10}$$

即

$$|\text{cov}(X,Y)| \leqslant \sqrt{D(X)}\cdot\sqrt{D(Y)}$$

所以
$$|\rho_{XY}|\leqslant 1$$

2° (4.3.10)式中等号成立的充要条件是存在常数 a，使
$$P\{Y-E(Y)=a[X-E(X)]\}=1$$
即 $P\{Y=aX-aE(X)+E(Y)\}=1$，取 $b=-aE(X)+E(Y)$ 即得证.

进一步还可发现，若 $\rho_{XY}=1$，则(4.3.9)式中 $a>0$，若 $\rho_{XY}=-1$，则(4.3.9)式中 $a<0$.

这一性质表明，$|\rho_{XY}|=1$ 当且仅当 Y 跟 X 几乎有线性关系. 这在一定程度上说明了相关系数的概率意义. ρ_{XY} 并不是刻画 X,Y 之间的"一般"关系，而只是 X,Y 之间线性相关程度的一种度量. 当 $|\rho_{XY}|=1$ 时，X 与 Y 的线性相关程度最好，当 $\rho_{XY}=0$ 时，它们之间的线性相关程度最差. 于是又有下面的定义：

定义 4.3.4 若 X 与 Y 的相关系数 $\rho_{XY}=0$，则称 X 与 Y 不相关.

例如在例 4.3.1 中，对可放回取数时，X 与 Y 的相关系数为 0，即 X 与 Y 不相关. 注意到此时 X 与 Y 相互独立. 对不放回取数情形，X 与 Y 的相关系数为 $-\frac{1}{4}$.

在例 4.3.2 中，X 与 Y 的相关系数 $\rho_{XY}=\rho$. 由此可见，二维正态随机变量的分布完全可由 X,Y 的数学期望、方差以及它们的相关系数所确定. 此外，我们知道，若 (X,Y) 服从二维正态分布，那么 X 和 Y 相互独立的充要条件为 $\rho=0$，而 $\rho=\rho_{XY}$，故知对于二维正态随机变量 (X,Y) 来说，X 与 Y 不相关与 X 和 Y 相互独立是等价的.

但对任意随机变量 X,Y，是否都有这个结论呢？自然考虑这两个概念间的关系. 首先，独立性和不相关性都是随机变量间联系"薄弱"的一种反映，由数学期望或方差的性质，结合它们与相关系数的关系，可以得到，若 X 与 Y 相互独立，则 $\rho_{XY}=0$，即 X 与 Y 不相关；但反之，若 X 与 Y 不相关，X 与 Y 却不一定相互独立. 下面的例子帮助我们进一步理解不相关与独立性的概念，并给出了一个不相关且不独立的例.

例 4.3.3 设 $\Theta \sim U(0,2\pi)$，$X=\cos\Theta$，$Y=\cos(\Theta+\alpha)$，其中 $0\leqslant\alpha\leqslant 2\pi$ 为常数，求相关系数 ρ_{XY}，并讨论 α 为何值时，X 与 Y 不相关.

解 设 Θ 的概率密度为 $f_\Theta(\theta)$，由于 $\Theta\sim U(0,2\pi)$，从而
$$E(X)=\int_{-\infty}^{+\infty}\cos\theta f_\Theta(\theta)\mathrm{d}\theta=\frac{1}{2\pi}\int_0^{2\pi}\cos\theta\mathrm{d}\theta=0$$
$$E(X^2)=\int_{-\infty}^{+\infty}\cos^2\theta f_\Theta(\theta)\mathrm{d}\theta=\frac{1}{2\pi}\int_0^{2\pi}\cos^2\theta\mathrm{d}\theta=\frac{1}{2}$$
$$D(X)=\frac{1}{2}$$

同理可得 $E(Y)=0$，$E(Y^2)=\frac{1}{2}$，$D(Y)=\frac{1}{2}$，又
$$E(XY)=\int_{-\infty}^{+\infty}\cos\theta\cos(\theta+\alpha)f_\Theta(\theta)\mathrm{d}\theta=\frac{1}{2\pi}\int_0^{2\pi}\cos\theta\cos(\theta+\alpha)\mathrm{d}\theta=\frac{1}{2}\cos\alpha$$

于是
$$\rho_{XY}=\frac{E(XY)-E(X)E(Y)}{\sqrt{D(X)}\cdot\sqrt{D(Y)}}=\cos\alpha$$

当 $\alpha=\frac{\pi}{2}$，$\alpha=\frac{3\pi}{2}$ 时，分别有 $\rho_{XY}=0$，此时 X 与 Y 不相关.

当 $\alpha=\dfrac{\pi}{2}$ 时,$Y=-\sin\Theta$,此时有 $X^2+Y^2\equiv 1$,这说明 X 与 Y 不相关,但 X 与 Y 并不独立. 又注意到,当 $\alpha=0,\alpha=\pi$ 时,分别有 $\rho_{XY}=1,-1$,而此时 Y 分别为 $\cos\Theta$ 和 $-\cos\Theta$,即 Y 为 X 的线性函数.

例 4.3.4 某箱装有 100 件产品,其中一、二、三等品分别为 80 件,10 件,10 件,现随机抽取一件,令

$$X_k=\begin{cases}1, & \text{若抽得 } k \text{ 等品} \\ 0, & \text{其他}\end{cases},\quad k=1,2,3$$

求:$(1)(X_1,X_2)$ 的联合分布律;$(2) X_1,X_2$ 的相关系数.

解 (1) (X_1,X_2) 的联合分布律为

$X_2 \backslash X_1$	0	1
0	0.1	0.8
1	0.1	0

其中
$$P\{X_1=0,X_2=0\}=P\{\text{抽得三等品}\}=0.1$$

同理
$$P\{X_1=1,X_2=0\}=0.8$$
$$P\{X_1=0,X_2=1\}=0.1$$
$$P\{X_1=1,X_2=1\}=0$$

(2) $E(X_1^2)=E(X_1)=0.8$, $E(X_2^2)=E(X_2)=0.1$,从而
$$D(X_1)=E(X_1^2)-[E(X_1)]^2=0.8(1-0.8)=0.16$$
$$D(X_2)=E(X_2^2)-[E(X_2)]^2=0.1(1-0.1)=0.09$$

又 $E(X_1X_2)=P\{X_1=1,X_2=1\}=0$,于是
$$\rho_{X_1X_2}=\dfrac{E(X_1X_2)-E(X_1)E(X_2)}{\sqrt{D(X_1)}\sqrt{D(X_2)}}=-\dfrac{0.8\times 0.1}{\sqrt{0.16}\sqrt{0.09}}=-\dfrac{2}{3}$$

例 4.3.5 设二维随机变量 (X,Y) 在矩形 $G=\{(x,y)|0\leqslant x\leqslant 2,0\leqslant y\leqslant 1\}$ 上服从均匀分布,令

$$U=\begin{cases}1, & X>Y \\ 0, & \text{其他}\end{cases},\quad V=\begin{cases}1, & X>2Y \\ 0, & \text{其他}\end{cases}$$

求 U,V 的相关系数.

解 注意到 U,V 均服从 $(0-1)$ 分布,参考图 4-2 可得

$$E(U^2)=E(U)=P\{U=1\}=1-P\{X\leqslant Y\}=1-\dfrac{1}{4}=\dfrac{3}{4}$$

$$E(V^2)=E(V)=P\{V=1\}=P\{X>2Y\}=\dfrac{1}{2}$$

$$E(UV)=P\{U=1,V=1\}=P\{X>Y,X>2Y\}=P\{X>2Y\}=\dfrac{1}{2}$$

$$D(U)=E(U^2)-[E(U)]^2=\dfrac{3}{4}-\left(\dfrac{3}{4}\right)^2=\dfrac{3}{16}$$

$$D(V) = E(V^2) - [E(V)]^2 = \frac{1}{2} - \left(\frac{1}{2}\right)^2 = \frac{1}{4}$$

于是
$$\rho_{UV} = \frac{E(UV) - E(U)E(V)}{\sqrt{D(U)} \cdot \sqrt{D(V)}} = \frac{1}{\sqrt{3}}$$

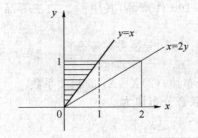

图 4-2

定理 4.3.1 设 (X,Y) 是二维随机变量，且所涉随机变量的数学期望存在，则以下命题等价：

(1) X 与 Y 不相关；

(2) $\text{cov}(X,Y) = 0$；

(3) $E(XY) = E(X) \cdot E(Y)$；

(4) $D(X \pm Y) = D(X) + D(Y)$.

*2. 最佳预测

给一个未知系统输入数据 x，得到输出 y. 不同的 x 一般会得到不同的输出 y. 因此这里存在一个映射，y 是在此映射下的像. 如果选用我们熟悉的函数 g 来刻画这个映射（即刻画此系统），那么对给定的 x，在这个假设下可以预计有输出 $g(x)$，称为 y 的一个预测. 但 $g(x)$ 一般与此系统的实际输出 y 会有误差 $y - g(x)$. 当输入为随机变量 X 时，系统的真实输出则是随机变量 Y，此时随机误差为 $Y - g(X)$. 为避免正负相抵，考查 $[Y - g(X)]^2$ 并以概率做加权平均，则得到 $E\{[Y-g(X)]^2\}$，称为预测的均方误差. 如果函数 g^* 满足

$$E\{[Y - g^*(X)]^2\} = \min_g \{E\{[Y - g(X)]^2\}\}$$

则称 $Y^* = g^*(X)$ 为 Y 的最佳预测. 如果 l^* 是一个线性函数，使在线性函数类 L 中它的预测的均方误差最小，即

$$E\{[Y - l^*(X)]^2\} = \min_g \{E\{[Y - l(X)]^2\}\}$$

则称 $Y^* = l^*(X)$ 为 Y 的最佳线性预测.

一般情况下，(X,Y) 的分布不知道，而数字特征却可以用统计方法估计出来，即可设已知：

$$E(X) = \mu_1, E(Y) = \mu_2, D(X) = \sigma_1^2, E(Y) = \sigma_2^2, \rho_{XY} = \rho$$

在此条件下求 Y 的最佳线性预测.

设 $l(X) = aX + b$，预测的均方误差

$$Q(a,b) = E\{[Y - (aX + b)]^2\} = E\{[Y - l(X)]^2\}$$
$$= E(Y^2) + a^2 E(X^2) + b^2 - 2aE(XY) - 2bE(Y) + 2abE(X)$$

由 $\begin{cases} \dfrac{\partial Q}{\partial a}=0 \\ \dfrac{\partial Q}{\partial b}=0 \end{cases}$,得 $\begin{cases} aE(X^2)+bE(X)=E(XY) \\ b+aE(X)=E(Y) \end{cases}$,解得 $\begin{cases} a=\dfrac{\rho\sigma_2}{\sigma_1} \\ b=\mu_2-\mu_1\dfrac{\rho\sigma_2}{\sigma_1} \end{cases}$,

则由此 a,b 决定的

$$l(X)=\frac{\rho\sigma_2}{\sigma_1}X+\mu_2-\mu_1\frac{\rho\sigma_2}{\sigma_1}=\mu_2+\frac{\rho\sigma_2}{\sigma_1}(X-\mu_1)$$

即为 Y 的最佳线性预测,此时均方误差为

$$Q(a,b)=(1-\rho^2)\sigma_2^2$$

可见,当 $|\rho_{XY}|=1$ 时,均方误差 $Q=0$,说明该系统确实为线性系统,Y 是 X 的线性函数. 当 $|\rho_{XY}|$ 越接近 1 时,均方误差 Q 越接近 0,该系统越接近于一个线性系统,而 Y 越接近是 X 的线性函数. 因此相关系数刻画了两个随机变量间的线性相关的程度.

3. 随机向量的协方差矩阵

定义 4.3.5 设 $\boldsymbol{X}=(X_1,X_2,\cdots,X_n)'$ 为 n 维随机向量,若记 $c_{ij}=\text{cov}(X_i,X_j)$,$i,j=1,2,\cdots,n$,则称矩阵

$$\boldsymbol{C}=\begin{pmatrix} c_{11} & c_{12} & \cdots & c_{1n} \\ c_{21} & c_{22} & \cdots & c_{2n} \\ \vdots & \vdots & & \vdots \\ c_{n1} & c_{n2} & \cdots & c_{nn} \end{pmatrix}$$

为随机向量 $\boldsymbol{X}$ 的协方差矩阵.

例如,设 $\boldsymbol{X}=(X_1,X_2)'\sim N(\mu_1,\mu_2,\sigma_1^2,\sigma_2^2,\rho)$,由于 $c_{11}=\sigma_1^2$,$c_{22}=\sigma_2^2$,$c_{12}=c_{21}=\rho\sigma_1\sigma_2$,于是向量 $\boldsymbol{X}=(X_1,X_2)'$ 的协方差矩阵为

$$\boldsymbol{C}=\begin{pmatrix} \sigma_1^2 & \rho\sigma_1\sigma_2 \\ \rho\sigma_1\sigma_2 & \sigma_2^2 \end{pmatrix}$$

协方差矩阵 $\boldsymbol{C}$ 具有以下性质:

$1°$ 协方差矩阵对角线上的元素 c_{ii} 为 X_i 的方差,即 $c_{ii}=D(X_i)$,$i=1,2,\cdots,n$;

$2°$ 协方差矩阵 $\boldsymbol{C}$ 为对称矩阵,即 $c_{ij}=c_{ji}$,$i,j=1,2,\cdots,n$;

$3°$ $\boldsymbol{C}$ 为非负定矩阵,即对于任意实向量 $\boldsymbol{t}=(t_1,t_2,\cdots,t_n)'$,有 $\boldsymbol{t}'\boldsymbol{C}\boldsymbol{t}\geqslant 0$.

证 性质 $1°,2°$ 显然成立,只证 $3°$.

$$\begin{aligned}\boldsymbol{t}'\boldsymbol{C}\boldsymbol{t} &= \sum_{j=1}^n\sum_{i=1}^n c_{ij}t_it_j = \sum_{j=1}^n\sum_{i=1}^n t_iE\{[X_i-E(X_i)][X_j-E(X_j)]\}t_j \\ &= \sum_{j=1}^n\sum_{i=1}^n E\{t_i[X_i-E(X_i)]\cdot t_j[X_j-E(X_j)]\} \\ &= E\{\sum_{j=1}^n\sum_{i=1}^n t_i[X_i-E(X_i)]\cdot t_j[X_j-E(X_j)]\} \\ &= E\Big[\sum_{i=1}^n t_i[X_i-E(X_i)]\Big]^2 \geqslant 0\end{aligned}$$

如果用矩阵表示,$\boldsymbol{X}$ 的协方差矩阵可表示为

$$\boldsymbol{C}=E[(\boldsymbol{X}-\boldsymbol{\mu})(\boldsymbol{X}-\boldsymbol{\mu})']$$

其中矩阵的数学期望定义为它的每一个元素取数学期望所构成的矩阵.

在随机向量的相关分析理论中,协方差矩阵起着重要作用.作为协方差矩阵的一个应用,可用协方差矩阵来表示二维正态分布的概率密度函数.

二维正态随机向量 $\boldsymbol{X}=(X_1,X_2)'$ 的概率密度为

$$f(x_1,x_2)=\frac{1}{2\pi\sigma_1\sigma_2\sqrt{1-\rho^2}}\exp\left\{-\frac{1}{2(1-\rho^2)}\left[\frac{(x_1-\mu_1)^2}{\sigma_1^2}-2\rho\frac{(x_1-\mu_1)(x_2-\mu_2)}{\sigma_1\sigma_2}+\frac{(x_2-\mu_2)^2}{\sigma_2^2}\right]\right\}$$

现将上式用向量与矩阵来表达,为此引入下面记号:

$$\boldsymbol{x}=\begin{pmatrix}x_1\\x_2\end{pmatrix},\boldsymbol{\mu}=\begin{pmatrix}\mu_1\\\mu_2\end{pmatrix},\boldsymbol{C}=\begin{pmatrix}\sigma_1^2 & \rho\sigma_1\sigma_2\\\rho\sigma_1\sigma_2 & \sigma_2^2\end{pmatrix}$$

经简单的运算可得出 $|\boldsymbol{C}|=\sigma_1^2\sigma_2^2(1-\rho^2)$,由于 $|\boldsymbol{C}|\neq 0$,则

$$\boldsymbol{C}^{-1}=\frac{1}{|\boldsymbol{C}|}\begin{pmatrix}\sigma_2^2 & -\rho\sigma_1\sigma_2\\-\rho\sigma_1\sigma_2 & \sigma_1^2\end{pmatrix}$$

而且

$$(\boldsymbol{x}-\boldsymbol{\mu})'\boldsymbol{C}^{-1}(\boldsymbol{x}-\boldsymbol{\mu})=\frac{1}{|\boldsymbol{C}|}(x_1-\mu_1,x_2-\mu_2)\begin{pmatrix}\sigma_2^2 & -\rho\sigma_1\sigma_2\\-\rho\sigma_1\sigma_2 & \sigma_1^2\end{pmatrix}\begin{pmatrix}x_1-\mu_1\\x_2-\mu_2\end{pmatrix}$$

$$=\frac{1}{1-\rho^2}\left[\frac{(x_1-\mu_1)^2}{\sigma_1^2}-2\rho\frac{(x_1-\mu_1)(x_2-\mu_2)}{\sigma_1\sigma_2}+\frac{(x_2-\mu_2)^2}{\sigma_2^2}\right]$$

于是 $\boldsymbol{X}=(X_1,X_2)'$ 的概率密度可写成

$$f(x_1,x_2)=\frac{1}{(2\pi)^{\frac{2}{2}}|\boldsymbol{C}|^{\frac{1}{2}}}\exp\left\{-\frac{1}{2}(\boldsymbol{x}-\boldsymbol{\mu})'\boldsymbol{C}^{-1}(\boldsymbol{x}-\boldsymbol{\mu})\right\} \quad (4.3.11)$$

可见,二维正态随机向量 $\boldsymbol{X}=(X_1,X_2)'$ 的概率密度由 $\boldsymbol{X}$ 的均值向量 $\boldsymbol{\mu}$ 及协方差阵 $\boldsymbol{C}$ 完全确定.

将二维正态分布的(4.3.11)式推广至 n 维正态分布,有以下定义:

定义 4.3.6 若 n 维随机向量 $\boldsymbol{X}=(X_1,\cdots,X_n)'$,的概率密度为

$$f(x_1,x_2,\cdots,x_n)=\frac{1}{(2\pi)^{\frac{n}{2}}|\boldsymbol{C}|^{\frac{1}{2}}}\exp\left\{-\frac{1}{2}(\boldsymbol{x}-\boldsymbol{\mu})'\boldsymbol{C}^{-1}(\boldsymbol{x}-\boldsymbol{\mu})\right\} \quad (4.3.12)$$

其中,$\boldsymbol{x}=(x_1,\cdots,x_n)'$,$\boldsymbol{\mu}=(\mu_1,\mu_2,\cdots,\mu_n)'$ 为 n 维实向量,$\boldsymbol{C}$ 为 n 阶正定实对称矩阵,则称向量 $\boldsymbol{X}=(X_1,\cdots,X_n)'$,服从(非奇异)$n$ 维正态分布,记为 $\boldsymbol{X}\sim N(\boldsymbol{\mu},\boldsymbol{C})$.

4.4 特征函数

在数学问题和实际问题的研究中,积分变换的引进起着重要作用.所谓一个随机变量的特征函数,简略地说就是该随机变量相应分布函数的积分变换.在概率论的研究中,特征函数的引进有着重要的意义.从理论分析的角度来看,特征函数能够完全刻画相应的概率分布.从这个意义上讲,一个随机变量的特征函数常常也称为其相应分布的特征函数,例如,二项分布的特征函数,正态分布的特征函数等.由于特征函数能够完全刻画概率分布,因而在极限定理的研究中,它起着重要的工具作用.从计算的角度来看,特征函数有时比概率分布更便于使用.例如,计算随机变

量的数字特征只需求相应特征函数的导数.

本节先给出一维随机变量的特征函数的定义,并计算几个常见分布的特征函数.作为分布函数的积分变换定义特征函数用到更广意义下的积分概念,故我们利用随机变量的函数的数学期望的概念给出特征函数的计算公式.然后讨论特征函数的一些重要性质.对于某些结论,考虑到证明用到更多的数学知识或过于繁难,而略去证明.最后讨论多维随机变量的特征函数及其有关性质,并给出 n 维正态随机变量的几个重要性质.

4.4.1 一维随机变量的特征函数

为了定义特征函数,需要拓展随机变量的概念,先引进复随机变量.

定义 4.4.1 如果 X 和 Y 都是样本空间 Ω 上的实随机变量,则称 $Z=X+jY$ 为复随机变量. 它的数学期望定义为
$$E(Z)=E(X)+jE(Y)$$

若 X 是(实)随机变量,则当实数 t 取定时,e^{jtX} 为复随机变量.

定义 4.4.2 设 X 是随机变量,则称实变量 t 的复值函数
$$\psi(t)=E(e^{jtX})=E(\cos tX)+jE(\sin tX) \tag{4.4.1}$$
为随机变量 X 的特征函数,或称 $\psi(t)$ 为 X 相应分布的特征函数(Characteristic Function).

若 X 为离散型随机变量,其分布律为
$$P\{X=x_k\}=p_k, k=1,2,\cdots$$
则 X 的特征函数为
$$\psi(t)=E(e^{jtX})=\sum_k e^{jtx_k}p_k \tag{4.4.2}$$

若 X 为连续型随机变量,其概率密度为 $f(x)$,则 X 的特征函数为
$$\psi(t)=E(e^{jtX})=\int_{-\infty}^{+\infty}e^{jtx}f(x)dx \tag{4.4.3}$$

(4.4.2)式、(4.4.3)式中特征函数均存在. 事实上,对任意实数 t,有 $|e^{jtX}|=1$,由于
$$|\psi(t)|=\left|\sum_k e^{jtx_k}p_k\right|\leqslant \sum_k |e^{jtx_k}p_k|=\sum_k p_k=1$$
或 $|\psi(t)|\leqslant|\psi(0)|=1$,因此对离散型随机变量其特征函数(4.4.2)存在.

同理,由于
$$|\psi(t)|=\left|\int_{-\infty}^{+\infty}e^{jtx}f(x)dx\right|\leqslant\int_{-\infty}^{+\infty}|e^{jtx}f(x)|dx=\int_{-\infty}^{+\infty}f(x)dx=1$$
因此对连续型随机变量其特征函数(4.4.3)存在.

例 4.4.1 设 $X\sim b(n,p)$ 即 $P\{X=k\}=C_n^k p^k q^{n-k}, k=0,1,2,\cdots,n, 0<p<1, q=1-p$,则 X 的特征函数
$$\psi(t)=E(e^{jtX})=\sum_{k=0}^{n}e^{jtk}C_n^k p^k q^{n-k}=(pe^{jt}+q)^n$$

特别地,当 $n=1$,X 服从(0-1)分布,其特征函数 $\psi(t)=pe^{jt}+q$.

例 4.4.2 设 $X \sim U(a,b)$，则 X 的特征函数

$$\psi(t) = E(e^{jtX}) = \int_{-\infty}^{+\infty} e^{jtx} f(x) dx$$

$$= \int_a^b e^{jtx} \frac{1}{b-a} dx = \frac{e^{jtb} - e^{jta}}{jt(b-a)}, t \neq 0$$

当 $t=0$ 时，$\psi(0)=1$，于是

$$\psi(t) = \begin{cases} \dfrac{e^{jtb} - e^{jta}}{jt(b-a)}, & t \neq 0 \\ 1, & t = 0 \end{cases}$$

例 4.4.3 设 $X \sim N(0,1)$，则 X 的特征函数

$$\psi(t) = \frac{1}{\sqrt{2\pi}} \int_{-\infty}^{+\infty} e^{jtx} e^{-\frac{x^2}{2}} dx = \frac{1}{\sqrt{2\pi}} e^{-\frac{t^2}{2}} \int_{-\infty}^{+\infty} e^{-\frac{1}{2}(x-jt)^2} dx$$

由复变函数围道积分理论知，当 t 取定时，

$$\int_{-\infty}^{+\infty} e^{-\frac{1}{2}(x-jt)^2} dx = \int_{-\infty}^{+\infty} e^{-\frac{x^2}{2}} dx$$

于是

$$\psi(t) = e^{-\frac{t^2}{2}}$$

4.4.2 特征函数的性质

1° $|\psi(t)| \leq \psi(0) = 1$，$\psi(-t) = \overline{\psi(t)}$ 称为特征函数的共轭对称性.

2° 设随机变量 $Y = aX + b$、a、b 为常数，又 X 与 Y 的特征函数分别为 $\psi_1(t)$、$\psi_2(t)$，则

$$\psi_2(t) = e^{jbt} \psi_1(at)$$

3° $\psi(t)$ 是非负定的，即对任意正整数 n，任意实数 t_i 和复数 λ_i，$i=1,2,\cdots,n$，有

$$\sum_{i=1}^n \sum_{k=1}^n \psi(t_i - t_k) \lambda_i \overline{\lambda_k} \geq 0$$

4° 若随机变量 $X_1, X_2, \cdots, X_n$ 相互独立，且特征函数分别为 $\psi_1(t), \psi_2(t), \cdots, \psi_n(t)$，又 $Y = X_1 + X_2 + \cdots + X_n$ 的特征函数为 $\psi(t)$，则

$$\psi(t) = \prod_{i=1}^n \psi_i(t)$$

5° $\psi(t)$ 在 $(-\infty, +\infty)$ 上一致连续. 若 X 的 n 阶矩存在，则它的特征函数 $\psi(t)$ 存在 $k(k \leq n)$ 阶导数，且

$$\psi^{(k)}(0) = j^k E(X^k), \quad k \leq n$$

此性质提供了用特征函数的导数求 X 的各阶矩的方法.

6° 设 X 的分布函数、特征函数分别为 $F(x), \psi(t)$，则对 $F(x)$ 的连续点 x_1, x_2，有

$$F(x_2) - F(x_1) = \lim_{T \to +\infty} \frac{1}{2\pi} \int_{-T}^{T} \frac{e^{-jtx_1} - e^{-jtx_2}}{jt} \psi(t) dt$$

此公式称为逆转公式. 利用这一性质，可由随机变量的特征函数确定其分布函数，因为当 x 是 $F(x)$ 的连续点时，有

$$F(x) = \frac{1}{2\pi} \lim_{y \to -\infty} \lim_{T \to +\infty} \int_{-T}^{T} \frac{e^{-jty} - e^{-jtx}}{jt} \psi(t) dt$$

定理 4.4.1 （唯一性定理）随机变量 X 的分布函数 $F(x)$ 被它的特征函数 $\psi(t)$ 唯一地确定.

此定理表明,随机变量的分布函数与特征函数是一一对应的,因此特征函数同样可以完整描述一个随机变量的统计规律,这是特征函数应用的理论基础.

定理 4.4.2 若特征函数 $\psi(t)$ 绝对可积,即 $\int_{-\infty}^{+\infty} |\psi(t)| dt < +\infty$,则相应的分布函数 $F(x)$ 的导数存在且连续,且有

$$F'(x) = \frac{1}{2\pi} \int_{-\infty}^{+\infty} \psi(t) e^{-jtx} dt$$

因此在 $\psi(t)$ 绝对可积的条件下,概率密度 $f(x)$ 与特征函数 $\psi(t)$ 通过傅里叶变换来联系.

例 4.4.4 设 $X \sim N(\mu, \sigma^2)$,由于 $Y = \frac{X-\mu}{\sigma} \sim N(0,1)$,而 Y 的特征函数为 $\psi_1(t) = e^{-\frac{t^2}{2}}$,于是由性质 $2°$ 知 $X = \sigma Y + \mu$ 的特征函数

$$\psi_2(t) = e^{jt\mu} \cdot \psi_1(\sigma t) = e^{jt\mu - \frac{\sigma^2 t^2}{2}}$$

例 4.4.5 设 $X_1, X_2, \cdots, X_n$ 相互独立,且 $X_k \sim \pi(\lambda_k), k=1,2,\cdots,n$,试用特征函数证明 $\sum_{k=1}^{n} X_k \sim \pi\left(\sum_{k=1}^{n} \lambda_k\right)$.

证 设 X_k 的特征函数为 $\psi_k(t), k=1,2,\cdots,n$,$\sum_{k=1}^{n} X_k$ 的特征函数为 $\psi(t)$,则

$$\psi_k(t) = E(e^{jtX_k}) = \sum_{i=0}^{\infty} e^{jti} \frac{\lambda_k^i}{i!} e^{-\lambda_k} = e^{-\lambda_k} \sum_{i=0}^{\infty} \frac{(\lambda_k e^{jt})^i}{i!}$$
$$= e^{-\lambda_k} e^{\lambda_k e^{jt}} = e^{\lambda_k(e^{jt}-1)}$$

又由性质 $4°$,有

$$\psi(t) = \prod_{k=1}^{n} \psi_k(t) = \exp\left\{\sum_{k=1}^{n} \lambda_k (e^{jt} - 1)\right\}$$

于是
$$\sum_{k=1}^{n} X_k \sim \pi\left(\sum_{k=1}^{n} \lambda_k\right)$$

例 4.4.6 设 $X \sim N(\mu, \sigma^2)$,利用特征函数求 $E(X)$ 及 $D(X)$.

解 由例 4.4.4,X 的特征函数 $\psi(t) = e^{jt\mu - \frac{\sigma^2 t^2}{2}}$,从而

$$\psi'(t) = (j\mu - \sigma^2 t) e^{jt\mu - \frac{\sigma^2 t^2}{2}}$$

由此,$\psi'(0) = j\mu$,又由性质 $5°$,得

$$E(X) = \frac{1}{j} \psi'(0) = \mu$$

又
$$\psi''(t) = [(j\mu - \sigma^2 t)^2 - \sigma^2] e^{jt\mu - \frac{\sigma^2 t^2}{2}}$$
$$\psi''(0) = -(\mu^2 + \sigma^2)$$

于是
$$E(X^2) = \frac{1}{j^2}\psi''(0) = \mu^2 + \sigma^2$$
所以
$$D(X) = E(X^2) - [E(X)]^2 = \sigma^2$$

4.4.3 多维随机变量的特征函数

本段给出多维随机变量的特征函数的定义、计算方法,并不加证明地列出有关性质和结论,由于多元特征函数的逆转公式表述较烦琐,故略去,对于多元特征函数所特有的性质和结论,在叙述时加以强调.

定义 4.4.3 设 $\boldsymbol{X} = (X_1, X_2, \cdots, X_n)'$ 为 n 维随机向量,则称 n 元实变量 $t_1, t_2, \cdots, t_n$ 的复值函数
$$\psi(t_1, t_2, \cdots, t_n) = E[e^{j(t_1 X_1 + t_2 X_2 + \cdots + t_n X_n)}] = E(e^{j\boldsymbol{X}'\boldsymbol{t}})$$
为 n 维随机向量 $\boldsymbol{X}$ 的特征函数,其中 $\boldsymbol{t} = (t_1, t_2, \cdots, t_n)'$.

若 $\boldsymbol{X}$ 为 n 维离散型随机向量,其分布律为
$$P\{X_1 = x_{i_1}, X_2 = x_{i_2}, \cdots, X_n = x_{i_n}\} = p_{i_1 i_2 \cdots i_n}, \quad i_1, i_2, \cdots, i_n = 1, 2, \cdots$$
则 $\boldsymbol{X}$ 的特征函数的计算公式为
$$\psi(t_1, t_2, \cdots, t_n) = \sum_{i_1, i_2, \cdots, i_n} e^{j(t_1 x_{i_1} + t_2 x_{i_2} + \cdots + t_n x_{i_n})} p_{i_1 i_2 \cdots i_n}$$

若 $\boldsymbol{X}$ 为 n 维连续型随机向量,其概率密度为 $f(x_1, x_2, \cdots, x_n)$,则 $\boldsymbol{X}$ 的特征函数的计算公式为
$$\psi(t_1, t_2, \cdots, t_n) = \int_{-\infty}^{+\infty}\int_{-\infty}^{+\infty}\cdots\int_{-\infty}^{+\infty} e^{j(t_1 x_1 + t_2 x_2 + \cdots + t_n x_n)} f(x_1, x_2, \cdots, x_n) dx_1 \cdots dx_n$$

n 维随机向量的特征函数具有下列性质:

1° $|\psi(t_1, t_2, \cdots, t_n)| \leqslant \psi(0, 0, \cdots, 0)$, $\psi(-t_1, -t_2, \cdots, -t_n) = \overline{\psi(t_1, t_2, \cdots, t_n)}$.

2° 若 n 维随机向量 $\boldsymbol{X} = (X_1, X_2, \cdots, X_n)'$ 的特征函数为 $\psi_1(t_1, t_2, \cdots, t_n)$, a_i, b_i 为常数,$i = 1, 2, \cdots, n$,则 $(a_1 X_1 + b_1, a_2 X_2 + b_2, \cdots, a_n X_n + b_n)'$ 的特征函数为
$$\psi_2(t_1, t_2, \cdots, t_n) = e^{j\sum_{i=1}^{n} b_i t_i} \psi_1(a_1 t_1, a_2 t_2, \cdots, a_n t_n).$$

3° $\psi(t_1, t_2, \cdots, t_n)$ 在 R^n 上一致连续. 若 n 维随机向量 $\boldsymbol{X}$ 的特征函数为 $\psi(t_1, t_2, \cdots, t_n)$,且矩 $E(X_1^{k_1} X_2^{k_2} \cdots X_n^{k_n})$ 存在,则有
$$E(X_1^{k_1} X_2^{k_2} \cdots X_n^{k_n}) = j^{-\sum_{i=1}^{n} k_i} \left[\frac{\partial^{k_1 + k_2 + \cdots + k_n} \psi(t_1, t_2, \cdots, t_n)}{\partial t_1^{k_1} \partial t_2^{k_2} \cdots \partial t_n^{k_n}}\right]_{t_1 = t_2 = \cdots = t_n = 0}$$

以上性质和一元特征函数的相应性质类似,下面性质 4° 是多元特征函数所特有的.

4° 若 n 维随机向量 $\boldsymbol{X}$ 的特征函数为 $\psi_1(t_1, t_2, \cdots, t_n)$,(1)则对任意的 $1 \leqslant m < n$,以及任意的 $1 \leqslant i_1 < i_2 < \cdots < i_m \leqslant n$,$m$ 维随机向量 $\boldsymbol{Y} = (X_{i_1}, X_{i_2}, \cdots, X_{i_m})'$ 的特征函数为
$$\psi_2(t_1, t_2, \cdots, t_m) = \psi_1(s_1, s_2, \cdots, s_n)\Big|_{\substack{s_{i_k} = t_k, k=1,2,\cdots,m \\ s_i = 0, i \neq i_k, k=1,2,\cdots,m}}$$

(2) 若 $a_i (i = 1, 2, \cdots, n)$ 为常数,则 $Y = \sum_{i=1}^{n} a_i X_i$ 的特征函数为

$$\psi_2(t)=\psi_1(a_1t,a_2t,\cdots,a_nt)$$

定理 4.4.3 n 维随机向量的分布函数被它的特征函数唯一地确定.

定理 4.4.4 设随机变量 X_i 的特征函数为 $\psi_i(t)$, $i=1,2,\cdots,n$, n 维随机向量 $\boldsymbol{X}$ 的特征函数为 $\psi(t_1,t_2,\cdots,t_n)$,则 $X_1,X_2,\cdots,X_n$ 相互独立的充要条件是

$$\psi(t_1,t_2,\cdots,t_n)=\prod_{i=1}^{n}\psi_i(t_i)$$

例 4.4.7 设随机变量 X、Y 相互独立,且都服从 $N(0,1)$,求 $(X,Y)'$ 的特征函数 $\psi(s,t)$.

解:由例 4.4.3,X、Y 的特征函数分别为

$$\psi_1(s)=\mathrm{e}^{-\frac{s^2}{2}}, \psi_2(t)=\mathrm{e}^{-\frac{t^2}{2}}$$

又由定理 4.4.4,$(X,Y)'$ 的特征函数为

$$\psi(s,t)=\psi_1(s)\psi_2(t)=\mathrm{e}^{-\frac{1}{2}(s^2+t^2)}$$

4.4.4 n 维正态随机变量的性质

本段首先计算(非奇异的)n 维正态随机变量的特征函数,然后给出 n 维正态随机变量的一般定义,最后讨论 n 维正态随机变量的几个重要性质.

定理 4.4.5 设 n 维(非奇异)随机向量 $\boldsymbol{X}=(X_1,X_2,\cdots,X_n)'\sim N(\boldsymbol{\mu},\boldsymbol{C})$,则 $\boldsymbol{X}$ 的特征函数

$$\psi(t_1,t_2,\cdots,t_n)=\exp\left\{j\sum_{i=1}^{n}\mu_i t_i-\frac{1}{2}\sum_{i=1}^{n}\sum_{k=1}^{n}c_{ik}t_i t_k\right\}$$

若记 $\boldsymbol{t}=(t_1,t_2,\cdots,t_n)'$,则上式可表为

$$\psi(t_1,t_2,\cdots,t_n)=\mathrm{e}^{j\boldsymbol{\mu}'\boldsymbol{t}-\frac{1}{2}\boldsymbol{t}'\boldsymbol{C}\boldsymbol{t}} \tag{4.4.1}$$

证明略.

推论 设 n 维随机向量 $\boldsymbol{X}=(X_1,X_2,\cdots,X_n)'\sim N(\boldsymbol{\mu},\boldsymbol{C})$,则

$$E(X_i)=\mu_i, i=1,2,\cdots,n$$
$$\mathrm{cov}(X_i,X_k)=c_{ik}, i,k=1,2,\cdots,n$$

证 由多维随机向量特征函数性质 4° 及唯一性定理知,$X_i\sim N(\mu_i,c_{ii})$, $i=1,2,\cdots,n$,即知 $E(X_i)=\mu_i$, $i=1,2,\cdots,n$.

由柯西-施瓦茨不等式知 $\mathrm{cov}(X_i,X_k)$ 存在,由多维随机向量特征函数性质 3°,$E(X_i X_k)=c_{ik}+\mu_i\mu_k$,于是

$$\mathrm{cov}(X_i,X_k)=c_{ik}, i,k=1,2,\cdots,n$$

即 $\boldsymbol{X}$ 的数学期望和协方差矩阵分别为 $\boldsymbol{\mu}$ 和 $\boldsymbol{C}$.

在 4.3 节(4.3.12)式所定义的 n 维正态随机向量要求 $\boldsymbol{C}$ 是正定对称阵,利用特征函数的定义(4.4.1)式,可以将定义推广到非负定对称阵 $\boldsymbol{C}$ 的情况.

定义 4.4.4 设 n 阶矩阵 $\boldsymbol{C}=(c_{ij})$ 是实对称非负定矩阵,又向量 $\boldsymbol{\mu}=(\mu_1,\mu_2,\cdots,\mu_n)'$,$\mu_i(i=1,2,\cdots,n)$ 为任意实数,若 n 维随机向量 $\boldsymbol{X}=(X_1,X_2,\cdots,X_n)'$ 的特征函数为

$$\psi(t_1,t_2,\cdots,t_n)=\mathrm{e}^{j\boldsymbol{\mu}'\boldsymbol{t}-\frac{1}{2}\boldsymbol{t}'\boldsymbol{C}\boldsymbol{t}}$$

则称 X 为 n 维正态随机向量，相应的分布为 n 维正态分布，记为 $N(\boldsymbol{\mu}, \boldsymbol{C})$.

当 $\boldsymbol{C}$ 是正定矩阵时，$N(\boldsymbol{\mu}, \boldsymbol{C})$ 是非奇异的，否则称它是奇异的，此时必有 $|\boldsymbol{C}| = 0$.

下面给出关于 n 维正态随机向量的几个重要性质.

定理 4.4.6 $\boldsymbol{X} = (X_1, X_2, \cdots, X_n)'$ 是 n 维正态随机向量的充要条件是 $X_1, X_2, \cdots, X_n$ 的任意线性组合

$$Y = \sum_{i=1}^{n} a_i X_i$$

是一维正态随机变量，其中 $a_1, a_2, \cdots, a_n$ 不全为 0.

证 充分性：因 X_i 是 $X_1, X_2, \cdots, X_n$ 的线性组合，它是一维正态随机变量，由此可知存在 $E(X_i) = \mu_i, D(X_i) \stackrel{记为}{=} c_{ii}, i = 1, 2, \cdots, n$.

由柯西-施瓦茨不等式知，存在

$$\mathrm{cov}(X_i, X_k) \stackrel{记为}{=} c_{ik}, i, k = 1, 2, \cdots, n$$

于是，对于线性组合 $Y = \sum_{i=1}^{n} a_i X_i$，有 $Y \sim N\left(\sum_{i=1}^{n} a_i \mu_i, \sum_{i=1}^{n}\sum_{k=1}^{n} c_{ik} a_i a_k\right)$，即 $Y \sim N(\boldsymbol{\mu}'\boldsymbol{a}, \boldsymbol{a}'\boldsymbol{C}\boldsymbol{a}), \boldsymbol{a} = (a_1, \cdots, a_n)'$，则 Y 的特征函数

$$\psi(t) = e^{j(\boldsymbol{\mu}'\boldsymbol{a})t - \frac{1}{2}(\boldsymbol{a}'\boldsymbol{C}\boldsymbol{a})t^2}$$

令 $t = 1$，得

$$E(e^{j\sum_{i=1}^{n} a_i X_i}) = E(e^{j\boldsymbol{X}'\boldsymbol{a}}) = e^{j\boldsymbol{\mu}'\boldsymbol{a} - \frac{1}{2}\boldsymbol{a}'\boldsymbol{C}\boldsymbol{a}}$$

这表明，$\boldsymbol{X}$ 是 n 维正态随机向量.

必要性：由于 $\boldsymbol{X} \sim N(\boldsymbol{\mu}, \boldsymbol{C})$，则 $\boldsymbol{X}$ 的特征函数为

$$\psi_1(t_1, t_2, \cdots, t_n) = e^{j\boldsymbol{\mu}'\boldsymbol{t} - \frac{1}{2}\boldsymbol{t}'\boldsymbol{C}\boldsymbol{t}}$$

又由多维向量的特征函数性质 4°，$Y = \sum_{i=1}^{n} a_i X_i$ 的特征函数

$$\begin{aligned}
\psi_2(t) &= \psi_1(a_1 t, a_2 t, \cdots, a_n t) \\
&= e^{j\boldsymbol{\mu}'\boldsymbol{a}t - \frac{t^2}{2}\boldsymbol{a}'\boldsymbol{C}\boldsymbol{a}} \quad \boldsymbol{a} = (a_1, a_2, \cdots, a_n)' \\
&= e^{jt\sum_{i=1}^{n} a_i \mu_i - \frac{t^2}{2}\left(\sum_{i=1}^{n}\sum_{k=1}^{n} c_{ik} a_i a_k\right)}
\end{aligned}$$

可见

$$Y \sim N\left(\sum_{i=1}^{n} a_i \mu_i, \sum_{i=1}^{n}\sum_{k=1}^{n} c_{ik} a_i a_k\right)$$

定理 4.4.7 设 $\boldsymbol{X} \sim N(\boldsymbol{\mu}, \boldsymbol{C})$，又 $\boldsymbol{A} = (a_{ik})$ 为 $m \times n$ 的实矩阵，$\boldsymbol{Y} = \boldsymbol{A}\boldsymbol{X}$，则 $\boldsymbol{Y} \sim N(\boldsymbol{A}\boldsymbol{\mu}, \boldsymbol{A}\boldsymbol{C}\boldsymbol{A}')$.

证 $\boldsymbol{Y}$ 的特征函数

$$\begin{aligned}
\psi(t_1, t_2, \cdots, t_n) &= E(e^{j\boldsymbol{Y}'\boldsymbol{t}}) = E(e^{j\boldsymbol{X}'\boldsymbol{A}'\boldsymbol{t}}) \\
&= E(e^{j\boldsymbol{\mu}'\boldsymbol{s} - \frac{1}{2}\boldsymbol{s}'\boldsymbol{C}\boldsymbol{s}}) \\
&= e^{j\boldsymbol{\mu}'(\boldsymbol{A}'\boldsymbol{t}) - \frac{1}{2}(\boldsymbol{t}'\boldsymbol{A})\boldsymbol{C}(\boldsymbol{A}'\boldsymbol{t})} = e^{j(\boldsymbol{A}\boldsymbol{\mu})'\boldsymbol{t} - \frac{1}{2}\boldsymbol{t}'(\boldsymbol{A}\boldsymbol{C}\boldsymbol{A}')\boldsymbol{t}}
\end{aligned}$$

其中

$$\boldsymbol{s} = (s_1, s_2, \cdots, s_m)' = \boldsymbol{A}'\boldsymbol{t}$$

于是

$$\boldsymbol{Y} \sim N(\boldsymbol{A}\boldsymbol{\mu}, \boldsymbol{A}\boldsymbol{C}\boldsymbol{A}')$$

定理 4.4.8 设 $X \sim N(\boldsymbol{\mu}, C)$，则 $X_1, X_2, \cdots, X_n$ 相互独立的充要条件是 $c_{ik} = 0, i \neq k$，即 $X_1, X_2, \cdots, X_n$ 两两不相关.

证 必要性是显然的，下证充分性. 设 X 的特征函数为 $\psi(t_1, t_2, \cdots, t_n)$，$X_i$ 的特征函数为 $\psi_i(t_i)$，若 $c_{ik} = 0, i \neq k$，则有

$$\psi(t_1, t_2, \cdots, t_n) = e^{j\mu't - \frac{1}{2}t'Ct} = e^{j\sum_{i=1}^{n}\mu_i t_i - \frac{1}{2}\sum_{i=1}^{n}c_{ii}t_i^2}$$

$$= \prod_{i=1}^{n} e^{j\mu_i t_i - \frac{1}{2}c_{ii}t_i^2} = \prod_{i=1}^{n} \psi_i(t_i)$$

由定理 4.4.4 知 $X_1, X_2, \cdots, X_n$ 相互独立.

例 4.4.8 设 $X_1, X_2, \cdots, X_n$ 独立同分布，均服从 $N(\mu, \sigma^2)$，记 $\overline{X} = \frac{1}{n}\sum_{k=1}^{n} X_k$，求 $E\left(\sum_{k=1}^{n} |X_k - \overline{X}|\right)$.

解 令 $Y_k = X_k - \overline{X}, k = 1, 2, \cdots, n$，由题设，$(X_1, \cdots, X_n)$ 服从 n 维正态分布，又由定理 4.4.6，Y_k 服从一维正态分布，且

$$E(Y_k) = E(X_k) - E(\overline{X}) = \mu - \frac{1}{n}n\mu = 0$$

$$D(Y_k) = D\left[\left(1 - \frac{1}{n}\right)X_k - \frac{1}{n}\sum_{\substack{i=1 \\ i \neq k}}^{n} X_i\right]$$

$$= \left[\left(\frac{n-1}{n}\right)^2 + \left(-\frac{1}{n}\right)^2 + \cdots + \left(-\frac{1}{n}\right)^2\right]\sigma^2$$

$$= \frac{n-1}{n}\sigma^2$$

故
$$Y_k \sim N\left(0, \frac{n-1}{n}\sigma^2\right)$$

$$E(|Y_k|) = \frac{1}{\sqrt{2\pi}\sqrt{\frac{n-1}{n}}\sigma} \int_{-\infty}^{+\infty} |y| e^{-\frac{y^2}{2\frac{n-1}{n}\sigma^2}} dy = \sqrt{\frac{2(n-1)}{\pi n}}\sigma$$

于是

$$E\left(\sum_{k=1}^{n} |X_k - \overline{X}|\right) = \sum_{k=1}^{n} E(|Y_k|) = n\sqrt{\frac{2(n-1)}{\pi n}}\sigma = \frac{\sqrt{2n(n-1)}}{\sqrt{\pi}}\sigma$$

例 4.4.9 设 $(X, Y) \sim N\left(0, 1, 3^2, 4^2, -\frac{1}{2}\right)$，又 $Z = \frac{X}{3} + \frac{Y}{2}$，问 X 与 Z 是否相互独立.

解 由于 $\begin{pmatrix} X \\ Z \end{pmatrix} = \begin{pmatrix} 1 & 0 \\ \frac{1}{3} & \frac{1}{2} \end{pmatrix} \begin{pmatrix} X \\ Y \end{pmatrix}$，及定理 4.4.7 知，$(X, Z)$ 服从二维正态分布.

又由定理 4.4.8，判断 X 与 Z 是否独立等价于判断 X 与 Z 是否不相关.

因为
$$\text{cov}(X,Z) = \text{cov}\left(X, \frac{X}{3} + \frac{Y}{2}\right)$$
$$= \frac{1}{3}\text{cov}(X,X) + \frac{1}{2}\text{cov}(X,Y)$$
$$= \frac{1}{3}D(X) + \frac{1}{2}\rho_{XY}\sqrt{D(X)}\sqrt{D(Y)}$$
$$= \frac{1}{3} \times 3^2 + \frac{1}{2} \cdot \left(-\frac{1}{2}\right)\sqrt{3^2}\sqrt{4^2}$$
$$= 0$$

所以 $\rho_{XZ} = 0$，于是 X 与 Z 不相关，即 X 与 Z 相互独立.

习题四

1. 讨论下列随机变量的数学期望和方差是否存在.

(1) 设随机变量 X 的分布律为
$$P\{X = (-1)^{n+1}n\} = \frac{1}{n(n+1)}, n = 1, 2, \cdots$$

(2) 设随机变量 X 的概率密度为 $f(x) = \begin{cases} \dfrac{2}{(1+x)^3}, & x > 0 \\ 0, & x \leqslant 0 \end{cases}$.

2. 将 4 个球任意地放入 4 个盒子中去，设 X 表示空盒子的个数，求 $E(X)$.

3. 某产品的次品率为 0.1，检验员每天检验 4 次. 每次随机地取 10 件产品进行检验，如发现其中的次品数多于 1，就去调整设备. 以 X 表示一天中调整设备的次数，并设备产品是否为次品相互独立，试求 $E(X)$.

4. 把数字 $1, 2, \cdots, n$ 任意地排成一列，如果数字 k 恰好出现在第 k 个位置上，则称为一个巧合，求巧合个数的数学期望.

5. 设风速 V 在 $(0, a)$ 上服从均匀分布，即具有概率密度
$$f(v) = \begin{cases} \dfrac{1}{a}, & 0 < v < a \\ 0, & \text{其他} \end{cases}$$
又设飞机机翼受到的正压力 W 与 V 的函数关系如下：$W = kV^2$ ($k > 0$，常数)，求 W 的数学期望.

6. (1) 设随机变量 X 的分布律为

X	-2	0	2
P	0.4	0.3	0.3

求 $E(X), E(X^2), E(3X^2+5)$.

(2) 设 $X \sim \pi(\lambda)$, 求 $E\left(\dfrac{1}{X+1}\right)$.

7. (1) 设随机变量 X 的概率密度为

$$f(x)=\begin{cases} e^{-x}, & x>0 \\ 0, & x \leqslant 0 \end{cases}$$

求:(a) $Y=2X$;(b) $Y=e^{-2X}$ 的数学期望.

(2) 设随机变量 $X_1, X_2, \cdots, X_n$ 相互独立,且均服从 $(0,1)$ 上的均匀分布,求:
(a) $U=\max\{X_1, X_2, \cdots, X_n\}$ 的数学期望;(b) $V=\min\{X_1, X_2, \cdots, X_n\}$ 的数学期望.

8. 设随机变量 (X,Y) 的分布律为

Y \ X	1	2	3
-1	0.2	0.1	0.0
0	0.1	0.0	0.3
1	0.1	0.1	0.1

(1)求 $E(X), E(Y)$;(2)设 $Z=Y/X$,求 $E(Z)$;(3)设 $Z=(X-Y)^2$,求 $E(Z)$.

9. 设随机变量 (X,Y) 的概率密度为

$$f(x,y)=\begin{cases} 12y^2, & 0 \leqslant y \leqslant x \leqslant 1 \\ 0, & 其他 \end{cases}$$

求 $E(X), E(Y), E(XY), E(X^2+Y^2)$.

10. 一工厂生产的某种设备的寿命 X(以年计)服从指数分布,概率密度为

$$f(x)=\begin{cases} \dfrac{1}{4}e^{-\frac{x}{4}}, & x>0 \\ 0, & x \leqslant 0 \end{cases}$$

工厂规定,出售的设备若在售出一年内损坏可予以调换.若工厂售出一台设备赢利 100 元,调换一台设备厂方需花费 300 元,试求厂方售出一台设备净赢利的数学期望.

11. 设市场对某种商品的需求量 $X \sim U(2\,000, 4\,000)$.若售出 1 吨可获利 3 万元,若积压 1 吨,要花保养费 1 万元,问应组织多少货源才能使收益最大.

12. 设随机变量 X_1, X_2 的概率密度分别为

$$f_1(x)=\begin{cases}2e^{-2x}, & x>0 \\ 0, & x\leqslant 0\end{cases}, \quad f_2(x)=\begin{cases}4e^{-4x}, & x>0 \\ 0, & x\leqslant 0\end{cases}$$

(1) 求 $E(X_1+X_2)$, $E(2X_1-3X_2^2)$. (2) 设 X_1, X_2 相互独立, 求 $E(X_1X_2)$.

13. 一袋中有编号 1,2,3,4,5 的 5 个乒乓球, 从其中任取 3 个, 以 X 表示取出的 3 个球中的最大编号, 求 $E(X)$, $D(X)$.

14. 将 n 封不同的信的 n 张信笺与 n 个写好相应地址的信封随机配对, 求匹配成对的信数 X 的数学期望和方差.

15. 设连续型随机变量 X 的分布函数为 $F(x)=\begin{cases}1-\dfrac{a^3}{x^3}, & x\geqslant a \\ 0, & x<a\end{cases}$, 其中 $a>0$ 为常数, 求 $E(X)$, $D(X)$.

16. 设随机变量 X 的概率密度为

$$f(x)=\begin{cases}\dfrac{x^m}{m!}e^{-x}, & x\geqslant 0 \\ 0, & x<0\end{cases}$$

其中 m 为正整数, 求 $E(X)$, $D(X)$.

17. 设随机变量 X 服从 Γ 分布, 其概率密度为

$$f(x)=\begin{cases}\dfrac{\beta^a}{\Gamma(a)}x^{a-1}e^{-\beta x}, & x>0 \\ 0, & x\leqslant 0\end{cases}$$

其中 $a>0$, $\beta>0$ 是常数, 求 $E(X)$, $D(X)$.

18. (1) 设随机变量 X_1, X_2, X_3, X_4 相互独立, 且有 $E(X_i)=i$, $D(X_i)=5-i$, $i=1,2,3,4$. 若 $Y=2X_1-X_2+3X_3-\dfrac{1}{2}X_4$, 求 $E(Y)$, $D(Y)$.

(2) 设随机变量 X, Y 相互独立, 且 $X\sim N(720,30^2)$, $Y\sim N(640,25^2)$, 求 $Z_1=2X+Y$, $Z_2=X-Y$ 的分布, 并求 $P\{X>Y\}$, $P\{X+Y>1\,400\}$.

19. 在第 16 题中, 利用切比雪夫不等式, 证明

$$P\{0<X<2(m+1)\}\geqslant \dfrac{m}{m+1}$$

20. 设随机变量 X, Y 的数学期望分别为 $-2,2$, 方差分别为 $1,4$, 而相关系数为 -0.5, 利用切比雪夫不等式, 估计概率 $P\{|X+Y|\geqslant 6\}$.

21. 设 A, B 为随机事件, 且 $P(A)=\dfrac{1}{4}$, $P(B|A)=\dfrac{1}{3}$, $P(A|B)=\dfrac{1}{2}$, 令

$$X=\begin{cases}1, & A \text{ 发生} \\ 0, & A \text{ 不发生}\end{cases}, \quad Y=\begin{cases}1, & B \text{ 发生} \\ 0, & B \text{ 不发生}\end{cases}$$

求: (1) (X,Y) 的分布律; (2) X 与 Y 的协方差; (3) $Z=X^2+Y^2$ 的分布律.

22. 随机变量 X 的概率密度为 $f(x)=\dfrac{1}{2}\mathrm{e}^{-|x|}$,(1) 求 $E(X),D(X)$.(2) 求 X 与 $|X|$ 的协方差,并问 X 与 $|X|$ 是否不相关.(3) X 与 $|X|$ 是否独立,并说明原因.

23. 设 (X,Y) 的分布律为

Y \ X	−1	0	1
−1	$\frac{1}{8}$	$\frac{1}{8}$	$\frac{1}{8}$
0	$\frac{1}{8}$	0	$\frac{1}{8}$
1	$\frac{1}{8}$	$\frac{1}{8}$	$\frac{1}{8}$

求 X,Y 的相关系数,并讨论 X,Y 的独立性.

24. 设 X,Y 相互独立,且都服从 $N(\mu,\sigma^2)$,已知 $\xi=\alpha X+\beta Y,\eta=\alpha X-\beta Y,\alpha,\beta$ 为常数,求 ξ 与 η 的相关系数.

25. 设二维随机变量 (X,Y) 在区域 $D=\{(x,y)|0<x<1,0<y<1\}$ 上服从均匀分布,求 X 与 Y 的相关系数.

26. 设二维随机变量 (X,Y) 的概率密度为

$$f(x,y)=\begin{cases}\dfrac{1}{8}(x+y),& 0<x<2,0<y<2\\ 0,& \text{其他}\end{cases}$$

求 X 与 Y 的相关系数.

27. 设随机变量 ξ,η 分别是随机变量 X,Y 的线性函数,$\xi=aX+b,\eta=cY+d$,其中 a,c 同号,且均不为零,证明 $\rho_{\xi\eta}=\rho_{XY}$.

28. 设三维随机变量 (X,Y,Z) 的概率密度为

$$f(x,y,z)=\begin{cases}(x+y)z\mathrm{e}^{-3},& 0<x<1,0<y<1,z>0\\ 0,& \text{其他}\end{cases}$$

求 (X,Y,Z) 的协方差矩阵.

29. 设三维随机变量 (X,Y,Z) 的协方差矩阵为

$$\begin{bmatrix}9 & 1 & -2\\ 1 & 20 & 3\\ -2 & 3 & 12\end{bmatrix}$$

而 $U=2X+3Y+Z,V=X-2Y+5Z,W=Y-Z$,求 (U,V,W) 的协方差矩阵.

30. 设 X,Y 相互独立,且都服从 $N(a,\sigma^2)$,证明

$$E[\max(X,Y)]=a+\dfrac{\sigma}{\sqrt{\pi}},\ E[\min(X,Y)]=a-\dfrac{\sigma}{\sqrt{\pi}}$$

31. 证明若 $Y=aX+b,a,b$ 为常数,$a\neq 0$,则

$$\rho_{XY} = \begin{cases} 1, & a>0 \\ -1, & a<0 \end{cases}$$

32. 设 A 和 B 是某随机试验的两个事件,且 $P(A)>0, P(B)>0$,并定义随机变量 X,Y 如下:

$$X = \begin{cases} 1, & \text{当 } A \text{ 发生} \\ 0, & \text{当 } A \text{ 不发生} \end{cases}, \quad Y = \begin{cases} 1, & \text{当 } B \text{ 发生} \\ 0, & \text{当 } B \text{ 不发生} \end{cases}$$

证明若 $\rho_{XY}=0$,则 X,Y 相互独立.

33. 设 X 是取值于 (a,b) 的连续型随机变量,证明

$$a \leqslant E(X) \leqslant b, \quad D(X) \leqslant \left(\frac{b-a}{2}\right)^2$$

第5章 大数定律与中心极限定理

概率论中的许多规律总是在对大量随机现象的观察中才能呈现出来.数学上处理所谓"大量"的方法常采用极限形式.概率论中研究大量随机现象规律性的方法就常常归结为随机变量序列收敛性问题的研究,对随机变量序列不同意义下的收敛性将导致不同的研究结果,这一系列研究结果通常统称为极限定理.大数定律和中心极限定理是两类占有极重要地位的极限定理,也是本章介绍的重点内容.

在研究大量随机现象的整体规律时,各个随机现象往往可以看成是独立起作用的,因而所要研究的随机变量是相互独立的.关于独立随机变量的极限定理是最重要也是最常用的,本章只介绍独立随机变量的极限定理.

5.1 大数定律

5.1.1 问题的提出

第1章中我们曾观察到,在大量重复试验中(不妨设为 n 重伯努利试验),事件 A 发生的频率 $\dfrac{n_A}{n}$ 具有稳定性,即随着试验次数的增加,事件发生的频率逐渐稳定于某个固定的客观的常数.由于 $\dfrac{n_A}{n}$ 具有随机性,这种频率的稳定性应如何理解和严格加以描述呢?

我们注意到,若设事件 A 在每次试验中发生的概率为 $p(0<p<1)$,随机变量 $X_k(k=1,2,\cdots,n)$ 是独立的且具有相同的(0-1)分布,且 $E(X_k)=p$,则事件 A 发生的频率可表示为 $\dfrac{n_A}{n}=\dfrac{1}{n}\sum\limits_{k=1}^{n}X_k$,事件 A 的概率为 $p=\dfrac{1}{n}\sum\limits_{k=1}^{n}E(X_k)$.这样 $\dfrac{n_A}{n}$ 在 n 充分大时所表现出的稳定性的概率特征,可用极限形式表达为 $\dfrac{n_A}{n} \to p(n\to\infty)$,即 $\dfrac{n_A}{n}$ 当 $n\to\infty$ 时收敛于 p,或写为

$$\frac{1}{n}\sum_{k=1}^{n}X_k \to \frac{1}{n}\sum_{k=1}^{n}E(X_k)\quad(n\to\infty)$$

那么这种具有概率意义的收敛性又如何理解呢？一种自然的想法是考查它们的差：

$$\left|\frac{n_A}{n}-p\right|=\left|\frac{1}{n}\sum_{k=1}^{n}X_k-\frac{1}{n}\sum_{k=1}^{n}E(X_k)\right|$$

对任意 $\varepsilon>0$，事件 $\left\{\left|\frac{n_A}{n}-p\right|<\varepsilon\right\}$ 的概率在 $n\to\infty$ 时的情况。显然，若频率的稳定性确实存在，则应有

$$\lim_{n\to\infty}P\left\{\left|\frac{n_A}{n}-p\right|<\varepsilon\right\}=\lim_{n\to\infty}P\left\{\left|\frac{1}{n}\sum_{k=1}^{n}X_k-\frac{1}{n}\sum_{k=1}^{n}E(X_k)\right|<\varepsilon\right\}=1$$

所谓（弱）大数定律就是研究随机变量序列 $\{X_n\}(n=1,2,\cdots)$ 满足什么条件，在上面所给出的收敛意义下，就能有

$$\frac{1}{n}\sum_{k=1}^{n}X_k\to\frac{1}{n}\sum_{k=1}^{n}E(X_k)\quad(n\to\infty)$$

即满足什么条件，就能有

$$\lim_{n\to\infty}P\left\{\left|\frac{1}{n}\sum_{k=1}^{n}X_k-\frac{1}{n}\sum_{k=1}^{n}E(X_k)\right|<\varepsilon\right\}=\lim_{n\to\infty}P\left\{\left|\frac{1}{n}\sum_{k=1}^{n}[X_k-E(X_k)]\right|<\varepsilon\right\}=1$$

或

$$\lim_{n\to\infty}P\left\{\left|\frac{1}{n}\sum_{k=1}^{n}[X_k-E(X_k)]\right|\geq\varepsilon\right\}=0$$

关于频率稳定于概率还有其他收敛性的提法，例如波雷尔（Borel）建立了

$$P\left\{\lim_{n\to\infty}\frac{n_A}{n}=p\right\}=1$$

从而开创了另一种收敛意义下的极限定理的研究。

5.1.2 两类收敛性

设 Y 及 $Y_1,Y_2,\cdots,Y_n$ 均是定义在 Ω 上的随机变量。

定义 5.1.1 若对于任意 $\varepsilon>0$，有

$$\lim_{n\to\infty}P\{|Y_n-Y|\geq\varepsilon\}=0,\text{ 或 }\lim_{n\to\infty}P\{|Y_n-Y|<\varepsilon\}=1$$

则称随机变量序列 $\{Y_n\}$ 依概率收敛到 Y，记为 $Y_n\to Y(P)$。

随机变量序列若依概率收敛，则有如下性质：

若 $X_n\to a(P),Y_n\to b(P)$，又 $g(x,y)$ 在 (a,b) 连续，则

$$g(X_n,Y_n)\to g(a,b)(P)$$

证 由于 $g(x,y)$ 在 (a,b) 连续，则对任意 $\varepsilon>0$，必存在 $\delta>0$，使当 $|x-a|+|y-b|<\delta$ 时，$|g(x,y)-g(a,b)|<\varepsilon$，于是

$$\{|X_n-a|+|Y_n-b|<\delta\}\subset\{|g(X_n,Y_n)-g(a,b)|<\varepsilon\}$$

或

$$\{|g(X_n,Y_n)-g(a,b)|\geq\varepsilon\}\subset\{|X_n-a|+|Y_n-b|\geq\delta\}\subset
$$

$$\left\{\left\{|X_n-a|\geqslant\frac{\delta}{2}\right\}\cup\left\{|Y_n-b|\geqslant\frac{\delta}{2}\right\}\right\}$$

因此 $P\{|g(X_n,Y_n)-g(a,b)|\geqslant\varepsilon\}\leqslant P\left\{|X_n-a|\geqslant\frac{\delta}{2}\right\}+P\left\{|Y_n-b|\geqslant\frac{\delta}{2}\right\}$,再由 $X_n\to a(P),Y_n\to b(P)$,可推出 $g(X_n,Y_n)\to g(a,b)(P)$.

定义 5.1.2 若有 $P\{\lim\limits_{n\to\infty}Y_n=Y\}=1$,或 $P\{\lim\limits_{n\to\infty}Y_n\neq Y\}=0$,则称$\{Y_n\}$几乎处处(或以概率 1)收敛到 Y,记为 $Y_n\to Y(a.s.)$.其意义如下:在 Ω 中除去一个概率为零的子集外,对其他每个样本点 $\omega\in\Omega$,都有

$$\lim_{n\to\infty}Y_n(\omega)=Y(\omega)$$

定义 5.1.3 设$\{X_n\}$为一随机变量序列,且 $E(X_n),n=1,2,\cdots$存在,记

$$Y_n=\frac{1}{n}\sum_{k=1}^{n}[X_k-E(X_k)],n=1,2,\cdots$$

若对于任意 $\varepsilon>0$,有

$$\lim_{n\to\infty}P\{|Y_n|\geqslant\varepsilon\}=\lim_{n\to\infty}P\left\{\left|\frac{1}{n}\sum_{k=1}^{n}[X_k-E(X_k)]\right|\geqslant\varepsilon\right\}=0 \qquad(5.1.1)$$

即$\{Y_n\}$依概率收敛到 0,则称$\{X_n\}$服从弱大数定律,或$\{X_n\}$服从大数定律.弱大数定律又称为大数定律.

定义 5.1.4 设$\{X_n\}$为一随机变量序列,且 $E(X_n),n=1,2,\cdots$存在,记

$$Y_n=\frac{1}{n}\sum_{k=1}^{n}[X_k-E(X_k)],n=1,2,\cdots$$

若

$$P\{\lim_{n\to\infty}Y_n=0\}=P\left\{\lim_{n\to\infty}\frac{1}{n}\sum_{k=1}^{n}[X_k-E(X_k)]=0\right\}=1$$

即$\{Y_n\}$几乎处处(或以概率 1)收敛到 0,则称$\{X_n\}$服从强大数定律.

5.1.3 大数定律的几个常用定理

对于具有不同性质的随机变量序列 $X_1,X_2,\cdots,X_n,\cdots$,大数定律有各种不同的形式,这里给出几个常用的大数定律的结论.

定理 5.1.1 (切比雪夫大数定律)设 $X_1,X_2,\cdots,X_n,\cdots$是相互独立的随机变量序列,且存在常数 C,使得 $D(X_k)\leqslant C,k=1,2,\cdots$,则$\{X_n\}$服从大数定律.

证 令 $Y_n=\frac{1}{n}\sum_{k=1}^{n}[X_k-E(X_k)]$,则

$$E(Y_n)=\frac{1}{n}\sum_{k=1}^{n}E[X_k-E(X_k)]=0$$

$$D(Y_n)=\frac{1}{n^2}\sum_{k=1}^{n}D(X_k)\leqslant\frac{C}{n}$$

由切比雪夫不等式(4.2.4)式,对于任意 $\varepsilon>0$,有

$$P\left\{\left|\frac{1}{n}\sum_{k=1}^{n}[X_k-E(X_k)]\right|\geqslant\varepsilon\right\}=P\{|Y_n-0|\geqslant\varepsilon\}\leqslant\frac{D(Y_n)}{\varepsilon^2}\leqslant\frac{C}{n\varepsilon^2}\to 0(n\to\infty)$$

即(5.1.1)式成立,于是 $\{X_n\}$ 服从大数定律.

推论 设 $X_1,X_2,\cdots,X_n,\cdots$ 是相互独立的随机变量序列,且具有相同的数学期望与方差:$E(X_k)=\mu,D(X_k)=\sigma^2,k=1,2\cdots$,则 $\{X_n\}$ 服从大数定律,即对于任意 $\varepsilon>0$,有

$$\lim_{n\to\infty}P\{|Y_n|\geqslant\varepsilon\}=\lim_{n\to\infty}P\left\{\left|\frac{1}{n}\sum_{k=1}^{n}X_k-\mu\right|\geqslant\varepsilon\right\}=0$$

此推论从理论上解释了大量观察值的算术平均值的稳定性.推论的结果表明,只要 n 充分大,算术平均值 $\frac{1}{n}\sum_{k=1}^{n}X_k$ 与期望值 μ 的偏差大于任意正数 ε 的概率是非常小的(接近于0),此时算术平均值几乎成为一个常数.因此在实践中人们可以用大量测量值的算术平均值来代替真值.例如,我们要测量某一物理量(如长度、重量等),在不变的条件下重复测量了 n 次,得到结果 $x_1,x_2,\cdots,x_n$,这些结果可以看做 n 个独立服从同一分布并且有期望 μ(该量的真值)的随机变量 $X_1,X_2,\cdots,X_n$ 的实验值.由此推论知,当 n 很大时,n 次测量结果 $x_1,x_2,\cdots,x_n$ 的算术平均值可以作为 μ 的近似值,即

$$\bar{x}=\frac{1}{n}\sum_{k=1}^{n}x_k\approx\mu$$

而所发生的偏差的绝对值超过 ε(ε 为很小的数)的概率很小,由实际推断原理,在一次试验中几乎不可能发生.

另外,在切比雪夫大数定律的证明过程中可以看出,对于随机变量序列 $X_1,X_2,\cdots$,只要

$$\lim_{n\to\infty}\frac{1}{n^2}D\left(\sum_{k=1}^{n}X_k\right)=0 \tag{5.1.2}$$

则

$$P\left\{\left|\frac{1}{n}\sum_{k=1}^{n}[X_k-E(X_k)]\right|\geqslant\varepsilon\right\}=P\left\{\left|\frac{1}{n}\sum_{k=1}^{n}X_k-E\left(\frac{1}{n}\sum_{k=1}^{n}X_k\right)\right|\geqslant\varepsilon\right\}$$

$$\leqslant\frac{D\left(\frac{1}{n}\sum_{k=1}^{n}X_k\right)}{\varepsilon^2}=\frac{D\left(\sum_{k=1}^{n}X_k\right)}{n^2\varepsilon^2}\to 0(n\to\infty)$$

即定理结论仍成立.(5.1.2)式称为马尔可夫条件.因此更一般的定理有马尔可夫大数定律:对于随机变量序列 $X_1,X_2,\cdots,X_n,\cdots$,若 $D(X_k),k=1,2,\cdots$ 存在且(5.1.2)式成立,则 $\{X_n\}$ 服从大数定律.注意到马尔可夫大数定律已经没有了关于 $\{X_n\}$ 独立性的假设.

第 5 章 大数定律与中心极限定理

定理 5.1.2 （伯努利大数定律）设 n_A 为 n 次独立重复试验中事件 A 发生的次数，p 是事件 A 在每次试验中发生的概率，则事件 A 的频率依概率收敛到 p，即对于任意 $\varepsilon > 0$，有 $\lim\limits_{n\to\infty} P\left\{\left|\dfrac{n_A}{n} - p\right| \geqslant \varepsilon\right\} = 0$.

证 引入随机变量

$$X_k = \begin{cases} 1, & \text{在第 } k \text{ 试验中 } A \text{ 发生} \\ 0, & \text{在第 } k \text{ 次试验中 } A \text{ 不发生} \end{cases}, k = 1, 2, \cdots n$$

显然 $n_A = X_1 + X_2 + \cdots + X_n$，且 $X_1, X_2, \cdots, X_n$ 相互独立，$E(X_k) = p$，$D(X_k) = p(1-p)$，$k = 1, 2, \cdots, n$.

由定理 5.1.1 的推论，有 $\lim\limits_{n\to\infty} P\left\{\left|\dfrac{1}{n}\sum\limits_{k=1}^{n} X_k - p\right| \geqslant \varepsilon\right\} = 0$，即

$$\lim_{n\to\infty} P\left\{\left|\dfrac{n_A}{n} - p\right| \geqslant \varepsilon\right\} = 0$$

伯努利大数定律以严格的数学形式表达了频率的稳定性，正是因为这种稳定性，概率的概念才有了客观意义，也正是这个缘故在概率论的发展史上，极限定理的研究一直占有重要地位.

定理 5.1.1 推论的条件可以减弱为：

定理 5.1.3 （辛钦大数定律）设随机变量 $X_1, X_2, \cdots, X_n, \cdots$ 相互独立，服从同一分布，且具有数学期望 $E(X_k) = \mu$，$k = 1, 2, \cdots$，则 $\{X_n\}$ 服从大数定律，即对于任意 $\varepsilon > 0$，有

$$\lim_{n\to\infty} P\left\{\left|\dfrac{1}{n}\sum_{k=1}^{n} X_k - \mu\right| \geqslant \varepsilon\right\} = 0$$

辛钦大数定律的优点是对 X_k 的方差没有要求. 证略.

例 5.1.1 设 $\{X_n\}$ 为独立同分布的随机变量序列，其分布律为

$$P\{X_k = (-1)^{k-1} k\} = \dfrac{6}{\pi^2 k^2}, k = 1, 2, \cdots$$

问 $\{X_n\}$ 是否服从大数定律.

解 由于级数

$$\sum_{k=1}^{\infty} |(-1)^{k-1} k| \dfrac{6}{\pi^2 k^2} = \sum_{k=1}^{\infty} \dfrac{6}{\pi^2 k}$$

发散，故 X_n 的数学期望不存在，于是 $\{X_n\}$ 不服从大数定律. 各 X_n 的期望存在是 $\{X_n\}$ 服从大数定律的必要条件.

例 5.1.2 设 $\{X_n\}$ 是相互独立同分布的随机变量序列，且 $E(X_k) = \mu$，$D(X_k) = \sigma^2$，$k = 1, 2, \cdots$，证明 $\lim\limits_{n\to\infty} P\left\{\left|\dfrac{2}{n(n+1)}\sum\limits_{k=1}^{n} kX_k - \mu\right| \geqslant \varepsilon\right\} = 0$.

证 令 $Y_n = \dfrac{2}{n(n+1)}\sum_{k=1}^{n}kX_k$,则

$$E(Y_n) = \frac{2}{n(n+1)}\sum_{k=1}^{n}kE(X_k) = \frac{2\mu}{n(n+1)}\sum_{k=1}^{n}k = \mu$$

$$D(Y_n) = \frac{4}{n^2(n+1)^2}\sum_{k=1}^{n}k^2 D(X_k) = \frac{4\sigma^2}{n^2(n+1)^2}\sum_{k=1}^{n}k^2$$

$$= \frac{4\sigma^2}{n^2(n+1)^2}\cdot\frac{n(n+1)(2n+1)}{6} = \frac{2(2n+1)\sigma^2}{3n(n+1)}$$

由切比雪夫不等式得

$$P\left\{\left|\frac{2}{n(n+1)}\sum_{k=1}^{n}kX_k - \mu\right| \geq \varepsilon\right\} \leq \frac{D(Y_n)}{\varepsilon^2} = \frac{2(2n+1)\sigma^2}{3n(n+1)\varepsilon^2} \to 0\,(n\to\infty)$$

即

$$\lim_{n\to\infty}P\left\{\left|\frac{2}{n(n+1)}\sum_{k=1}^{n}kX_k - \mu\right| \geq \varepsilon\right\} = 0$$

5.2 中心极限定理

5.2.1 问题的提出

在实际问题中我们注意到许多随机变量,如测量的误差、考试的成绩、城市中某时刻的用电量等随机变量往往服从或近似服从正态分布.这类随机变量所反映的随机现象的共同特点是:这些随机现象是由大量的相互独立随机因素的综合作用的结果,即都可以表示为一些独立随机变量的和,而其中每个个别因素所起的作用是微小的,只是它们作用总和中的一部分.大量实践经验告诉我们这一总和的分布近似服从正态分布.

中心极限定理就是研究独立随机变量序列 $\{X_n\}$ 的部分和 $\sum_{k=1}^{n}X_k$,在什么条件下其极限分布是正态分布的问题.这里采用的收敛性是下面将要定义的依分布收敛.

定义 5.2.1 设随机变量 Y_n 和 Y 的分布函数分别为 $F_n(y)$ 和 $F(y)$,$n=1,2,\cdots$.若对 $F(y)$ 的一切连续点 y,有

$$\lim_{n\to\infty}F_n(y) = F(y)$$

则称 $\{Y_n\}$ 依分布收敛到 Y,记为 $Y_n \to Y(W)$.

本节我们介绍三个常用的中心极限定理.

5.2.2 中心极限定理

定理 5.2.1 (独立同分布的中心极限定理) 设随机变量序列 $X_1, X_2, \cdots, X_n, \cdots$

相互独立,服从同一分布,且具有数学期望和方差:$E(X_k)=\mu,D(X_k)=\sigma^2\neq 0,k=1,2,\cdots$,则随机变量

$$Y_n = \frac{\sum_{k=1}^{n}X_k - E(\sum_{k=1}^{n}X_k)}{\sqrt{D(\sum_{k=1}^{n}X_k)}} = \frac{\sum_{k=1}^{n}X_k - n\mu}{\sqrt{n}\sigma}$$

依分布收敛到 Y,而 $Y \sim N(0,1)$. 即 Y_n 的分布函数 $F_n(y)$,对于任意 y 满足

$$\lim_{n\to\infty} F_n(y) = \lim_{n\to\infty} P\left\{\frac{\sum_{k=1}^{n}X_k - n\mu}{\sqrt{n}\sigma} \leqslant y\right\} = \frac{1}{\sqrt{2\pi}}\int_{-\infty}^{y} e^{-\frac{t^2}{2}} dt \tag{5.2.1}$$

证略.

推论 (棣莫佛-拉普拉斯(De Moivre-Laplace)中心极限定理) 设随机变量 $\eta_n \sim b(n,p),0<p<1$,则对于任意 x,有

$$\lim_{n\to\infty} P\left\{\frac{\eta_n - np}{\sqrt{np(1-p)}} \leqslant x\right\} = \frac{1}{\sqrt{2\pi}}\int_{-\infty}^{x} e^{-\frac{t^2}{2}} dt \tag{5.2.2}$$

证 将 η_n 看成是 n 个相互独立、服从同一 $(0-1)$ 分布的随机变量 $X_1,X_2,\cdots,X_n$ 之和,即有 $\eta_n = \sum_{k=1}^{n}X_k$,且 $E(X_k)=p,D(X_k)=p(1-p),k=1,2,\cdots,n$,于是由定理 5.2.1 有

$$\lim_{n\to\infty} P\left\{\frac{\eta_n - np}{\sqrt{np(1-p)}} \leqslant x\right\} = \lim_{n\to\infty} P\left\{\frac{\sum_{k=1}^{n}X_k - np}{\sqrt{np(1-p)}} \leqslant x\right\} = \frac{1}{\sqrt{2\pi}}\int_{-\infty}^{x} e^{-\frac{t^2}{2}} dt$$

这个推论表明,正态分布是二项分布的极限分布. 当 n 充分大时,我们可以利用 (5.2.2) 式来近似计算有关二项分布的概率.

实际上,我们这里只考虑了由独立随机变量所构成的随机变量列 $Y_n,n=1,2,\cdots$ 何时依分布收敛到标准正态随机变量的问题. 如果去掉"独立性"问题要复杂得多. 定理 5.2.1 不仅要求 $X_n(n=1,2,\cdots)$ 相互独立,而且要求它们同分布,这个条件是很强的. 如果保留"独立性"的要求,而去掉"同分布",问题将会怎样呢?

容易看到,在 (5.2.1) 式中

$$\mu = E(X_k), \quad n\sigma^2 = D\left(\sum_{k=1}^{n}X_k\right) = \sum_{k=1}^{n}D(X_k)$$

于是当去掉"同分布"的条件时,若如下定义:

设随机变量列 $X_k(k=1,2,\cdots)$ 相互独立,$E(X_k)=\mu_k,D(X_k)=\sigma_k^2$,并记 $B_n^2 = \sum_{k=1}^{n}\sigma_k^2$. 若对任意实数 x,有

$$\lim_{n\to\infty} P\left\{\frac{1}{B_n}\sum_{k=1}^{n}(X_k-\mu_k)\leqslant x\right\} = \frac{1}{\sqrt{2\pi}}\int_{-\infty}^{x} e^{-\frac{t^2}{2}}dt \qquad (5.2.3)$$

则称随机变量序列$\{X_k\}$服从中心极限定理.

于是问题可归结为：对于随机变量列$X_k(k=1,2,\cdots)$，还需要附加什么条件就有$\{X_k\}$服从中心极限定理.关于这个问题的研究，有不少好的结果，其中最著名的是"林德伯格(Lindeberg)中心极限定理".这个定理对独立随机变量列$\{X_k\}$所附加的条件通常称为"林德伯格条件".这里我们不详细叙述这个条件，只介绍一下林德伯格条件的概率意义，从而说明为什么有许多随机变量服从或近似服从正态分布.

由林德伯格条件可以导出如下的结论(称之为该条件的概率意义)：若独立随机变量列$\{X_k\}$满足林德伯格条件，则对任意$\tau>0$有

$$\lim_{n\to\infty} P\left\{\max_{1\leqslant k\leqslant n}\left|\frac{X_k-\mu_k}{B_n}\right|>\tau\right\}=0$$

这个式子可以粗略地解释为：当n很大时，和式$\frac{1}{B_n}\sum_{k=1}^{n}(X_k-\mu_k)$中的诸项依概率来说"均匀的小"，因而任一项对总和的极限分布不会产生显著的影响.

林德伯格中心极限定理揭示了这样一个规律：如果一个量Y是由许多个随机因素$X_k(k=1,2,\cdots,n)$所产生的影响的总和，即$Y=\sum_{k=1}^{n}X_k$，若其中没有哪个因素的影响较其他因素来得明显，则无论各个随机变量$X_k(k=1,2,\cdots,n)$服从什么分布，当n很大时，这个量就近似服从正态分布.这就是为什么正态随机变量在概率论中占有重要地位的一个基本原因.也解释了为什么在自然界和社会现象中很多随机变量服从正态分布或近似服从正态分布.

下面给出林德伯格中心极限定理的一个推论，此推论在使用上更为方便.

定理 5.2.2 （李雅普诺夫(Liapunov)中心极限定理）设随机变量序列$X_1,X_2,\cdots,X_n,\cdots$相互独立，它们具有数学期望和方差：$E(X_k)=\mu_k$，$D(X_k)=\sigma_k^2\neq 0$，$k=1,2,\cdots$，记$B_n^2=\sum_{k=1}^{n}\sigma_k^2$，若存在正数$\sigma$，使得当$n\to\infty$时，有

$$\frac{1}{B_n^{2+\sigma}}\sum_{k=1}^{n}E\{|X_k-\mu_k|^{2+\sigma}\}\to 0$$

则随机变量序列$\{X_n\}$服从中心极限定理.

5.2.3 中心极限定理的应用举例

中心极限定理提供了与大量独立随机变量之和有关的事件概率的近似计算方法.这里以定理5.2.1及其推论为例，说明中心极限定理的应用.

(1) 设随机变量$X_1,X_2,\cdots,X_n,\cdots$相互独立同分布，$E(X_k)=\mu$，$D(X_k)=\sigma^2\neq$

$0, k=1,2,\cdots$,由定理 5.2.1,当 n 充分大时,$\dfrac{\sum\limits_{k=1}^{n} X_k - n\mu}{\sqrt{n}\sigma}$ 近似服从标准正态分布.

(2) 设 $\eta_n \sim b(n,p)$,由定理 5.2.1 的推论,当 n 充分大时,$\dfrac{\eta_n - np}{\sqrt{np(1-p)}}$ 近似服从标准正态分布.

例 5.2.1 设对十进制数 x_k 的小数点后第 6 位数四舍五入,得到 x_k 的近似数 y_k,误差为 $\varepsilon_k = x_k - y_k \in (-0.5 \times 10^{-5}, 0.5 \times 10^{-5})$. 试求 n 个数做舍入处理的累积误差的估计.

设 n 个数做舍入处理的累积误差 $Y = \sum\limits_{k=1}^{n} \varepsilon_k$,在传统方法中,一般累积误差 Y 这样估计:由于 $|\varepsilon_k| \le 0.5 \times 10^{-5}$,所以

$$|Y| \le \sum_{k=1}^{n} |\varepsilon_k| \le n \times 0.5 \times 10^{-5}$$

如当 $n = 10\,000$ 时,$|Y| \le 0.05$.

若将 $\varepsilon_k (k=1,2,\cdots,n)$ 视为随机变量,用概率论方法估计更合理. 当 n 很大时,以中心极限定理为工具解此问题如下:

解 设 $Y = \sum\limits_{k=1}^{n} \varepsilon_k$,随机变量 $\varepsilon_k (k=1,2,\cdots,n)$ 独立同分布,服从 $U(-0.5 \times 10^{-5}, 0.5 \times 10^{-5})$,且 $\mu = E(\varepsilon_k) = 0, \sigma^2 = D(\varepsilon_k) = \dfrac{(0.5 \times 10^{-5})^2}{3}, k=1,2,\cdots,n.$

由定理 5.2.1,当 n 充分大时,近似有 $\dfrac{\sum\limits_{k=1}^{n} \varepsilon_k}{\sqrt{n}\sigma} \sim N(0,1)$,于是

$$P\left\{\left|\dfrac{Y}{\sqrt{n}\sigma}\right| < \varepsilon\right\} = P\left\{\left|\sum_{k=1}^{n} \varepsilon_k\right| < \varepsilon \sqrt{n}\sigma\right\} \approx 2\Phi(\varepsilon) - 1$$

为所求. 这一结果既给出了累积误差的范围,又给出了累积误差落入此范围的可靠性.

若取 $\varepsilon = 3$,则计算以上概率近似为 0.997,故有 99.7% 的把握断言

$$|Y| = \left|\sum_{k=1}^{n} \varepsilon_k\right| < \dfrac{3 \times \sqrt{n} \times 0.5 \times 10^{-5}}{\sqrt{3}}$$

例如当 $n = 10\,000$ 时,$|Y| = \left|\sum\limits_{k=1}^{10\,000} \varepsilon_k\right| < \sqrt{3} \times 100 \times 0.5 \times 10^{-5} \approx 0.866\,0 \times 10^{-3}$.

例 5.2.2 (供电问题)某车间有 200 台车床,在生产期间由于需要检修、调换刀具、变换位置及调换工件等常需停车. 设车床的开工率为 0.6,并设每台车床的工作是相互独立的,且在开工时需电力 1 千瓦. 问应至少供应多少瓦电力才能以 99.9% 的概

率保证该车间不会因供电不足而影响生产?

解 设 X 表示在某时刻工作着的车床数,则 $X \sim b(200, 0.6)$,因每台车床开工时需电力 1 千瓦,所以实际处于工作中车床数即为需供电的千瓦数.问题归结为:求最小的 N,使得 $P\{X \leq N\} \geq 0.999$.

由定理 5.2.1 的推论,近似有 $\dfrac{X - 200 \times 0.6}{\sqrt{200 \times 0.6 \times 0.4}} \sim N(0,1)$,于是

$$P\{X \leq N\} = P\left\{\frac{X - 200 \times 0.6}{\sqrt{200 \times 0.6 \times 0.4}} \leq \frac{N - 200 \times 0.6}{\sqrt{48}}\right\}$$

$$\approx \Phi\left(\frac{N - 120}{\sqrt{48}}\right)$$

欲使 $\Phi\left(\dfrac{N-120}{\sqrt{48}}\right) \geq 0.999$,查表得 $\dfrac{N-120}{\sqrt{48}} \geq 3.1$,从中解得 $N \geq 141.5$.应至少供应 142 千瓦电力才能以 99.9% 的概率保证该车间不会因供电不足而影响生产.

例 5.2.3 在一个罐子中,装有 10 个编号为 0~9 的同样的球,从罐中有放回地抽取若干次,每次抽一个,并记下号码.

(1) 设 $X_k = \begin{cases} 1, & \text{第 } k \text{ 次取到号码 0} \\ 0, & \text{否则} \end{cases}$, $k = 1, 2, \cdots$,问序列 $\{X_k\}$ 是否服从大数定律;

(2) 用中心极限定理计算,至少应取球多少次才能使号码"0"出现的频率在 0.09~0.11 之间的概率至少是 0.95;

(3) 用中心极限定理计算,在 100 次抽取中,数码"0"出现次数在 7~13 之间的概率.

解 (1) 由于 $\{X_k\}$ 独立同分布,X_k 服从参数为 0.1 的 (0-1) 分布,且 $E(X_k) = 0.1$,$k = 1, 2, \cdots$,故由定理 5.1.3 知,序列 $\{X_k\}$ 服从大数定律.即对任意的 $\varepsilon > 0$,

$$\lim_{n \to \infty} P\left\{\left|\frac{1}{n}\sum_{k=1}^{n} X_k - 0.1\right| \geq \varepsilon\right\} = 0$$

(2) 设应取球 n 次,号码 0 出现的频率为 $\dfrac{1}{n}\sum\limits_{k=1}^{n} X_k$,$D(X_k) = 0.09$,由定理 5.2.1,当 n 充分大时,近似有

$$\frac{\sum\limits_{k=1}^{n} X_k - 0.1n}{0.3\sqrt{n}} = \frac{\dfrac{1}{n}\sum\limits_{k=1}^{n} X_k - 0.1}{\dfrac{0.3}{\sqrt{n}}} \sim N(0,1)$$

于是

$$P\left\{0.09 \leq \frac{1}{n}\sum_{k=1}^{n} X_k \leq 0.11\right\} = P\left\{\left|\frac{1}{n}\sum_{k=1}^{n} X_k - 0.1\right| \leq 0.01\right\}$$

$$= P\left\{\left|\frac{\frac{1}{n}\sum_{k=1}^{n}X_k - 0.1}{\frac{0.3}{\sqrt{n}}}\right| \leqslant \frac{\sqrt{n}}{30}\right\}$$

$$\approx 2\Phi\left(\frac{\sqrt{n}}{30}\right) - 1$$

欲使 $2\Phi\left(\frac{\sqrt{n}}{30}\right) - 1 \geqslant 0.95$,即 $\Phi\left(\frac{\sqrt{n}}{30}\right) \geqslant 0.975$,查表得 $\frac{\sqrt{n}}{30} \geqslant 1.96$,解得 $n \geqslant 3458$. 即至少应取 3458 次球才能使号码"0"出现的频率在 0.09~0.11 之间的概率至少是 0.95.

(3) 在 100 次抽取中,数码"0"出现次数为 $\sum_{k=1}^{100}X_k$. 由定理 5.2.1,近似有

$$\frac{\sum_{k=1}^{100}X_k - 100 \times 0.1}{0.3\sqrt{100}} = \frac{\sum_{k=1}^{100}X_k - 10}{3} \sim N(0,1)$$

于是

$$P\left\{7 \leqslant \sum_{k=1}^{100}X_k \leqslant 13\right\} = P\left\{-1 \leqslant \frac{\sum_{k=1}^{100}X_k - 10}{3} \leqslant 1\right\} \approx 2\Phi(1) - 1 = 0.6826$$

即在 100 次抽取中,数码"0"出现次数在 7~13 之间的概率为 0.6826.

例 5.2.4 用中心极限定理证明,当 $n \to \infty$ 时,$e^{-n}\sum_{k=0}^{n}\frac{n^k}{k!} \to \frac{1}{2}$.

证 设 $\{X_k\}$ 是独立同分布的随机变量序列,且它们都服从参数为 1 的泊松分布,则由定理 5.2.1 有

$$\lim_{n\to\infty}P\left\{\frac{\sum_{k=1}^{n}X_k - n}{\sqrt{n}} \leqslant 0\right\} = \lim_{n\to\infty}P\left\{\sum_{k=1}^{n}X_k \leqslant n\right\} = \Phi(0) = \frac{1}{2}$$

又由第 3 章习题 22 知 $\sum_{k=1}^{n}X_k \sim \pi(n)$,因而 $P\left\{\sum_{k=1}^{n}X_k \leqslant n\right\} = e^{-n}\sum_{k=0}^{n}\frac{n^k}{k!}$,于是

$$\lim_{n\to\infty}e^{-n}\sum_{k=0}^{n}\frac{n^k}{k!} = \frac{1}{2}$$

习题五

1. 某架客机可以运载 200 名乘客,各乘客的重量(以千克计)是独立随机变量且服从同一分布,其均值为 74,均方差为 10,试求 200 名乘客的总重量超过 15 吨的概率.

2. 一加法器同时收到 20 个噪声电压 $V_k(K=1,2,\cdots,20)$,设它们是相互独立的随机变量,且都在区间 $(0,10)$ 上服从均匀分布. 记 $V = \sum_{k=1}^{20}V_k$,求 $P\{V > 105\}$ 的近似值.

3. 一微型收音机每次使用一节五号电池. 设一节电池的使用寿命(小时)服从指数分布

$$f(x) = \begin{cases} 0.1e^{-0.1x}, & x > 0 \\ 0, & x \leq 0 \end{cases}$$

求一盒电池(12 个)使用 150 小时以上的概率.

4. 一部货车运载装满货物的纸箱,各纸箱的重量(以千克计)是独立随机变量且服从同一分布,均值为 25.5,均方差为 2. 若要以不低于 0.9 的概率使总重量不超过 2 500 千克,该货车最多装多少个纸箱.

5. 计算器在进行加法运算时,将每个加数舍入为最靠近它的整数. 设所有舍入误差是独立随机变量,且都在 $(-0.5, 0.5)$ 上服从均匀分布.(1) 若将 1 500 个数相加,求总误差的绝对值超过 15 的概率;(2) 若要使总误差的绝对值小于 10 的概率不小于 0.9,问最多可有多少个数相加.

6. 独立的测量一个物理量,每次测量产生的随机误差都服从 $(-1, 1)$ 上的均匀分布.(1) 如果取 n 次测量的算术平均值作为测量结果,求它与真值的差小于一个小的正数 ε 的概率;(2) 计算 $n = 36, \varepsilon = \frac{1}{6}$ 时的概率的近似值;(3) 要使上述概率不小于 0.95,应至少进行多少次测量.

7. 保险公司为了估计企业的利润,需要计算各种概率. 假设现要设置一项保险:一辆自行车年交保费 2 元,若自行车丢失,保险公司赔偿 200 元,设在一年内自行车丢失的概率为 0.001,问至少要有多少辆自行车投保才能以不小于 0.9 的概率保证这一保险不亏本?

8. 某射手打靶,得 10 分的概率为 0.5,得 9 分的概率为 0.3,得 8 分的概率为 0.1,得 7 分的概率为 0.05,得 6 分的概率为 0.05. 现射击 100 次,求总分介于 900~930 分之间的概率.

9. 一本书共有一百万个印刷符号,在排版时每个符号被排错的概率为 0.000 1,在校对时每个排版错误被改正的概率为 0.9,求一本书在校对后错误不多于 15 个的概率.

10. 有一批建筑用的木柱,其中 80% 的长度不小于 3 m,现从这批木柱中随机抽取 100 根,求其中至少有 30 根短于 3 m 的概率.

11. 随机地选取两组学生,每组 80 人,分别在两个实验室里测量某种化合物的 pH 值. 各人测量的结果是随机变量,且相互独立服从同一分布,数学期望为 5,方差为 0.3,以 $\overline{X}, \overline{Y}$ 分别表示第一组和第二组所得结果的算术平均.(1) 求 $P\{4.9 < \overline{X} < 5.1\}$;(2) 求 $P\{-0.1 < \overline{X} - \overline{Y} < 0.1\}$.

12. 一公寓有 200 户住户,每住户拥有汽车数 X 的分布律为

X	0	1	2
P	0.1	0.6	0.3

问需要设计多少车位,才能使每辆汽车都具有一个车位的概率至少为 0.95.

13. 某种电子元件的寿命(小时)具有数学期望 μ(未知)，方差 $\sigma^2 = 400$. 为了估计 μ，随机地取 n 只这种元件，在 $t=0$ 时刻投入测试(测试是相互独立的)直到失效，测得其寿命为 $X_1, X_2, \cdots, X_n$，以 $\overline{X} = \dfrac{1}{n}\sum\limits_{k=1}^{n} X_k$ 作为 μ 的估计，为使 $P\{|\overline{X}-\mu|<1\} \geqslant 0.95$，问 n 至少为多少.

14. 某药厂断言，该厂生产的某种药品对某种疾病的治愈率为 0.8，医院任意抽查 100 个服用此药的病人，若其中多于 75 人治愈，就接受此断言，否则就拒绝此断言. (1)若实际上此药对这种疾病的治愈率是 0.8，求接受这一断言的概率; (2)若实际上此药对这种疾病的治愈率是 0.7，求接受这一断言的概率.

第 6 章 随机过程的概念及其统计特性

在概率论中我们知道,为了研究一随机现象,有时考虑一个随机变量就够了,但有时需要同时考虑两个或两个以上随机变量.实际上,对于一个更复杂的随机现象,需要同时研究无穷多个随机变量,这就产生了随机过程的概念.

本章的主要内容是:随机过程的概念、有限维分布和数字特征;平稳过程、正态过程、独立增量过程、泊松过程和维纳过程的基本概率特性.为了区别,以后将随机试验记为 $\mathscr{E}$,而将 E 作为随机过程状态空间的记号.

6.1 随机过程的概念

6.1.1 随机过程的概念

在概率论中研究的对象是随机变量.随机变量的特点是:在每次试验的结果中,以一定的概率取某些事先未知、但为确定的"数值".在实际问题中,我们常常需要研究在试验过程中随时间而变化的随机变量,即随时间的改变而随机变化的过程.有时,在试验过程中随机变量也可能随其他某个参数变化,这就要研究随某个参数的改变而随机变化的过程.我们把这类随某个参数(可以是时间)的改变而随机变化的过程称为随机过程,把这个参数统称为时间.问题在于如何描述和研究这样一个随机变化的过程.

如果设想,从 $t=1$ 开始,每隔单位时间掷一次骰子,共掷 n 次,观察各次掷得的点数,这就是一随机过程.若记第 k 次掷得的点数为 $X_k(k=1,2,\cdots,n)$,容易想到这一随机过程可用 n 维随机变量 $(X_1,X_2,\cdots,X_n)$ 来描述.抽象化,可以说一个 n 维随机变量,就是一个简单的随机过程.若记 $T=\{1,2,\cdots,n\}$,则 $(X_1,X_2,\cdots,X_n)$ 也可用随机变量族 $\{X_k,k\in T\}$ 来表示.记 $X_k(k=1,2,\cdots,n)$ 所有可能的取值的全体为 E.通常称 T 为该过程的参数集,E 为它的状态空间.对该过程一次观察的结果 $(x_1,x_2,\cdots,x_n)$ 是一随机出现的 n 维向量,可称为是它的一个样本向量,其中 x_k 是 X_k 的观察值,$k=1,2,\cdots,n$.有时,也用随机出现的一族样本向量 $\{(x_1,x_2,\cdots,x_n):x_k\in E,k=1,2,\cdots,n\}$ 来描述这一随机过程.在一次试验中,随机过程取一个样本向量,但究竟取哪一个则带有随机性.这就是说,在试验前不能确知取哪一个样本向量,但在大量的观察中样本向量的出现是有统计规律性的.如果已知 X_1,

$X_2,\cdots,X_n$ 的联合分布,则这一随机过程的统计特性就完全确定.

进一步设想,从 $t=1$ 开始,每隔单位时间掷一次骰子,无限次地掷下去,观察各次掷得的点数,这也是一随机过程.若记第 k 次掷得的点数为 $X_k(k=1,2,\cdots)$,那么这一随机过程可用随机变量序列 $X_1,X_2,\cdots$ 来描述.抽象化,可以说一个随机变量序列,就是一个随机过程.若记 $T=\{1,2,\cdots\}$,则 $X_1,X_2,\cdots$ 也可用随机变量族 $\{X_k,k\in T\}$ 表示.记 $X_k(k=1,2,\cdots)$ 所有可能的取值的全体为 E. T 为该过程的参数集,E 为它的状态空间.对该过程一次观察的结果 $(x_1,x_2,\cdots)$ 是一随机出现的数列,可称此数列是它的一个样本数列,其中 x_k 是 X_k 的观察值,$k=1,2,\cdots$. 也可用随机出现的一族样本数列 $\{(x_1,x_2,\cdots):x_k\in E,k=1,2,\cdots\}$ 来描述这一随机过程.在一次试验中,随机过程取一个样本数列,但究竟取哪一个则带有随机性.这就是说,在试验前不能确知取哪一个样本数列,但在大量的观察中样本序列的出现是有统计规律性的.如果对任意的正整数 n,已知 $X_1,X_2,\cdots,X_n$ 的联合分布,则这一随机过程的统计特性就完全确定.

电子技术术中,接收机从 $t=0$ 到 $t=l$ 观察到的噪声电压是一随机过程.若记 $T=[0,l]$,$X(t)$ 为 $t(0\leqslant t\leqslant l)$ 时的噪声电压,这一随机过程可用随机变量族 $\{X(t),0\leqslant t\leqslant l\}$ 来描述.抽象化,随机变量族 $\{X(t),0\leqslant t\leqslant l\}$ 就是一随机过程.记 $X(t)(0\leqslant t\leqslant T)$ 的所有可能的取值的全体为 E. T 为该过程的参数集,E 为它的状态空间.对该过程一次观察的结果 $x(t),0\leqslant t\leqslant l$ 是一随机出现的普通的时间函数,可称此函数是它的一个样本函数,其中 $x(t)(0\leqslant t\leqslant l)$ 是 $X(t)$ 的观察"值".也用随机出现的一族样本函数或现实 $\{x(t),0\leqslant t\leqslant l\}$ 来描述这一随机过程.图 6-1 画出了它的三个样本函数.

在一次试验中,随机过程取一个样本函数,但究竟取哪一个则带有随机性.这就是说,在试验前不能确知取哪一个样本函数,但在大量的观察中样本函数的出现是有统计规律性的.若对任意的正整数 n,任意的 $t_1,t_2,\cdots,t_n\in T$,已知 $X(t_1),X(t_2),\cdots,X(t_n)$ 的联合分布,则这一随机过程的统计特性就完全确定.

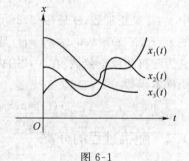

图 6-1

综上所述,可以给出随机过程的定义.

定义 6.1.1 设 $\mathscr{E}$ 是一随机试验,样本空间为 $\Omega=\{\omega\}$,参数集 $T\subset(-\infty,+\infty)$,如果对于任意的 $t\in T$,有一定义在 Ω 上的随机变量 $X(\omega,t)$ 与之对应,则称随机变量族 $\{X(\omega,t),t\in T\}$ 是参数集为 T 的随机过程,简记为 $\{X(t),t\in T\}$ 或 $\{X(t)\}$. 在不发生混淆的情况下,也可记为 $X(t)$.

定义 6.1.2 设 $\mathscr{E}$ 是一随机试验,样本空间为 $\Omega=\{\omega\}$,参数集 $T\subset(-\infty,+\infty)$,

如果对于每个 $\omega \in \Omega$,总有一个普通的时间函数 $X(\omega,t), t \in T$ 与之对应,这样对于所有的 $\omega \in \Omega$,就可得到一族时间 t 的函数,称函数族 $\{X(\omega,t), t \in T\}$ 是参数为 T 的随机过程,族中每一函数称为该随机过程的样本函数.

若把 $X(\omega,t)$ 看成二元函数,则 $\{X(\omega,t), t \in T\}$ 有两个含义:

(1) 当 $t \in T$ 取定,$X(\omega,t)$ 是一随机变量,那么 $\{X(\omega,t), t \in T\}$ 是一族随机变量;

(2) 当 $\omega \in \Omega$ 取定,$X(\omega,t)$ 是一自变量为 t,定义域为 T 的普通函数,那么,$\{X(\omega,t), t \in T\}$ 是一族样本函数,它的样本函数也记为 $x(t)(t \in T)$.

另外,若 $t \in T, \omega \in \Omega$ 取定,则 $X(\omega,t)$ 是一确定数值,把 $X(\omega,t)(\omega \in \Omega, t \in T)$ 所有可能的取值的全体记为 E,称 E 为随机过程 $\{X(t)\}$ 的状态空间或相空间. 当 $t = t_0 \in T$,若 $X(t_0) = x \in E$,称随机过程 $\{X(t)\}$ 在时刻 t_0 处于状态 x.

下面举几个随机过程的实例.

例 6.1.1 在测量运动目标的距离时存在随机误差,若以 $\varepsilon(t)$ 表示在时刻 t 的测量误差,则它是一个随机变量. 当目标随时间按一定规律运动时,测量误差 $\varepsilon(t)$ 也随时间 t 而变化,换句话说,$\varepsilon(t)$ 是依赖于时间 t 的一族随机变量,即 $\{\varepsilon(t), t \geq 0\}$ 是一随机过程.

例 6.1.2 设 $X(t)$ 表示 $[0,t]$ 内到达某商店的顾客数,则 $\{X(t), t \geq 0\}$ 是一随机过程.

例 6.1.3 考虑从林场的一批长为 l 的圆木中任取一根,用 $A(x)$ 表示从左端算起它在 x 处的截面积,那么 $\{A(x), 0 \leq x \leq l\}$ 是一随机过程,它的参数集为 $T = [0, l]$,参数 x 不是时间.

例 6.1.4 考虑
$$X(t) = a\cos(\omega_0 t + \Theta), t \in (-\infty, +\infty)$$
其中 a, ω_0 是正常数,Θ 是在 $[0, 2\pi]$ 上服从均匀分布的随机变量. 显然,对于每个取定的 $t = t_1$,$X(t) = a\cos(\omega_0 t_1 + \Theta)$ 是一随机变量,因而 $\{X(t)\}$ 是一随机过程,通常称它为随机相位正弦波. 在 $(0, 2\pi)$ 内随机取一个数 θ,相应地得到这个随机过程的一个样本函数
$$x(t) = a\cos(\omega_0 t + \theta), t \in (-\infty, \infty)$$

6.1.2 随机过程的分类

随机过程的种类很多,不同的标准,便得到不同的分类方法. 按照随机过程 $X(t)$ 的时间和状态是连续还是离散,随机过程可分成四类:

(1) 连续型随机过程:T 是连续集,且对于任意的 $t \in T$,$X(t)$ 是连续型随机变量,也就是时间和状态皆为连续的情况,如例 6.1.4.

(2) 离散型随机过程:T 是连续集,且对于任意的 $t \in T$,$X(t)$ 是离散型随机变量,如例 6.1.2.

(3) 连续型随机序列:T 是离散集,且对于任意的 $t \in T$,$X(t)$ 是连续型随机变

量.它对应于时间离散,状态连续的情况.实际上,它可以通过对连续型随机过程进行顺序等时间间隔采样得到.

(4) 离散型随机序列——随机数字序列(数字信号):随机过程的时间和状态都是离散的.为了适应数字化的需要,对连续型随机过程进行等时间间隔采样,并将采样值量化、分层,即得到这种离散随机过程.

由以上可知,最基本的是连续型随机过程,其他三类只是对它作离散处理而得,故而我们主要介绍连续型随机过程.

6.2 随机过程的概率分布和数字特征

6.2.1 随机过程的概率分布

随机过程在任一时刻的状态是随机变量,由此可以利用随机变量的统计描述方法来描述随机过程的统计特性.

给定随机过程$\{X(t)\}$,对于每个取定的$t\in T$,随机变量$X(t)$的分布函数一般与t有关,记为

$$F(x,t)=P\{X(t)\leqslant x\}, x\in R_1$$

称它为随机过程$\{X(t)\}$的一维分布函数,称

$$F_1=\{F(x,t), t\in T\}$$

为$\{X(t)\}$的一维分布函数族.

一维分布函数刻画了随机过程各个个别时刻的统计特性.为了刻画随机过程在不同时刻状态之间的统计联系,一般可对任意$n(n=2,3,\cdots)$个不同时刻$t_1, t_2, \cdots, t_n$,引入n维随机变量$(X(t_1), X(t_2), \cdots, X(t_n))$,它的分布函数记为

$$F(x_1, x_2, \cdots, x_n; t_1, t_2, \cdots, t_n)=P\{X(t_1)\leqslant x_1, X(t_2)\leqslant x_2, \cdots, X(t_n)\leqslant x_n\}$$

对于取定的n,我们称

$$F_n=\{F(x_1, x_2, \cdots, x_n; t_1, t_2, \cdots, t_n), t_i\in T, i=1,2,\cdots,n\}$$

为$\{X(t)\}$的n维分布函数族.

当n充分大时,n维分布函数族能够近似地刻画随机过程的统计特性.显然n取得愈大,则n维分布函数族描述随机过程的特性也愈趋完善.一般地,可以证明:由随机过程的有限维分布函数族,即

$$F=\bigcup_{n=1}^{\infty}F_n=\{F(x_1, x_2, \cdots, x_n; t_1, t_2, \cdots, t_n), t_i\in T, i=1,2,\cdots,n, n=1,2,\cdots\}$$

可以构造随机过程的概率分布,因而$\{X(t)\}$的有限维分布函数族F完整地确定了该过程的统计特性.

在6.1节中,我们介绍了过程的一种分类方法,实际上,随机过程的本质的分类方法乃是按其分布特性进行分类.具体地说,就是依照过程在不同时刻的状态之间的特殊

统计依赖方式抽象出一些不同的类型,如马尔可夫过程、平稳过程、独立增量过程等.

6.2.2 随机过程的数字特征

随机过程的有限维分布函数族能完整地刻画随机过程的统计特性,但是人们在实际中,根据观察往往只能得到随机过程的部分资料,用它来确定有限维分布函数族是困难的甚至是不可能的,因而像引入随机变量的数字特征那样,有必要引入随机过程的基本数字特征.

定义 6.2.1 设 $\{X(t), t\in T\}$ 为随机过程,若对任意的 $t\in T, E[X^2(t)] < +\infty$,则称 $\{X(t)\}$ 为二阶矩过程.

如果 $\{X(t)\}$ 为二阶矩过程,那么由柯西-施瓦茨不等式,有

$$|E[X(t)]| \leqslant E[|X(t)|] \leqslant \sqrt{E[X^2(t)]} < +\infty$$
$$\{E[X(s)X(t)]\}^2 \leqslant E[X^2(s)]E[X^2(t)] < +\infty$$

即对任意的 $s, t \in T, E[X(t)]$ 存在,$E[X(s)X(t)]$ 存在. 但这里需要指出的是,一般来说 $E[X(t)]$、$E[X^2(t)]$ 是依赖于 t 的函数,$E[X(s)X(t)]$ 是依赖于 s, t 的二元函数.

定义 6.2.2 设 $\{X(t), t\in T\}$ 为二阶矩过程,定义 $\{X(t)\}$ 的数字特征如下(其中"≜"表示"定义为"):

(1) 均值函数:$\mu_X(t) \triangleq E[X(t)], t \in T$;

(2) 均方值函数:$\Psi_X^2(t) \triangleq E[X^2(t)], t \in T$;

(3) 方差函数和均方差函数:$\sigma_X^2(t) \triangleq D[X(t)] = E\{[X(t)-\mu_X(t)]^2\}$,$\sigma_X(t) \triangleq \sqrt{\sigma_X^2(t)}, t \in T$;

(4) 自相关函数:$R_{XX}(s,t) \triangleq E[X(s)X(t)], s, t \in T$,在不至混淆的情况下将 $R_{XX}(s,t)$ 简记为 $R_X(s,t)$ 或 $R(s,t)$,简称为相关函数;

(5) 自协方差函数:$C_{XX}(s,t) \triangleq E\{[X(s)-\mu_X(s)][X(t)-\mu_X(t)]\}, s, t \in T$,在不至混淆的情况下将 $C_{XX}(s,t)$ 简记为 $C_X(s,t)$ 或 $C(s,t)$,简称为协方差函数.

$\mu_X(t)$ 表示 $\{X(t)\}$ 在各个时刻取值的集中位置(或摆动中心),$\sigma_X^2(t)$ 或 $\sigma_X(t)$ 表示 $\{X(t)\}$ 在各个时刻的取值关于 $\mu_X(t)$ 的平均偏离程度,如图 6-2 所示.$R_X(s,t)$ 和 $C_X(s,t)$ 表示 $\{X(t)\}$ 在两个不同时刻取值之间的统计依赖关系.

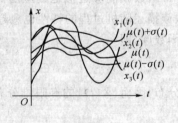

图 6-2

容易看到诸数字特征之间有如下关系:

$$\Psi_X^2(t) = R_X(t,t)$$
$$C_X(s,t) = R_X(s,t) - \mu_X(s)\mu_X(t)$$
$$\sigma_X^2(t) = C_X(t,t) = R_X(t,t) - \mu_X^2(t)$$

由此可见,随机过程的诸数字特征中最主要的是均值函数和自相关函数(或自协方差函数). 从理论的角度来看,仅仅研究均值函数和自相关函数当然是代替不了对整个随机过程的研究,但是由于它们确实刻画了随机过程的主要统计特性,而且远比有限维分布函数族易于观察和实际计算,因而对于应用课题而言,它们常常能够起重要作用.

例 6.2.1 设 A,B 是两个随机变量,试求随机过程 $X(t) = At + B, t \in T$ 的均值函数和自相关函数. 如果 A,B 相互独立,且 $A \sim N(0,1), B \sim U(0,2)$,问 $X(t)$ 的均值函数和自相关函数又是怎样?

解 $X(t)$ 的均值函数和自相关函数分别为
$$\mu_X(t) = E(At+B) = tE(A) + E(B), t \in T$$
$$R_X(s,t) = E[(As+B)(At+B)]$$
$$= stE(A^2) + (s+t)E(AB) + E(B^2), s,t \in T$$

当 $A \sim N(0,1)$ 时,$E(A) = 0, E(A^2) = 1$,当 $B \sim U(0,2)$ 时,$E(B) = 1, E(B^2) = \frac{4}{3}$;又因 A,B 独立,故 $E(AB) = E(A)E(B) = 0$,则

$$\mu_X(t) = 1, \quad R_X(s,t) = st + \frac{4}{3}, \quad s,t \in T$$

例 6.2.2 设 $X(t) = A\cos\omega_0 t + B\sin\omega_0 t (t \in R_1)$,其中 A,B 是相互独立,且都是服从正态分布 $N(0,\sigma^2)$ 的随机变量,$\omega_0 > 0$ 为常数,求 $\{X(t)\}$ 的均值函数和相关函数,以及 $\{X(t)\}$ 的一维概率密度.

解
$$\mu_X(t) = E(A\cos\omega_0 t + B\sin\omega_0 t) = 0, t \in R_1$$
$$R_X(s,t) = E[(A\cos\omega_0 s + B\sin\omega_0 s)(A\cos\omega_0 t + B\sin\omega_0 t)]$$
$$= \sigma^2(\cos\omega_0 s \cos\omega_0 t + \sin\omega_0 s \sin\omega_0 t)$$
$$= \sigma^2 \cos\omega_0(t-s), s,t \in R_1$$

由于独立正态随机变量的线性组合仍是正态随机变量,而
$$E[X(t)] = 0, \quad D[X(t)] = \sigma^2$$

可见 $\{X(t)\}$ 的一维概率密度为
$$f(x;t) = \frac{1}{\sqrt{2\pi}\sigma} e^{-\frac{x^2}{2\sigma^2}}$$

例 6.2.3 随机相位正弦波
$$X(t) = a\cos(\omega_0 t + \Theta), t \in R_1, \omega_0 > 0 \text{ 为常数}, \Theta \sim U(0,2\pi)$$
求 $X(t)$ 的均值函数、方差函数、相关函数.

解 由假设 Θ 的概率密度为

$$f(\theta) = \begin{cases} \dfrac{1}{2\pi}, & 0 < \theta < 2\pi \\ 0, & \text{其他} \end{cases}$$

于是

$$\mu_X(t) = E[a\cos(\omega_0 t + \Theta)] = \frac{a}{2\pi}\int_0^{2\pi} \cos(\omega_0 t + \theta)\mathrm{d}\theta = 0$$

$$\begin{aligned} R_X(s,t) &= E[a^2\cos(\omega_0 s + \Theta)\cos(\omega_0 t + \Theta)] \\ &= \frac{a^2}{2\pi}\int_0^{2\pi}\cos(\omega_0 s + \theta)\cos(\omega_0 t + \theta)\mathrm{d}\theta \\ &= \frac{a^2}{2}\cos\omega_0(s-t) \end{aligned}$$

特别地，令 $s = t$，即得方差函数为

$$\sigma_X^2(t) = R_X(t,t) - \mu_X^2(t) = \frac{a^2}{2}$$

6.2.3 二维随机过程的分布函数和数字特征

实际问题中，有时我们必须同时研究两个或两个以上随机过程及它们之间的统计关系，例如，输入到一个系统的信号和噪声可以都是随机过程，这时输出也是随机过程，我们需要研究输入和输出之间的统计关系. 对于这类问题，我们除了对各个随机过程的统计特性加以研究外，还必须将几个随机过程作为整体，研究其统计特性.

定义 6.2.3 设 $X(t), Y(t)$ 是定义在同一样本空间 Ω 上且有同一参数集 T 的随机过程，对于任意的 $t \in T$，$(X(t), Y(t))$ 是一个二维随机变量，称 $\{(X(t), Y(t)), t \in T\}$ 为 Ω 的二维随机过程.

对于二维随机过程定义它的有限维分布函数如下：

对于任意的正整数 n 和 m，以及任意的 $t_1, t_2, \cdots, t_n; t_1', t_2', \cdots, t_m' \in T$，称 $n+m$ 元函数

$$\begin{aligned} & F(x_1, \cdots, x_n, y_1, \cdots, y_m; t_1, \cdots, t_n; t_1', \cdots, t_m') \\ &= P\{X(t_1) \leqslant x_1, \cdots, X(t_n) \leqslant x_n, Y(t_1') \leqslant y_1, \cdots, Y(t_m') \leqslant y_m\} \end{aligned}$$

为 $\{(X(t), Y(t)), t \in T\}$ 的 $n+m$ 维分布函数. 类似地可定义它的有限维分布函数族.

若对于任意的正整数 n 和 m，以及任意的 $t_1, \cdots, t_n, t_1', \cdots, t_m' \in T$，任意的 $x_1, \cdots, x_n; y_1, \cdots, y_m \in R_1$ 有

$$\begin{aligned} & F(x_1, \cdots, x_n, y_1, \cdots, y_m; t_1, \cdots, t_n; t_1', \cdots, t_m') \\ &= F_X(x_1, \cdots, x_n; t_1, \cdots, t_n) F_Y(y_1, \cdots, y_m; t_1', \cdots, t_m') \end{aligned}$$

称 $\{X(t)\}$ 与 $\{Y(t)\}$ 相互独立，其中 F_X, F_Y 分别为 $\{X(t)\}, \{Y(t)\}$ 的有限维分布函数.

对于二维随机过程$(X(t),Y(t))$，如果$\{X(t),t\in T\}$和$\{Y(t),t\in T\}$都是二阶矩过程，则它的的数字特征，除了各自的数字特征外，还有：

(1) 互相关函数：$R_{XY}(s,t)\triangleq E[X(s)Y(t)]$.

若对于任意$s,t\in T, R_{XY}(s,t)=0$，称$\{X(t)\}$与$\{Y(t)\}$正交.

(2) 互协方差函数：$C_{XY}(s,t)\triangleq E\{[X(s)-\mu_X(s)][Y(t)-\mu_Y(t)]\}$.

显然
$$C_{XY}(s,t)=R_{XY}(s,t)-\mu_X(s)\mu_Y(t)$$

若对于任意$s,t\in T$，有$C_{XY}(s,t)=0$，或$R_{XY}(s,t)=\mu_X(s)\mu_Y(t)$，称$\{X(t)\}$与$\{Y(t)\}$不相关.

当二阶矩存在时，则有
$$\{X(t)\},\{Y(t)\}\text{相互独立}\Rightarrow\{X(t)\},\{Y(t)\}\text{不相关}$$

但反之不成立.

例6.2.4 设$\{X(t)\},\{Y(t)\}$分别为
$$X(t)=U\cos t+V\sin t,\ Y(t)=U\sin t+V\cos t,\ t\in R_1$$
其中U,V是两个相互独立的随机变量，且$E(U)=E(V)=0, E(U^2)=E(V^2)=\sigma^2$，求$R_{XY}(s,t)$.

解 $R_{XY}(s,t)=E[U\cos s+V\sin s](U\sin t+V\cos t)$
$=E(U^2)\cos s\sin t+E(UV)(\cos s\cos t+\sin s\sin t)+E(V^2)\sin s\cos t$
$=\sigma^2\sin(s+t)$

例6.2.5 设$\{X(t)\},\{Y(t)\},\{Z(t)\}$为三个两两不相关的随机过程，参数集均为$T$，且
$$\mu_X(t)=\mu_Y(t)=\mu_Z(t)=0$$
求$W(t)=X(t)+Y(t)+Z(t)$的自相关函数$R_W(s,t)$.

解 由不相关性，及$\mu_X(t)=\mu_Y(t)=\mu_Z(t)=0$，得
$$R_{XY}(s,t)=R_{YZ}(s,t)=R_{ZX}(s,t)=0$$
于是
$$R_W(s,t)=E\{[X(s)+Y(s)+Z(s)][X(t)+Y(t)+Z(t)]\}$$
$$=R_X(s,t)+R_Y(s,t)+R_Z(s,t)$$

6.2.4 随机序列的数字特征

实际上，对一般随机过程的数字特征的定义中包含了随机序列的情况，由于写法略有不同，在此简单重述如下：设$\{X_n\},\{Y_n\}$为随机序列，则

(1) 均值函数：$\mu_X(n)=E(X_n)$；

(2) 均方值函数：$\Psi_X^2(n)=E(X_n^2)$；

(3) 方差函数：$\sigma_X^2(n)=E\{[X_n-\mu_X(n)]^2\}$；

(4) 相关函数: $R_X(m,n) = E(X_m X_n)$;

(5) 协方差函数: $C_X(m,n) = E\{[X_m - \mu_X(m)][X_n - \mu_X(n)]\}$;

(6) 互相关函数: $R_{XY}(m,n) = E(X_m Y_n)$;

(7) 互协方差函数: $C_{XY}(m,n) = E\{[X_m - \mu_X(m)][Y_n - \mu_Y(n)]\}$.

诸数字特征之间的关系类似 6.2.2 小节、6.2.3 小节中的关系式.

6.2.5 复随机过程

到目前为止,我们所讨论的随机过程都是实随机过程,即把随机过程都表示为时间的实值函数.但在某些情况下,要把过程表示为复数形式,这样就有了复随机过程的概念.

设 $\{X_1(t), t \in T\}$ 和 $\{X_2(t), t \in T\}$ 为二实随机过程,称
$$X(t) = X_1(t) + jX_2(t), t \in T$$
为复随机过程,如果对任意的 $t \in T$,有 $E[|X(t)|^2] < \infty$,则称 $X(t)$ 为复二阶矩过程,其中 $|\cdot|$ 为复数的模.

类似地,可定义复二阶矩过程 $\{X(t), t \in T\}$ 的诸数字特征如下:

(1) 均值函数: $\mu_X(t) = E[X_1(t) + jX_2(t)] = \mu_{X_1}(t) + j\mu_{X_2}(t), t \in T$;

(2) 均方值函数: $\Psi_X^2(t) = E[|X(t)|^2], t \in T$;

(3) 方差函数: $\sigma_X^2(t) = D_X(t) = E[|X(t) - \mu_X(t)|^2]$;

(4) 自相关函数: $R_X(s,t) = E[\overline{X(s)}X(t)]$,其中 $\overline{X(s)}$ 表示 $X(s)$ 的共轭;

(5) 自协方差函数: $C_X(s,t) = E\{\overline{[X(s) - \mu_X(s)]}[X(t) - \mu_X(t)]\}$.

对于二复二阶矩过程 $\{X(t), t \in T\}$ 和 $\{Y(t), t \in T\}$ 同样可定义它们的互相关函数、互协方差函数如下:

(1) 互相关函数: $R_{XY}(s,t) = E[\overline{X(s)}Y(t)]$;

(2) 互协方差函数: $C_{XY}(s,t) = E\{\overline{[X(s) - \mu_X(s)]}[Y(t) - \mu_Y(t)]\}$.

容易证明复随机过程的数字特征之间有下列关系:

(1) $\Psi_X^2(t) = R_X(t,t)$;

(2) $\sigma_X^2(t) = C_X(t,t) = R_X(t,t) - |\mu_X(t)|^2$;

(3) $C_X(s,t) = R_X(s,t) - \overline{\mu_X(s)}\mu_X(t)$.

可以证明

(4) $R_{XY}(s,t) = \overline{R_{YX}(t,s)}$;

(5) $C_{XY}(s,t) = R_{XY}(s,t) - \overline{\mu_X(s)}\mu_Y(t)$.

6.3 几类重要的随机过程

6.2 节讨论了一般随机过程,本节介绍几类应用相当广泛的随机过程.

6.3.1 马尔可夫过程

本小节先介绍一类重要的随机过程——马尔可夫过程.

马尔可夫过程是具有以下特性的随机过程:当过程在时刻 t_0 所处的状态为已知时,过程在时刻 $t(t>t_0)$ 处的状态,只与过程在 t_0 时刻的状态有关,而与过程在 t_0 时刻以前所处的状态无关. 这种特性称为无后效性或马尔可夫性.

无后效性也可理解为:过程 $\{X(t)\}$ 在现在时刻 t_0 的状态 $X(t_0)=a$ 已知的条件下,过程"将来"的情况与"过去"的情况是无关的. 或者说,这种随机过程的"将来"只是通过"现在"与"过去"发生联系,如果一旦已知"现在",那么"将来"就和"过去"无关了. 这一特性,可用分布函数来确切地表出. 设 $\{X(t)\}$ 的状态空间为 E,如果对时间 t 的任意 n 个数值 $t_1<t_2<\cdots<t_n, n\geqslant 3$,在条件 $X(t_i)=x_i$ 下,$x_i \in E$,$i=1,2,\cdots,n-1$,$X(t_n)$ 的条件分布函数恰等于在条件 $X(t_{n-1})=x_{n-1}$ 下 $X(t_n)$ 的条件分布函数,即

$$P\{X(t_n) \leqslant x_n | X(t_1)=x_1, X(t_2)=x_2, \cdots, X(t_{n-1})=x_{n-1}\}$$
$$=P\{X(t_n)\leqslant x_n | X(t_{n-1})=x_{n-1}\}$$

则称过程 $\{X(t), t \in T\}$ 具有马尔可夫性,并称此过程为马尔可夫过程.

如果一马尔可夫过程是离散型随机序列 $\{X_n, n=0,1,2,\cdots\}$,则称它为马尔可夫链. 这类过程在第 9 章进行过重点讨论. 如果一马尔可夫过程是离散型随机过程 $\{X(t), t \geqslant 0\}$,则称它为连续时间的马尔可夫链. 这类过程在第 10 章进行过重点讨论.

6.3.2 平稳过程

在实际中,有相当多的随机过程,不仅它现在的状态,而且它过去的状态,都对未来状态的发生有着强烈的影响. 有这样一类过程,其特点是:过程的统计特性不随时间的推移而改变. 严格地说,如果对任意的正整数 n,任意的 $t_1, t_2, \cdots, t_n \in T$ 和任意的 h,当 $t_1+h, t_2+h, \cdots, t_n+h \in T$ 时,n 维随机变量 $(X(t_1), X(t_2), \cdots, X(t_n))$ 和 $(X(t_1+h), X(t_2+h), \cdots, X(t_n+h))$ 有相同的分布函数,即它的有限维分布不随着时间的推移而改变,则称随机过程 $\{X(t), t \in T\}$ 具有平稳性,并同时称此过程为严(强、狭义)平稳过程.

平稳过程的参数集 T,一般为 $(-\infty, +\infty)$,$[0, +\infty)$,$\{0, \pm 1, \pm 2, \cdots\}$ 或 $\{0, 1, 2, \cdots\}$. 值得注意的是对于离散参数集情况,定义中的 h 只能取整数. 特别地,对于 T 为离散情况,称严平稳过程 $\{X_n\}$ 为严平稳随机序列或严平稳时间序列.

在实际问题中,要确定过程的分布函数,并用它来判定其平稳性,一般是很难办到的. 但是对于一些被研究的过程,当前后的环境和主要条件都不随时间的推移而变化时,则一般可以认为它是平稳的. 在无线电电子学的实际应用中所遇到的过程,有很多都可以认为是平稳随机过程. 例如,一个工作在稳定状态下的接收机其

输出噪声就可以认为是平稳过程.又如,飞机在高空飞行时的随机波动可以认为是平稳过程.

将随机过程划分为平稳和非平稳有重要的实际意义,因为过程若是平稳的,可使问题的分析简化.例如测量电阻热噪声的统计特性,由于它是平稳过程,因而在任何时刻进行测量都可得到相同的结果.另外,严平稳过程的数字特征有很好的性质.

定理 6.3.1 如果严平稳过程 $\{X(t), t \in T\}$ 又是二阶矩过程,则有

(1) $\mu_X(t) = E[X(t)] = $ 常数, $t \in T$;

(2) $R_X(s,t) = E[X(s)X(t)]$ 只依赖于差值 $t-s$,而与 $s,t \in T$ 的具体取值无关.

证 (1) 由严平稳过程的定义中正整数 n 及 h 的任意性知,对于任意 $s,t \in T$,取 $n=1, h=t-s$ 有 $X(s)$ 与 $X(t)$ 同分布,因而

$$\mu_X(s) = E[X(s)] = E[X(t)] = \mu_X(t), \forall s, t \in T$$

即 $\mu_X(t)(t \in T)$ 为常数.

(2) 同样对任意的 $s_1, t_1, s_2, t_2 \in T$,满足 $t_1 - s_1 = t_2 - s_2$,取 $h = s_2 - s_1$,有 $s_2 = s_1 + h, t_2 = t_1 + h$,则 $(X(s_1), X(t_1))$ 与 $(X(s_2), X(t_2))$ 有相同的二维分布,因而

$$R_X(s_1, t_1) = E[X(s_1)X(t_1)] = E[X(s_2)X(t_2)] = R_X(s_2, t_2)$$

即 $R_X(s,t)$ 只依赖于 $t-s$,而不依赖于 s,t 的具体取值.

定理 6.3.1 所证明的严平稳过程的性质实际上就是它的一阶、二阶矩不随着时间的推移而改变.

在定义严平稳过程时,用到随机过程 $X(t)$ 的任意有限多个随机变量的联合分布,这给问题的讨论带来很大困难,考虑到过程中的随机变量的一阶、二阶矩能反映过程的许多特性,它们的计算也比较容易,而且在许多问题中用它们进行分析可以得到满意的结果,人们转而去研究过程的一阶、二阶矩.

由定理 6.3.1 中所证明的严平稳过程的一阶、二阶矩的特点,引入宽(弱、广义)平稳过程的概念.

如果二阶矩过程 $\{X(t), t \in T\}$ 满足:

(1) $E[X(t)] = \mu_X$ 为常数 $(t \in T)$;

(2) 对任意的 $t, t+\tau \in T, R_X(\tau) \triangleq E[X(t)X(t+\tau)]$ 与 t 无关而只与 τ 有关,

则称 $\{X(t), t \in T\}$ 为宽(弱、广义)平稳过程,并称 μ_X 为它的均值, $R_X(\tau)$ 为它的自相关函数.特别地,当 T 为离散参数集 $\{n\}$ 时,称 $\{X_n\}$ 为宽平稳随机序列或宽平稳时间序列.例 6.2.2 和例 6.2.3 就是宽平稳过程.

一般来说,宽平稳过程不一定是严平稳过程.反过来,严平稳过程一般也未必是宽平稳过程,因为它的二阶矩不一定存在.

例 6.3.1 如果 $\{X_n, n=0, \pm 1, \pm 2, \cdots\}$ 为互不相关的随机变量列,且 $E(X_n) = 0$, $E(X_n^2) = \sigma^2 > 0$,则 $\{X_n\}$ 为宽平稳时间序列.

证 由题设易知

$$E(X_n X_m) = \begin{cases} \sigma^2, & n=m \\ 0, & n\neq m \end{cases}, \quad n,m=0,\pm 1,\pm 2,\cdots$$

再考虑 $E(X_n)=0, n=0,\pm 1,\pm 2,\cdots$,可见$\{X_n\}$为宽平稳序列.

例 6.3.2 设 $s(t)$ 是一周期为 T 的确值函数,$\Theta \sim U(0,T)$,称 $X(t)=s(t+\Theta)$ 为随机相位周期信号,讨论其平稳性.

解 由假设,Θ 的概率密度为

$$f(\theta) = \begin{cases} \dfrac{1}{T}, & 0<\theta<T \\ 0, & 其他 \end{cases}$$

于是,均值函数

$$E[X(t)] = \frac{1}{T}\int_0^T s(t+\theta)\mathrm{d}\theta = \frac{1}{T}\int_t^{t+T} s(\varphi)\mathrm{d}\varphi = \frac{1}{T}\int_0^T s(\varphi)\mathrm{d}\varphi = 常数$$

上面的第三个等号用到 $s(t)$ 的周期性. 同样,利用 $s(\varphi)s(\varphi+\tau)$ 关于 φ 的周期性,可得自相关函数

$$R_X(t,t+\tau) = E[s(t+\Theta)s(t+\tau+\Theta)] = \frac{1}{T}\int_0^T s(t+\theta)s(t+\tau+\theta)\mathrm{d}\theta$$

$$= \frac{1}{T}\int_t^{t+T} s(\varphi)s(\varphi+\tau)\mathrm{d}\varphi = \frac{1}{T}\int_0^T s(\varphi)s(\varphi+\tau)\mathrm{d}\varphi \triangleq R_X(\tau)$$

与 t 无关. 综上可见随机相位周期过程是宽平稳的.

在第 7 章、第 8 章对宽平稳过程将作进一步的讨论.

6.3.3 高斯(正态)随机过程

在电子系统中遇到最多的过程是所谓高斯随机过程,本段介绍它的概念和性质.

1. 高斯随机过程的概念

定义 6.3.1 设 $\{X(t), t\in T\}$ 为 Ω 上的随机过程,如果对任意正整数 n,任意 $t_1, t_2, \cdots, t_n \in T$(当 $i\neq j$ 时,$t_i \neq t_j$),$X(t_1), X(t_2), \cdots, X(t_n)$ 的联合分布是 n 维正态分布,则称 $\{X(t)\}$ 为高斯过程或正态过程.

记高斯过程 $\{X(t)\}$ 的均值函数为 $\mu_X(t)$,自相关函数为 $R_X(s,t)$,自协方差函数为 $C_X(s,t)$. 一般地,T 取 $[0,+\infty)$ 或 $(-\infty,+\infty)$.

特别地,若高斯过程 $X(t)$ 还满足 $\mu_X(t)$ 是与 t 无关的常数,相关函数 $R_X(t,t+\tau)$ 只取决于 τ 的值,则称之为宽平稳高斯过程,简称平稳高斯过程;类似地,如果高斯过程也是严平稳的,则称之为严平稳高斯过程. 实际上,下面我们将证明对于高斯过程,它的宽平稳性和严平稳性是等价的.

2. 高斯过程的若干性质

(1) 高斯过程$\{X(t)\}$的全部统计特性由它的均值函数和协方差函数(或自相

关函数)完全确定.

这是由于对任意的正整数 n 以及任意的 $t_1,t_2,\cdots,t_n \in T$,n 维正态随机变量 $(X(t_1),X(t_2),\cdots,X(t_n))$ 的分布由其相应的均值

$$(\mu_X(t_1),\mu_X(t_2),\cdots,\mu_X(t_n))$$

和协方差矩阵

$$\begin{bmatrix} C_X(t_1,t_1) & C_X(t_1,t_2) & \cdots & C_X(t_1,t_n) \\ C_X(t_2,t_1) & C_X(t_2,t_2) & \cdots & C_X(t_2,t_n) \\ \vdots & \vdots & & \vdots \\ C_X(t_n,t_1) & C_X(t_n,t_2) & \cdots & C_X(t_n,t_n) \end{bmatrix}$$

完全确定,因而均值函数和自协方差函数确定了 $\{X(t),t \in T\}$ 的有限维分布,也就确定了它的全部统计特性.

(2) 设 $\{X(t),t \in T\}$ 为高斯过程,则 $\{X(t)\}$ 是严平稳过程的充要条件是它是宽平稳过程.

因为高斯过程是二阶矩过程,故由定理 6.3.1 知,若 $\{X(t)\}$ 是严平稳的,则它必为宽平稳.

反之,若 $\{X(t)\}$ 是宽平稳过程,即 $\mu_X(t)=\mu_X$(常数),$R_X(t,t+\tau)$ 只与 τ 有关,则对任意的正整数 n,任意的 $t_1,t_2,\cdots,t_n \in T$,任意 h,只要 $t_1+h,t_2+h,\cdots,t_n+h \in T$,有

$$E[X(t_i)]=E[X(t_i+h)], \quad i=1,2,\cdots,n$$
$$R_X(t_i,t_j)=R_X(t_i+h,t_j+h), \quad i,j=1,2,\cdots,n$$

因而

$$C_X(t_i,t_j)=C_X(t_i+h,t_j+h), \quad i,j=1,2,\cdots,n$$

于是两个 n 维正态随机变量 $(X(t_1),X(t_2),\cdots,X(t_n))$ 和 $(X(t_1+h),X(t_2+h),\cdots,X(t_n+h))$ 有相同的均值和协方差矩阵,而多维正态分布由其相应随机变量的均值和协方差矩阵完全确定,因而它们有相同的 n 维正态分布,因此,$\{X(t)\}$ 也是严平稳过程.

(3) $\{X(t),t \in T\}$ 为高斯过程的充要条件是它的任意有限多个随机变量的任意线性组合是(一维)正态随机变量.

证略.

(4) 高斯随机过程 $\{X(t),t \in T\}$ 与确定信号 $S(t)$ $(t \in T)$ 之和仍为高斯过程.

由(3)很容易证明(4).

这类问题在通信、雷达等系统中常常遇到,如噪声与信号叠加在一起的合成随机信号问题.但需指出的是,正态过程与确定信号之和仍是正态过程,但是,正态过程与一随机过程相加,则合成信号不一定再是正态过程了.

例 6.3.3 设有平稳高斯过程 $\{X(t),t \in T\}$,其均值为零,相关函数 $R_X(\tau)=\frac{1}{4}e^{-2|\tau|}$,对一给定时刻 t_1,求 $X(t_1)$ 的值在 $0.5 \sim 1$ 之间的概率.

解 因为高斯过程的均值 $\mu_X=0$,均方值 $R_X(0)=\dfrac{1}{4}$,方差 $\sigma_X^2=R_X(0)-\mu_X^2=\dfrac{1}{4}$,过程的标准差 $\sigma_X=\dfrac{1}{2}$,即正态随机变量 $X(t_1)$ 的分布为 $N(0,\dfrac{1}{4})$,故有

$$P\{0.5 \leqslant X(t_1) \leqslant 1\} = P\{\sigma_X \leqslant X(t_1) \leqslant 2\sigma_X\}$$
$$= \Phi\left(\dfrac{2\sigma_X-\mu_X}{\sigma_X}\right) - \Phi\left(\dfrac{\sigma_X-\mu_X}{\sigma_X}\right)$$
$$= \Phi(2) - \Phi(1) = 0.9772 - 0.8413 = 0.1359$$

例 6.3.4 设随机过程

$$X(t) = U\cos\omega_0 t + V\sin\omega_0 t, \quad t \geqslant 0$$

其中 $\omega_0>0$ 为常数,U 和 V 是两个相互独立的正态随机变量,且 $E(U)=E(V)=0$,$E(U^2)=E(V^2)=\sigma^2$. 试证 $\{X(t)\}$ 为正态过程,并求其一维、二维概率密度.

解 由上面的性质(3),为证 $\{X(t)\}$ 为正态过程,只需证明 $\{X(t)\}$ 的任意有限多个随机变量的任意线性组合是一维正态随机变量. 实际上,对任意的正整数 n,任意的 $0 \leqslant t_1 < t_2 < \cdots < t_n$ 以及 $a_1,a_2,\cdots,a_n$,记

$$W = \sum_{i=1}^{n} a_i X(t_i) = U\left(\sum_{i=1}^{n} a_i \cos\omega_0 t_i\right) + V\left(\sum_{i=1}^{n} a_i \sin\omega_0 t_i\right)$$

W 是二相互独立的正态随机变量的线性组合,因而它是正态随机变量.

对于取定的 $t \geqslant 0$,$X(t)$ 是正态随机变量,且

$$E[X(t)] = E(U)\cos\omega_0 t + E(V)\sin\omega_0 t = 0$$
$$D[X(t)] = D(U)\cos^2\omega_0 t + D(V)\sin^2\omega_0 t = \sigma^2$$

因而 $\{X(t)\}$ 的一维概率密度为

$$f(x;t) = \dfrac{1}{\sqrt{2\pi}\sigma} e^{-\frac{x^2}{2\sigma^2}}$$

对于取定的 $0 \leqslant t_1 \leqslant t_2$,有

$$E[X(t_1)] = E[X(t_2)] = 0$$
$$D[X(t_1)] = D[X(t_2)] = \sigma^2$$
$$E[X(t_1)X(t_2)] = \sigma^2 \cos\omega_0(t_1-t_2)$$

因而二维正态随机变量 $(X(t_1),X(t_2))$ 的均值和协方差矩阵分别为

$$\boldsymbol{\mu} = (0,0)'$$

$$\boldsymbol{C} = \begin{pmatrix} \sigma^2 & \sigma^2\cos\omega_0\tau \\ \sigma^2\cos\omega_0\tau & \sigma^2 \end{pmatrix}, \quad \tau = t_2 - t_1$$

于是它的概率密度为

$$f(x_1,x_2;t_1,t_2) = \dfrac{1}{2\pi|\boldsymbol{C}|^{\frac{1}{2}}} e^{-\frac{1}{2}\boldsymbol{x}'\boldsymbol{C}^{-1}\boldsymbol{x}}$$

其中 $\boldsymbol{x}=(x_1,x_2)'$.

6.3.4 独立增量过程

本小节介绍独立增量过程的概念. 为了确定起见,本节只讨论参数集为 $T=[0,+\infty)$ 的随机过程.

定义 6.3.2 设 $\{X(t),t\geqslant 0\}$ 为随机过程,如果对任意的正整数 $n\geqslant 2$,任意的 $0\leqslant t_0<t_1<t_2<\cdots<t_n$,它的 n 个增量

$$X(t_1)-X(t_0), X(t_2)-X(t_1), \cdots, X(t_n)-X(t_{n-1})$$

相互独立,称 $\{X(t)\}$ 为独立增量过程. 设 $\{X(t)\}$ 是独立增量过程,如果对任意的 $0\leqslant s<t$,增量 $X(t)-X(s)$ 的分布只与 $t-s$ 有关,而与 s,t 的个别取值无关,称 $\{X(t)\}$ 为齐次独立增量过程.

对于独立增量过程 $\{X(t),t\geqslant 0\}$,一般假定 $X(0)=0$,通常由实际问题所产生的独立增量过程都满足这一条件. 下面我们来计算独立增量过程的自协方差函数.

定理 6.3.2 设 $\{X(t),t\geqslant 0\}$ 是独立增量过程,且 $X(0)=0$,则

$$C_X(s,t)=\sigma_X^2[\min(s,t)]$$

证　令

$$Y(t)=X(t)-\mu_X(t), t\geqslant 0$$

易见 $\{Y(t)\}$ 也是独立增量过程,且 $Y(0)=0, E[Y(t)]=0, \sigma_X^2(t)=E[Y^2(t)]$. 设 $0\leqslant s<t$,则

$$\begin{aligned} C_X(s,t)&=E[Y(s)Y(t)]\\ &=E\{[Y(s)-Y(0)][Y(t)-Y(s)]\}+E[Y^2(s)]\\ &=E\{[Y(s)-Y(0)]E[Y(t)-Y(s)]\}+\sigma_X^2(s)\\ &=\sigma_X^2(s) \end{aligned}$$

同理,当 $0\leqslant t<s$ 时,$C_X(s,t)=\sigma_X^2(t)$,即当 $s,t\geqslant 0$ 时,

$$C_X(s,t)=\sigma_X^2[\min(s,t)]$$

泊松过程和维纳过程是两类重要的独立增量过程. 6.4 节将重点介绍维纳过程,在第 11 章将重点讨论泊松过程,这里先简单介绍一下泊松过程. 在概率论部分的第 2 章介绍过泊松流,若用 $N(t)(t\geqslant 0)$ 表示在 $(0,t]$ 内出现质点的个数,则 $\{N(t),t\geqslant 0\}$ 就是泊松过程.

定义 6.3.3 设随机过程 $\{N(t),t\geqslant 0\}$ 是取非负整数值的独立增量过程,且对任意的 $0\leqslant s<t, N(t)-N(s)\sim \pi(\lambda(t-s)), N(0)=0$,则称 $\{N(t)\}$ 是强度为 λ 的泊松过程,其中 $\lambda>0$ 为常数.

由定义知,泊松过程的均值函数、协方差函数和自相关函数分别为

$$\mu_N(t)=\lambda t;\ C_N(s,t)=\lambda\min(s,t);\ R_N(s,t)=\lambda\min(s,t)+\lambda^2 st,\ s,t\geqslant 0$$

为便于运算,可将 $\min(s,t)$ 表示为

$$\min(s,t)=\frac{s+t-|s-t|}{2}$$

6.3.5 正交增量过程

本小节介绍一类在平稳过程的谱分解中起关键作用的随机过程——正交增量过程.

定义 6.3.4 设 $\{X(t), t \in R_1\}$ 为实的或复的二阶矩过程,如果对任意的 $t_1 < t_2 \le t_3 < t_4$ 有

$$E\{[X(t_2)-X(t_1)]\overline{[X(t_4)-X(t_3)]}\}=0$$

则称 $\{X(t)\}$ 为正交增量过程.

对正交增量过程有下面的重要结论.

定理 6.3.3 设 $\{X(t), t \in R_1\}$ 为正交增量过程,则存在单调不减的实函数 $F(t)(t \in R_1)$,使得

$$E[|X(t)-X(s)|^2]=F(t)-F(s), \quad s \le t$$

且在相差一个常数的意义下 $F(t)$ 是唯一的.

证 存在性:任意取定 $t_0 \in T$,定义

$$F(t)=\begin{cases} E[|X(t)-X(t_0)|^2], & t \ge t_0 \\ -E[|X(t)-X(t_0)|^2], & t < t_0 \end{cases}$$

于是 $F(t)$ 满足条件:当 $t_0 \le s \le t$ 时,利用正交性有

$$\begin{aligned}
F(t)-F(s) &= E[|X(t)-X(t_0)|^2] - E[|X(s)-X(t_0)|^2] \\
&= E\{|[X(t)-X(s)]+[X(s)-X(t_0)]|^2\} - E[|X(s)-X(t_0)|^2] \\
&= E[|X(t)-X(s)|^2] \ge 0
\end{aligned}$$

对 $s \le t \le t_0$ 及 $s \le t_0 \le t$,同样可证上式成立.

唯一性:设另有一单调不减的函数 $F_1(t)$ 满足条件,于是当 $t_0 \le t$ 时,有

$$F_1(t)-F_1(t_0)=E[|X(t)-X(t_0)|^2]=F(t)$$
$$F_1(t)=F(t)+F_1(t_0)$$

当 $t_0 \ge t$ 时,有

$$F_1(t_0)-F_1(t)=E[|X(t)-X(t_0)|^2]=-F(t)$$
$$F_1(t)=F(t)+F_1(t_0)$$

6.4 布朗运动和维纳过程

布朗运动是产生维纳过程的实际背景.布朗发现水中的花粉(或其他液体中的某种微粒)在不停地运动,后来把这种现象称为布朗运动.产生布朗运动的原因在于花粉受到水中分子的碰撞,每秒钟受碰撞的次数多达 10^{21} 次,这些微小的随机碰撞的总效果使花粉在水中作随机运动.若以 $W(t)$ 表示在 t 时刻花粉所在位置的横(或纵)坐标,则 $\{W(t), t \ge 0\}$ 是一随机过程.

由于从时刻 s 到时刻 $t(s<t)$ 花粉的位移是由许多分子碰撞所产生的许多近似独立的小随机位移之和,由中心极限定理,一般假定 $W(t)-W(s)$ 服从正态分布.由于通常考虑水(或其他液体)是均匀的,故可以认为位移的均值为 0,即 $E[W(t)-W(s)]=0$. 而且由实验观察得知,花粉位移的均方偏差近似地与时间区间长度 $t-s$ 成正比,即

$$E\{[W(t)-W(s)]^2\}=D[W(t)-W(s)]=\sigma^2(t-s)$$

其中 $\sigma>0$ 是与水(或其他液体)本身有关的一个常数,称之为扩散常数.此外,当 $t_1<t_2<\cdots<t_n<\cdots$ 时,$W(t_2)-W(t_1),\cdots,W(t_n)-W(t_{n-1}),\cdots$ 对应于互不相交区间的位移,它们分别是许多近似独立的的小位移之和,故可以认为它们是相互独立的.最后,如果在 $t=0$ 时开始对花粉的运动进行观察,并把它在此时的位置作为坐标原点,还可以假定 $W(0)=0$(这一假定对于它的运动规律的研究没有本质上的影响).

综上所述,可有如下定义.

定义 6.4.1 设随机过程 $\{W(t),t\geqslant 0\}$ 是取实数值的独立增量过程,且对任意的 $0\leqslant s<t,W(t)-W(s)\sim N(0,\sigma^2(t-s)),W(0)=0$,则称 $\{W(t)\}$ 是参数为 σ^2 的维纳过程,其中 $\sigma>0$ 为常数.

由定义知,维纳过程的均值函数、自相关函数分别为

$$\mu_W(t)=0; \quad C_W(s,t)=R_W(s,t)=\sigma^2\min(s,t), \quad s,t\geqslant 0 \qquad (6.4.1)$$

维纳过程有如下的简单性质:

1° 维纳过程 $\{W(t)\}$ 是高斯过程.

这是由于对任意的正整数 n,任意的 $0\leqslant t_1<t_2<\cdots<t_n$,任意实数 $a_1,a_2,\cdots,a_n$,

$$\sum_{k=1}^n a_k W(t_k) = \sum_{k=1}^n b_k [W(t_k)-W(t_{k-1})], t_0=0$$

式中 $b_k=\sum_{i=k}^n a_i(k=1,2,\cdots,n)$,而 $\{W(t)\}$ 的增量是相互独立的正态随机变量,故有 $\sum_{k=1}^n a_k W(t_k)$ 是正态随机变量.由高斯过程的性质(3)知 $\{W(t)\}$ 为高斯过程.

2° $\{W(t)\}$ 经下面的几种变换所得的新过程 $W_i(t)(i=1,2,3,4)$ 均为维纳过程:

(1) 对 $c>0,W_1(t)=cW\left(\dfrac{t}{c^2}\right),t\geqslant 0$;

(2) $W_2(t)=\begin{cases} tW\left(\dfrac{1}{t}\right), & t>0 \\ 0, & t=0 \end{cases}$;

(3) 对 $h>0,W_3(t)=W(t+h)-W(h),t\geqslant 0$;

(4) $W_4(t)=-W(t),t\geqslant 0$.

这里只证 $\{W_1(t)\}$ 和 $\{W_2(t)\}$ 是维纳过程,关于 $\{W_3(t)\}$ 和 $\{W_4(t)\}$ 的证明留作习题.

(1) 对于任意的正整数 $n>2$,以及任意的 $0 \leqslant t_1 < t_2 < \cdots < t_n$,由于 $0 \leqslant \frac{t_1}{c^2} < \frac{t_2}{c^2} < \cdots < \frac{t_n}{c^2}$ 以及 $\{W(t)\}$ 具有独立增量,因而

$$W_1(t_k) - W_1(t_{k-1}) = c\left[W\left(\frac{t_k}{c^2}\right) - W\left(\frac{t_{k-1}}{c^2}\right)\right], \quad k=2,3,\cdots,n$$

是相互独立的,即 $\{W_1(t)\}$ 具有独立增量. 由于 $\{W(t)\}$ 的增量 $W(t) - W(s) \sim N(0, \sigma^2(t-s))(0 \leqslant s < t)$,知 $W_1(t) - W_1(s) = c\left[W\left(\frac{t}{c^2}\right) - W\left(\frac{s}{c^2}\right)\right]$ 也是正态随机变量,而且

$$E[W_1(t) - W_1(s)] = cE\left[W\left(\frac{t_k}{c^2}\right) - W\left(\frac{s}{c^2}\right)\right] = 0$$

$$D[W_1(t) - W_1(s)] = c^2 D\left[W\left(\frac{t}{c^2}\right) - W\left(\frac{s}{c^2}\right)\right] = \sigma^2(t-s)$$

可见 $W_1(t) - W_1(s) \sim N(0, \sigma^2(t-s))$. 显然 $W_1(0) = 0$. 综上所述,即有 $\{W_1(t), t \geqslant 0\}$ 是维纳过程.

(2) 首先由 $\{W_2(t)\}$ 的定义知,$W_2(0) = 0$ 其次,对于 $0 < s < t$,由于 $0 < \frac{1}{t} < \frac{1}{s}$,$\{W(t)\}$ 的增量是相互独立的正态随机变量,以及独立正态随机变量的线性组合仍是正态随机变量的结论知

$$W_2(t) - W_2(s) = (t-s)\left[W\left(\frac{1}{t}\right) - W(0)\right] - s\left[W\left(\frac{1}{s}\right) - W\left(\frac{1}{t}\right)\right]$$

是正态随机变量,而且

$$E[W_2(t) - W_2(s)] = 0$$

$$D[W_2(t) - W_2(s)] = (t-s)^2 \cdot \frac{\sigma^2}{t} + s^2 \sigma^2 \left(\frac{1}{s} - \frac{1}{t}\right) = \sigma^2(t-s)$$

可见 $W_2(t) - W_2(s) \sim N(0, \sigma^2(t-s))$. 类似可证,$W_2(t) \sim N(0, \sigma^2 t)$,因而对任意的 $0 \leqslant s < t, W_2(t) - W_2(s) \sim N(0, \sigma^2(t-s))$.

最后证明 $\{W_2(t)\}$ 具有独立增量. 为此,由于 $W_2(0) = 0$,只需证明对任意的正整数 $n \geqslant 2$,任意的 $0 < t_1 < t_2 < \cdots < t_n$:

$$W_2(t_1), W_2(t_2) - W_2(t_1), \cdots, W_2(t_n) - W_2(t_{n-1}) \tag{6.4.2}$$

相互独立. 对任意的实数 $a_1, a_2, \cdots, a_n$:

$$a_1 W_2(t_1) + \sum_{k=2}^{n} a_k [W_2(t_k) - W_2(t_{k-1})]$$

$$= \sum_{k=2}^{n}(a_k - a_{k+1})W_2(t_k) + a_n W_2(t_n)$$

$$= \sum_{k=1}^{n-1} \frac{a_k - a_{k+1}}{s_k} W(s_k) + \frac{a_n}{s_n} W(s_n) \tag{6.4.3}$$

其中 $s_k = \dfrac{1}{t_k}$. 由(6.4.3)式知 $W(t)$ 是正态过程,由正态过程的性质(3)知,(6.4.2)式中的 n 个随机变量是联合正态随机变量. 另外,当 $1 < i < j$ 时,$s_j < s_{j-1} \leqslant s_i < s_{i-1}$,利用(6.4.1)式可以算得

$$E\{[W_2(t_i) - W_2(t_{i-1})][W_2(t_j) - W_2(t_{j-1})]\}$$
$$= E\left\{\left[\frac{1}{s_i}W(s_i) - \frac{1}{s_{i-1}}W(s_{i-1})\right]\left[\frac{1}{s_j}W(s_j) - \frac{1}{s_{j-1}}W(s_{j-1})\right]\right\}$$
$$= \frac{1}{s_i s_j}R_W(s_i, s_j) - \frac{1}{s_i s_{j-1}}R_W(s_{i-1}, s_j) - \frac{1}{s_i s_{j-1}}R_W(s_i, s_{j-1}) + \frac{1}{s_{i-1}s_{j-1}}W(s_{i-1}, s_{j-1})$$
$$= \sigma^2 \left(\frac{s_j}{s_i s_j} - \frac{s_j}{s_{i-1}s_j} - \frac{s_{j-1}}{s_i s_{j-1}} + \frac{s_{j-1}}{s_{i-1}s_{j-1}}\right) = 0$$

类似可得

$$E\{W_2(t_1)[W_2(t_i) - W_2(t_{i-1})]\} = 0, 1 < i$$

由以上计算结果知,(6.4.2)式中的 n 个随机变量两两不相关,由概率论部分的定理 4.4.8 性质得这 n 个随机变量相互独立.

综上所述,证得 $\{W_2(t)\}$ 是维纳过程.

例 6.4.1 设 $\{W(t), t \geqslant 0\}$ 为维纳过程,求下列随机过程的自相关函数:

(1) $X(t) = W(t+l) - W(t), t \geqslant 0 (l > 0$ 为常数$)$;

(2) $Y(t) = e^{-\beta t}W(e^{2\beta t}), -\infty < t < +\infty (\beta > 0$ 为常数$)$.

解 (1) $X(t)$ 的自相关函数为

$$R_X(s,t) = E[X(s)X(t)]$$
$$= E\{[W(s+l) - W(s)][W(t+l) - W(t)]\}$$
$$= R_W(s+l, t+l) - R_W(s, t+l) - R_W(s+l, t) + R_W(s,t)$$
$$= \sigma^2 \left(\frac{s+t+2l-|s-t|}{2} - \frac{s+t+l-|s-t-l|}{2} - \frac{s+t+l-|s-t+l|}{2} + \frac{s+t-|s-t|}{2}\right)$$
$$= \frac{\sigma^2}{2}[|l+(s-t)| + |l-(s-t)| - 2|s-t|]$$
$$= \frac{\sigma^2}{2}(l+|s-t| + |l-|s-t|| - 2|s-t|)$$
$$= \begin{cases} \sigma^2(l-|s-t|), & |s-t| \leqslant l \\ 0, & |s-t| > l \end{cases}, \quad s, t \geqslant 0$$

(2) $Y(t)$ 的自相关函数

$$R_Y(s,t) = E[Y(s)Y(t)]$$
$$= E[e^{-\beta s}W(e^{2\beta s})e^{-\beta t}W(e^{2\beta t})]$$
$$= \sigma^2 e^{-\beta(s+t)}e^{2\beta \min(s,t)}$$
$$= \sigma^2 e^{-\beta[s+t-2\min(s,t)]} = \sigma^2 e^{-\beta|s-t|}, \quad s, t \geqslant 0$$

习题六

1. 已知随机过程 $X(t)$ 为
$$X(t) = X\cos \omega_0 t$$
式中 $\omega_0 > 0$ 为常数,$X \sim N(0,1)$,求 $X(t)$ 的一维概率密度.

2. 给定一个随机过程 $X(t)$ 和任一实数 x,定义另一个随机过程
$$Y(t) = \begin{cases} 1, & X(t) \leqslant x \\ 0, & X(t) > x \end{cases}$$
证明 $Y(t)$ 的均值函数和自相关函数分别为 $X(t)$ 的一维和二维分布函数.

3. 设随机振幅信号为
$$X(t) = V\sin \omega_0 t$$
其中 $\omega_0 > 0$ 为常数,$V \sim N(0,1)$,求该随机过程的均值、相关函数、协方差函数和方差.

4. 设随机过程 $X(t) = A\cos(\omega_0 t + \Theta)$,式中 $\omega_0 > 0$ 为常数,A 和 Θ 为相互独立的随机变量,且 $A \sim U(0,1)$,$\Theta \sim U(0, 2\pi)$,求 $X(t)$ 的均值和相关函数.

5. 设随机过程 $X(t)$ 为
$$X(t) = Ut, -\infty < t < -\infty$$
式中 $U \sim U(0,1)$,求过程的均值、相关函数、协方差函数和方差.

6. 证明:(1)若随机过程 $X(t)$ 加上确定的时间函数 $\phi(t)$,则协方差不变.(2)若随机过程 $X(t)$ 乘以非随机因子 $\phi(t)$,则协方差函数乘以 $\phi(t_1)\phi(t_2)$.

7. 设随机过程 $X(t) = U\sin t + V\cos t$,$Y(t) = W\sin t + V\cos t$,式中 U,V,W 是均值为零、方差为 6 的两两不相关的随机变量,求过程 $X(t)$ 和 $Y(t)$ 的互相关函数.

8. 设随机过程 $X(t) = A\cos t + B\sin t$,$Y(t) = A\cos 2t + B\sin 2t$,式中 A,B 是均值为零,方差为 3 的不相关的随机变量,求过程 $X(t)$ 与 $Y(t)$ 的互相关函数.

9. 设复随机过程 $Z(t)$ 为
$$Z(t) = e^{j(\omega_0 t + \Theta)}$$
式中 $\omega_0 > 0$ 为常数,$\Theta \sim U(0, 2\pi)$,求 $E[\overline{Z(t)}Z(t+\tau)]$ 和 $E[Z(t)Z(t+\tau)]$.

10. 设复随机过程 $V(t)$ 是 N 个复信号之和,即
$$V(t) = \sum_{n=1}^{N} A_n e^{j(\omega_0 t + \Phi_n)}$$
式中实常数 $\omega_0 > 0$ 为每个复信号的角频率,A_n 为第 n 个复信号的幅度,是个均值为 0 的随机变量;Φ_n 为第 n 个复信号的相位,$\Phi_n \sim U(0, 2\pi)$,现假设对于 $n=1,2,\cdots,N$,所有随机变量 A_n, Φ_n 皆为相互独立,求复过程 $V(t)$ 的自相关函数.

11. 设有两个随机过程
$$X_1(t)=Y, X_2(t)=tY$$
其中 Y 是随机变量. 分别讨论过程 $X_1(t), X_2(t)$ 的(宽)平稳性.

12. 已知随机过程 $X(t)=t^2+A\sin t+B\cos t$, 式中 A,B 皆为随机变量, 并有 $E(A)=E(B)=0, D(A)=D(B)=10, E(AB)=0$, 分别讨论过程 $X(t)$、$Y(t)\triangleq X(t)-\mu_X(t)$ 的(宽)平稳性.

13. 设随机过程 $Z(t)=X(t)+Y$, 其中 $X(t)$ 是一(宽)平稳过程, Y 是与 $X(t)$ 独立的随机变量. 讨论过程 $Z(t)$ 的(宽)平稳性.

*14. 设 $X(t)$ 为平稳高斯过程, 均值为零, 自相关函数为 $R_X(\tau)$, 证明 $Y(t)=X^2(t)$ 也是(宽)平稳过程, 并求其均值和自相关函数.

(提示: $R_Y(\tau)=R_X^2(0)+2R_X^2(\tau)$.)

15. 设 $Z(t)=X+tY$, 其中 X, Y 相互独立, 且都服从 $N(0,\sigma^2)$ 分布, 证明 $Z(t)$ 为高斯过程, 并求其自相关函数.

*16. 设 $X(t)$ 为零均值的平稳高斯过程, 其自相关函数为 (1) $R_X(\tau)=6e^{-\frac{|\tau|}{2}}$; (2) $R_X(\tau)=\dfrac{6\sin\pi\tau}{\pi\tau}$. 求随机变量 $X(t), X(t+1), X(t+2), X(t+3)$ 的协方差矩阵.

17. 设 $\{W(t), t\geq 0\}$ 是参数为 σ^2 的维纳过程, 证明: (1) $X(t)=W(t+h)-W(h), t\geq 0(h>0$ 为常数); (2) $Y(t)=-W(t), t\geq 0$ 都是维纳过程.

18. 设 $\{W(t), t\geq 0\}$ 是参数为 σ^2 的维纳过程, 求下列过程的自相关函数:

(1) $X(t)=aW\left(\dfrac{t}{a^2}\right), t\geq 0 (a>0$ 为常数);

(2) $Y(t)=(1-t)W\left(\dfrac{t}{1-t}\right), 0\leq t<1$;

(3) $Z(t)=e^{-at}W(e^{2at}-1), t\geq 0 (a>0$ 为常数).

19. 设 $\{W(t), t\geq 0\}$ 是参数为 σ^2 的维纳过程, 求下列过程的协方差函数:

(1) $W(t)+At (A$ 为常数);

(2) $W(t)+Xt, X$ 与 $W(t)$ 相互独立, $X\sim N(0,1)$.

第7章 平稳随机过程

在6.3节已经介绍了严平稳过程和宽平稳过程的概念,本章重点讨论宽平稳过程.以后简称宽平稳过程为平稳过程.

7.1 平稳过程及其数字特征

7.1.1 平稳过程的概念

首先回顾一下平稳过程的基本概念.

定义 7.1.1 如果二阶矩过程 $\{X(t), t \in T\}$ 满足:

(1) 对任意的 $t \in T, E[X(t)] = \mu_X$(常数);

(2) 对任意的 $t, t+\tau \in T, R_X(\tau) \triangleq E[X(t)X(t+\tau)]$ 与 t 无关而只与 τ 有关,

则称 $\{X(t), t \in T\}$ 为平稳过程,并称 μ_X 为它的均值, $R_X(\tau)$ 为它的自相关函数.特别地,当 T 为离散参数集时,若随机序列 $\{X_n\}$ 满足 $E(X_n^2) < +\infty$,以及

(1) 对任意的 $n \in T, E(X_n) = \mu_X$(常数),

(2) 对任意的 $n, n+m \in T, R_X(m) \triangleq E(E_n X_{n+m})$ 与 n 无关而只与 m 有关,

则称 $\{X_n\}$ 为平稳随机序列或平稳时间序列.

例 7.1.1 (随机电报信号)信号 $X(t)$ 只由取 $+I$ 和 $-I$ 的电流给出,这里

$$P\{X(t) = +I\} = P\{X(t) = -I\} = \frac{1}{2}$$

而正负号在区间 $(t, t+l)$ 内变化的次数 $N(t, t+l) \sim \pi(\lambda l)$,其中 $\lambda > 0$ 为常数,试讨论 $\{X(t)\}$ 的平稳性.

解 显然, $E[X(t)] = 0$.

现在来计算 $R_X(t, t+\tau)$. 先设 $\tau > 0$,可以算得

$P\{X(t)X(t+\tau) = I^2\} = P\{X(t) = I, X(t+\tau) = I\} + P\{X(t) = -I, X(t+\tau) = -I\}$

$= P\{X(t) = I\}P\{X(t+\tau) = I | X(t) = I\} + P\{X(t) = -I\}P\{X(t+\tau) = -I | X(t) = -I\}$

$= \frac{1}{2} P\{N(t, t+\tau) = 偶数\} + \frac{1}{2} P\{N(t, t+\tau) = 偶数\}$

$= \sum_{k=0}^{\infty} P\{N(t, t+\tau) = 2k\} = \sum_{k=0}^{\infty} \frac{(\lambda \tau)^{2k}}{(2k)!} e^{-\lambda \tau}$

类似可以算得

$$P\{X(t)X(t+\tau)=-I^2\}=\sum_{k=1}^{\infty}\frac{(\lambda\tau)^{2k-1}}{(2k-1)!}e^{-\lambda\tau}$$

于是
$$E[X(t)X(t+\tau)]=I^2P\{X(t)X(t+\tau)=I^2\}-I^2P\{X(t)X(t+\tau)=-I^2\}$$
$$=I^2e^{-\lambda\tau}\sum_{k=0}^{\infty}\frac{(-\lambda\tau)^k}{k!}$$
$$=I^2e^{-2\lambda\tau}$$

注意,上述结果与 t 无关,故当 $\tau<0$ 时,令 $t'=t+\tau$,则有
$$E[X(t)X(t+\tau)]=E[X(t')X(t'-\tau)]=E[X(t')X(t'+|\tau|)]=I^2e^{-2\lambda|\tau|}$$

当 $\tau=0$ 时,
$$E[X(t)X(t+\tau)]=E[X^2(t)]=I^2$$

故
$$R_X(t,t+\tau)=I^2e^{-2\lambda|\tau|}$$

只与 τ 有关.因此,随机电报信号是平稳的.

例 7.1.2 设状态连续、时间离散的随机过程
$$X_n=\sin 2\pi\alpha n,\ n=1,2,\cdots$$
式中,α 为随机变量且 $\alpha\sim U(0,1)$,试证明 $\{X_n\}$ 为平稳序列.

解 $\{X_n\}$ 显然是二阶矩过程.又
$$E(X_n)=\int_0^1\sin 2\pi\alpha n\,d\alpha=0(常数)$$
$$R_X(n,n+m)=E(X_nX_{n+m})=\int_0^1\sin 2\pi\alpha n\cdot\sin 2\pi\alpha(n+m)d\alpha$$
$$=\frac{1}{2}\int_0^1[\cos 2\pi m\alpha-\cos 2\pi(2n+m)\alpha]d\alpha$$
$$=\begin{cases}\frac{1}{2},\ m=0\\ 0,\ m\neq 0\end{cases}$$

只依赖于 m,所以 $\{X_n\}$ 为平稳序列.

例 7.1.3 设随机过程
$$X(t)=tY,t\in(-\infty,+\infty)$$
式中 Y 是非零随机变量,$E(Y^2)<+\infty$,讨论 $\{X(t)\}$ 的平稳性.

解
$$E[X(t)]=E(tY)=tE(Y)$$
当 $E(Y)\neq 0$ 时,$\mu_X(t)$ 与 t 有关,则 $X(t)$ 非平稳.当 $E(Y)=0$ 时,$\mu_X(t)$ 为常数,则
$$R_X(t,t+\tau)=E[(tY)(t+\tau)Y]=t(t+\tau)E(Y^2)$$
若 $E(Y^2)=D(Y)=0$,则有 $P\{Y=0\}=1$,这与假设矛盾,因而 $R(t,t+\tau)$ 总与 t 有关,故 $\{X(t)\}$ 非平稳.

7.1.2 相关函数的性质

设平稳过程 $\{X(t), t \in T\}$ 的相关函数为 $R_X(\tau)$,则 $R_X(\tau)$ 有下列性质:

$1°$ $R_X(0) = E[X^2(t)] \triangleq \Psi_X^2 \geqslant 0$.

第 8 章将进一步指出,$R_X(0)$ 代表了平稳过程的"平均功率".

$2°$ $R_X(\tau)$ 为 τ 的偶函数,即 $R_X(\tau) = R_X(-\tau)$.

这是因为

$$R_X(\tau) = E[X(t)X(t+\tau)] = E[X(t+\tau)X(t+\tau-\tau)] = R_X(-T)$$

$3°$ $|R_X(\tau)| \leqslant R_X(0)$.

由柯西-施瓦茨不等式有

$$|R_X(\tau)|^2 = \{E[X(t)X(t+\tau)]\}^2 \leqslant E[X^2(t)]E[X^2(t+\tau)] = R_X^2(0)$$

$4°$ 若平稳过程 $X(t)$ 满足条件 $X(t) = X(t+l)$,则称它为周期过程,其中 l 为过程的周期. 周期平稳过程的自相关函数必是以 l 为周期的周期函数. 因为:

$$R_X(\tau+l) = E[X(t)X(t+\tau+l)] = E[X(t)X(t+\tau)] = R_X(\tau)$$

$5°$ $R_X(\tau)$ 是非负定的,即对任意的 $t_1, t_2 \cdots, t_n \in T$ 及任意的实数 $a_1, a_2, \cdots, a_n$,有

$$\sum_{j=1}^{n} \sum_{k=1}^{n} R_X(t_j - t_k) a_j a_k \geqslant 0$$

这是因为

$$\sum_{j=1}^{n} \sum_{k=1}^{n} R_X(t_j - t_k) a_j a_k = \sum_{j=1}^{n} \sum_{k=1}^{n} E[X(t_j)X(t_k)] a_j a_k$$

$$= E\left[\sum_{j=1}^{n} \sum_{k=1}^{n} X(t_j)X(t_k) a_j a_k\right] = E\left\{\left[\sum_{j=1}^{n} a_j X(t_j)\right]^2\right\} \geqslant 0$$

7.1.3 复平稳过程

若复随机过程 $X(t) = X_1(t) + jX_2(t)$ 满足:

(1) $\mu_X(t) = \mu_{X_1} + j\mu_{X_2}$ 为复常数,

(2) $R_X(t, t+\tau) = E[\overline{X(t)}X(t+\tau)]$ 与 t 无关而只与 τ 有关,

则称 $X(t)$ 为复平稳过程.

这里要注意的是,对复平稳过程,$R_X(\tau)$ 有下列性质:

$1°$ $R_X(0) = E[|X(t)|^2] \triangleq \Psi_X^2 \geqslant 0$.

$2°$ $R_X(\tau) = \overline{R_X(-\tau)}$.

这是因为

$$R_X(\tau) = E[\overline{X(t)}X(t+\tau)] = \overline{E[X(t)\overline{X(t+\tau)}]} = \overline{R_X(-\tau)}$$

$3°$ $|R_X(\tau)| \leqslant R_X(0)$.

由柯西-施瓦茨不等式有

$$|R_X(\tau)|^2 = |E[\overline{X(t)}X(t+\tau)]|^2 \leqslant E[|X(t)|^2]E[|X(t+\tau)|^2] = R_X^2(0)$$

$4°$ $R_X(\tau)$是非负定的,即对任意的$t_1,t_2,\cdots,t_n \in T$及任意的复数$a_1,a_2,\cdots,a_n$,有

$$\sum_{j=1}^n \sum_{k=1}^n R_X(t_j - t_k) a_j \bar{a}_k \geqslant 0$$

这是因为

$$\sum_{j=1}^n \sum_{k=1}^n R_X(t_j - t_k) a_j \bar{a}_k = \sum_{j=1}^n \sum_{k=1}^n E[X(t_j)\overline{X(t_k)}] a_j \bar{a}_k$$

$$= E\Big[\sum_{j=1}^n \sum_{k=1}^n a_j X(t_j) \overline{a_k X(t_k)}\Big] = E\Big[\Big|\sum_{j=1}^n a_j X(t_j)\Big|^2\Big] \geqslant 0$$

例 7.1.4 考虑 n 个正弦波的叠加

$$X(t) = \sum_{k=1}^n X_k e^{j\omega_k t}, -\infty < t < \infty$$

其中 $\omega_k > 0 (k=1,2,\cdots n)$ 为角频率,$\{X_k, k=1,2,\cdots,n\}$ 是互不相关的实随机变量,且 $E(X_k)=0, E(X_k^2)=\sigma_k^2 > 0, k=1,2,\cdots,n$,则 $\{X(t)\}$ 为平稳过程.

解 容易算得

$$E[X(t)] = \sum_{k=1}^n E(X_k) e^{j\omega_k t} = 0$$

$$E[X(t)X(t+\tau)] = E\Big\{\Big[\overline{\sum_{k=1}^n X_k e^{j\omega_k t}}\Big]\Big[\sum_{i=1}^n X_i e^{j\omega_i(t+\tau)}\Big]\Big\}$$

$$= \sum_{k=1}^n \sum_{i=1}^n E(X_k X_i) e^{j(\omega_i-\omega_k)t+\omega_i \tau} = \sum_{i=1}^n \sigma_k^2 e^{j\omega_k \tau}$$

可见 $X(t)$ 为复平稳过程.

7.2 联合平稳过程和互相关函数

在实际问题中,有时需要讨论两个平稳过程,例如当平稳过程通过线性系统时,就要研究输入和输出两个平稳过程之间的关系,需要引入平稳相关和互相关函数的概念.

定义 7.2.1 设 $\{X(t), t \in T\}, \{Y(t), t \in T\}$ 为二平稳过程,如果对任意的 $t, t+\tau \in T, R_{XY}(t,t+\tau) = E[X(t)Y((t+\tau)]$ 与 t 无关而只与 τ 有关,称 $\{X(t)\}$ 与 $\{Y(t)\}$ 是平稳相关的或联合平稳的,并称 $R_{XY}(\tau) \triangleq R_{XY}(t,t+\tau)$ 为 $\{X(t)\}$ 与 $\{Y(t)\}$ 的互相关函数.

互相关函数有如下性质:

$1°$ $R_{XY}(0) = R_{YX}(0)$.

这是由于 $R_{XY}(0) = E[X(t)Y(t)] = R_{YX}(0)$.

$2°$ $R_{XY}(\tau) = R_{YX}(-\tau)$.

这是由于 $R_{XY}(\tau)=E[X(t)Y(t+\tau)]=E[Y(t')X(t'-\tau)]=R_{YX}(-\tau)$，其中 $t'=t+\tau$.

性质 2°说明，互相关函数既不是奇函数也不是偶函数.

3° $|R_{XY}(\tau)|^2 \leqslant R_X(0)R_Y(0)$.

这是由于 $|R_{XY}(\tau)|^2=\{E[X(t)Y(t+\tau)]\}^2 \leqslant E[X^2(t)]E[Y^2(T+\tau)]=R_X(0)R_Y(0)$.

4° $|R_{XY}(\tau)| \leqslant \dfrac{1}{2}[R_X(0)+R_Y(0)]$（由 3°）.

例 7.2.1 设二平稳过程
$$X(t)=\cos(\omega_0 t+\Theta), -\infty<t<\infty$$
$$Y(t)=\sin(\omega_0 t+\Theta), -\infty<t<\infty$$

其中 $\omega_0>0$ 为常数，$\Theta \sim U(0,2\pi)$，证明 $\{X(t)\}$ 与 $\{Y(t)\}$ 是平稳相关的，并求其互相关函数.

证 Θ 的概率密度为
$$f_\Theta(\theta)=\begin{cases} \dfrac{1}{2\pi} & 0<\theta<2\pi \\ 0, & \text{其他} \end{cases}$$

容易算得
$$\begin{aligned}E[X(t)Y(t+\tau)]&=E[\cos(\omega_0 t+\Theta)\sin(\omega_0(t+\tau)+\Theta)]\\&=\frac{1}{2}\{E[\sin(\omega_0(2t+\tau)+2\Theta)]+\sin(\omega_0\tau)\}\\&=\frac{1}{2}\sin(\omega_0\tau)\end{aligned}$$

其中
$$E[\sin(\omega_0(2t+\tau)+2\Theta)]=\frac{1}{2\pi}\int_0^{2\pi}\sin(\omega_0(2t+\tau)+2\theta)\mathrm{d}\theta=0$$

可见 $\{X(t)\}$ 与 $\{Y(t)\}$ 平稳相关，且互相关函数
$$R_{XY}(\tau)=\frac{1}{2}\sin(\omega_0\tau)$$

7.3 随机分析

在以后的研究中，我们经常涉及随机过程的微分和积分. 如同普通函数的情况一样，这些运算都是极限运算. 但是对随机过程而言，它们涉及的随机变量序列的极限都是在均方收敛意义下的极限，为此先介绍均方收敛. 本节所涉及的随机变量是具有二阶矩的实的或复的随机变量. 如果把定义在同一样本空间上的具有二阶矩的随机变量组成的集合记为 $\mathscr{H}$，即 $\mathscr{H}=\{X:E|X|^2<+\infty\}$.

7.3.1 均方收敛

定义 7.3.1 设 $X_n, X \in \mathscr{H}$,如果
$$\lim_{n\to\infty} E(|X_n - X|^2) = 0$$
则称当 $n \to \infty$ 时,X_n 均方收敛到 X,或当 $n \to \infty$ 时,X 是 X_n 的均方极限,记为
$$\underset{n\to\infty}{\text{l.i.m}} X_n = X \quad \text{或} \quad X_n \xrightarrow{L_2} X$$
式中 l.i.m 代表均方意义下的极限,是英文 limit in mean 的缩写.

引理 7.3.1 设 $X_n \in \mathscr{H}$,如果 $\underset{n\to\infty}{\text{l.i.m}} X_n = X$,则 $X \in \mathscr{H}$,即 $\mathscr{H}$ 对均方极限封闭.

证 由柯西-施瓦茨不等式
$$\begin{aligned} E(|X|^2) &= E(|X - X_n + X_n|^2) \leqslant \\ &\quad E(|X - X_n|^2) + 2E(|X_n||X - X_n|) + E(|X_n|^2) \\ &\leqslant (\sqrt{E(|X - X_n|^2)} + \sqrt{E(|X_n|^2)})^2 \end{aligned} \quad (7.3.1)$$

当 n 充分大时,结合 (7.3.1) 有
$$E(|X|^2) \leqslant (\sqrt{E(|X_n|^2)} + \sqrt{E(|X - X_n|^2)})^2 < \infty$$
所以 $X \in \mathscr{H}$.

引理 7.3.2 如果 $X_n \in \mathscr{H}$,且 $\underset{n\to\infty}{\text{l.i.m}} X_n = X$,则

(1) $\lim_{n\to\infty} E(X_n) = E(X)$;

(2) $\lim_{n\to\infty} E(|X_n|^2) = E(|X|^2)$.

证 (1) 由柯西-施瓦茨不等式,有
$$|E(X_n) - E(X)| \leqslant E(|X_n - X|) \leqslant \sqrt{E(|X_n - X|^2)} \to 0, n \to \infty$$

(2) 因为
$$\begin{aligned} E|X_n|^2 - E|X|^2 &= E(X_n \overline{X}_n - X \overline{X}) \\ &= E(X_n \overline{X}_n - \overline{X}_n X + \overline{X}_n X - X \overline{X}) \\ &= E[\overline{X}_n(X_n - X)] + E[X(\overline{X}_n - \overline{X})] \\ &\leqslant \sqrt{E(|\overline{X}_n|^2) E(|X_n - X|^2)} + \sqrt{E(|X|^2) E(|\overline{X}_n - \overline{X}|^2)} \end{aligned}$$

注意到
$$\sqrt{E(|\overline{X}_n|^2)} \leqslant \sqrt{E(|\overline{X}|^2)} + \sqrt{E(|X_n - X|^2)}$$
所以
$$E|X_n|^2 - E|X|^2 \to 0, n \to \infty$$

引理 7.3.2 中的 (1) 经常被用到,它可以表为下列形式:
$$E[\lim_{n\to\infty} X_n] = \lim_{n\to\infty} E(X_n)$$
即均方极限的数学期望等于数学期望的极限.

引理 7.3.3 如果 $X_n, Y_m \in \mathscr{H}$，且 $\underset{n\to\infty}{\text{l.i.m}} X_n = X$, $\underset{m\to\infty}{\text{l.i.m}} Y_m = Y$，则
$$\lim_{\substack{n\to\infty\\m\to\infty}} E(X_n \overline{Y}_m) = E(X\overline{Y})$$

证 由柯西-施瓦茨不等式及引理 7.3.2，有
$$|E(X_n \overline{Y}_m) - E(X\overline{Y})|$$
$$\leqslant E(|X_n \overline{Y}_m - X\overline{Y}|) = E[|X_n(\overline{Y}_m - \overline{Y}) + (X_n - X)\overline{Y}|]$$
$$\leqslant E[|X_n(\overline{Y}_m - \overline{Y})|] + E[|(X_n - X)\overline{Y}|]$$
$$\leqslant \sqrt{E(|X_n|^2)}\sqrt{E(|\overline{Y}_m - \overline{Y}|^2)} + \sqrt{E(|X_n - X|^2)}\sqrt{E(|Y|^2)}$$

注意到
$$E(|\overline{X}_n|^2) \leqslant \sqrt{E(|\overline{X}|^2)} + \sqrt{E(|\overline{X}_n - \overline{X}|^2)}$$

所以得到
$$|E(X_n \overline{Y}_m) - E(X\overline{Y})| \to 0, n \to \infty$$

定理 7.3.1 （均方收敛准则）如果 $X_n \in \mathscr{H}$，则下列诸条件等价：

(1) $\lim\limits_{n\to\infty} X_n = X$；

(2) 存在复数 C，使得 $\lim\limits_{\substack{n\to\infty\\m\to\infty}} E(X_n \overline{X}_m) = C$；

(3) $\lim\limits_{\substack{n\to\infty\\m\to\infty}} E(|X_n - \overline{X}_m|^2) = 0$.

证明要用到几乎处处收敛[*]的概念和法都-勒贝格定理[**]，故略去.

7.3.2 均方连续

以下假定所涉及的随机过程是实的或复的二阶矩过程.

定义 7.3.2 如果随机过程 $\{X(t), t \in T\}$ 满足：对 $t \in T$，有
$$\lim_{h \to 0} X(t+h) = X(t) \tag{7.3.2}$$
则称随机过程 $\{X(t)\}$ 于 t 处在均方意义下连续，简称 $\{X(t)\}$ 在 t 处均方连续. 若 $\{X(t), t \in T\}$ 在每一点 $t \in T$ 处均方连续，则称 $\{X(t)\}$ 在 T 上均方连续.

由 (7.3.2) 式及引理 7.3.2 的 (1)，不难推出它的均值函数是 t 的连续函数：若 $X(t)$ 在 t 处均方连续，则
$$\lim_{h \to 0} \mu_X(t+h) = \mu_X(t)$$

定理 7.3.2 （均方连续准则）随机过程 $\{X(t), t \in T\}$ 在 $t \in T$ 处均方连续的充要条件是其相关函数 $R_X(s,t)$ 在 (t,t) 点连续.

证 设 $R_X(s,t)$ 在 (t,t) 连续，则

---

[*] 参见参考文献[1]的第 150 页定理 5.

[**] 参见参考文献[1]的第 175 页定理 1.

$$E[|X(t+h)-X(t)|^2]=E\{[X(t+h)-X(t)]\overline{[X(t+h)-X(t)]}\}$$
$$=R_X(t+h,t+h)-R_X(t,t+h)-R_X(t+h,t)+R_X(t,t)\to 0, h\to 0$$

可见$\{X(t)\}$在t处均方连续.

若$\{X(t)\}$在t处均方连续,则有
$$\underset{h\to 0}{\text{l. i. m}}X(t+h)=X(t), \underset{h'\to 0}{\text{l. i. m}}X(t+h')=X(t)$$

由引理7.3.3知,当$h\to 0, h'\to 0$时,有
$$\lim_{\substack{h\to 0\\h'\to 0}}R_X(t+h,t+h')=\lim_{\substack{h\to 0\\h'\to 0}}E[X(t+h)\overline{X(t+h')}]=E[X(t)\overline{X(t)}]=R_X(t,t)$$

即$R_X(s,t)$在(t,t)处连续.

推论 如果$R_X(s,t)$在一切(t,t)处连续,则$R_X(s,t)$在一切(s,t)处连续.

证 由于$R_X(s,t)$在一切(t,t)处连续,因而对任意的$t\in T, \{X(t)\}$在t处均方连续,即有
$$\underset{h\to 0}{\text{l. i. m}}X(s+h)=X(s), \underset{h'\to 0}{\text{l. i. m}}X(t+h')=X(t)$$

由引理7.3.3,有
$$\lim_{\substack{h\to 0\\h'\to 0}}R_X(s+h,t+h')=\lim_{\substack{h\to 0\\h'\to 0}}E[X(s+h)\overline{X(t+h')}]=E[X(s)\overline{X(t)}]=R_X(s,t)$$

例7.3.1 设$\{X(t),t\geq 0\}$是强度为λ的泊松过程,则
$$C_X(s,t)=\lambda\min(s,t), \quad \mu_X(t)=\lambda t$$
$$R_X(s,t)=\lambda\min(s,t)+\lambda^2 st=\lambda\frac{s+t-|s-t|}{2}+\lambda^2 st$$

可见当$h\to 0, h'\to 0$时,$\frac{|t+h-(t+h')|}{2}\to 0, \frac{s+t}{2}, st$是$s,t$的连续函数,$R_X(s,t)$在$(t,t)(t\in T)$处连续,$\{X(t)\}$对任意$t\geq 0$均方连续.

本节在讨论平稳过程的性质时,假定T是连续参数集,且$0\in T$.对平稳过程,则有下面的定理.

定理7.3.3 对平稳过程$\{X(t),t\in T\}$,下列诸条等价:

(1) $\{X(t)\}$在T上均方连续;

(2) $\{X(t)\}$在$t=0$处均方连续;

(3) $R_X(\tau)$在$\tau=0$处连续;

(4) $R_X(\tau)$在T上连续.

证 (1)$\Rightarrow$(2)显然.

(2)$\Rightarrow$(3)是由于
$$|R_X(\tau)-R_X(0)|^2=|E[\overline{X(0)}X(\tau)]-E[|X(0)|^2]|^2$$
$$\leq [E(|X(0)||X(\tau)-X(0)|)]^2\leq R_X(0)E[|X(\tau)-X(0)|^2]\to 0, \tau\to 0$$

(3)$\Rightarrow$(4)是由于
$$|R_X(t+\tau)-R_X(t)|^2=|E[\overline{X(0)}X(t+\tau)]-E[\overline{X(0)}X(t)]|^2$$
$$\leq R_X(0)E[|X(t+\tau)-X(t)|^2]\leq R_X(0)[2R_X(0)-R_X(\tau)-\overline{R_X(\tau)}]\to 0, \tau\to 0$$

(4)⇒(1)是由于
$$E[|X(t+\tau)-X(t)|^2]=2R_X(0)-R_X(\tau)-\overline{R_X(\tau)}\to 0,\tau\to 0$$

7.3.3 均方导数

定义 7.3.3 设$\{X(t)\}$为随机过程,对$t\in T$,若存在随机变量$X\in\mathscr{H}$,使得
$$\underset{h\to 0}{\text{l.i.m}}\frac{X(t+h)-X(t)}{h}=X$$
则称$\{X(t)\}$在t处均方可导,记为$X'(t)=X$,称X为$\{X(t)\}$在t处的均方导数. 如果$\{X(t)\}$在每一点$t\in T$处均方可导,则称它在T上均方可导或均方可微,且记它的均方导数为$X'(t)$或$\dfrac{\mathrm{d}X(t)}{\mathrm{d}t}$,$t\in T$.

为了给出均方可导准则,需要二元函数的广义二次可导的概念.

定义 7.3.4 设$f(s,t)$为二元函数,如果极限
$$\lim_{\substack{h\to 0\\h'\to 0}}\frac{f(s+h,t+h')-f(s+h,t)-f(s,t+h')+f(s,t)}{hh'}$$
存在,则称$f(s,t)$在(s,t)处广义二次可导.

定理 7.3.4 (均方可导准则)随机过程$\{X(t),t\in T\}$在$t\in T$处均方可导的充要条件是其相关函数$R_X(s,t)$在(t,t)处广义二次可导.

证 首先给出
$$\begin{aligned}&E\left\{\left[\frac{X(t+h)-X(t)}{h}\right]\overline{\left[\frac{X(t+h')-X(t)}{h'}\right]}\right\}\\&=\frac{R_X(t+h,t+h')-R_X(t+h,t)-R_X(t,t+h')+R_X(t,t)}{hh'}\end{aligned} \quad (7.3.3)$$

当$\{X(t),t\in T\}$在$t\in T$处均方可导,即有
$$\underset{h\to 0}{\text{l.i.m}}\frac{X(t+h)-X(t)}{h}=X'(t)$$
于是由引理 7.3.3 知(7.3.3)式右端的极限为$E[|X'(t)|^2]<\infty$,故$R_X(s,t)$在(t,t)处存广义二次导数. 反之,若(7.3.3)式的右端极限存在,则知左端的极限为常数,由定理 7.3.1 知存在$X\in\mathscr{H}$,使得$\lim_{h\to 0}\dfrac{X(t+h)-X(t)}{h}=X$,即$\{X(t),t\in T\}$在$t$处均方可导.

定理 7.3.5 设$\{X(t),t\in T\}$的均值函数为$\mu_X(t)$,相关函数为$R_X(s,t)$,在T上的均方导数为$X'(t)$,则

(1) $\mu_{X'}(t)=\mu'_X(t)$;

(2) $R_{X'X}(s,t)=E[\overline{X'(s)}X(t)]=\dfrac{\partial}{\partial s}R_X(s,t)$;

$$R_{XX'}(s,t)=E[\overline{X(s)}X'(t)]=\frac{\partial}{\partial t}R_X(s,t);$$

(3) $R_{X'}(s,t) = E[\overline{X'(s)}X'(t)] = \dfrac{\partial^2}{\partial s \partial t} R_X(s,t)$.

证 (1) $\mu_{X'}(t) = E\left[\underset{h\to 0}{\text{l.i.m}} \dfrac{X(t+h)-X(t)}{h}\right] = \underset{h\to 0}{\lim} \dfrac{E[X(t+h)]-E[X(t)]}{h} = \mu'_X(t)$

(2) $R_{X'X}(s,t) = E[\overline{X'(s)}X(t)] = \underset{h\to 0}{\lim} E\left\{\dfrac{\overline{[X(s+h)-X(s)]}X(t)}{h}\right\}$

$\qquad = \underset{h\to 0}{\lim} \dfrac{R_X(s+h,t)-R_X(s,t)}{h} = \dfrac{\partial}{\partial s} R_X(s,t)$

另一式的证明类似.

(3) $R_{X'}(s,t) = E[\overline{X'(s)}X'(t)] = \underset{h\to 0}{\lim} E\left\{\dfrac{\overline{X'(s)}[X(t+h)-X(t)]}{h}\right\}$

$\qquad = \underset{h\to 0}{\lim} \dfrac{1}{h}\left[\dfrac{\partial R_X(s+h,t)}{\partial s} - \dfrac{\partial R_X(s,t)}{\partial s}\right] = \dfrac{\partial^2}{\partial s \partial t} R(s,t)$

推论 设 $\{X(t), t\in T\}$ 在 T 上均方可导, 且 $X'(t)=0$, 则 $X(t)=X$ (不依赖于 t 的随机变量).

证 由 $X'(t)=0$ 及定理 7.3.5 知, $R_X(s,t)\equiv C$(常数), 于是对任意的 $s,t\in T$, $s\neq t$, 有

$$E[|X(t)-X(s)|^2] = E\{[X(t)-X(s)]\overline{[X(t)-X(s)]}\}$$
$$= R_X(t,t) - R_X(t,s) - R_X(s,t) + R_X(s,s) = 0$$

因而 $E[|X(t)-X(s)|^2] = 0$, 即对任意的 $s,t\in T$, $s\neq t$, 有 $X(t)=X(s)$, 所以推论成立.

例 7.3.2 设 $\{W(t), t\geq 0\}$ 为维纳过程, 它的均值函数的相关函数分别为
$$\mu_W(t)=0, \quad R_W(s,t)=\sigma^2 \min(s,t)$$
讨论 $\{W(t)\}$ 的可微性.

解 由于当 $h\to 0^+$ 时, 有

$$\dfrac{R_W(t+h,t+h)-R_W(t,t+h)-R_W(t+h,t)+R_W(t,t)}{h^2}$$
$$= \dfrac{\sigma^2(t+h)-\sigma^2 t-\sigma^2 t+\sigma^2 t}{h^2}$$
$$= \dfrac{\sigma^2}{h} \to \infty$$

可见 $\{W(t), t\geq 0\}$ 不是均方可微的. 考虑到

$$R_W(s,t) = \begin{cases} \sigma^2 t, & s>t \\ \sigma^2 s, & s\leq t \end{cases}$$

$$\dfrac{\partial R_W(s,t)}{\partial s} = \begin{cases} 0, & s>t \\ \sigma^2, & s<t \end{cases} = \sigma^2 u(t-s)$$

有时, 定义均值为 0, 相关函数为

$$\dfrac{\partial^2 R_W(s,t)}{\partial s \partial t} = \dfrac{\partial}{\partial t}\sigma^2 u(t-s) = \sigma^2 \delta(t-s)$$

的随机过程为 $\{W(t), t\geq 0\}$ 的微分过程 $\{W'(t)\}$.

例 7.3.3 设 $\{X(t), t \in T\}$ 为正态过程,如果 $X'(t)$ 存在,则 $X'(t)$ 是一正态过程,且 $X'(t)$ 的有限维分布函数的特征函数为

$$\varphi(u_1, u_2, \cdots, u_n) = e^{j(\mu'_X(t_1), \mu'_X(t_2), \cdots, \mu'_X(t_k))u - \frac{1}{2}u'\left(\frac{\partial^2 C_X(t_i, t_j)}{\partial s \partial t}\right)u}$$

其中 $\mu_X(t), C_X(s,t)$ 分别是 $\{X(t)\}$ 的均值函数和协方差函数,$u' = (u_1, u_2, \cdots, u_k)$.

解 由于对任意的正整数 k,任意的 $t_1, t_2, \cdots, t_k \in T$ 及 h,

$$\left(\frac{X(t_1+h)-X(t_1)}{h}, \frac{X(t_2+h)-X(t_2)}{h}, \cdots, \frac{X(t_k+h)-X(t_k)}{h}\right)$$

为 k 维正态随机变量,而

$$\lim_{h \to 0} \frac{X(t_i+h)-X(t_i)}{h} = X'(t_i), i=1,2,\cdots,k$$

利用特征函数可以证明 $(X'(t_1), X'(t_2), \cdots, X'(t_k))$ 是 k 维正态随机变量,且

$$E[X'(t)] = \mu'_X(t)$$

$$R_{X'}(s,t) = \frac{\partial^2}{\partial s \partial t} R_X(s,t)$$

$$C_{X'}(s,t) = R_{X'}(s,t) - \overline{\mu_{X'}(s)}\mu_{X'}(t) = \frac{\partial^2}{\partial s \partial t}R_X(s,t) - \overline{\mu'_X(s)}\mu'_X(t) = \frac{\partial^2}{\partial s \partial t}C_X(s,t)$$

可见 $(X'(t_1), X'(t_2), \cdots, X'(t_k))$ 的特征函数为 $\varphi(u_1, u_2, \cdots, u_k)$.

7.3.4 均方积分

设 $\{X(t), t \in T\}$ 为二阶矩过程,相关函数为 $R_X(s,t)$,$f(t)$ 是一实的或复的普通函数,$[a,b] \subset T$,在均方收敛的意义下定义下面的积分:

$$\int_a^b f(t)X(t)\mathrm{d}t$$

定义 7.3.5 设 $\{X(t), t \in T\}$ 为二阶矩过程,$[a,b] \subset T$,$f(t)$ 是一复值函数,令

$$\Delta: a = t_0 < t_1 < \cdots < t_n = b$$

为 $[a,b]$ 的分割,记 $\Delta_k = t_k - t_{k-1}, k=1,2,\cdots,n$,$|\Delta| = \max_{1 \leqslant k \leqslant n}\{\Delta_k\}$,

$$I(\Delta) = \sum_{k=1}^n f(u_k)X(u_k)\Delta_k, \quad t_{k-1} \leqslant u_k \leqslant t_k$$

如果当 $n \to \infty (|\Delta| \to 0)$ 时,$I(\Delta)$ 的均方极限存在(为 $\mathscr{H}$ 中的元素),则称此极限为 $f(t)X(t)$ 在 $[a,b]$ 上的均方积分,记为

$$\int_a^b f(t)X(t)\mathrm{d}t$$

并称 $f(t)X(t)$ 在 $[a,b]$ 上均方可积.

定理 7.3.6 设 $\{X(t), t \in T\}$ 为二阶矩过程,相关函数为 $R_X(s,t)$,$f(t)$ 为一复值函数,$[a,b] \subset T$.如果 $X(t)$ 在 $[a,b]$ 上均方连续,且 $f(t)$ 在 $[a,b]$ 上连续,则 $f(t)X(t)$ 在 $[a,b]$ 上均方可积,且

$$\int_a^b \int_a^b f(s) \overline{f(t)} R_X(s,t) \mathrm{d}s \mathrm{d}t$$

存在.

证 由于$\{X(t)\}$在$[a,b]$上均方连续，$R_X(s,t)$在$[a,b] \times [a,b]$上连续，因而$f(s)\overline{f(t)}R_X(s,t)$在$[a,b] \times [a,b]$上连续，故积分

$$\int_a^b \int_a^b f(s) \overline{f(t)} R_X(s,t) \mathrm{d}s \mathrm{d}t$$

存在. 令

$$\Delta: a = s_0 < s_1 < \cdots < s_n = b, s_{k-1} \leqslant u_k \leqslant s_k, k = 1, 2, \cdots, n$$
$$\Delta': a = t_0 < t_1 < \cdots < t_m = b, t_{j-1} \leqslant v_j \leqslant t_j, j = 1, 2, \cdots, m$$

为$[a,b]$的任意二分割

$$E[I(\Delta) \overline{I(\Delta')}] = E\left\{\left[\sum_{k=1}^n f(u_k) X(u_k) \Delta s_k\right] \overline{\left[\sum_{j=1}^m f(v_j) X(v_j) \Delta t_j\right]}\right\}$$

$$= \sum_{k=1}^n \sum_{j=1}^m f(u_k) \overline{f(u_j)} R_X(u_k, v_j) \Delta s_k \Delta t_j$$

$$\to \int_a^b \int_a^b f(s) \overline{f(t)} R_X(s,t) \mathrm{d}s \mathrm{d}t, \quad n, m \to \infty, |\Delta|, |\Delta'| \to 0$$

由均方收敛准则知：当$n \to \infty, |\Delta| \to 0$时，$I(\Delta)$的均方极限存在，即$f(t)X(t)$在$[a,b]$上均方可积，且由均方极限的性质，有

$$E\left[\left|\int_a^b f(t) X(t) \mathrm{d}t\right|^2\right] = \int_a^b \int_a^b f(s) \overline{f(t)} R_X(s,t) \mathrm{d}s \mathrm{d}t$$

定理 7.3.7 如果$f(t), g(t)$在$[a,b]$上连续，$X(t)$在$[a,b]$上均方连续，则

(1) $E\left[\int_a^b f(t) X(t) \mathrm{d}t\right] = \int_a^b f(t) \mu_X(t) \mathrm{d}t$;

(2) $E\left\{\left[\int_a^b f(s) X(s) \mathrm{d}s\right] \overline{\left[\int_a^b g(t) X(t) \mathrm{d}t\right]}\right\} = \int_a^b \int_a^b f(s) \overline{g(t)} R_X(s,t) \mathrm{d}s \mathrm{d}t.$

证 (1) 由于$\underset{\substack{n \to \infty \\ (|\Delta| \to 0)}}{\mathrm{l.i.m}} I(\Delta) = \int_a^b f(t) X(t) \mathrm{d}t$，由引理 7.3.2，有

$$E\left[\int_a^b f(t) X(t) \mathrm{d}t\right] = E[\underset{\substack{n \to \infty \\ (|\Delta| \to 0)}}{\mathrm{l.i.m}} I(\Delta)] = \lim_{\substack{n \to \infty \\ (|\Delta| \to 0)}} E[I(\Delta)]$$

$$= \lim_{\substack{n \to \infty \\ (|\Delta| \to 0)}} \sum_{k=1}^n f(u_k) \mu_X(u_k) \Delta t_k = \int_a^b f(t) \mu_X(t) \mathrm{d}t$$

(2) 记$I = \int_a^b f(s) X(s) \mathrm{d}s, J = \int_a^b g(t) X(t) \mathrm{d}t$，并令

$$I(\Delta) = \sum_{k=1}^n f(u_k) X(u_k) \Delta s_k \xrightarrow{L_2} I, n \to \infty, |\Delta| \to 0$$

$$J(\Delta') = \sum_{j=1}^m g(v_j) X(v_j) \Delta t_j \xrightarrow{L_2} J, n \to \infty, |\Delta'| \to 0$$

由引理 7.3.3 有

$$E[I(\Delta)\overline{J(\Delta')}] = E\left\{\left[\sum_{k=1}^{n}f(u_k)X(u_k)\Delta s_k\right]\overline{\left[\sum_{j=1}^{m}g(v_j)X(v_j)\Delta t_j\right]}\right\}$$

$$= \sum_{k=1}^{n}\sum_{j=1}^{m}f(u_k)\overline{g(v_j)}R_X(u_k,v_j)\Delta s_k\Delta t_j$$

$$\to E(I\overline{J}),\ n,m\to\infty,\ |\Delta|,\ |\Delta'|\to 0$$

即有

$$E\left\{\left[\int_a^b f(s)X(s)\mathrm{d}s\right]\overline{\left[\int_a^b g(t)X(t)\mathrm{d}t\right]}\right\} = \int_a^b\int_a^b f(s)\overline{g(t)}R_X(s,t)\mathrm{d}s\mathrm{d}t$$

7.4 平稳过程的遍历性

研究随机过程的统计特性一般来说需要知道过程的有限维分布函数族,或者说要知道一族样本函数.这一点在实际问题中往往不易办到,因为这时要求对一个过程进行大量重复的实验观测以便得到许多样本函数.

现在提出这样一个问题,能否从在一段时间内观察到的一个样本函数作为提取这个过程数字特征的充分依据? 所谓遍历性就是指从随机过程的任意一个样本函数中获得它的各种统计特性,具有这一特性的随机过程称为具有遍历性的随机过程.因此,对于具有遍历性的随机过程只要有一个样本函数就可以表示出它的所有的数字特征.

7.4.1 遍历性的定义

定义 7.4.1 设 $\{X(t), -\infty<t<+\infty\}$ 为均方连续的平稳过程,如果它沿整个时间段上的平均值即时间平均值

$$\langle X(t)\rangle = \underset{l\to+\infty}{\mathrm{l.i.m}}\frac{1}{2l}\int_{-l}^{l}X(t)\mathrm{d}t$$

存在,而且 $\langle X(t)\rangle=\mu_X$ 依概率 1 相等,则称该过程关于均值具有均方遍历性.

定义 7.4.2 设 $\{X(t), -\infty<t<+\infty\}$ 为均方连续的平稳过程,且对于固定的 τ,$X(t)X(t+\tau)$ 也是均方连续的平稳随机过程,若

$$\langle X(t)X(t+\tau)\rangle = \underset{l\to+\infty}{\mathrm{l.i.m}}\frac{1}{2l}\int_{-l}^{l}X(t)X(t+\tau)\mathrm{d}t$$

存在,而且 $\langle X(t)X(t+\tau)\rangle=R_X(\tau)$ 依概率 1 相等,则称该过程关于自相关函数具有均方遍历性.

定义 7.4.3 如果 $\{X(t),-\infty<t<+\infty\}$ 为均方连续的平稳过程,且关于均值和自相关函数都具有均方遍历性,则称该过程具有遍历性,或是遍历过程.

随机过程的遍历性具有重要的实际意义.由随机过程的积分的概念知,对一般

随机过程而言随机过程的时间平均是一个随机变量.可是,对遍历过程来说,由上述定义求时间平均,得到的结果趋于一个非随机的确定量,这就表明:遍历过程诸样本函数的时间平均,实际上可以认为是相同的,因此,遍历过程的时间平均就可以由它的任一样本函数的时间平均来表示.这样对于遍历过程,可以直接用它的任一样本函数的时间平均来代替对整个过程统计平均的研究,故有

$$\mu_X = \lim_{l \to \infty} \frac{1}{2l} \int_{-l}^{l} x(t) \mathrm{d}t$$

$$R_X(\tau) = \lim_{l \to \infty} \frac{1}{2l} \int_{-l}^{l} x(t) x(t+\tau) \mathrm{d}t$$

其中$x(t), -\infty < t < +\infty$为$\{X(t)\}$的一个样本函数.实际上,这也正是引入遍历性概念的重要目的,从而给解决许多工程问题带来极大方便.例如,测量接收机的噪声,用一般方法,就需用数量相当多的、相同的接收机,在同一条件下同时进行测量和记录,再用统计方法算出所需的数字特征,而利用噪声过程的遍历性,则可以只用一部接收机,在不变的条件下,对其输出噪声作长时间的记录,然后用求时间平均的方法即可求一些重要的数字特征.

例 7.4.1 讨论随机相位正弦波$X(t) = \cos(\omega_0 t + \Theta)$的均方遍历性.

解

$$\langle X(t) \rangle = \underset{l \to +\infty}{\text{l.i.m}} \frac{1}{2l} \int_{-l}^{l} \cos(\omega_0 t + \Theta) \mathrm{d}t$$

$$= \underset{l \to +\infty}{\text{l.i.m}} \frac{\sin \omega_0 l \cos \Theta}{\omega_0 l} = 0 = E[X(t)]$$

可见,$\{X(t)\}$关于均值具有均方遍历性.

$$\langle X(t) X(t+\tau) \rangle = \underset{l \to +\infty}{\text{l.i.m}} \frac{1}{2l} \int_{-l}^{l} \cos(\omega_0 t + \Theta) \cos[\omega_0(t+\tau) + \Theta] \mathrm{d}t$$

$$= \frac{1}{2} \cos \omega_0 \tau = R_X(\tau)$$

即$\{X(t)\}$关于自相关函数具有均方遍历性,从而$\{X(t)\}$为遍历过程.

7.4.2 随机过程具有遍历性的条件

(1) 随机过程必须是平稳的.实际上,此条件是必要的,而非充分的条件,即遍历过程一定是平稳过程,但平稳过程并不都是遍历的.这由遍历性的定义可知.

(2) 平稳过程关于均值具有遍历性的充要条件为

$$\lim_{l \to +\infty} \frac{1}{l} \int_{0}^{2l} \left(1 - \frac{\tau}{2l}\right) [R_X(\tau) - \mu_X^2] \mathrm{d}\tau = 0 \tag{7.4.1}$$

证 由遍历性及均方极限的定义,只需证明(7.4.1)式等价于

$$\lim_{l \to \infty} E\left\{ \left[\frac{1}{2l} \int_{-l}^{l} X(t) \mathrm{d}t - \mu_X \right]^2 \right\} = 0 \tag{7.4.2}$$

事实上：

$$E\left\{\left[\frac{1}{2l}\int_{-l}^{l}X(t)\mathrm{d}t-\mu_X\right]^2\right\}$$

$$=E\left\{\frac{1}{4l^2}\int_{-l}^{l}X(s)\mathrm{d}s\int_{-l}^{l}X(t)\mathrm{d}t-\frac{\mu_X}{l}\int_{-l}^{l}X(t)\mathrm{d}t+\mu_X^2\right\}$$

$$=\frac{1}{4l^2}\int_{-l}^{l}\int_{-l}^{l}R_X(t-s)\mathrm{d}t\mathrm{d}s-\frac{\mu_X}{l}\int_{-l}^{l}\mu_X\mathrm{d}t+\mu_X^2$$

$$=\frac{1}{4l^2}\int_{-2l}^{2l}(2l-|\tau|)R_X(\tau)\mathrm{d}\tau-\mu_X^2\text{(变量代换)}$$

$$=\frac{1}{l}\int_{0}^{2l}\left(1-\frac{\tau}{2l}\right)R_X(\tau)\mathrm{d}\tau-\mu_X^2\text{(偶函数)}$$

$$=\frac{1}{l}\int_{0}^{2l}\left(1-\frac{\tau}{2l}\right)[R_X(\tau)-\mu_X^2]\mathrm{d}\tau$$

推论 均方连续的平稳过程$\{X(t)\}$关于均值具有均方遍历性的充要条件是

$$\lim_{l\to\infty}\frac{1}{l}\int_{0}^{2l}\left(1-\frac{\tau}{2l}\right)R_X(\tau)\mathrm{d}\tau=\mu_X^2$$

(3) 均方连续的平稳过程$\{X(t)\}$关于自相关函数具有遍历性的充要条件：

设$\{X(t),-\infty<t<+\infty\}$为均方连续的平稳过程，且对给定的$\tau$，$\{X(t)X(t+\tau)\}$也是均方连续的平稳过程，则$\{X(t)\}$关于自相关函数具有遍历性的充要条件是

$$\lim_{l\to\infty}\frac{1}{l}\int_{0}^{2l}\left(1-\frac{\tau_1}{2l}\right)[B(\tau_1)-R_X^2(\tau)]\mathrm{d}\tau_1=0 \tag{7.4.3}$$

其中$B(\tau_1)=E[X(t)X(t+\tau)X(t+\tau_1)X(t+\tau+\tau_1)]$.

这个条件的证明与 2 的证明类似，只需在τ取定时，用$\{X(t)X(t+\tau)\}$代替那里的$\{X(t)\}$即可，不过$\int_{a}^{b}X(t)X(t+\tau)\mathrm{d}t$的存在性将涉及到$\{X(t)\}$的四阶矩.

注：在(7.4.3)式中令$\tau=0$，就得到关于均方值具有遍历性的充要条件.

例 7.4.2 已知随机电报信号$\{X(t)\}$的均值和自相关函数分别为

$$\mu_X=0,\ R_X(\tau)=I^2\mathrm{e}^{-2\lambda|\tau|}$$

试讨论$\{X(t)\}$是否关于均值具有遍历性.

解 只要验证(7.4.1)式，由已知条件

$$\lim_{l\to\infty}\frac{1}{l}\int_{0}^{2l}\left(1-\frac{\tau}{2l}\right)[I^2\mathrm{e}^{-2\lambda|\tau|}-0^2]\mathrm{d}\tau$$

$$=\lim_{l\to\infty}\frac{I^2}{l}\int_{0}^{2l}\mathrm{e}^{-2\lambda\tau}\left(1-\frac{\tau}{2l}\right)\mathrm{d}\tau$$

$$=\lim_{l\to\infty}\left[\frac{I^2}{2\lambda l}-\frac{I^2(1-\mathrm{e}^{-4\lambda l})}{8\lambda^2 l^2}\right]=0$$

因此，$\{X(t)\}$关于均值具有遍历性.

在实际问题中，通常平稳过程$\{X(t)\}$的T取$[0,+\infty)$，此时相应的遍历性条

件为：

4. $\{X(t)\}$关于均值具有遍历性的充要条件为
$$\lim_{l\to+\infty}\frac{1}{l}\int_0^l\left(1-\frac{\tau}{l}\right)[R_X(\tau)-\mu_X^2]d\tau = 0$$

5. $\{X(t)\}$关于自相关函数具有遍历性的充要条件为
$$\lim_{l\to+\infty}\frac{1}{l}\int_0^l\left(1-\frac{\tau_1}{l}\right)[B(\tau_1)-R_X^2(\tau)]d\tau_1 = 0$$

习题七

1. 若两个随机过程 $X(t)$ 和 $Y(t)$ 都不是平稳过程，且
$$X(t)=A(t)\cos t,\ Y(t)=B(t)\sin t$$
以上两式中，$A(t)$ 和 $B(t)$ 为相互独立、平稳、零均值随机过程，并有相同的自相关函数．求证 $X(t)$ 和 $Y(t)$ 之和，即 $Z(t)=X(t)+Y(t)$ 是平稳过程．

2. 若随机过程 $X(t)$ 为平稳过程，有
$$Y(t)=X(t)\cos(\omega_0 t+\Theta)$$
式中 $X(t)$ 和 Θ 相互独立，$\Theta\sim U(0,2\pi)$，$\omega_0>0$ 为常数．

(1) 求证 $Y(t)$ 为平稳过程；

(2) 若用 $W(t)=X(t)\cos[(\omega_0+\delta)t+\Theta]$ 表示随机过程 $X(t)$ 的频率按 δ 差拍，求证 $W(t)$ 也是平稳过程；

(3) 求证上述两过程之和 $Y(t)+W(t)$ 不是平稳过程．

3. 设 X,Y 是随机变量，$\omega_0>0$ 为常数，证明随机过程 $Z(t)=X\cos\omega_0 t+Y\sin\omega_0 t$ 为平稳过程的充要条件是 X 与 Y 不相关、且均值为零、方差相等．

*4. 设 $X(t)=\cos(\omega_0 t+\Theta)$，其中 ω_0 为常数，Θ 为随机变量，其特征函数为 $\varphi(u)$．证明 $X(t)$ 为平稳过程的充要条件是 $\varphi(1)=\varphi(2)=0$．

5. 设随机过程 $X(t)$ 和 $Y(t)$ 是联合平稳的平稳过程，求：

(1) $Z(t)=X(t)+Y(t)$ 的自相关函数；

(2) 题(1)在 $X(t)$ 与 $Y(t)$ 相互独立时的结果；

(3) 题(1)在 $X(t)$ 与 $Y(t)$ 相互独立且均值为零时的结果．

6. 设 $X(t)$ 是雷达的发射信号，遇到目标后的回波信号为 $aX(t-\tau_1)$，$a\ll 1$，τ_1 是信号的返回时间，设为常数，回波信号必然伴有噪声，记为 $N(t)$ 于是接收机收到的全信号为
$$Y(t)=aX(t-\tau_1)+N(t)$$

(1) 若 $X(t)$ 和 $N(t)$ 联合平稳，求互相关函数 $R_{XY}(s,t)$；

(2) 在(1)的条件下，假如 $N(t)$ 的均值为零，且与 $X(t)$ 是相互独立的，求 $R_{XY}(s,t)$，问 $X(t)$ 与 $Y(t)$ 是否联合平稳．

7. 数学期望为 $\mu_X(t)=5\sin t$,相关函数为 $R_X(s,t)=3\mathrm{e}^{-0.5(s-t)^2}$ 的随机过程 $X(t)$ 输入微分电路,该电路输出随机信号 $Y(t)=X'(t)$. 求 $Y(t)$ 的均值和自相关函数.

8. 假设平稳过程 $X(t)$ 的导数存在,试证:

(1) $E[X'(t)]=0$;

(2) $X'(t)$ 的自相关函数 $R_{X'}(\tau)=\dfrac{\mathrm{d}^2 R_X(\tau)}{\mathrm{d}\tau^2}$;

(3) $X(t)$ 与 $X'(t)$ 的互相关函数 $R_{XX'}(\tau)=\dfrac{\mathrm{d}R_X(\tau)}{\mathrm{d}\tau}$.

9. 已知平稳高斯过程 $X(t)$ 的均值 $\mu_X=8$,自相关函数 $R_X(\tau)=5\mathrm{e}^{-|\tau|}(\cos 2\tau+0.5\sin 2|\tau|)$,求导数 $Y(t)=X'(t)$ 落在 $(0,10)$ 内的概率.

10. 设随机信号 $X(t)=V\mathrm{e}^{3t}\cos 2t$. 其中 V 是均值为 5,方差为 1 的随机变量. 现设新的随机信号 $Y(t)=\displaystyle\int_0^t X(\lambda)\mathrm{d}\lambda$,试求 $Y(t)$ 的均值、相关函数、协方差函数和方差.

*11. 设 $Z(t)$ 为具有自相关函数为 $R_Z(\tau)$ 的复平稳随机过程. 现定义随机变量
$$V=\int_a^{a+l}Z(t)\mathrm{d}t$$
其中 $l>0$ 和 a 皆为常数. 证明:
$$E[|V|^2]=\int_{-l}^{l}(l-|\tau|)R_Z(\tau)\mathrm{d}\tau$$

12. 设 $C_X(\tau)$ 是均方连续的平稳过程 $\{X(t),t\in R_1\}$ 的自协方差函数,证明:如果 $C_X(\tau)$ 绝对可积,即
$$\int_{-\infty}^{+\infty}|C_X(\tau)|\mathrm{d}\tau<+\infty$$
则 $X(t)$ 关于均值具有均方遍历性.

13. 设随机过程 $Z(t)=X(t)+Y$,其中 $X(t)$ 是一关于均值遍历的平稳过程,Y 是与 $X(t)$ 独立的非退化随机变量,试说明 $Z(t)$ 不是遍历的.

14. 设随机过程 $X(t)=A\cos(\omega_0 t+\Phi)$,式中 A、Φ 是相互独立的随机变量,且 $\Phi\sim U(0,2\pi)$,试问该过程关于均值是否具有遍历性? 证明之.

15. 设随机过程 $X(t)=A\sin t+B\cos t$,其中 A、B 皆为均值为零方差为 σ^2 且互不相关的随机变量,试证 $X(t)$ 关于均值是遍历的.

第8章 平稳过程的谱分析

在线性电路分析中,广泛应用傅里叶变换这一有效工具来确定时域和频域之间的关系.在许多情况下,应用频域方法可以使分析工作大为简化.这是因为在频域方法中,可以用直接相乘来代替时域方法中的卷积积分.过去,在应用傅里叶变换对时,其对象是确定性函数.现在,很自然地会提出这样的问题:对于随机信号来说,是否可以利用频域分析的方法?傅里叶变换能否用于研究随机信号? 以及随机信号的频域特征是什么? 等等.简单的回答是:在研究随机信号时,仍然可以应用傅里叶变换,但必须根据随机信号的特点对它做某些限制.

为了本章讨论问题的需要,记随机变量的样本空间为 $\Lambda=\{\lambda\}$,而把 ω 作为频率的记号.

8.1 平稳过程的功率谱密度

8.1.1 简单回顾

1. 时间函数的能量谱密度

在讨论随机过程的谱分析之前,我们先对确定性信号的傅里叶变换作一简单回顾.傅里叶变换的若干性质见附录 2.设 $\{x(t), -\infty < t < +\infty\}$ 为非周期实函数,$x(t)$ 的傅里叶变换存在的充要条件是:

1° $x(t)$ 在任意有限区间内满足狄氏条件;

2° $x(t)$ 绝对可积,即 $\int_{-\infty}^{+\infty} |x(t)| \, dt < +\infty$;

3° 若 $x(t)$ 代表信号,则 $x(t)$ 的总能量

$$\int_{-\infty}^{+\infty} x^2(t) \, dt < +\infty$$

满足上述三个条件的 $x(t)$ 的傅里叶变换为

$$F(\omega) = \int_{-\infty}^{+\infty} x(t) e^{-j\omega t} \, dt \qquad (8.1.1)$$

也称 $F(\omega)$ 为 $x(t)$ 的频谱.当 $x(t)$ 代表电压时,则 $F(\omega)$ 表示了电压按频率的分布.

$x(t)$ 是 $F(\omega)$ 的傅里叶反变换,即

$$x(t) = \frac{1}{2\pi} \int_{-\infty}^{+\infty} F(\omega) e^{j\omega t} \, d\omega \qquad (8.1.2)$$

$x(t)$和$F(\omega)$是相互唯一确定的,称其为一傅里叶变换对,简记为$x(t)\leftrightarrow F(\omega)$.
由(8.1.1)和(8.1.2)两式,可以得到

$$\int_{-\infty}^{+\infty}|x(t)|^2 dt = \int_{-\infty}^{+\infty} x(t)\frac{1}{2\pi}\int_{-\infty}^{+\infty} F(\omega)e^{j\omega t}d\omega dt$$

$$= \frac{1}{2\pi}\int_{-\infty}^{+\infty} F(\omega)\int_{-\infty}^{+\infty} x(t)e^{j\omega t}dt d\omega$$

$$= \frac{1}{2\pi}\int_{-\infty}^{+\infty} F(\omega)\overline{F(\omega)}d\omega$$

$$= \frac{1}{2\pi}\int_{-\infty}^{+\infty}|F(\omega)|^2 d\omega$$

即

$$\int_{-\infty}^{+\infty} x^2(t)dt = \frac{1}{2\pi}\int_{-\infty}^{+\infty}|F(\omega)|^2 d\omega \tag{8.1.3}$$

(8.1.3)式就是非周期性时间函数的帕塞瓦等式. 若$x(t)$表示的是电压,则(8.1.3)式左边代表$x(t)$在时间$(-\infty,+\infty)$上的总能量. 因此等式右边的被积函数$|F(\omega)|^2$表示了信号$x(t)$的能量按频率分布的情况,故称$|F(\omega)|^2$为能谱密度.

2. 时间函数的功率谱密度

在上一段假定$\int_{-\infty}^{\infty} x^2(t)dt < \infty$,即$x(t)$的总能量有限. 如果$x(t)$的总能量无限,在技术上通常转而去研究$x(t)$在$(-\infty,\infty)$上的平均功率,即

$$\lim_{l\to+\infty}\frac{1}{2l}\int_{-l}^{l} x^2(t)dt \tag{8.1.4}$$

及其谱表示式. 以下假定(8.1.4)式的极限存在,并通过下面的推导,引入时间函数的功率谱密度的概念.

令

$$x_l(t) = \begin{cases} x(t), & |t|\leqslant l \\ 0, & |t|>l \end{cases}$$

称$x_l(t)$为$x(t)$的截尾函数,那么$x_l(t)$满足$\int_{-\infty}^{\infty} x_l^2(t)dt < \infty$. 记$x_l(t)$的傅里叶变换为$F(\omega,l)$,即

$$F(\omega,l) = \int_{-\infty}^{\infty} x_l(t)e^{-j\omega t}dt = \int_{-l}^{l} x(t)e^{-j\omega t}dt \tag{8.1.5}$$

则(8.1.3)式化为

$$\int_{-\infty}^{\infty} x_l^2(t)dt = \int_{-l}^{l} x^2(t)dt = \frac{1}{2\pi}\int_{-\infty}^{\infty}|F(\omega,l)|^2 d\omega \tag{8.1.6}$$

$x(t)$在$(-l,l)$上的平均功率为

$$\frac{1}{2l}\int_{-l}^{l} x^2(t)dt = \frac{1}{4\pi l}\int_{-\infty}^{\infty}|F(\omega,l)|^2 d\omega$$

令$l\to+\infty$,交换积分运算和极限运算的顺序,则(8.1.4)式可表示为

$$\lim_{l\to+\infty}\frac{1}{2l}\int_{-l}^{l}x^2(t)\mathrm{d}t=\frac{1}{2\pi}\int_{-\infty}^{\infty}\lim_{l\to+\infty}\frac{1}{2l}\mid F(\omega,l)\mid^2\mathrm{d}\omega \qquad(8.1.7)$$

记

$$\overline{S(\omega)}=\lim_{l\to+\infty}\frac{1}{2l}\mid F(\omega,t)\mid^2$$

并称 $\overline{S(\omega)}$ 为 $x(t)$ 的功率谱密度,称

$$\lim_{l\to+\infty}\frac{1}{2l}\int_{-l}^{l}x^2(t)\mathrm{d}t=\frac{1}{2\pi}\int_{-\infty}^{\infty}\overline{S(\omega)}\mathrm{d}\omega$$

为 $x(t)$ 的平均功率的谱表示式.

8.1.2 随机过程的功率谱密度

对于随机过程来说,其样本函数是时间的函数,但由于随机过程的持续时间是无限的,所以对它的任何一个非零样本函数,都不满足绝对可积与总能量有限的条件,因此它们的傅里叶变换不存在.那么对随机过程如何运用傅里叶变换呢?下面我们就来解决这个问题.

一个随机过程的样本函数,尽管它的总能量是无限的,但它的平均功率却是有限的,即

$$Q=\lim_{l\to\infty}\frac{1}{2l}\int_{-l}^{l}\mid x(t)\mid^2\mathrm{d}t<+\infty$$

这样,对随机过程的样本函数而言,研究它的频谱没有意义,研究其平均功率谱有意义.

仿对时间函数的平均功率的定义,作随机过程 $\{X(t,\lambda),t\in T\}(T=(-\infty,+\infty))$ 的截尾过程(因为 ω 用作频率,故将样本点改记为 λ)

$$X_l(t,\lambda)=\begin{cases}X(t,\lambda),&\mid t\mid\leqslant l\\0,&\mid t\mid>l\end{cases}$$

记 $X_l(t,\lambda)$ 的傅里叶变换为

$$F_l(\omega,\lambda)=\int_{-\infty}^{+\infty}X_l(t,\lambda)\mathrm{e}^{-j\omega t}\mathrm{d}t=\int_{-l}^{l}X(t,\lambda)\mathrm{e}^{-j\omega t}\mathrm{d}t$$

$$X_l(t,\lambda)=\frac{1}{2\pi}\int_{-\infty}^{+\infty}F_l(\omega,\lambda)\mathrm{e}^{j\omega t}\mathrm{d}\omega$$

则(8.1.6)式化为

$$\int_{-l}^{l}X^2(t,\lambda)\mathrm{d}t=\frac{1}{2\pi}\int_{-\infty}^{+\infty}\mid F_l(\omega,\lambda)\mid^2\mathrm{d}\omega$$

(8.1.7)式化为

$$\underset{l\to+\infty}{\mathrm{l.i.m}}\frac{1}{2l}\int_{-l}^{l}\mid X(t,\lambda)\mid^2\mathrm{d}t=\underset{l\to+\infty}{\mathrm{l.i.m}}\frac{1}{2\pi}\int_{-\infty}^{+\infty}\frac{1}{2l}\mid F_l(\omega,\lambda)\mid^2\mathrm{d}\omega$$

但值得注意的是,上面的积分是均方积分,极限是均方极限,因而上式的结果是一随机变量,记为 $Q(\lambda)$,即

第 8 章 平稳过程的谱分析

$$Q(\lambda) = \underset{l \to +\infty}{\text{l.i.m}} \frac{1}{2l} \int_{-l}^{l} |X(t,\lambda)|^2 dt = \underset{l \to +\infty}{\text{l.i.m}} \frac{1}{2\pi} \int_{-\infty}^{+\infty} \frac{1}{2l} |F_l(\omega,\lambda)|^2 d\omega$$

要定义随机过程的平均功率,很自然的想法对上式两边取数学期望,记为 Q,即

$$Q = E[Q(\lambda)] = E\left[\underset{l \to +\infty}{\text{l.i.m}} \frac{1}{2l} \int_{-l}^{l} |X(t,\lambda)|^2 dt\right] = E\left[\underset{l \to +\infty}{\text{l.i.m}} \frac{1}{2\pi} \int_{-\infty}^{+\infty} \frac{1}{2l} |F_l(\omega,\lambda)|^2 d\omega\right]$$

由均方积分和均方极限的性质,并在最后一项中交换积分运算和极限运算的顺序,有

$$Q = E[Q(\lambda)] = \lim_{l \to +\infty} \frac{1}{2l} \int_{-l}^{l} E[|X(t,\lambda)|^2] dt = \frac{1}{2\pi} \int_{-\infty}^{+\infty} \lim_{l \to +\infty} E\left[\frac{1}{2l} |F_l(\omega,\lambda)|^2\right] d\omega$$

记

$$S_X(\omega) = \lim_{l \to \infty} \frac{1}{2l} E[|F_l(\omega,\lambda)|^2]$$

这里 $S_X(\omega)$ 是 ω 的确定函数,它描述了在不同频率上随机过程的平均功率分布的情况. 称 $S_X(\omega)$ 为随机过程 $\{X(t)\}$ 的平均功率的谱密度,简称功率谱密度或谱密度,有时也称它为 $\{X(t)\}$ 的自谱密度.

定义 8.1.1 设 $\{X(t),t \in R_1\}$ 为随机过程,如果对任意的 $l>0$,$\int_{-l}^{l} |X(t,\lambda)|^2 dt$ 存在且 $\underset{l \to +\infty}{\text{l.i.m}} \frac{1}{2l} \int_{-l}^{l} |X(t,\lambda)|^2 dt$ 存在,则称

$$Q = E\left[\underset{l \to +\infty}{\text{l.i.m}} \frac{1}{2l} \int_{-l}^{l} |X(t,\lambda)|^2 dt\right] \tag{8.1.8}$$

为 $\{X(t)\}$ 的平均功率. 若对任意的 ω,极限 $\lim_{l \to +\infty} \frac{1}{2l} E[|F_l(\omega,\lambda)|^2]$ 存在,则称

$$S_X(\omega) = \lim_{l \to +\infty} \frac{1}{2l} E[|F_l(\omega,\lambda)|^2] \tag{8.1.9}$$

为 $\{X(t)\}$ 的功率谱密度,称

$$Q = \frac{1}{2\pi} \int_{-\infty}^{+\infty} S_X(\omega) d\omega \tag{8.1.10}$$

为 $\{X(t)\}$ 的平均功率的谱表示式.

对 (8.1.8) 式作进一步运算,我们还可以定义随机过程的平均功率为

$$Q = E[Q(\lambda)] = \lim_{l \to +\infty} \frac{1}{2l} \int_{-l}^{l} E[|X(t,\lambda)|^2] dt$$

$$= \lim_{l \to +\infty} \frac{1}{2l} \int_{-l}^{l} E[X^2(t)] dt$$

$$= \lim_{l \to +\infty} \frac{1}{2l} \int_{-l}^{l} \Psi_X^2(t) dt$$

即

$$Q = \lim_{l \to +\infty} \frac{1}{2l} \int_{-l}^{l} \Psi_X^2(t) dt \tag{8.1.11}$$

另一方面
$$Q = \frac{1}{2\pi}\int_{-\infty}^{+\infty} \lim_{l\to\infty}\frac{1}{2l}E[\,|\,F_l(\omega,\lambda)\,|^2\,]\mathrm{d}\omega = \frac{1}{2\pi}\int_{-\infty}^{+\infty} S_X(\omega)\mathrm{d}\omega$$

可见,随机过程的平均功率可以由它的均方值的时间平均得到,也可以由它的功率谱密度在整个频域上积分得到.

若$\{X(t)\}$为平稳过程时,此时均方值为常数

$$Q = \Psi_X^2 = R_X(0) = \frac{1}{2\pi}\int_{-\infty}^{+\infty} S_X(\omega)\mathrm{d}\omega \tag{8.1.12}$$

功率谱密度 $S_X(\omega)$ 是从频率角度描述 $X(t)$ 统计规律的最主要的数字特征.

8.2 功率谱密度的性质

8.2.1 功率谱密度的性质

1° 功率谱密度是非负的,即 $S_X(\omega) \geqslant 0$.

由定义易得.

2° 功率谱密度是 ω 的实偶函数,即
$$\overline{S_X(\omega)} = S_X(\omega),\ S_X(\omega) = S_X(-\omega)$$

前一式仍由定义可知. 对后一式,由傅里叶变换的性质,$\overline{F_l(\omega,\lambda)} = F_l(-\omega,\lambda)$,于是
$$|F_l(\omega,\lambda)|^2 = F_l(\omega,\lambda)\overline{F_l(\omega,\lambda)} = \overline{F_l(-\omega,\lambda)}F_l(-\omega,\lambda) = |F_l(-\omega,\lambda)|^2$$

再由定义可知.

3° 平稳过程的功率谱密度可积,即 $\int_{-\infty}^{+\infty} S_X(\omega)\mathrm{d}\omega < +\infty$.

因为 $\frac{1}{2\pi}\int_{-\infty}^{+\infty} S_X(\omega)\mathrm{d}\omega = E\,|\,X^2(t)\,|$,而平稳过程为二阶矩过程.

例 8.2.1 随机过程 $X(t) = a\cos(\omega_0 t + \Theta)$,式中 a,ω_0 为常数,$\Theta \sim U\left(0, \frac{\pi}{2}\right)$,求 $\{X(t)\}$ 的平均功率 Q.

解
$$E[X^2(t)] = E[a^2\cos^2(\omega_0 t + \Theta)] = E\left[\frac{a^2}{2} + \frac{a^2}{2}\cos(2\omega_0 t + 2\Theta)\right]$$
$$= \frac{a^2}{2} + \frac{a^2}{2}\int_0^{\frac{\pi}{2}}\frac{2}{\pi}\cos(2\omega_0 t + 2\theta)\mathrm{d}\theta$$
$$= \frac{a^2}{2} - \frac{a^2}{\pi}\sin 2\omega_0 t$$

显然这个过程不是平稳过程,所以

$$Q = \lim_{l \to +\infty} \frac{1}{2l} \int_{-l}^{l} E[X^2(t)] \mathrm{d}t$$

$$= \lim_{l \to +\infty} \frac{1}{2l} \int_{-l}^{l} \left(\frac{a^2}{2} - \frac{a^2}{\pi} \sin 2\omega_0 t \right) \mathrm{d}t$$

$$= \frac{a^2}{2}$$

8.2.2 功率谱密度与自相关函数之间的关系

我们已经熟悉,对于确定信号 $x(t)$ 来说,它与它的频谱函数 $F(\omega)$ 之间构成傅里叶变换对. 对于随机信号来说,自相关函数和功率谱密度分别是它在时域和频域的最重要的统计数字特征. 可以证明,平稳过程的自相关函数与功率谱密度之间也构成傅里叶变换对. 下面来推导这一关系式.

定理 8.2.1 设 $R_X(\tau)$ 是平稳过程 $\{X(t)\}$ 的自相关函数, $S_X(\omega)$ 为 $\{X(t)\}$ 的功率谱密度,若

$$\int_{-\infty}^{+\infty} |R_X(\tau)| \, \mathrm{d}\tau < +\infty$$

则

$$S_X(\omega) = \int_{-\infty}^{+\infty} R_X(\tau) \mathrm{e}^{-\mathrm{j}\omega\tau} \mathrm{d}\tau \tag{8.2.1}$$

证 由(8.1.9)式,

$$S_X(\omega) = \lim_{l \to +\infty} \frac{1}{2l} E[|F_l(\omega,\lambda)|^2]$$

式中 $F_l(\omega,\lambda) = \int_{-l}^{l} X(t,\lambda) \mathrm{e}^{-\mathrm{j}\omega t} \mathrm{d}t$,而 $|F_l(\omega,\lambda)|^2 = \overline{F_l(\omega,\lambda)} F_l(\omega,\lambda)$,则

$$S_X(\omega) = \lim_{l \to +\infty} E\left[\frac{1}{2l} \int_{-l}^{l} X(t_1) \mathrm{e}^{\mathrm{j}\omega t_1} \mathrm{d}t_1 \int_{-l}^{l} X(t_2) \mathrm{e}^{-\mathrm{j}\omega t_2} \mathrm{d}t_2 \right]$$

$$= \lim_{l \to +\infty} \frac{1}{2l} \int_{-l}^{l} \int_{-l}^{l} E[X(t_1) X(t_2)] \mathrm{e}^{-\mathrm{j}\omega(t_2-t_1)} \mathrm{d}t_1 \mathrm{d}t_2$$

$$= \lim_{l \to +\infty} \frac{1}{2l} \int_{-l}^{l} \mathrm{d}t_1 \int_{-l}^{l} R_X(t_2-t_1) \mathrm{e}^{-\mathrm{j}\omega(t_2-t_1)} \mathrm{d}t_2$$

在上式内层积分中作变量替换 $\tau = t_2 - t_1$,再交换积分顺序,可得

$$S_X(\omega) = \lim_{l \to +\infty} \frac{1}{2l} \int_{-2l}^{2l} (2l - |\tau|) R_X(\tau) \mathrm{e}^{-\mathrm{j}\omega\tau} \mathrm{d}\tau$$

$$= \int_{-\infty}^{+\infty} R_X(\tau) \mathrm{e}^{-\mathrm{j}\omega\tau} \mathrm{d}\tau - \lim_{l \to +\infty} \frac{1}{2l} \int_{-2l}^{2l} |\tau| R_X(\tau) \mathrm{e}^{-\mathrm{j}\omega\tau} \mathrm{d}\tau$$

而上式后一部分为 0,证明用到条件 $\int_{-\infty}^{+\infty} |R_X(\tau)| \, \mathrm{d}\tau < +\infty$.

由傅里叶变换理论知, $S_X(\omega)$ 是 $R_X(\tau)$ 的傅里叶变换,从而 $R_X(\tau)$ 与 $S_X(\tau)$ 在 $\int_{-\infty}^{+\infty} |R_X(\tau)| \, \mathrm{d}\tau < +\infty$ 的条件下为傅里叶变换对,可知

$$R_X(\tau) = \frac{1}{2\pi}\int_{-\infty}^{+\infty} S_X(\omega)e^{j\omega\tau}d\omega \tag{8.2.2}$$

这一关系就是著名的维纳-辛钦(Wiener-Khintchine)定理,称(8.2.1)式和(8.2.2)式为维纳-辛钦公式.它给出了平稳过程的时域特性和频域特性之间的联系.定理8.2.1有以下简单推论:

推论1

$$\Psi_X^2 = R_X(0) = \frac{1}{2\pi}\int_{-\infty}^{+\infty} S_X(\omega)d\omega$$

推论2

$$S_X(\omega) = 2\int_0^{+\infty} R_X(\tau)\cos\omega\tau d\tau \tag{8.2.3}$$

$$R_X(\tau) = \frac{1}{\pi}\int_0^{+\infty} S_X(\omega)\cos\omega\tau d\omega \tag{8.2.4}$$

证明只需用到 $S_X(\omega)$ 及 $R_X(\tau)$ 的偶函数特性.

例 8.2.2 考虑随机电报信号,它是平稳过程且自相关函数为 $R_X(\tau) = Ae^{-\beta|\tau|}$, $A>0, \beta>0$,求过程的功率谱密度 $S_X(\omega)$.

解 由(8.2.1)式,有

$$\begin{aligned}
S_X(\omega) &= \int_{-\infty}^{+\infty} Ae^{-\beta|\tau|}e^{-j\omega\tau}d\tau \\
&= A\left(\int_{-\infty}^0 e^{\beta\tau}e^{-j\omega\tau}d\tau + \int_0^{+\infty} e^{-\beta\tau}e^{-j\omega\tau}d\tau\right) \\
&= A\left[\int_{-\infty}^0 e^{(\beta-j\omega)\tau}d\tau + \int_0^{+\infty} e^{-(\beta+j\omega)\tau}d\tau\right] \\
&= A\left(\frac{1}{\beta-j\omega}e^{(\beta-j\omega)\tau}\Big|_{-\infty}^0 - \frac{1}{\beta+j\omega}e^{-(\beta+j\omega)\tau}\Big|_0^{+\infty}\right) \\
&= A\left(\frac{1}{\beta-j\omega} + \frac{1}{\beta+j\omega}\right) \\
&= \frac{2A\beta}{\beta^2+\omega^2}
\end{aligned}$$

由此例可知 $Ae^{-\beta|\tau|} \leftrightarrow \dfrac{2A\beta}{\beta^2+\omega^2}$.

例 8.2.3 已知平稳过程 $\{X(t)\}$ 具有功率谱密度为

$$S_X(\omega) = \frac{5}{\omega^4+13\omega^2+36}$$

求该过程的自相关函数和均方值.

解 因为

$$S_X(\omega) = \frac{1}{\omega^2+4} - \frac{1}{\omega^2+9}$$

利用例8.2.2的结论及傅里叶变换的线性性质,于是 $R_X(\tau)$ 应有如下形式:

$$R_X(\tau) = A_1 e^{-\beta_1|\tau|} - A_2 e^{-\beta_2|\tau|}$$

又

$$\frac{1}{\omega^2+4} = \frac{2\times\frac{1}{4}\times 2}{\omega^2+4}, \quad \frac{1}{\omega^2+9} = \frac{2\times\frac{1}{6}\times 3}{\omega^2+9}$$

故 $A_1 = \frac{1}{4}, \beta_1 = 2, A_2 = \frac{1}{6}, \beta_3 = 3$,于是

$$R_X(\tau) = \frac{1}{4}e^{-2|\tau|} - \frac{1}{6}e^{-3|\tau|}$$

均方值 $\Psi_X^2 = R_X(0) = \frac{1}{4} - \frac{1}{6} = \frac{1}{12}$.

例 8.2.4 设随机过程 $X(t)$ 的自相关函数为

$$R_X(\tau) = \begin{cases} 1-|\tau|, & |\tau| \leqslant 1 \\ 0, & \text{其他} \end{cases}$$

求其功率谱密度 $S_X(\omega)$.

解

$$S_X(\omega) = \int_{-1}^{1}(1-|\tau|)e^{-j\omega\tau}d\tau$$

$$= 2\int_{0}^{1}(1-\tau)\cos\omega\tau\, d\tau = \frac{\sin^2\left(\frac{\omega}{2}\right)}{\left(\frac{\omega}{2}\right)^2}$$

我们这里使用的维纳-辛钦公式,要求过程满足如下条件:

$$\int_{-\infty}^{+\infty}|R_X(\tau)|d\tau < +\infty \text{ 和 } \int_{-\infty}^{+\infty}S_X(\omega)d\omega < +\infty$$

在实际中,就是要求随机信号不含直流成分或周期性成分,这一要求有些苛刻. 于是,我们引入 δ 函数,维纳-辛钦公式可借助于 δ-函数推广到这种含直流或周期性成分的平稳过程中来. 在用 δ 函数计算时,公式

$$\int_{-\infty}^{\infty} e^{\pm j\omega t}dt = 2\pi\delta(\omega) \text{ 或 } \int_{-\infty}^{\infty} e^{\pm j\omega t}d\omega = 2\pi\delta(t)$$

是很有用的.

例 8.2.5 求随机相位正弦波过程的谱密度.

解 已知随机相位正弦波的自相关函数

$$R_X(\tau) = \frac{a^2}{2}\cos\omega_0\tau$$

则它的谱密度

$$S_X(\omega) = \int_{-\infty}^{+\infty} R_X(\tau)e^{-j\omega\tau}d\tau = \frac{a^2}{2}\int_{-\infty}^{+\infty}\cos\omega_0\tau\, e^{-j\omega\tau}d\tau$$

$$= \frac{a^2}{4}\int_{-\infty}^{+\infty}(e^{j\omega_0\tau} + e^{-j\omega_0\tau})e^{-j\omega\tau}d\tau$$

$$= \frac{a^2}{4}\int_{-\infty}^{+\infty}\left[\mathrm{e}^{-\mathrm{j}(\omega-\omega_0)\tau} + \mathrm{e}^{-\mathrm{j}(\omega+\omega_0)\tau}\right]\mathrm{d}\tau$$

$$= \frac{a^2\pi}{2}\left[\delta(\omega-\omega_0) + \delta(\omega+\omega_0)\right]$$

8.2.3 白噪声

这是一类用功率谱密度的特性给出的平稳过程.

1. 理想白噪声

一均值为零、功率谱密度在整个频率轴上为正常数,即

$$S_N(\omega) = \frac{N_0}{2}, \quad -\infty < \omega < +\infty$$

的平稳过程$\{N(t)\}$,我们称之为白噪声过程,或简称白噪声. 利用傅里叶反变换求得白噪声的自相关函数为

$$R_N(\tau) = \frac{1}{2\pi}\int_{-\infty}^{+\infty} S_N(\omega)\mathrm{e}^{\mathrm{j}\omega\tau}\mathrm{d}\omega = \frac{N_0}{2}\delta(\tau)$$

白噪声只是一种理想化的模型,实际上是不存在的,因为它的平均功率是无限的,而实际的随机过程总有有限的平均功率. 尽管如此,因为它在数学处理上具有简单、方便的优点,它在实际应用中仍占重要地位. 实际上,当我们所研究的随机过程,在比所考虑的有用频带宽得多的范围内,具有均匀的谱密度时,就可把它当成白噪声来处理.

此外,白噪声只是从过程的谱密度的角度来定义的,并未涉及过程的概率分布,因此,可以有各种不同概率分布的白噪声,例如高斯白噪声就是概率分布为正态分布的白噪声.

2. 限带白噪声

若噪声在一个有限频带上有正常数的功率谱密度,而在此频带之外为零,则称为限带白噪声. 限带白噪声分为低通型和带通型.

若过程的功率谱密度满足:

$$S_X(\omega) = \begin{cases} S_0, & |\omega| \leqslant W \\ 0, & |\omega| > W \end{cases}$$

则称此过程为低通型限带白噪声,其自相关函数为

$$R_X(\tau) = \frac{WS_0}{\pi}\frac{\sin W\tau}{W\tau} \left(\tau = 0 \text{ 时}, \frac{\sin W\tau}{W\tau} \text{理解为 } 1\right)$$

若过程的功率谱密度为

$$S_X(\omega) = \begin{cases} S_0, & \omega_0 - \frac{W}{2} < |\omega| < \omega_0 + \frac{W}{2} \\ 0, & \text{其他} \end{cases}$$

则称此过程为带通型限带白噪声,其自相关函数为

$$R_X(\tau) = \frac{WS_0}{\pi} \cdot \frac{\sin\left(\frac{W\tau}{2}\right)}{\left(\frac{W\tau}{2}\right)} \cos \omega_0 \tau$$

8.2.4 复平稳过程的功率谱密度

设 $Z(t)$ 为复平稳过程,其自相关函数为 $R_Z(\tau)$,定义 $Z(t)$ 的功率谱密度为

$$S_Z(\omega) = \int_{-\infty}^{+\infty} R_Z(\tau) e^{-j\omega\tau} d\tau$$

从而

$$R_Z(\tau) = \frac{1}{2\pi} \int_{-\infty}^{+\infty} S_Z(\omega) e^{j\omega\tau} d\omega$$

$S_Z(\omega)$ 有一重要性质: $S_Z(\omega) = \overline{S_Z(\omega)}$,即 $S_Z(\omega)$ 是实值的.

证

$$\overline{S_Z(\omega)} = \overline{\int_{-\infty}^{+\infty} R_Z(\tau) e^{-j\omega\tau} d\tau} = \int_{-\infty}^{+\infty} \overline{R_Z(\tau)} e^{j\omega\tau} d\tau$$

$$= \int_{-\infty}^{+\infty} R_Z(-\tau) e^{j\omega\tau} d\tau$$

$$= \int_{-\infty}^{+\infty} R_Z(\tau) e^{-j\omega\tau} d\tau = S_Z(\omega)$$

*8.2.5 平稳时间序列的功率谱密度

设 $\{X_n\}$ 是平稳时间序列,具有零均值,其自相关函数为

$$R_X(m) = E(X_n X_{n+m})$$

当 $R_Z(m)$,满足条件: $\sum_{m=-\infty}^{\infty} |R_X(m)| < +\infty$ 时,定义 $\{X_n\}$ 的功率谱密度为 $R_X(m)$ 的离散傅里叶变换,并记为 $S_X(\omega)$:

$$S_X(\omega) = \sum_{m=-\infty}^{\infty} R_Z(m) e^{-jm\omega}, -\pi \leqslant \omega \leqslant \pi$$

这里要注意的是,对于平稳时间序列,$S_X(\omega)$ 的变量 ω 限定在 $[-\pi, \pi]$ 上. 可以证明:

$$R_X(m) = \frac{1}{2\pi} \int_{-\pi}^{\pi} S_X(\omega) e^{jm\omega} d\omega, m = 0, \pm 1, \pm 2, \cdots$$

8.3 联合平稳过程的互谱密度

在实际应用中,我们经常需要同时研究两个或两个以上的随机过程,前面已经建立起了两个过程联合平稳的概念. 在这里,我们将把单个过程的功率谱的概念,以及相应的分析方法推广到两个随机过程的情况.

8.3.1 互谱密度

设有两个联合平稳的随机过程$\{X(t)\}$和$\{Y(t)\}$,相应的截尾过程分别为$X_l(t,\lambda), Y_l(t,\lambda)$,而$X_l(t,\lambda)$和$Y_l(t,\lambda)$的傅里叶变换分别为$F_l(\omega,\lambda), G_l(\omega,\lambda)$,仿照自谱密度的定义,定义$\{X(t)\}$与$\{Y(t)\}$的互谱密度函数为

$$S_{XY}(\omega) = \lim_{l \to +\infty} \frac{1}{2l} E[F_l(-\omega,\lambda) G_l(\omega,\lambda)] \qquad (8.3.1)$$

$$S_{YX}(\omega) = \lim_{l \to +\infty} \frac{1}{2l} E[G_l(-\omega,\lambda) F_l(\omega,\lambda)] \qquad (8.3.2)$$

由于

$$\overline{F_l(\omega,\lambda)} = F_l(-\omega,\lambda), \quad \overline{G_l(\omega,\lambda)} = G_l(-\omega,\lambda)$$

所以(8.3.1)式和(8.3.2)式可改为

$$S_{XY}(\omega) = \lim_{l \to +\infty} \frac{1}{2l} E[\overline{F_l(\omega,\lambda)} G_l(\omega,\lambda)] \qquad (8.3.3)$$

$$S_{YX}(\omega) = \lim_{l \to +\infty} \frac{1}{2l} E[\overline{G_l(\omega,\lambda)} F_l(\omega,\lambda)] \qquad (8.3.4)$$

由此可见,互谱密度与平稳过程的自谱密度不同,它不再是ω的实的、非负的偶函数.

8.3.2 互谱密度的性质

1° $S_{XY}(\omega) = S_{YX}(-\omega) = \overline{S_{YX}(\omega)}$.

由定义可证.

2° $\mathrm{Re}[S_{XY}(\omega)]$和$\mathrm{Re}[S_{YX}(\omega)]$是$\omega$的偶函数,$\mathrm{Im}[S_{XY}(\omega)]$和$\mathrm{Im}[S_{YX}(\omega)]$是$\omega$的奇函数. 这里,$\mathrm{Re}[\cdot], \mathrm{Im}[\cdot]$分别表示复数的实部和虚部.

由于

$$S_{XY}(\omega) = \mathrm{Re}[S_{XY}(\omega)] + j\mathrm{Im}[S_{XY}(\omega)]$$
$$S_{YX}(\omega) = \mathrm{Re}[S_{YX}(\omega)] + j\mathrm{Im}[S_{YX}(\omega)]$$

而$S_{XY}(\omega) = \overline{S_{YX}(\omega)}$,从而$\mathrm{Re}[S_{XY}(\omega)] = \mathrm{Re}[S_{YX}(\omega)]$,又$S_{XY}(\omega) = S_{YX}(-\omega)$,从而$\mathrm{Re}[S_{XY}(\omega)] = \mathrm{Re}[S_{YX}(-\omega)]$,则$\mathrm{Re}[S_{YX}(\omega)] = \mathrm{Re}[S_{YX}(-\omega)]$,即$\mathrm{Re}[S_{YX}(\omega)]$为偶函数. 其他类似可证.

3° 若$R_{XY}(\tau)$绝对可积,则互谱密度和互相关函数构成傅里叶变换对,即

$$S_{XY}(\omega) = \int_{-\infty}^{+\infty} R_{XY}(\tau) \mathrm{e}^{-j\omega\tau} \mathrm{d}\tau$$

$$S_{YX}(\omega) = \int_{-\infty}^{+\infty} R_{YX}(\tau) \mathrm{e}^{-j\omega\tau} \mathrm{d}\tau$$

$$R_{XY}(\tau) = \frac{1}{2\pi} \int_{-\infty}^{+\infty} S_{XY}(\omega) \mathrm{e}^{j\omega\tau} \mathrm{d}\omega$$

$$R_{YX}(\tau) = \frac{1}{2\pi}\int_{-\infty}^{+\infty} S_{YX}(\omega) e^{j\omega\tau} d\omega$$

以上关系式可用推导维纳-辛钦定理的同样方法证明之.

4° 若平稳过程 $\{X(t)\}$,$\{Y(t)\}$ 相互正交,即 $R_{XY}(s,t)=0$,则有
$$S_{XY}(\omega)=0, \ S_{YX}(\omega)=0$$

$$\begin{aligned}
S_{XY}(\omega) &= \lim_{l\to+\infty}\frac{1}{2l}E[\overline{F_l(\omega,\lambda)}G_l(\omega,\lambda)] \\
&= \lim_{l\to+\infty}\frac{1}{2l}E\left[\int_{-l}^{l}X(t_1,\lambda)e^{j\omega t_1}dt_1\int_{-l}^{l}Y(t_2,\lambda)e^{-j\omega t_2}dt_2\right] \\
&= \lim_{l\to+\infty}\frac{1}{2l}\int_{-l}^{l}\int_{-l}^{l}R_{XY}(t_1,t_2)e^{-j\omega(t_2-t_1)}dt_1 dt_2 \\
&= 0
\end{aligned}$$

5° 若 $\{X(t)\}$ 与 $\{Y(t)\}$ 不相关,分别有非零均值 μ_X,μ_Y 则
$$S_{XY}(\omega)=S_{YX}(\omega)=2\pi\mu_X\mu_Y\delta(\omega)$$

证明留为习题.

例 8.3.1 设两个随机过程 $X(t)$ 和 $Y(t)$ 联合平稳,其互相关函数为
$$R_{XY}(\tau)=\begin{cases}9e^{-3\tau}, & \tau\geqslant 0 \\ 0, & 其他\end{cases}$$

求互谱密度 $S_{XY}(\omega)$ 和 $S_{YX}(\omega)$.

解
$$\begin{aligned}
S_{XY}(\omega) &= \int_{-\infty}^{+\infty} R_{XY}(\tau)e^{-j\omega\tau}d\tau \\
&= \int_{-\infty}^{+\infty} 9e^{-3\tau}e^{-j\omega\tau}d\tau \\
&= 9\int_{0}^{+\infty} e^{-(3+j\omega)\tau}d\tau \\
&= \frac{9}{3+j\omega}
\end{aligned}$$

$$S_{YX}(\omega)=S_{XY}(-\omega)=\frac{9}{3-j\omega}$$

例 8.3.2 已知平稳过程 $X(t)$,$Y(t)$ 的互谱密度为
$$S_{XY}(\omega)=\begin{cases}a+j\dfrac{b\omega}{\Omega}, & -\Omega<\omega<\Omega \\ 0, & 其他\end{cases}$$

式中,$\Omega>0$,a,b 为实常数,求 $R_{XY}(\tau)$.

解
$$R_{XY}(\tau)=\frac{1}{2\pi}\int_{-\Omega}^{\Omega}\left(a+j\frac{b\omega}{\Omega}\right)e^{j\omega\tau}d\omega$$

$$= \frac{a}{2\pi}\int_{-\Omega}^{\Omega} e^{j\omega\tau} d\omega + j\frac{b}{2\pi\Omega}\int_{-\Omega}^{\Omega} \omega e^{j\omega\tau} d\omega$$

$$= \frac{1}{\pi\Omega\tau^2}[(a\Omega\tau - b)\sin\Omega\tau + b\Omega\tau\cos\Omega\tau], \tau \neq 0$$

$$R_{XY}(0) = \frac{a\Omega}{\pi}$$

8.4 线性系统对平稳过程的响应

本节首先介绍一些线性系统的基本概念,而后主要讨论时不变线性系统对平稳过程的响应.

8.4.1 线性系统

任意系统输入和输出的关系可以表示为

$$y(t) = L\{x(t)\} \tag{8.4.1}$$

$x(t)$表示输入,$y(t)$表示输出,L表示对信号$x(t)$进行运算的符号,称为算子,它代表各种可能的数学运算方法,如加法、乘法、微分、积分、微分方程的求解运算等. 如果运算L满足:

$$L\{a_1 x_1(t) + a_2 x_2(t)\} = a_1 L\{x_1(t)\} + a_2 L\{x_2(t)\}$$

其中a_1, a_2为任意常数,则称该系统为线性系统.

根据δ函数的性质,有

$$x(t) = \int_{-\infty}^{+\infty} \delta(t-\tau) x(\tau) d\tau$$

代入式(8.4.1),有

$$y(t) = L\{x(t)\} = L\left\{\int_{-\infty}^{+\infty} x(\tau)\delta(t-\tau) d\tau\right\}$$

$$= \int_{-\infty}^{+\infty} x(\tau) L\{\delta(t-\tau)\} d\tau$$

定义一个新函数$h(t,\tau) = L\{\delta(t-\tau)\}$,称为线性系统的脉冲响应函数,从而

$$y(t) = \int_{-\infty}^{+\infty} x(\tau) h(t,\tau) d\tau \tag{8.4.2}$$

该式表明一般线性系统的响应,完全被它的脉冲响应函数通过式(8.4.2)所确定.

若脉冲响应函数满足$h(t,\tau) \triangleq h(t-\tau)$,即只与$t-\tau$有关,而与$t,\tau$的个别取值无关,则称该系统为时不变的. 此时

$$y(t) = \int_{-\infty}^{+\infty} x(\tau) h(t-\tau) d\tau = x(t) * h(t) \tag{8.4.3}$$

通过变量替换,有

$$y(t) = \int_{-\infty}^{+\infty} h(\tau) x(t-\tau) d\tau = h(t) * x(t) \tag{8.4.4}$$

可见，一个线性时不变系统，可以完整地由它的脉冲响应函数来表征。脉冲响应函数是一种瞬时特性，通过系统输出 $y(t)$ 的傅里叶变换，我们可以导出频域的相应特性。

设 $X(\omega), Y(\omega), H(\omega)$ 分别表示 $x(t), y(t), h(t)$ 相应的傅里叶变换，则由傅里叶变换的卷积定理知：

$$Y(\omega) = X(\omega) H(\omega) \tag{8.4.5}$$

称式中的 $H(\omega)$ 为系统的频率响应函数，它与系统的脉冲响应函数构成傅里叶变换对。

如何计算系统的脉冲响应函数，在此不进行讨论，常见的电路系统的脉冲响应函数及脉冲响应如表 8-1 所示。

8.4.2 随机过程通过线性系统

线性系统分析的中心问题是：给定一个输入信号求输出响应。在确定信号输入的情况下我们通常研究响应的明确表达式。对于随机信号输入的问题，要想得到输出的明确表达式是不可能的，故转而讨论如何根据线性系统输入随机信号的统计特性及该系统的特性，确定该系统输出的统计特性。以下我们考虑的系统都是线性系统，且为时不变的，它的脉冲响应函数 $h(t)$ 满足：

$$\int_{-\infty}^{+\infty} |h(t)| dt < +\infty$$

此时称系统是稳定的。

设随机过程 $\{X(t)\}$ 为系统的输入，则系统的输出 $\{Y(t)\}$ 也为随机过程，且形式上有

$$Y(t) = \int_{-\infty}^{+\infty} h(\tau) X(t-\tau) d\tau = \int_{-\infty}^{+\infty} X(\tau) h(t-\tau) d\tau \tag{8.4.6}$$

当然，这里的积分已是随机积分。

定理 8.4.1 设输入 $\{X(t)\}$ 为平稳过程，其均值、自相关函数分别为 $\mu_X, R_X(\tau)$，则输出 $\{Y(t)\}$ 也是平稳过程，且与 $\{X(t)\}$ 平稳相关，它的均值、自相关函数及它与 $\{X(t)\}$ 的互相关函数分别为

$$\mu_Y = \mu_X \int_{-\infty}^{+\infty} h(t) dt \tag{8.4.7}$$

$$R_Y(\tau) = \int_{-\infty}^{+\infty} \int_{-\infty}^{+\infty} h(\tau_1) h(\tau_2) R_X(\tau + \tau_1 - \tau_2) d\tau_1 d\tau_2 \tag{8.4.8}$$

$$R_{XY}(\tau) = \int_{-\infty}^{+\infty} R_X(\lambda) h(\tau - \lambda) d\lambda \tag{8.4.9}$$

表 8-1

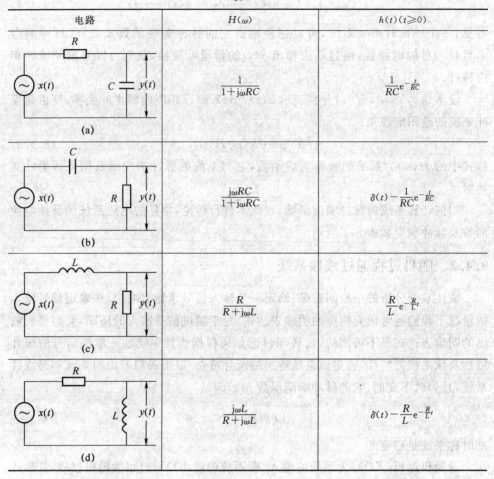

证 首先证明$\{Y(t)\}$是平稳的.

$$\mu_Y(t) = E[Y(t)] = E\left[\int_{-\infty}^{+\infty} X(t-\tau)h(\tau)d\tau\right]$$
$$= \int_{-\infty}^{+\infty} E[X(t-\tau)]h(\tau)d\tau = \mu_X \int_{-\infty}^{+\infty} h(\tau)d\tau = \mu_Y$$

$$R_Y(t, t+\tau) = E[Y(t)Y(t+\tau)]$$
$$= E\left[\int_{-\infty}^{+\infty} h(\tau_1)X(t-\tau_1)d\tau_1 \int_{-\infty}^{+\infty} h(\tau_2)X(t+\tau-\tau_2)d\tau_2\right]$$
$$= \int_{-\infty}^{+\infty}\int_{-\infty}^{+\infty} E[X(t-\tau_1)X(t+\tau-\tau_2)]h(\tau_1)h(\tau_2)d\tau_1 d\tau_2$$
$$= \int_{-\infty}^{+\infty}\int_{-\infty}^{+\infty} R_X(\tau+\tau_1-\tau_2)h(\tau_1)h(\tau_2)d\tau_1 d\tau_2$$

只与τ有关,记为$R_Y(\tau)$.综上,$\{Y(t)\}$为平稳过程,且(8.4.7)式和(8.4.8)式得证.

再来计算$\{X(t)\},\{Y(t)\}$的互相关函数.

$$R_{XY}(t,t+\tau) = E[X(t)Y(t+\tau)] = E\left[X(t)\int_{-\infty}^{+\infty}h(\lambda)X(t+\tau-\lambda)d\lambda\right]$$

$$= \int_{-\infty}^{+\infty} R_X(\tau-\lambda)h(\lambda)d\lambda$$

$$= \int_{-\infty}^{+\infty} R_X(u)h(\tau-u)du$$

只与τ有关,从而$\{X(t)\},\{y(t)\}$是平稳相关的,且(8.4.9)式得证.

例 8.4.1 设有白噪声电压$X(t)$,其自相关函数$R_X(\tau)=\dfrac{N_0}{2}\delta(\tau)$,将它加到如表 8-1 的图(a)所示的电路,求:

(1) 输出的自相关函数;
(2) 输出的平均功率;
(3) 输入与输出的互相关函数.

解 (1) 由题意知$R_X(\tau)=\dfrac{N_0}{2}\delta(\tau)$,$h(t)=\begin{cases}\alpha e^{-\alpha t}, & t\geqslant 0 \\ 0, & t<0\end{cases}$,其中$\alpha=\dfrac{1}{RC}$,将其代入(8.4.8)式得输出的自相关函数

$$R_Y(\tau) = \int_{-\infty}^{+\infty} h(\tau_1)d\tau_1 \int_{-\infty}^{+\infty} \frac{N_0}{2}\delta(\tau+\tau_1-\tau_2)h(\tau_2)d\tau_2$$

$$= \frac{N_0}{2}\int_{-\infty}^{+\infty} h(\tau_1)h(\tau+\tau_1)d\tau_1$$

$$= \frac{\alpha N_0}{2}\int_0^{+\infty} e^{-\alpha\tau_1}h(\tau+\tau_1)d\tau_1 \quad (\diamondsuit u=\tau+\tau_1)$$

$$= \frac{\alpha N_0}{2}e^{\alpha\tau}\int_\tau^{+\infty} e^{-\alpha u}h(u)du$$

$$= \begin{cases}\dfrac{\alpha^2 N_0}{2}e^{\alpha\tau}\int_0^{+\infty} e^{-2\alpha u}du, & \tau<0 \\ \dfrac{\alpha^2 N_0}{2}e^{\alpha\tau}\int_\tau^{+\infty} e^{-2\alpha u}du, & \tau\geqslant 0\end{cases}$$

$$= \frac{\alpha N_0}{4}e^{-\alpha|\tau|}$$

(2) 在上式中令$\tau=0$,即可得输出的平均功率为

$$\Psi_Y^2 = E[Y^2(t)] = R_Y(0) = \frac{\alpha N_0}{4}$$

(3) 据(8.4.9)式,有

$$R_{XY}(\tau) = \int_{-\infty}^{+\infty} \frac{N_0}{2}\delta(\tau-u)h(u)du = \frac{N_0}{2}h(\tau)$$

$$= \begin{cases} \dfrac{\alpha N_0}{2} e^{-\alpha \tau}, & \tau \geqslant 0 \\ 0, & \tau < 0 \end{cases}$$

$$R_{YX}(\tau) = R_{XY}(-\tau) = \begin{cases} 0, & \tau \geqslant 0 \\ \dfrac{\alpha N_0}{2} e^{\alpha \tau}, & \tau < 0 \end{cases}$$

定理 8.4.2 在定理 8.4.1 的条件下,记 $\{X(t)\}$ 的功率谱密度为 $S_X(\omega)$,则输出 $\{Y(t)\}$ 的功率谱密度为

$$S_Y(\omega) = |H(\omega)|^2 S_X(\omega) \tag{8.4.10}$$

而 $\{X(t)\}, \{Y(t)\}$ 的互谱密度 $S_{XY}(\omega)$ 为

$$S_{XY}(\omega) = H(\omega) S_X(\omega) \tag{8.4.11}$$

证 由维纳-辛钦公式,有

$$S_Y(\omega) = \int_{-\infty}^{+\infty} R_Y(\tau) e^{-j\omega\tau} d\tau$$

$$= \int_{-\infty}^{+\infty} \int_{-\infty}^{+\infty} \left[\int_{-\infty}^{+\infty} R_X(\tau + \tau_1 - \tau_2) e^{-j\omega\tau} d\tau \right] h(\tau_1) h(\tau_2) d\tau_1 d\tau_2$$

令 $\lambda = \tau + \tau_1 - \tau_2$,则 $d\lambda = d\tau$ 得

$$S_Y(\omega) = \int_{-\infty}^{+\infty} h(\tau_1) e^{j\omega\tau_1} d\tau_1 \int_{-\infty}^{+\infty} h(\tau_2) e^{-j\omega\tau_2} d\tau_2 \int_{-\infty}^{+\infty} R_X(\lambda) e^{-j\omega\lambda} d\lambda$$

$$= \overline{H(\omega)} H(\omega) S_X(\omega) = |H(\omega)|^2 S_X(\omega)$$

(8.4.10)式得证,而(8.4.11)式由(8.4.9)式及卷积定理可得.

注:$S_{YX}(\omega) = H(-\omega) S_X(\omega)$.

例 8.4.2 采用频域方法重解例 8.4.1.

解 由于 $R_X(\tau) = \dfrac{N_0}{2} \delta(\tau)$,则有

$$S_X(\omega) = \dfrac{N_0}{2}$$

RC 电路的频率响应函数为 $H(\omega) = \dfrac{\alpha}{\alpha + j\omega}$,故

$$|H(\omega)|^2 = \dfrac{\alpha^2}{\alpha^2 + \omega^2}$$

所以

$$S_Y(\omega) = S_X(\omega) |H(\omega)|^2 = \dfrac{N_0 \alpha^2}{2(\alpha^2 + \omega^2)}$$

$$S_{XY}(\omega) = H(\omega) S_X(\omega) = \dfrac{N_0 \alpha}{2(\alpha + j\omega)}$$

$$S_{YX}(\omega) = H(-\omega) S_X(\omega) = \dfrac{N_0 \alpha}{2(\alpha - j\omega)}$$

(1) 系统输出的自相关函数为

$$R_Y(\tau) = \frac{1}{2\pi}\int_{-\infty}^{+\infty} S_Y(\omega) e^{j\omega\tau} d\omega$$

$$= \frac{1}{2\pi}\int_{-\infty}^{+\infty} \frac{N_0 \alpha^2}{2(\alpha^2+\omega^2)} e^{j\omega\tau} d\omega = \frac{\alpha N_0}{4} e^{-\alpha|\tau|}$$

(2) 输出平均功率为

$$E[Y^2(t)] = R_Y(0) = \frac{N_0 \alpha}{4}$$

(3) 互相关函数为

$$R_{XY}(\tau) = \frac{1}{2\pi}\int_{-\infty}^{+\infty} S_{XY}(\omega) e^{j\omega\tau} d\omega = \frac{1}{2\pi}\int_{-\infty}^{+\infty} \frac{\alpha N_0}{2(\alpha+j\omega)} e^{j\omega\tau} d\omega$$

$$= \frac{\alpha N_0}{2} e^{-\alpha\tau}, \tau \geq 0$$

同理 $R_{YX}(\tau) = \frac{\alpha N_0}{2} e^{\alpha\tau}, \tau \leq 0$.

例 8.4.3 设 $X(t)$ 为白噪声，有 $S_X(\omega) = \frac{N_0}{2}$，通过表 8-1 图(b)所示的微分电路，求电路输出的自相关函数.

解 由题设，$H(\omega) = \frac{j\omega}{\alpha+j\omega}$，其中 $\alpha = \frac{1}{RC}$，从而 $|H(\omega)|^2 = \frac{\omega^2}{\alpha^2+\omega^2}$，$S_Y(\omega) = \frac{N_0}{2}\frac{\omega^2}{\alpha^2+\omega^2}$，于是

$$R_Y(\tau) = \frac{N_0}{4\pi}\int_{-\infty}^{+\infty} \frac{\omega^2}{\alpha^2+\omega^2} e^{j\omega\tau} d\omega$$

$$= \frac{N_0}{4\pi}\int_{-\infty}^{+\infty} e^{j\omega\tau} d\omega - \frac{N_0}{4\pi}\int_{-\infty}^{+\infty} \frac{\alpha^2}{\alpha^2+\omega^2} e^{j\omega\tau} d\omega$$

$$= \frac{N_0}{2}\delta(\tau) - \frac{\alpha N_0}{4} e^{-\alpha|\tau|}$$

习 题 八

1. 已知随机过程 $X(t) = a\cos(\omega_0 t + \Theta)$，其中 a 和 ω_0 均为常数，Θ 是在 $(0,\pi)$ 上均匀分布的随机变量.

(1) 过程 $X(t)$ 是平稳过程吗？证明之.

(2) 利用式子 $Q = \lim_{l\to+\infty} \frac{1}{2l}\int_{-l}^{l} E[X^2(t)] dt$，求 $X(t)$ 的功率.

*(3) 利用式子 $S_X(\omega) = \lim_{l\to+\infty} \frac{E[|F_l(\omega,\lambda)|^2]}{2\pi}$，求 $X(t)$ 的功率谱密度，并由式子

$Q = \frac{1}{2\pi}\int_{-\infty}^{+\infty} S_X(\omega) d\omega$ 计算 $X(t)$ 的功率.

2. 设平稳过程 $X(t)$ 的功率谱密度为 $S_X(\omega) = \frac{32}{\omega^2+16}$，求该过程的平均功率.

3. 设平稳过程 $X(t)$ 的功率谱密度为

$$S_X(\omega) = \begin{cases} 1-\frac{|\omega|}{8\pi}, & |\omega| \leqslant 8\pi \\ 0, & \text{其他} \end{cases}$$

求该过程的均方值.

4. 已知平稳过程 $X(t)$ 的功率谱密度为

$$S_X(\omega) = \frac{\omega^2}{\omega^4+3\omega^2+2}$$

求过程 $X(t)$ 的均方值.

5. 下列有理函数是否是功率谱密度函数的正确表达式？为什么？

(1) $S_1(\omega) = \frac{\omega^2+9}{(\omega^2+4)(\omega+1)^2}$ 　　(2) $S_2(\omega) = \frac{\omega^2+1}{\omega^4+5\omega^2+6}$

(3) $S_3(\omega) = \frac{\omega^2+4}{\omega^4-4\omega^2+3}$ 　　(4) $S_4(\omega) = \frac{e^{-j\omega^2}}{\omega^2+2}$

(5) $S_5(\omega) = \delta(\omega) + \frac{\omega^2}{\omega^4+1}$

6. 已知平稳过程 $X(t)$ 的自相关函数如下：

(1) $R_X(\tau) = e^{-\alpha|\tau|}$

(2) $R_X(\tau) = e^{-\alpha|\tau|}\cos\omega_0\tau$

(3) $R_X(\tau) = \begin{cases} 1-\frac{|\tau|}{l}, & -l < \tau < l \\ 0, & \text{其他} \end{cases}$

式中 $\alpha, \omega_0, a, b, l$ 均为正常数，求它们的功率谱密度.

7. 设平稳过程 $X(t)$ 的功率谱密度为

$$S_X(\omega) = \begin{cases} C, & |\omega| \leqslant \omega_c \\ 0, & \text{其他} \end{cases}$$

其中 $\omega_c > 0, C > 0$，试证 $X(t)$ 的自相关函数满足：

$$\lim_{\omega_c \to +\infty} \frac{R_X(\tau)}{R_X(0)} = \begin{cases} 0, & \tau \neq 0 \\ 1, & \tau = 0 \end{cases}$$

8. 已知平稳过程 $X(t)$ 的功率谱密度如下：

(1) $S_X(\omega) = \begin{cases} 1, & |\omega| \leqslant \omega_0 \\ 0, & \text{其他} \end{cases}$

(2) $S_X(\omega) = \begin{cases} 8\delta(\omega) + 20\left(1 - \dfrac{|\omega|}{10}\right), & |\omega| \leqslant 10 \\ 0, & \text{其他} \end{cases}$

其中 ω_0 为正常数,分别求过程 $X(t)$ 的自相关函数.

9. 设随机过程

$$X(t) = \sum_{i=1}^{N} \alpha_i X_i(t)$$

式中 $\alpha_i(i=1,2,\cdots,N)$ 是一组实数,而随机过程 $X_i(t)(i=1,2,\cdots,N)$ 均为平稳的且两两正交的,证明:

$$S_X(\omega) = \sum_{i=1}^{N} \alpha_i^2 S_{X_i}(\omega)$$

10. 若系统的输入 $X(t)$ 为平稳随机过程,系统输出为 $Y(t) = X(t) + X(t-\tau_0)$,试证过程 $Y(t)$ 的功率谱密度为 $S_Y(\omega) = 2S_X(\omega)(1 + \cos\omega\tau_0)$.

11. 若两个随机过程 $X(t)$ 和 $Y(t)$ 是联合平稳的随机过程,令

$$W(t) = X(t)\cos\omega_0 t + Y(t)\sin\omega_0 t$$

(1) 讨论 $X(t)$ 和 $Y(t)$ 及其均值和相关函数在什么条件下, $W(t)$ 是平稳的.

(2) 利用(1)所得的条件,根据 $X(t)$ 和 $Y(t)$ 的功率谱密度,求 $W(t)$ 的功率谱密度.

12. 设 $X(t)$ 和 $Y(t)$ 是两个互不相关的平稳过程,它们的均值 μ_X,μ_Y 均不为零. 现定义随机过程

$$Z(t) = X(t) + Y(t)$$

求互谱密度 $S_{XY}(\omega)$ 和 $S_{XZ}(\omega)$.

13. 证明互谱密度的性质 $5°$.

14. 设随机过程 $X(t)$ 和 $Y(t)$ 联合平稳,求证:

(1) $\text{Re}[S_{XY}(\omega)] = \text{Re}[S_{YX}(\omega)]$;

(2) $\text{Im}[S_{XY}(\omega)] = -\text{Im}[S_{YX}(\omega)]$.

15. 设 $X(t)$ 和 $Y(t)$ 是两个相互独立的平稳过程,它们的均值至少有一个为零,功率谱密度分别为

$$S_X(\omega) = \frac{16}{\omega^2 + 16}, \quad S_Y(\omega) = \frac{\omega^2}{\omega^2 + 16}$$

现设新过程 $Z(t) = X(t) + Y(t)$,求:

(1) $Z(t)$ 的功率谱密度;

(2) $X(t)$ 和 $Y(t)$ 的互谱密度 $S_{XY}(\omega)$;

(3) $X(t)$ 和 $Z(t)$ 的互谱密度 $S_{XZ}(\omega)$.

16. 设可微平稳过程 $X(t)$ 的功率谱密度为 $S_X(\omega)$,证明:过程 $X(t)$ 与其导数 $X'(t)$ 的互谱密度为

$$S_{XX'}(\omega) = j\omega S_X(\omega)$$

17. 设输入随机信号 $X(t)$ 的自相关函数为 $R_X(\tau) = a^2 + be^{-|\tau|}$，式中 a, b 为正常数，如果系统的脉冲响应函数 $h(t) = e^{-\alpha t} u(t)$，求输出信号的均方值 $(\alpha > 0)$.

18. 设线性系统的脉冲响应函数 $h(t) = 3e^{-3t} u(t)$，其输入是自相关函数 $R_X(\tau) = 2e^{-4|\tau|}$ 的随机过程，试求输出的自相关函数 $R_Y(\tau)$，互相关函数 $R_{XY}(\tau)$ 和 $R_{YX}(\tau)$ 分别在 $\tau = 0, \tau = 0.5, \tau = 1$ 时的值.

19. 假设有表 8-1 中图(a)所示的低通滤波器，输入为白噪声，其功率谱密度为 $S_X(\omega) = \dfrac{N_0}{2}$，求：

(1) 滤波器输出的功率谱密度；

(2) 滤波器输出的自相关函数.

20. 假设有表 8-1 中图(b)所示的线性电路，输入为白噪声，求输出 $Y(t)$ 的自相关函数和功率谱密度.

21. 设理想低通线性系统具有如下幅频特性

$$|H(\omega)| = \begin{cases} A, & |\omega| \leqslant \omega_c \\ 0, & |\omega| > \omega_c \end{cases}, \quad \omega_c \text{ 为常数}$$

若输入为白噪声，求系统输出的功率谱密度、自相关函数和平均功率.

22. 设理想带通线性系统的幅频特性为

$$|H(\omega)| = \begin{cases} A, & |\omega \pm \omega_0| \leqslant \dfrac{\Delta\omega}{2} \\ 0, & \text{其他} \end{cases}, \quad \Delta\omega > 0 \text{ 常数}$$

若输入为白噪声，求输出的谱密度和自相关函数.

23. 若题 20 中的线性电路，输入电压为

$$X(t) = X_0 + \cos(2\pi t + \Theta)$$

式中 $X_0 \sim U(0,1), \Theta \sim U(0, 2\pi), X_0$ 与 Θ 相互独立，求输出电压 $Y(t)$ 的自相关函数.

*24. 假设一个零均值平稳过程 $X(t)$，加到脉冲响应函数为

$$h(t) = \begin{cases} \alpha e^{-\alpha t}, & 0 \leqslant t \leqslant l \\ 0, & \text{其他} \end{cases}$$

的线性滤波器时，证明其输出功率谱密度为

$$S_Y(\omega) = \dfrac{\alpha^2}{\alpha^2 + \omega^2}(1 - 2e^{-\alpha l}\cos \omega l + e^{-2\alpha l}) S_X(\omega)$$

25. 假设一个零均值平稳过程 $X(t)$，加到脉冲响应函数为 $h(t) = \alpha e^{-\alpha t}\ (t \geqslant 0)$ 的线性滤波器时，证明其输出功率谱密度为

$$S_Y(\omega) = \dfrac{\alpha^2}{\alpha^2 + \omega^2} S_X(\omega)$$

*26. 假设平稳过程 $X(t)$ 通过一个微分器，其输出过程 $\dfrac{dX(t)}{dt}$ 存在，微分器的频

率响应函数 $H(\omega)=\mathrm{j}\omega$，求：

（1）$X(t)$ 与 $\dfrac{\mathrm{d}X(t)}{\mathrm{d}t}$ 的互谱密度；

（2）$\dfrac{\mathrm{d}X(t)}{\mathrm{d}t}$ 功率谱密度．

*27. 图 8-1 为单个输入两个输出的线性系统，输入 $X(t)$ 为平稳过程，求证输出 $Y_1(t)$，$Y_2(t)$ 的互谱密度为

$$S_{Y_1Y_2}(\omega)=\overline{H_1(\omega)}H_2(\omega)S_X(\omega)$$

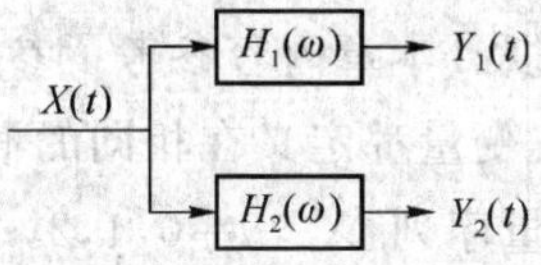

图 8-1

第 9 章 马尔可夫链

马尔可夫过程作为重要的随机过程,在计算数学、金融经济、生物、化学、运筹与管理乃至人文学科中都有广泛的应用.本章所讨论的马尔可夫链是一种特殊的离散时间离散状态马尔可夫过程.本章内容参考了参考文献[17]、[18]与[19].

首先假设本章所有的随机变量都定义在相同的概率空间上.为了叙述方便,先做记号上的简化.简记随机变量序列$\{X_n, n=0,1,2,\cdots\}$为$\{X_n, n\geqslant 0\}$,有时也简记为$\{X_n\}$.

设$\{X_n\}$的状态空间为E,并用$i,j,k,i_0,i_1,\cdots$表示E中的状态.为方便,本章只讨论$E=\{0,1,2,\cdots\}$的情况.但是本章所有的命题结论对于状态空间E为至多可列集的情况亦成立.

9.1 马尔可夫链的概念及转移概率

9.1.1 马尔可夫链的概念

考虑离散时间离散状态随机过程,即随机序列$\{X_n\}$,若在n时刻过程处于状态为已知的条件下,过程在时刻$n+1$时刻所处的状态只与状态i有关,与过程在n时刻以前所处的状态无关,这种性质称为无后效性或马尔可夫性,简称马氏性.具有马氏性的随机序列为马尔可夫链,简称马氏链,具体定义如下.

定义 9.1.1 设$\{X_n\}$为随机序列,状态空间为$E=\{i\}$.如果对任意的正整数n和E中的状态$i,j,i_0,i_1,\cdots,i_{n-1}$有

$$P\{X_{n+1}=j|X_0=i_0, X_1=i_1, \cdots, X_{n-1}=i_{n-1}, X_n=i\} = P\{X_{n+1}=j|X_n=i\}$$

(9.1.1)

则称$\{X_n\}$为马尔可夫链,简称马氏链,性质(9.1.1)式即为所谓的马氏性.进一步,若

$$P\{X_{n+1}=j|X_0=i_0, X_1=i_1, \cdots, X_{n-1}=i_{n-1}, X_n=i\} = P\{X_1=j|X_0=i\}$$

(9.1.2)

则称$\{X_n\}$为时齐的马尔可夫链,简称齐次马氏链.若E为有限集,称$\{X_n\}$为有限状态马氏链,简称为有限马氏链;若E为可列集,称$\{X_n\}$为可列状态马氏链,简称为可列马氏链.

习惯上,常把时刻 n 看做"现在",把时刻 $n+1$ 看做"将来",把时刻 $0,1,\cdots,n-1$ 看做"过去",基于此,马氏性可叙述为已知"现在"所处的状态,马氏链"将来"所到达的状态和"过去"所经历的状态无关.

定理 9.1.1 随机变量列 $\{X_n\}$ 为马氏链的充要条件是对任意的正整数 m,k 和非负整数 $n_1<n_2<\cdots<n_r<m$,以及任意的 $i_1,i_2\cdots,i_r,i,j\in E$,有

$$P\{X_{m+k}=j\mid X_{n_1}=i_1,X_{n_2}=i_2,\cdots,X_{n_r}=i_r,X_m=i\}=P\{X_{m+k}=j\mid X_m=i\}$$

(9.1.3)

*证 充分性显然成立,下面证明必要性.为简便起见,只对 $r=1$ 给出证明,一般情况的证明类似,只是记号和表达式要复杂得多.

$$P\{X_{n_1}=i_1,X_m=i,X_{m+k}=j\}$$

$$=\sum_{\substack{j_s\in E \\ 0\leqslant s<m+k \\ s\neq n_1,m}} P\{X_0=j_0,\cdots,X_{n_1-1}=j_{n_1-1},X_{n_1}=i_1,X_{n_1+1}=j_{n_1+1},\cdots,$$

$$X_{m-1}=j_{m-1},X_m=i,X_{m+1}=j_{m+1},\cdots,X_{m+k-1}=j_{m+k-1},X_{m+k}=j\}$$

$$=\sum_{\substack{j_s\in E \\ 0\leqslant s<m+k \\ s\neq n_1,m}} P\{X_0=j_0\}P\{X_1=j_1\mid X_0=j_0\}\cdots P\{X_{n_1}=i_1\mid X_{n_1-1}=j_{n_1-1}\}\cdot$$

$$P\{X_{n_1+1}=j_{n_1+1}\mid X_{n_1}=i_1\}\cdots P\{X_m=i\mid X_{m-1}=j_{m-1}\}\cdot$$

$$P\{X_{m+1}=j_{m+1}\mid X_m=i\}\cdots P\{X_{m+k}=j\mid X_{m+k-1}=j_{m+k-1}\}$$

$$=\sum_{\substack{j_s\in E \\ m<s<m+k}} P\{X_{n_1}=i_1,X_m=i\}P\{X_{m+1}=j_{m+1}\mid X_m=i\}\cdot\cdots\cdot$$

$$P\{X_{m+k}=j\mid X_{m+k-1}=j_{m+k-1}\}$$

于是得

$$P\{X_{m+k}=j\mid X_{n_1}=i_1,X_m=i\}$$

$$=\sum_{\substack{j_s\in E \\ m<s<m+k}} P\{X_{m+1}=j_{m+1}\mid X_m=i\}\cdots P\{X_{m+k}=j\mid X_{m+k-1}=j_{m+k-1}\}$$

类似可证

$$P\{X_{m+k}=j\mid X_m=i\}$$

$$=\sum_{\substack{j_s\in E \\ m<s<m+k}} P\{X_{m+1}=j_{m+1}\mid X_m=i\}\cdots P\{X_{m+k}=j\mid X_{m+k-1}=j_{m+k-1}\}$$

可见

$$P\{X_{m+k}=j\mid X_{n_1}=i_1,X_m=i\}=P\{X_{m+k}=j\mid X_m=i\}$$

(9.1.3)式可以看做马氏链的一个等价定义.对(9.1.3)式的直观理解是:把时刻 m 看成"现在",把时刻 $n_1,n_2,\cdots,n_r$ 看成"过去",把时刻 $m+k$ 看成"将来",那么马氏性是说:在已知"现在"所处状态的条件下,马氏链"将来"所到达的状态,与"过去"所经历的状态无关.简单叙述为,已知"现在","将来"和"过去"独立.

为了 9.1.2 节讨论问题的需要,下面的定理将马氏性进行了扩充.

定理 9.1.2 设 E 是马氏链 $\{X_n\}$ 的状态空间，$A, A_j \subset E$，则
(1) 已知 $X_n = i$ 的条件下，将来 $\{X_m, m \geqslant n+1\}$ 与过去 $\{X_j, j \leqslant n-1\}$ 独立；
(2) $P\{X_{n+k} = j | X_0 \in A_0, \cdots, X_{n-1} \in A_{n-1}, X_n = i\} = P\{X_{n+k} = j | X_n = i\}$；
(3) $P\{X_{n+k} \in A | X_0 \in A_0, \cdots, X_{n-1} \in A_{n-1}, X_n = i\} = P\{X_{n+k} \in A | X_n = i\}$.

特别地，若 $\{X_n\}$ 为齐次马氏链时上述(2)和(3)可叙述为
(2′) $P\{X_{n+k} = j | X_0 \in A_0, \cdots, X_{n-1} \in A_{n-1}, X_n = i\} = P\{X_k = j | X_0 = i\}$；
(3′) $P\{X_{n+k} \in A | X_0 \in A_0, \cdots, X_{n-1} \in A_{n-1}, X_n = i\} = P\{X_k \in A | X_0 = i\}$.
证明略。

9.1.2 马氏链的转移概率

定义 9.1.2 设 $\{X_n\}$ 为马氏链，若记
$$p_{ij}^{(k)}(m) = P\{X_{m+k} = j | X_m = i\}, i, j \in E$$
其中 k 为正整数，m 为非负整数，称 $p_{ij}^{(k)}(m)$ 为 $\{X_n\}$ 在时刻 m 从状态 i 出发经 k 步到达 j 的转移概率，称矩阵
$$\mathbf{P}^{(k)}(m) = (p_{ij}^{(k)}(m))$$
为 $\{X_n\}$ 从时刻 m 出发的 k 步转移概率矩阵。

转移概率 $p_{ij}^{(k)}(m)$ 具有下列性质：
(1) $p_{ij}^{(k)}(m) \geqslant 0$；
(2) $\sum_{j \in E} p_{ij}^{(k)}(m) = 1$.

定义 9.1.3 设 $\{X_n\}$ 为齐次马氏链，对任意的 $i, j \in E$，任意的正整数 k，$p_{ij}^{(k)}(m)$ 不依赖于 m，记 $p_{ij}^{(k)}(m)$ 为 $p_{ij}^{(k)}$，称它为 $\{X_n\}$ 由状态 i 出发经 k 步到达状态 j 的转移概率。

以下只讨论齐次马氏链，简称为马氏链。

例 9.1.1 （简单随机游动）设一个质点在实数轴的整数点上作简单随机游动：即质点到达某个状态后，就以概率 $p \in (0,1)$ 向右移动一个单位，以概率 $q = 1 - p$ 向左移动一个单位。设 X_0 表示初始时刻质点的状态，X_n 表示 n 时刻质点的状态，则 $\{X_n\}$ 是马氏链，并且
$$p_{i,i+1} = P\{X_{n+1} = i+1 | X_{n-1} = i\} = p$$
$$p_{i,i-1} = P\{X_{n+1} = i-1 | X_{n-1} = i\} = q$$

例 9.1.2 （两端带吸收壁的简单随机游动）设一个质点在 $\{1, 2, \cdots, n-1\}$ 上作例 9.1.1 中的简单随机游动，可是质点一旦到达状态 0 或 n 就永远停留在在 0 或 n。X_0 表示初始时刻质点的状态，X_n 表示 n 时刻质点的状态，则 $\{X_n\}$ 是马氏链，并且

$$p_{ij} = \begin{cases} q, & 1 \leqslant i \leqslant n-1, j = i-1 \\ p, & 1 \leqslant i \leqslant n-1, j = i+1 \\ 1, & (i,j) = (0,0) \text{ 或 } (i,j) = (n,n) \\ 0, & \text{其他} \end{cases}$$

转移概率矩阵为

$$\boldsymbol{P} = \begin{bmatrix} 1 & 0 & 0 & 0 & \cdots & 0 & 0 & 0 \\ q & 0 & p & 0 & \cdots & 0 & 0 & 0 \\ 0 & q & 0 & p & \cdots & 0 & 0 & 0 \\ \vdots & \vdots & \vdots & \vdots & & \vdots & \vdots & \vdots \\ 0 & 0 & 0 & 0 & \cdots & q & 0 & p \\ 0 & 0 & 0 & 0 & \cdots & 0 & 0 & 1 \end{bmatrix}$$

例 9.1.3 （两端带反射壁的简单随机游动）设一个质点在 $\{1, 2, \cdots, n-1\}$ 上作例 9.1.1 中的简单随机游动，可是质点一旦到达状态 0，下一步则一定转移到状态 1；当质点一旦到达状态 n，下一步则一定转移到状态 $n-1$. X_0 表示初始时刻质点的状态，X_n 表示 n 时刻质点的状态，则 $\{X_n\}$ 是马氏链，并且

$$p_{ij} = \begin{cases} q, & 1 \leqslant i \leqslant n-1, j = i-1 \\ p, & 1 \leqslant i \leqslant n-1, j = i+1 \\ 1, & (i,j) = (0,1) \text{ 或 } (i,j) = (n, n-1) \\ 0, & \text{其他} \end{cases}$$

转移概率矩阵为

$$\boldsymbol{P} = \begin{bmatrix} 0 & 1 & 0 & 0 & \cdots & 0 & 0 & 0 \\ q & 0 & p & 0 & \cdots & 0 & 0 & 0 \\ 0 & q & 0 & p & \cdots & 0 & 0 & 0 \\ \vdots & \vdots & \vdots & \vdots & & \vdots & \vdots & \vdots \\ 0 & 0 & 0 & 0 & \cdots & q & 0 & p \\ 0 & 0 & 0 & 0 & \cdots & 0 & 1 & 0 \end{bmatrix}$$

定理 9.1.3 设 $p_{ij}^{(k)} (k=1, 2, \cdots)$ 是马氏链 $\{X_n\}$ 的转移概率，则对任意正整数 k, l，有

$$p_{ij}^{(k+l)} = \sum_{s \in E} p_{is}^{(k)} p_{sj}^{(l)} \tag{9.1.4}$$

证 由条件概率的全概率公式及马氏性，有

$$\begin{aligned} p_{ij}^{(k+l)} &= P\{X_{m+k+l} = j \mid X_m = i\} \\ &= \sum_{s \in E} P\{X_{m+k} = s \mid X_m = i\} P\{X_{m+k+l} = j \mid X_m = i, X_{m+k} = s\} \\ &= \sum_{s \in E} P\{X_{m+k} = s \mid X_m = i\} P\{X_{m+k+l} = j \mid X_{m+k} = s\} \\ &= \sum_{s \in E} p_{is}^{(k)} p_{sj}^{(l)} \end{aligned}$$

称 (9.1.4) 式为 C-K(Chapman-Kolmognov) 方程.

C-K 方程可用矩阵表示如下：

若记 $\boldsymbol{P}^{(k)}=(p_{ij}^{(k)}),k=1,2,\cdots$

则 C-K 方程的矩阵形式为

$$\boldsymbol{P}^{(k+l)}=\boldsymbol{P}^{(k)}\cdot\boldsymbol{P}^{(l)}$$

若记 $p_{ij}^{(1)}=p_{ij},i,j\in E,\boldsymbol{P}=\boldsymbol{P}^{(1)}$，则有

$$\boldsymbol{P}^{(k)}=\boldsymbol{P}^k,\ k=1,2,\cdots \tag{9.1.5}$$

此时

$$\boldsymbol{P}^{(0)}=\boldsymbol{I}$$

其中 I 是单位阵.

推论 9.1.1 对于正整数 $n,m,k,n_1,n_2,\cdots,n_k$ 和状态 i,j,l，以下不等式成立：

(1) $p_{ij}^{(n+m)} \geqslant p_{il}^{(n)} p_{lj}^{(m)}$；

(2) $p_{ii}^{(n+m+k)} \geqslant p_{il}^{(n)} p_{lj}^{(m)} p_{ji}^{(k)}$；

(3) $p_{ii}^{(n_1+n_2+\cdots+n_k)} \geqslant p_{ii}^{(n_1)} p_{ii}^{(n_2)} \cdots p_{ii}^{(n_k)}$；

(4) $p_{ii}^{(nk)} \geqslant (p_{ii}^{(n)})^k$.

证 利用 C-K 方程得到

$$p_{ij}^{(n+m)} \sum_{s\in E} p_{is}^{(k)} p_{sj}^{(l)} \geqslant p_{il}^{(k)} p_{lj}^{(l)}$$

(1) 得证. 两次利用(1)得到

$$p_{ii}^{(n+m+k)} \geqslant p_{ij}^{(n+m)} p_{ji}^{(k)} \geqslant p_{il}^{(n)} p_{lj}^{(m)} p_{ji}^{(k)}$$

(2) 得证. 将(1)中的 j 取成 j 后, 再反复利用(1)得到(3). 在(3)中取 $n_1=n_2=\cdots=n_k=n$ 得到(4).

例 9.1.4 在如图 9-1 只传输数字 0 和 1 的串联系统中，设每一级的传真率（输入和输出数字相同的概率称为系统的传真率，相反的情况称为误码率）为 p，误码率为 $q=1-p$，并设一个单位时间传输一级. 设 X_0 是第一级的输入，$X_n(n\geqslant 1)$ 是第 n 级的输出，那么 $\{X_n,n=0,1,2,\cdots\}$ 是一随机过程，状态空间为 $E=\{0,1\}$，而且当 $X_n=i(i\in E)$ 为已知时，X_{n+1} 所处的状态的概率分布只与 $X_n=i$ 有关，而与时刻 n 以前所处的状态无关，所以它是一马氏链，而且是齐次的. 它的一步转移概率和一步转移概率矩阵分别为

$$p_{ij}=P\{X_{n+1}=j|X_n=i\}=\begin{cases} p, & j=i \\ q, & j\neq i \end{cases}, \quad i,j=0,1$$

和

$$\boldsymbol{P}=\begin{pmatrix} p & q \\ q & p \end{pmatrix}$$

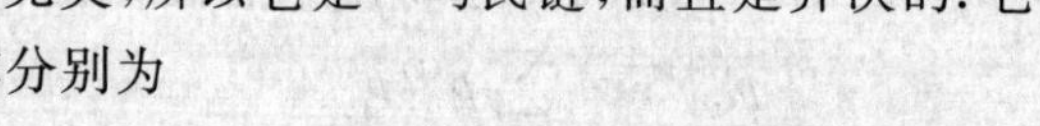

图 9-1

例 9.1.5 记从数 $1,2,\cdots,N$ 中任取一个数为 X_0. 当 $n\geqslant 1$ 时,记从数 $1,2,\cdots,X_{n-1}$ 中任取一个数为 X_n,证明 $\{X_n, n\geqslant 0\}$ 为马氏链,并求它的一步转移概率矩阵.

证 显然 $\{X_n, n\geqslant 0\}$ 的状态空间为 $E=\{1,2,\cdots,N\}$,对任意的正整数 n,任意的 $i_0, i_1, \cdots, i_{n+1} \in E$,当 $P\{X_0=i_0, X_1=i_1, \cdots, X_n=i_n\}>0$ 时,由题设知:

$$P\{X_{n+1}=i_{n+1} \mid X_0=i_0, X_1=i_1, \cdots, X_n=i_n\}$$

$$=\begin{cases} 0, & i_{n+1} > i_n \\ \dfrac{1}{i_n}, & i_{n+1} \leqslant i_n \end{cases}$$

$$= P\{X_{n+1}=i_{n+1} \mid X_n=i_n\}$$

可见 $\{X_n, n\geqslant 0\}$ 是马氏链,而且是齐次的. 它的一步转移概率矩阵为

$$\boldsymbol{P}=\begin{pmatrix} 1 & 0 & 0 & 0 & \cdots & 0 \\ \dfrac{1}{2} & \dfrac{1}{2} & 0 & 0 & \cdots & 0 \\ \dfrac{1}{3} & \dfrac{1}{3} & \dfrac{1}{3} & 0 & \cdots & 0 \\ \cdots & & & & & \\ \dfrac{1}{N} & \dfrac{1}{N} & \dfrac{1}{N} & \dfrac{1}{N} & \cdots & \dfrac{1}{N} \end{pmatrix}$$

例 9.1.6 (天气预报问题)如果明天是否有雨仅与今天是否有雨有关,而与过去的天气无关,并设当今天下雨时,明天有雨的概率 α,当今天无雨时,明天有雨的概率为 β. 又设以 0 表示有雨,以 1 表示无雨,则本例是一二状态的齐次马氏链,试写出它的一步转移概率矩阵. 若 $\alpha=0.7, \beta=0.4$,求它的二步转移概率矩阵以及在今天(第 0 天)有雨的情况下第四天仍有雨的概率.

解 容易写出它的一步转移概率矩阵

$$\boldsymbol{P}=\begin{pmatrix} p_{00} & p_{01} \\ p_{10} & p_{11} \end{pmatrix}=\begin{pmatrix} \alpha & 1-\alpha \\ \beta & 1-\beta \end{pmatrix}$$

当 $\alpha=0.7, \beta=0.4$ 时,一步转移概率矩阵为

$$\boldsymbol{P}=\begin{pmatrix} 0.7 & 0.3 \\ 0.4 & 0.6 \end{pmatrix}$$

于是两步转移概率矩阵为

$$\boldsymbol{P}^{(2)}=\boldsymbol{P}^2 \begin{pmatrix} 0.7 & 0.3 \\ 0.4 & 0.6 \end{pmatrix}\begin{pmatrix} 0.7 & 0.3 \\ 0.4 & 0.6 \end{pmatrix}=\begin{pmatrix} 0.61 & 0.39 \\ 0.52 & 0.48 \end{pmatrix}$$

为求在今天有雨的情况下第四天仍有雨的概率,需要求四步转移概率矩阵:

$$\boldsymbol{P}^{(4)}=[\boldsymbol{P}^{(2)}]^2=\begin{pmatrix} 0.5749 & 0.4251 \\ 0.5668 & 0.4332 \end{pmatrix}$$

因此,在今天有雨的情况下第四天仍有雨的概率为 $p_{00}(4)=0.5749$.

例 9.1.7 连续掷一颗骰子,以 X_n 表示前 n 次掷出的最大点数,则 $\{X_n, n \geqslant 1\}$ 为马氏链,并求其转移概率矩阵.

解 令 ξ_k 表示第 k 次掷得的点数,$k=1,2,\cdots$,则
$$X_n = \max_{1 \leqslant k \leqslant n} \xi_k, \ n=1,2,\cdots$$

状态空间 $E=\{1,2,3,4,5,6\}$. 对任意正整数 n 及 $i_1, i_2, \cdots, i_{n-1}, i, j \in E$,有
$$P\{X_{n+1}=j | X_1=i_1, X_2=i_2, \cdots, X_{n-1}=i_{n-1}, X_n=i\}$$
$$= \begin{cases} 0, & j<i \\ \dfrac{i}{6}, & j=i \\ \dfrac{1}{6}, & j>i \end{cases}$$
$$= P\{X_{n+1}=j | X_n=i\}$$

可见 $\{X_n, n \geqslant 1\}$ 为马氏链,且转移概率矩阵为

$$\boldsymbol{P} = \begin{pmatrix} \dfrac{1}{6} & \dfrac{1}{6} & \dfrac{1}{6} & \dfrac{1}{6} & \dfrac{1}{6} & \dfrac{1}{6} \\ 0 & \dfrac{2}{6} & \dfrac{1}{6} & \dfrac{1}{6} & \dfrac{1}{6} & \dfrac{1}{6} \\ 0 & 0 & \dfrac{3}{6} & \dfrac{1}{6} & \dfrac{1}{6} & \dfrac{1}{6} \\ 0 & 0 & 0 & \dfrac{4}{6} & \dfrac{1}{6} & \dfrac{1}{6} \\ 0 & 0 & 0 & 0 & \dfrac{5}{6} & \dfrac{1}{6} \\ 0 & 0 & 0 & 0 & 0 & 1 \end{pmatrix}$$

9.1.3 马氏链的有限维分布

设 $\{X_n\}$ 为马氏链,一步转移概率矩阵 $\boldsymbol{P}=(p_{ij})$,X_0 有概率分布
$$P\{X_0=i\} = q_i(0), \ i \in E$$

称 X_0 的分布列
$$\boldsymbol{q}(0) := (q_0(0), q_1(0), \cdots)$$

为 $\{X_n\}$ 的初始分布,它表示马氏链 $\{X_n\}$ 在时刻 0 时的分布情况. 再引入 n 时刻 X_n 的概率分布
$$P\{X_n=i\} = q_i(n), i \in E$$

和
$$\boldsymbol{q}(n) := (q_0(n), q_1(n), \cdots)$$

则 $\boldsymbol{q}(n)$ 表示马氏链 $\{X_n\}$ 在时刻 n 时的分布情况. 下面的定理表明 $\boldsymbol{q}(n)$ 由 $\boldsymbol{q}(0)$ 和 $\boldsymbol{P}$ 唯一确定.

定理 9.1.4 设马氏链 $\{X_n\}$ 有初始分布 $\boldsymbol{q}(0)$ 和转移概率矩阵 $\boldsymbol{P}=(p_{ij})$，则：

(1) 对任意的正整数 $n_1<n_2<\cdots<n_r$，$X_{n_1},X_{n_2},\cdots,X_{n_r}$ 的联合分布律为

$$P\{X_{n_1}=i_1,\cdots,X_{n_r}=i_r\}=\sum_{i\in E}q_i(0)p_{ii_1}^{(n_1)}p_{i_1i_2}^{(n_2-n_1)}\cdots p_{i_{r-1}i_r}^{(n_r-n_{r-1})} \quad (9.1.6)$$

(2) 对任意的正整数 $n>1$：

$$q_j(n)=\sum_{i\in E}q_i(0)p_{ij}^{(n)} \quad (9.1.7)$$

其矩阵表示为

$$\boldsymbol{q}(n)=\boldsymbol{q}(0)\boldsymbol{P}^{(n)}$$

证 (1) 由全概率公式、条件概率的乘法公式及马氏性有

$$P\{X_{n_1}=i_1,\cdots,X_{n_r}=i_r\}=\sum_{i\in E}P\{X_0=i\}P\{X_{n_1}=i_1,\cdots,X_{n_r}=i_r\mid X_0=i\}$$

$$=\sum_{i\in E}P\{X_0=i\}P\{X_{n_1}=i_1\mid X_0=i\}\cdots P\{X_{n_r}=i_r\mid X_{n_{r-1}}=i_{r-1}\}$$

$$=\sum_{i\in E}q_i(0)p_{ii_1}^{(n_1)}p_{i_1i_2}^{(n_2-n_1)}\cdots p_{i_{r-1}i_r}^{(n_r-n_{r-1})}$$

(2) 由全概率公式得

$$q_j(n)=P\{X_n=i\}$$

$$=\sum_{i\in E}P(X_0=i)P(X_n=j\mid X_0=i)$$

$$=\sum_{i\in E}q_i(0)p_{ij}^{(n)}$$

由定理 9.1.4(2) 可以得到，对于任意的 $k: 0\leqslant k\leqslant n$，有

$$\boldsymbol{q}(n)=\boldsymbol{q}(0)\boldsymbol{P}^{(n)}=[\boldsymbol{q}(0)\boldsymbol{P}^{(1)}]\boldsymbol{P}^{(n-1)}$$

$$=\boldsymbol{q}(1)\boldsymbol{P}^{(n-1)}=\cdots$$

$$=\boldsymbol{q}^{(k)}\boldsymbol{P}^{(n-k)}$$

例 9.1.8 设 $\{X_n,n\geqslant 0\}$ 的状态空间 $E=\{0,1,2\}$，一步转移概率矩阵为

$$\boldsymbol{P}=\begin{pmatrix}\dfrac{3}{4} & \dfrac{1}{4} & 0 \\ \dfrac{1}{4} & \dfrac{1}{2} & \dfrac{1}{4} \\ 0 & \dfrac{3}{4} & \dfrac{1}{4}\end{pmatrix}$$

初始分布 $q_i(0)=P\{X_0=i\}=\dfrac{1}{3}$，$i=0,1,2$，求：

(1) $P\{X_0=0,X_2=1\}$；

(2) $P\{X_2=1\}$．

解 先求两步转移概率矩

$$P^{(2)} = P^2 = \begin{pmatrix} \frac{10}{16} & \frac{5}{16} & \frac{1}{16} \\ \frac{5}{16} & \frac{8}{16} & \frac{3}{16} \\ \frac{3}{16} & \frac{9}{16} & \frac{4}{16} \end{pmatrix}$$

于是

$$P\{X_0=0, X_2=1\} = P\{X_0=0\} P\{X_2=1 | X_0=0\}$$
$$= q_0(0) p_{01}^{(2)} = \frac{1}{3} \cdot \frac{5}{16} = \frac{5}{48}$$
$$q_1(2) = P\{X_2=1\} = q_0(0) p_{01}^{(2)} + q_1(0) p_{11}^{(2)} + q_2(0) p_{21}^{(2)}$$
$$= \frac{1}{3} \left(\frac{5}{16} + \frac{8}{16} + \frac{9}{16} \right) = \frac{11}{24}$$

例 9.1.9 将两个黑球和两个白球分装在两个袋中,每个袋中各两个,每次从每个袋中任取一球,互相交换后放回袋中,用 X_n 表示第 n 次交换后第一袋中的黑球数,则 $\{X_n, n \geq 0\}$ 为马氏链并求转移概率矩阵. 若开始时 ($n=0$) 第一个袋中装有两个白球,求:

(1) $P\{X_0=0, X_1=1, X_2=2\}$;

(2) $P\{X_3=1\}$.

解 显然 $\{X_n\}$ 的状态空间为 $E=\{0,1,2\}$.

设 A, B 分别表示从"第一、第二袋中任取一球为黑球",显然 A, B 相互独立.

对任意的正整数 n,以及任意的 $i_0, i_1, \cdots, i_{n-1}, i, j \in E$,有

$$P\{X_{n+1}=j | X_0=i_0, X_1=i_1, \cdots, X_{n-1}=i_{n-1}, X_n=i\}$$

$$= \begin{cases} 1, & i=0, j=1 \\ 1, & i=2, j=1 \\ P(A\bar{B}), & i=1, j=0 \\ P(AB)+(\bar{A}\bar{B}), & j=i=1 \\ P(\bar{A}B), & i=1, j=2 \end{cases}$$

$$= \begin{cases} 1, & i=0, j=1 \\ 1, & i=2, j=1 \\ \frac{1}{4}, & i=1, j=0 \\ \frac{1}{2}, & j=i=1 \\ \frac{1}{4}, & i=1, j=2 \end{cases}$$

$$= P\{X_{n+1}=j | X_n=i\}$$

可见$\{X_n\}$为齐次马氏链,且一步转移概率矩阵为

$$P = \begin{pmatrix} 0 & 1 & 0 \\ \frac{1}{4} & \frac{1}{2} & \frac{1}{4} \\ 0 & 1 & 0 \end{pmatrix}$$

由题设知$\{X_n\}$的初始分布为

$$P\{X_0=0\}=1, P\{X_0=1\}=P\{X_0=2\}=0$$

(1) 由乘法公式和马氏性有

$$P\{X_0=0, X_1=1, X_2=2\} = P\{X_0=0\}p_{01}p_{12} = \frac{1}{4}$$

(2) 容易算得

$$P^{(3)} = P^3 = \begin{pmatrix} \frac{1}{8} & \frac{3}{4} & \frac{1}{8} \\ \frac{3}{16} & \frac{5}{8} & \frac{3}{16} \\ \frac{1}{8} & \frac{3}{4} & \frac{1}{8} \end{pmatrix}$$

由(9.1.7)式,有

$$P\{X_3=1\} = \sum_{i=0}^{2} q_i(0) p_{i1}^{(3)} = \frac{3}{4}$$

9.2 马尔可夫链的状态分类

为了用马氏链研究系统运动的规律,需要对状态进行分类.

9.2.1 互通和闭集

设$\{X_n\}$为马氏链,状态空间为E.

定义 9.2.1 对$i,j \in E$,若存在正整数n,使$p_{ij}^{(n)}>0$,称由i可达j,记为$i \to j$,否则称i不可达j,记为$i \nrightarrow j$.若$i \to j$且$j \to i$,称i,j互通,记为$i \leftrightarrow j$.若$p_{ii}=1$,称状态i为吸收态.

定理 9.2.1 设$i,j,k \in E$,若$i \to j, k \to j$,则$i \to j$.

证 由$i \to j$,存在n_1,使$p_{ik}^{(n_1)}>0$;由$k \to j$,存在n_2,使$p_{kj}^{(n_2)}>0$,于是由推论9.1.1有

$$p_{ij}^{(n_1+n_2)} \geqslant p_{ik}^{(n_1)} p_{kj}^{(n_2)} > 0$$

可见$i \to j$.

推论 若$i \leftrightarrow j, k \leftrightarrow j$,则$i \leftrightarrow j$.

定义 9.2.2 设$C \subset E$,如果对任意的$i \in C, j \notin C$,有$i \nrightarrow j$,则称C为闭集.若C中没有真子集作为闭集,则称C为不可分闭集.

定理 9.2.2 $C(\subset E)$ 是闭集的充要条件是对任意 $i \in C, j \notin C$，有
$$p_{ij} = 0$$

证 必要性显然，下面证明充分性。由假设，对任意 $i \in C, j \notin C$，有 $p_{ij} = 0$。用归纳法证明对任意正整数 n，有 $p_{ij}^{(n)} = 0$。设对任意的 $i \in C, j \notin C$，有 $p_{ij}^{(n-1)} = 0$，于是由 C-K 方程，有

$$p_{ij}^{(n)} = \sum_{s \in E} p_{is}^{(n-1)} p_{sj} = \sum_{s \in C} p_{is}^{(n-1)} p_{sj} + \sum_{s \notin C} p_{is}^{(n-1)} p_{sj} = 0, n = 2, 3, \cdots$$

所以 $i \nrightarrow j$，C 是闭集。

定义 9.2.3 设马氏链除状态空间 E 之外不存在其他的闭集，则称此链是不可分或不可约的，否则称它是可分的或可约的。

定理 9.2.3 马氏链为不可约的充要条件是它的每一状态可由其他任一状态到达。

证 必要性：若存在 $j, k \in E, j \neq k$，使得 $j \nrightarrow k$，则 $F = \{j\} \cup \{l : j \to l\}$ 是不包含 k 的闭集，从而与不可约矛盾。事实上，若 F 不是闭集，则存在 $k \in F, s \notin F$ 使得 $k \to s$，但由 $j \to k$ 或 $j = k$，不论哪种情况都有 $j \to s, s \in F$，从而矛盾。

充分性：假设马氏链不是不可约的，则存在闭集 C，且 C 是 E 的真子集，从而必有 $j \in C, k \notin C$ 满足 $j \nrightarrow k$。与已知矛盾。

定义 9.2.4 若 (a_{ij}) 为一矩阵，$i, j \in A$，A 是有限集或可列集，且满足：

(1) $0 \leqslant a_{ij} \leqslant 1$；

(2) $\sum_{j \in A} a_{ij} = 1$，

则称 $(a_{ij})(i, j \in A)$ 为一随机矩阵。

定理 9.2.4 若 $(p_{ij}^{(n)})$ 是状态空间为 E 的马氏链的转移矩阵，C 是 E 中的一个闭集，则 $(p_{ij}^{(n)})(i, j \in C)$ 构成一随机矩阵。

证 显然 $0 \leqslant p_{ij}^{(n)} \leqslant 1, i, j \in C$，又当 $i \in C$ 时，有

$$\sum_{j \in C} p_{ij}^{(n)} = \sum_{j \in E} p_{ij}^{(n)} - \sum_{j \notin C} p_{ij}^{(n)} = 1$$

由上述定理可见，若 $C \subseteq E$ 是一闭集，则以 C 为状态空间也构成一马氏链，其转移概率为 $p_{ij}^{(n)}, i, j \in C$，称为原链的子链。

定义 9.2.5 设集合 $\{n : p_{jj}^{(n)} > 0\}$ 不空，若此集合中诸正整数 n 的最大公约数为 d，称状态 j 有周期 d，记为 $d(j)$。如果 $d(j) > 1$，称状态 j 是周期的；如果 $d(j) = 1$，称 j 是非周期的。

若 $\{n : p_{jj}^{(n)} > 0\}$ 为空集，则不对 j 定义周期，即此 j 是无周期的。

如果 $\{n : p_{jj}^{(n)} > 0\}$ 不空，则一定包含无穷多个元素。若 j 的周期是 d 则当 $n \neq 0 \pmod{d}$ 时，$p_{jj}^{(n)} = 0$，但不一定对所有的 n，有 $p_{jj}^{(nd)} > 0$。

定理 9.2.5 如果 $d(j)=d$，则存在正整数 M，使对一切 $n \geq M$，有 $p_{jj}^{(nd)}>0$.

证 记 $\{n: p_{jj}^{(n)}>0\} = \{n_1, n_2, \cdots\}$，令 t_k 是 $\{n_1, n_2, \cdots, n_k\}$ 的最大公约数，易见
$$t_1 \geq t_2 \geq \cdots \geq d \geq 1$$
必存在正整数 N，使得 $d=t_N=t_{N+1}=\cdots$，因而 d 是 $\{n_1, n_2, \cdots, n_N\}$ 的最大公约数. 由数论的结论知，必存在正整数 M，使对一切 $n \geq M$，有 nd 可表为 $n_1, n_2, \cdots n_N$ 的线性组合，即
$$nd = \sum_{k=1}^{N} a_k n_k, \ a_k \text{ 为正整数}$$
于是当 $n \geq M$ 时，
$$p_{jj}^{(nd)} = p_{jj}^{(\sum_{k=1}^{N} a_k n_k)} \geq \prod_{k=1}^{N} p_{jj}^{(a_k n_k)} \geq \prod_{k=1}^{N} (p_{jj}^{(n_k)})^{a_k} > 0$$

例 9.2.1 设马氏链的转移概率矩阵和状态空间如下：

(1) $\boldsymbol{P} = \begin{pmatrix} \frac{1}{3} & \frac{2}{3} & 0 & 0 \\ 1 & 0 & 0 & 0 \\ 0 & 0 & \frac{1}{2} & \frac{1}{2} \\ 0 & 0 & 0 & 1 \end{pmatrix}$, $E=\{1,2,3,4\}$

(2) $\boldsymbol{P} = \begin{pmatrix} \frac{1}{3} & \frac{2}{3} & 0 & 0 & 0 & 0 & 0 & 0 & \cdots \\ 1 & 0 & 0 & 0 & 0 & 0 & 0 & 0 & \cdots \\ 0 & 0 & \frac{1}{2} & \frac{1}{2} & 0 & 0 & 0 & 0 & \cdots \\ 0 & 0 & 0 & 1 & 0 & 0 & 0 & 0 & \cdots \\ 0 & 0 & 0 & 0 & \frac{1}{2} & \frac{1}{2} & 0 & 0 & \cdots \\ 0 & 0 & 0 & 0 & 0 & 0 & \frac{1}{3} & \frac{2}{3} & \cdots \\ 0 & 0 & 0 & 0 & 0 & 0 & \frac{1}{4} & \frac{3}{4} & \cdots \\ \cdots & & & & & & & & \end{pmatrix}$, $E=\{1,2,\cdots\}$

试分析它们除状态空间外有多少个闭集？有多少个不可分闭集？

解 (1)由定理 9.2.2 知，下列状态集均是闭集：
$$\{1,2\}, \{1,2,4\}, \{4\}, \{3,4\},$$
其中 $\{1,2\}$、$\{4\}$ 是不可分闭集.

(2)除(1)中所列闭集之外，还有闭集
$\{1,2,3,4\}, \{1,2,5,6,\cdots\}, \{3,4,5,6,\cdots\}, \{4,5,6,\cdots\}, \{5,6,\cdots\}, \{6,7,\cdots\}, \cdots,$

知此链有无穷多个闭集,但不可分闭集仍只有$\{1,2\}$、$\{4\}$.

9.2.2 状态分类

为了讨论状态的不同性质,引入首次到达某一状态的时刻和概率的概念.

定义 9.2.6 对任意二状态 i,j,定义
$$T_{ij}(\omega)=\min\{n:X_0=i,X_n=j\} \tag{9.2.1}$$
称 T_{ij} 为从 i 出发首次到达 j 的时刻.

为使 T_{ij} 是一随机变量(可称为广义随机变量),当 $\omega\in\{X_0\neq i\}\cup\{X_0=i,X_n\neq j, n=1,2,\cdots\}$.可补充定义
$$T_{ij}(\omega)=+\infty$$

定义 9.2.7 若 T_{ij} 如(9.2.1)式,称
$$f_{ij}^{(n)}=P\{T_{ij}=n\mid X_0=i\} \tag{9.2.2}$$
为由 i 出发首次到达 j 的概率,即
$$f_{ij}^{(n)}=P\{X_n=j,X_k\neq j,k=1,2,\cdots,n-1\mid X_0=1\}$$
记
$$f_{ij}=\sum_{n=1}^{\infty}f_{ij}^{(n)}$$
它表示从 i 出发经有限步到达 j 的概率.

显然有

(1) $0\leqslant f_{ij}^{(n)}\leqslant f_{ij}$;

(2) $f_{ij}=P\{T_{ij}<+\infty\mid X_0=i\}$.

引理 9.2.1 $f_{ij}^{(n)}=\sum\limits_{\substack{j_s\neq j \\ 1\leqslant s\leqslant n-1}}p_{ij_1}p_{j_1j_2}\cdots p_{j_{n-1}j}.$

证 由条件概率的乘法公式和马氏性,有
$$f_{ij}^{(n)}=P\{X_n=j,X_s\neq j,s=1,2,\cdots,n-1\mid X_0=i\}$$
$$=\sum_{\substack{j_s\neq j \\ 1\leqslant s\leqslant n-1}}P\{X_1=j_1,\cdots,X_{n-1}=j_{n-1},X_n=j\mid X_0=i\}$$
$$=\sum_{\substack{j_s\neq j \\ 1\leqslant s\leqslant n-1}}p_{ij_1}p_{j_1j_2}\cdots p_{j_{n-1}j}$$

例 9.2.2 设有限马氏链的转移矩阵为

(1) $\begin{bmatrix} \dfrac{1}{2} & \dfrac{1}{2} \\ \dfrac{1}{3} & \dfrac{2}{3} \end{bmatrix}, E=\{1,2\}$;

(2) $\begin{bmatrix} p & q & 0 \\ 0 & p & q \\ 0 & 0 & 1 \end{bmatrix}, 0<p<1, q=1-p, E=\{1,2,3\}$.

对 $n=1,2,3$,求 $f_{11}^{(n)}, f_{12}^{(n)}$ 及 f_{11}, f_{12}.

解 (1) 由引理 9.2.1 可以算得

$$f_{11}^{(1)} = p_{11} = \frac{1}{2}$$

$$f_{11}^{(2)} = p_{12} p_{21} = \frac{1}{2} \cdot \frac{1}{2} = \frac{1}{6}$$

$$f_{11}^{(3)} = p_{12} p_{22} p_{21} = \frac{1}{2} \cdot \frac{2}{3} \cdot \frac{1}{3} = \frac{1}{9}$$

$$\vdots$$

$$f_{11}^{(n)} = p_{12}(p_{22})^{n-2} p_{21} = \frac{1}{6} \cdot \left(\frac{2}{3}\right)^{n-2}, n=2,3,\cdots$$

$$f_{11} = \sum_{n=1}^{\infty} f_{11}^{(n)} = \frac{1}{2} + \sum_{n=2}^{\infty} \frac{1}{6} \cdot \left(\frac{2}{3}\right)^{n-2} = 1$$

同样可以算得

$$f_{12}^{(1)} = p_{12} = \frac{1}{2}$$

$$f_{12}^{(2)} = p_{11} p_{12} = \left(\frac{1}{2}\right)^2 = \frac{1}{2^2}$$

$$f_{12}^{(3)} = (p_{11})^2 p_{12} = \left(\frac{1}{2}\right)^3 = \frac{1}{2^3}$$

$$\vdots$$

$$f_{12}^{(n)} = (p_{11})^{n-1} p_{12} = \left(\frac{1}{2}\right)^n = \frac{1}{2^n}, n=1,2,\cdots$$

$$f_{12} = \sum_{n=1}^{\infty} f_{12}^{(n)} = \sum_{n=1}^{\infty} \left(\frac{1}{2}\right)^n = 1$$

(2)

$$f_{11}^{(1)} = p_{11} = p$$
$$f_{11}^{(n)} = 0, n=2,3,\cdots$$
$$f_{11} = \sum_{n=1}^{\infty} f_{11}^{(n)} = p$$
$$f_{12}^{(1)} = p_{12} = q$$
$$f_{12}^{(2)} = p_{11} p_{12} = pq$$
$$f_{12}^{(3)} (p_{11})^2 p_{12} = p^2 q$$
$$\vdots$$
$$f_{12}^{(n)} = (p_{11})^{n-1} p_{12} = p^{n-1} q, n=1,2,\cdots$$
$$f_{12} \sum_{n=1}^{\infty} f_{12}^{(n)} = \sum_{n=1}^{\infty} p^{n-1} q = 1$$

引理 9.2.2 对任意的 $i,j \in E$ 及 $n > 1$,有

$$p_{ij}^{(n)} = p\{X_n = j \mid X_0 = i\} = \sum_{l=1}^{n} f_{ij}^{(l)} p_{jj}^{(n-1)}, \quad p_{jj}^{(0)} = 1 \qquad (9.2.3)$$

证 由条件概率的全概率公式和(9.2.2)式、(9.1.3)式,有

$$p_{ij}^{(n)} = P\{X_n = j \mid X_0 = i\} = \sum_{l=1}^{n} P\{T_{ij} = l \mid X_0 = i\} P\{X_n = j \mid X_0 = i, T_{ij} = l\}$$

$$= \sum_{l=1}^{n} P\{T_{ij} = l \mid X_0 = i\} P\{X_n = j \mid X_0 = i, X_k \neq j, k = 1, 2, \cdots, l-1, X_l = j\}$$

$$= \sum_{l=1}^{n} P\{T_{ij} = l \mid X_0 = i\} P\{X_n = j \mid X_l = j\} = \sum_{l=1}^{n} f_{ij}^{(l)} p_{jj}^{(n-1)}$$

即(9.2.3)式成立.

推论 对任意的 $i, j \in E$ 及 $n \geqslant 1$,有

$$p_{ij}^{(n)} = \sum_{l=0}^{n-1} f_{ij}^{(n-l)} p_{jj}^{(l)} = \sum_{l=0}^{n} f_{ij}^{(n-)} p_{jj}^{(l)}, \quad f_{ij}^{(0)} = 0$$

定理 9.2.6 $i \to j$ 的充要条件是 $f_{ij} > 0$.

证 必要性:若 $i \to j$,则存在 $n \geqslant 1$,使得 $p_{ij}^{(n)} > 0$,即

$$p_{ij}^{(n)} = \sum_{l=1}^{n} f_{ij}^{(l)} p_{jj}^{(n-l)} > 0$$

于是存在 l_0,使得 $1 \leqslant l_0 \leqslant n, f_{ij}^{(l_0)} > 0$,因而 $f_{ij} \geqslant f_{ij}^{(l_0)} > 0$.

充分性:如果 $f_{ij} > 0$,则存在 $n \geqslant 1$,使得 $f_{ij}^{(n)} > 0$,但

$$p_{ij}^{(n)} \geqslant f_{ij}^{(n)} > 0$$

可见 $i \to j$.

推论 $i \leftrightarrow j$ 的充要条件是 $f_{ij} > 0$ 且 $f_{ji} > 0$.

定理 9.2.7 设

$$A = \{\text{系统无穷多次到达 } j\}$$
$$A_m = \{\text{系统至少 } m \text{ 次到达 } j\}$$

并记

$$Q_{ij} = P\{A \mid X_0 = i\}, Q_{ij}(m) = P\{A_m \mid X_0 = i\}$$

则

$$Q_{ij} = \begin{cases} 1, & f_{jj} = 1 \\ 0, & f_{jj} < 1 \end{cases}$$

证 由 A 和 A_m 的定义知:

$$A_m \supset A_{m+1}, m = 1, 2, \cdots, \text{且 } A = \bigcap_{m=1}^{\infty} A_m$$

因而

$$Q_{ij} = P\{A \mid X_0 = i\} = \lim_{m \to \infty} Q_{ij}(m) = \lim_{m \to \infty} P\{A_m \mid X_0 = i\}$$

首先计算 $Q_{ij}(m+1)$.由条件概率的全概率公式和马氏性有

$$Q_{ij}(m+1) = P\{A_{m+1} \mid X_0 = i\} = \sum_{k=1}^{\infty} P\{T_{ij} = k \mid X_0 = i\} P\{A_{m+1} \mid X_0 = i, T_{ij} = k\}$$

$$= \sum_{k=1}^{\infty} P\{T_{ij} = k \mid X_0 = i\} P\{\text{至少有} m \text{个} n \geqslant 1, \text{使} X_{k+n} = j \mid X_0 = i, T_{ij} = k\}$$

$$= \sum_{k=1}^{\infty} P\{T_{ij} = k \mid X_0 = i\} P\{\text{至少有} m \text{个} n \geqslant 1, \text{使} X_{k+n} = j \mid X_k = j\}$$

$$= \sum_{k=1}^{\infty} f_{ij}^{(k)} Q_{jj}(m) = f_{ij} Q_{jj}(m)$$

其次由上式中 i 的任意性有

$$Q_{jj}(m+1) = f_{jj} Q_{jj}(m) = f_{jj} f_{jj} Q_{jj}(m-1) = f_{jj} (f_{jj})^{m-1} Q_{jj}(1) = f_{jj} (f_{jj})^m$$

于是

$$Q_{jj} = \lim_{m \to \infty} Q_{jj}(m) = \lim_{m \to \infty} (f_{jj})^m = \begin{cases} 1, & f_{jj} = 1 \\ 0, & f_{jj} < 1 \end{cases}$$

推论

$$Q_{ij} = \begin{cases} f_{ij}, & f_{jj} = 1 \\ 0, & f_{jj} < 1 \end{cases}$$

定义 9.2.8 当 $f_{ij} = 1$ 时，$\{f_{ij}^{(n)}, n = 1, 2, \cdots\}$ 为一分布律，则

$$\mu_{ij} = \sum_{n=1}^{\infty} n f_{ij}^{(n)}$$

表示从 i 出发经有限步到达 j 的平均时间或步长，特别地，μ_{jj} 表示从 j 出发又回到 j 的平均时间或步长，称为状态 j 的平均返回时间，并简记 μ_{jj} 为 μ_j.

定义 9.2.9 若 $f_{jj} = 1$，则称状态 j 是常返的，否则称状态 j 是非常返的. 设 j 是常返状态，若 $\mu_j < \infty$，则称 j 是正常返的或积极常返的，否则称 j 是零常返的或消极常返的. 称正常返非周期状态为遍历状态.

对于状态分类的直观理解如下：按照 f_{ii} 的定义，(1) 当 $f_{ii} = 1$ 时，说明马氏链从状态 i 出发最终以概率 1 返回到状态 i，然后再从状态 i 出发最终还以概率 1 返回到状态 i，依次反复下去. 此过程中，状态 i 可以看成每一次反复的起点. 所以马氏链将无穷次返回到状态 i，此为"常返". (2) 当 $f_{ii} < 1$ 时，说明马氏链从状态 i 出发，以概率 f_{ii} 再次返回到状态 i，以概率 $1 - f_{ii}$ 不再返回状态 i，若返回到状态 i，则还以概率 f_{ii} 再次返回到状态 i，以概率 $1 - f_{ii}$ 不再返回状态 i，依次反复. 这相当于做一次次的伯努利试验，每次试验中"返回状态 i"以概率 f_{ii} 发生，"不返回状态 i"以概率 $1 - f_{ii}$ 发生. 考虑到正概率事件——"不返回状态 i"在多次独立的重复试验中总会发生，因而马氏链将最终永远离开状态 i，此为"非常返".

对于常返态 i 来说，马氏链从状态 i 出发到下一次返回到状态 i 的间隔时间是一个随机变量，利用此随机变量的数学期望存在与否将其分为正常返和零常返.

9.2.3 状态分类的判定法

设马氏链$\{X_n\}$的初始状态$X_0=j$,并记Y_{jj}为访问状态j的次数.定义

$$I_n = \begin{cases} 1, & X_n = j \\ 0, & X_n \neq j \end{cases}$$

则

$$Y_{jj} = \sum_{n=0}^{\infty} I_n$$

定理 9.2.8 状态j常返的充要条件是

$$\sum_{n=0}^{\infty} p_{jj}^{(n)} = \infty$$

如j非常返,则

$$\sum_{n=0}^{\infty} p_{jj}^{(n)} = \frac{1}{1-f_{jj}}$$

证 由前面对常返的直观理解知,j为常返的,当且仅当

$$E(\text{访问}j\text{的次数}|X_0=j)=\infty$$

即

$$E(Y_{jj}|X_0=j)=\infty$$

另一方面,由I_n的定义,有

$$E(Y_{jj} \mid X_0 = j) = E\left(\sum_{n=0}^{\infty} I_n \mid X_0 = j\right) = \sum_{n=0}^{\infty} E(I_n \mid X_0 = j) = \sum_{n=0}^{\infty} p_{jj}^{(n)}$$

故得j常返的充要条件.

下面分析j非常返的情况.由前面对非常返的直观理解知,Y_{jj}服从以$1-f_{jj}$为参数的几何分布,即

$$P\{Y_{jj}=n|X_0=j\}=f_{jj}^{n-1}(1-f_{jj}), n=1,2,\cdots$$

从而,

$$\sum_{n=0}^{\infty} p_{jj}^{(n)} = E[Y_{jj} \mid X_0 = j] = \frac{1}{1-f_{jj}}$$

定理9.2.8同时也说明了下述结论:有限状态马氏链不可能全部状态都是非常返的.比如说马氏链的状态$\{1,2,\cdots,M\}$,并假设它们都是非常返的.则一段时间,比如说T_1之后,马氏链就不再访问状态1;以此为始点,则一段时间,比如说T_2之后,马氏链就不再访问状态2;如此反复,时间$T=T_1+T_2+\cdots+T_M$以后,马氏链将不再访问所有状态$\{1,2,\cdots,M\}$.但是马氏链在时间T之后必须处于一个状态,故矛盾.

推论 若j非常返,则$\lim\limits_{n\to\infty} p_{jj}^{(n)}=0$.

下面给出遍历状态和零常返状态的判定方法,为此先给出下面的结论.

第 9 章 马尔可夫链

定理 9.2.9 如果 j 常返且有周期 d,则

$$\lim_{n\to\infty} p_{jj}^{(nd)} = \frac{d}{\mu_j}$$

其中 μ_j 是 j 的平均返回时间,当 $\mu_j = \infty$ 时,取 $\frac{d}{\mu_j} = 0$.

它的证明较长,故略去. 定理 9.2.9 也说明马氏链从常返态 j 出发后,对于充分大的 n,在 nd 步返回状态 j 的概率与 d 成正比,与平均回转时间 μ_j 成反比.

推论 1 如果 j 是零常返或非常返的,则对任一 $i \in E$,均有

$$\lim_{n\to\infty} p_{ij}^{(n)} = 0 \tag{9.2.4}$$

证 首先可以证明当 j 是零常返或非常返的,则有

$$\lim_{n\to\infty} p_{jj}^{(n)} = 0$$

这是由于当 j 是非常返的,由定理 9.2.8 的推论知 $\lim_{n\to\infty} p_{jj}^{(n)} = 0$. 当 j 是零常返的,由定理 9.2.9 知 $\lim_{n\to\infty} p_{jj}^{(nd)} = 0$,而当 $m \neq 0 (\mathrm{mod}(d))$ 时,有 $p_{jj}^{(n)} = 0$,因而 $\lim_{n\to\infty} p_{jj}^{(n)} = 0$.

下面证明对任一 $i \in E$,均有

$$\lim_{n\to\infty} p_{ij}^{(n)} = 0$$

设 $N < n$,有

$$0 \leqslant p_{ij}^{(n)} = \sum_{l=1}^{N} f_{ij}^{(l)} p_{jj}^{(n-l)} = \sum_{l=1}^{N} f_{ij}^{(l)} p_{jj}^{(n-l)} + \sum_{l=N+1}^{n} f_{ij}^{(l)} p_{jj}^{(n-l)} \leqslant \sum_{l=1}^{N} f_{ij}^{(l)} p_{jj}^{(n-l)} + \sum_{l=N+1}^{n} f_{ij}^{(l)}$$

取定 N,令 $n \to \infty$,则由于

$$\lim_{n\to\infty} \sum_{l=1}^{N} f_{ij}^{(l)} p_{jj}^{(n-l)} = \sum_{l=1}^{N} f_{ij}^{(l)} (\lim_{n\to\infty} p_{jj}^{(n-l)}) = 0$$

有

$$0 \leqslant \overline{\lim_{n\to\infty}} p_{ij}^{(n)}{}^{*} \leqslant \sum_{l=N+1}^{\infty} f_{ij}^{(l)}$$

对任意的 N 成立,但 $\lim_{N\to\infty} \sum_{l=N+1}^{\infty} f_{ij}^{(l)} = 0$,因而

$$\overline{\lim_{n\to\infty}} p_{ij}^{(n)} = 0$$

而 $p_{ij}^{(n)} \geqslant 0$,因而 $\lim_{n\to\infty} p_{ij}^{(n)} = 0$.

推论 2 如果 j 常返,则

(1) j 是零常返的充要条件是 $\lim_{n\to\infty} p_{jj}^{(n)} = 0$;

(2) j 遍历的充要条件是 $\lim_{n\to\infty} p_{jj}^{(n)} = \frac{1}{\mu_j}$.

---

* 若没有学过 $\overline{\lim}$,这里不妨理解为 $\lim$.

证 (1) 必要性见推论 1.

充分性：如果 j 是正常返的，则有 $\lim_{n\to\infty} p_{jj}^{(nd)} = \dfrac{d}{\mu_j} > 0$，这产生矛盾，故 j 必是零常返的.

(2) 必要性显然.

充分性：如果 $\lim_{n\to\infty} p_{jj}^{(n)} = \dfrac{1}{\mu_j}$，说明 j 是正常返的，且 $\lim_{n\to\infty} p_{jj}^{(nd)} = \dfrac{1}{\mu_j}$，故知 $d = 1$，即 j 是遍历的.

由以上讨论可知：

(1) $\displaystyle\sum_{n=1}^{\infty} p_{jj}^{(n)} \begin{cases} = \infty, & j \text{ 常返} \\ < +\infty, & j \text{ 非常返} \end{cases}$；

(2) $\displaystyle\sum_{n=1}^{\infty} p_{jj}^{(n)} = \infty \begin{cases} \lim_{n\to\infty} p_{jj}^{(n)} = 0, & j \text{ 零常返} \\ \text{否则}, & j \text{ 正常返} \end{cases}$.

下面讨论互通与状态分类的关系.

定理 9.2.10 如果 i 常返，且 $i \to j$，则 j 也是常返的，且 $f_{ji} = 1$.

证 由 $i \to j$ 知 $f_{ij} > 0$. 记
$$_j p_{ik}^{(n)} = P_i\{X_v \neq j, 1 \leq v \leq n-1, X_n = k\}$$
$$_j f_{ik}^{(n)} = P_i\{X_v \notin \{j, k\}, 1 \leq v \leq n-1, X_n = k\}$$

于是
$$f_{ij} = \sum_{n=1}^{\infty} f_{ij}^{(n)} = \sum_{n=1}^{\infty} \left[_i f_{ij}^{(n)} + \sum_{r=1}^{n-1} {_i p_{ii}^{(r)}} \, _i f_{ij}^{(n-r)} \right] > 0$$

可见必存在 N，使得
$$_i f_{ij}^{(N)} > 0$$

但是
$$1 - f_{ii} \geq \sum_{k \neq i} {_i f_{ik}^{(N)}} (1 - f_{ki}) \geq {_i f_{ij}^{(N)}} (1 - f_{ji})$$

由 i 常返，$f_{ii} = 1$，所以 $f_{ji} = 1$，可见 $j \to i$. 设 $\alpha = p_{ij}^{(s)} > 0, \beta = p_{ji}^{(r)} > 0$，由 C-K 方程有
$$p_{jj}^{(r+n+s)} \geq p_{ji}^{(r)} p_{ii}^{(n)} p_{ij}^{(s)} = \alpha \beta p_{ii}^{(n)}$$

于是由 $\displaystyle\sum_{n=1}^{\infty} p_{ii}^{(n)} = \infty$ 知 $\displaystyle\sum_{n=1}^{\infty} p_{jj}^{(n)} = \infty$，所以 j 是常返的.

对于定理 9.2.10 中，$f_{ji} = 1$ 可以作如下理解：设 $X_0 = j$，且存在 n 使得 $p_{ji}^{(n)} > 0$. 如果 $X_n \neq 1$，则说在时刻 n 处失败，则以 t_1 记下次进入 j 的时刻，由于 j 常返，t_1 以概率 1 有限；如果 $X_{t_1 + n} \neq i$，则说在时刻 $t_1 + n$ 处失败，则以 t_2 记下次进入 j 的时刻，以此反复. 由于状态 j 常返，马氏链每次从状态 j 出发，就是重新开始，所以首次成功所需的反复次数 N 是一个服从几何分布的随机变量，即

$$P(N=n)=(1-p_{jj}^{(n)})^{n-1}p_{ji}^{(n)}, n=1,2,\cdots$$

其均值为 $E(N)=1/p_{ji}^{(n)}$. 由此 N 是以概率 1 有限. j 常返暗含着无穷多次返回状态 j, 即为从状态 j 出发访问状态 i 提供无穷多次机会, 进而有 $f_{ji}=1$.

定理 9.2.11 如果 $i \to j$, 则

(1) i 和 j 同为常返或非常返; 如同为常返, 它们同为正常返或零常返;

(2) i 和 j 有相同的周期.

证 (1) 的前一部分由定理 9.2.10 可得. 设 j 是零常返的, 有 $\lim_{n\to\infty} p_{jj}^{(n)}=0$, 再由

$$p_{jj}^{(r+n+s)} \geq \alpha\beta p_{ii}^{(n)}$$

知 i 也是零常返的. 同样, 由 i 是零常返的, 可得 j 也是零常返的.

(2) 仍设 $p_{ij}^{(s)}>0, p_{ji}^{(r)}>0$, 设 $d(i)=d, d(j)=t$, 由于

$$p_{ii}^{(r+n+s)} \geq \alpha\beta p_{jj}^{(n)}$$

所以当 $p_{jj}^{(n)}>0$ 时, $p_{ii}^{(r+n+s)}>0$, 因而 $d|s+n+r$, 又由

$$p_{ii}^{(s+r)} \geq p_{ij}^{(s)} p_{ji}^{(r)} = \alpha\beta > 0$$

知 $d|s+r$, 可见 $d|n$, 所以 $d \leq t$. 同理可证 $t \leq d$. 只有 $t=d$.

例 9.2.2 设马氏链的状态空间为 $E=\{1,2,\cdots\}$, 转移矩阵为

$$\boldsymbol{P}_1 = \begin{pmatrix} 1 & 0 & 0 & 0 & 0 & \cdots \\ \frac{1}{2} & 0 & \frac{1}{2} & 0 & 0 & \cdots \\ \frac{1}{3} & 0 & 0 & \frac{2}{3} & 0 & \cdots \\ \frac{1}{4} & 0 & 0 & 0 & \frac{3}{4} & \cdots \\ \vdots & \vdots & \vdots & \vdots & \vdots & \end{pmatrix}$$

$$\boldsymbol{P}_2 = \begin{pmatrix} \frac{1}{2} & \frac{1}{2} & 0 & 0 & 0 & \cdots \\ \frac{1}{3} & 0 & \frac{2}{3} & 0 & 0 & \cdots \\ \frac{1}{4} & 0 & 0 & \frac{3}{4} & 0 & \cdots \\ \frac{1}{5} & 0 & 0 & 0 & \frac{4}{5} & \cdots \\ \vdots & \vdots & \vdots & \vdots & \vdots & \end{pmatrix}$$

求: (1) 矩阵 (f_{ij}); (2) μ_j; (3) 各状态的周期; 并讨论它的状态分类和闭集.

解 对矩阵 $\boldsymbol{P}_1$

(1) 由于 $f_{11}^{(1)}=p_{11}=1$, 因此 $f_{11}=1$. 由引理 9.2.1 可见, $f_{1j}^{(n)}=0, j=2,3,\cdots$, $n=1,2,\cdots$, 因此 $f_{1j}=0, j=2,3,\cdots$.

同样,可以算得 $f_{21}^{(1)}=p_{21}=\frac{1}{2}$, $f_{21}^{(2)}=p_{23}p_{31}=\frac{1}{2\cdot 3}$, $f_{21}^{(3)}=p_{23}p_{34}p_{41}=\frac{1}{3\cdot 4}$, 一般地有 $f_{21}^{(n)}=\frac{1}{n(n+1)}, n=1,2,\cdots$,因此,有

$$f_{21}=\sum_{n=1}^{\infty}\frac{1}{n(n+1)}=1$$

$f_{22}=0, f_{23}=f_{23}^{(1)}=p_{23}=\frac{1}{2}, f_{24}=f_{24}^{(2)}=p_{23}p_{34}=\frac{1}{3}$,一般地有 $f_{2n}=f_{2n}^{(n-2)}=\frac{1}{n-1}$. 用与上面类似的方法可以算得 $f_{n1}=1, n=1,2,\cdots, f_{nm}=0, m=2,3,\cdots,n, f_{nm}=\frac{n-1}{m-1}, m=n+1, n+2,\cdots$

综上得

$$(f_{ij})=\begin{pmatrix} 1 & 0 & 0 & 0 & 0 & 0 & \cdots \\ 1 & 0 & \frac{1}{2} & \frac{1}{3} & \frac{1}{4} & \frac{1}{5} & \cdots \\ 1 & 0 & 0 & \frac{2}{3} & \frac{2}{4} & \frac{2}{5} & \cdots \\ 1 & 0 & 0 & 0 & \frac{3}{4} & \frac{3}{5} & \cdots \\ \vdots & \vdots & \vdots & \vdots & \vdots & \vdots & \cdots \end{pmatrix}$$

(2) 显然 $\mu_1=1$,对其他状态 j, μ_j 无定义.

(3) 由于 $p_{11}>0$,因此 $d(1)=1$. 对其他状态,由于 $f_{jj}^{(n)}=0, n=1,2,\cdots$,以及(9.2.3)式,可见 $p_{jj}^{(n)}=0, n=1,2,\cdots$,因而,它们的周期没有定义.

由于 $f_{11}=1, \mu_1=1$ 状态 1 正常返,又 $d(1)=1$,可见 1 状态为遍历状态. 对其他状态 j,由于 $f_{jj}=0$,知它们为非常返状态. 显然链是可分的,除 E 为闭集外,状态 1 构成一闭集,再无其他闭集.

对矩阵 $\boldsymbol{P}_2$

(1) $f_{11}^{(1)}=\frac{1}{2}$, $f_{11}^{(2)}=p_{12}p_{21}=\frac{1}{2}\cdot\frac{1}{3}$, $f_{11}^{(3)}=p_{12}p_{23}p_{31}=\frac{1}{3}\cdot\frac{1}{4}$,一般地,有 $f_{11}^{(n)}=p_{12}p_{23}\cdots p_{(n-1)n}p_{n1}=\frac{1}{n}\frac{1}{n+1}, n=1,2,\cdots$,因而

$$f_{11}=\sum_{n=1}^{\infty}f_{11}^{(n)}=\sum_{n=1}^{\infty}\frac{1}{n(n+1)}=1$$

可见状态 1 是常返状态. 显然任二状态互通,由定理 9.2.10 和 9.2.11 知, $f_{ij}=1$, $i,j=1,2,\cdots$,因此

$$\begin{pmatrix} 1 & 1 & 1 & \cdots \\ 1 & 1 & 1 & \cdots \\ 1 & 1 & 1 & \cdots \\ \vdots & \vdots & \vdots & \cdots \end{pmatrix}$$

(2) 容易算得
$$\mu_1 = \sum_{n=1}^{\infty} n f_{11}^{(n)} = \sum_{n=1}^{\infty} \frac{1}{n+1} = +\infty$$
可见,状态 1 是零常返状态,再由定理 9.2.11 知,$\mu_j = +\infty, j=1,2,\cdots$.

(3) 显然 $d(1)=1$,即状态 1 是非周期的,由定理 9.2.11,所有状态非周期. 所有状态零常返. 链不可分,只有 E 是闭集,无其他闭集.

9.3 状态空间的分解

9.3.1 状态空间的分解

状态空间可分为常返状态和非常返状态两部分,分别记为 C 和 D. 由定理 9.2.10, C 是闭集(不一定不可分),按状态互通算一类,又可将 C 进一步分成 C_1, $C_2,\cdots,C_n,\cdots$.

定理 9.3.1 任一马氏链的状态空间 E 可唯一地分解成有限多个或可列多个互不相交的子集 $D,C_1,C_2,\cdots,C_n,\cdots$ 之并,使得

(1) 每一 C_n 是常返状态组成的闭集;

(2) C_n 中的状态同类,或全是正常返,或全是零常返,它们有相同的周期且 $f_{jk}=1, j,k \in C_n$;

(3) D 由全体非常返状态组成,自 C_n 中的状态不能到达 D 中的状态.

通常称 $C_n(n=1,2,\cdots)$ 为基本常返闭集.

9.3.2 不可分闭集

下面讨论质点在不可分闭集中是如何运动的.

定理 9.3.2 设不可分马氏链 $\{X_n, n \geqslant 0\}$ 的状态空间为 C、周期为 d,则 C 可唯一地分解成互不相交的子集之并,即
$$C = \bigcup_{r=0}^{d-1} G_r, \quad G_r \cap G_s = \emptyset, r \neq s$$
使得若自 G_r 的某一状态出发,下一步必转移到 $G_{r+1}(G_d=G_0)$ 中.

证 任取一状态 $i \in C$,对 $r=0,1,2,\cdots,d-1$,令
$$G_r = \{j: 对某个 n \geqslant 0, p_{ij}^{(nd+r)} > 0\}$$
因 C 不可分,所以有 $C=\bigcup_{r=0}^{d-1} G_r$. 下面证明 $G_r(r=0,1,2,\cdots,d-1)$ 互不相交. 若对 $s \neq r$,有 $j \in G_r \cap G_s$,由定义,必存在 m,n,使得 $p_{ij}^{(md+s)}>0, p_{ij}^{(nd+r)}>0$,又 $i \leftrightarrow j$,有 h 使 $p_{ji}^{(h)}>0$,于是有

$$p_{ii}^{(nd+r+h)} \geqslant p_{ij}^{(nd+r)} p_{ji}^{(h)} > 0$$
$$p_{ii}^{(md+s+h)} \geqslant p_{ij}^{(md+s)} p_{ji}^{(h)} > 0$$

可知 $d|r+h$ 且 $d|s+h$，因而 $d|r-s$，但 $0 \leqslant r, s \leqslant d-1$，只有 $r=s$，即 $G_r = G_s$. 下面证明从某一 $j \in G_r$ 出发，下一步必到达 G_{r+1}，这只需证明

$$\sum_{k \in G_{r+1}} p_{jk} = 1$$

由于

$$1 = \sum_{k \in C} p_{jk} = \sum_{k \in G_{r+1}} p_{jk} + \sum_{k \notin G_{r+1}} p_{jk}$$

又 $j \in G_r$，因而 $p_{ij}^{(md+r)} > 0$. 若 $k \notin G_{r+1}$，有

$$0 = p_{ik}^{(md+r+1)} \geqslant p_{ij}^{(md+r)} p_{jk}$$

可知 $p_{jk} = 0$，$\sum_{j \notin G_{r+1}} p_{jk} = 0$，所以 $\sum_{k \in G_{r+1}} p_{jk} = 1$.

再证分类的唯一性. 若用 i 分类得 $G_0, G_1, \cdots, G_{d-1}$，用 i' 分类得 $G_0', G_1', \cdots, G_{d-1}'$，若 $j, k \in G_r, i' \in G_s$.

当 $r \geqslant s$，则由 i' 出发，只可能经 $r-s, r-s+d, r-s+2d, \cdots$ 等步数到达 j 或 k，因而 j, k 同属 G_{r-s}'.

若 $r < s$，则由 i' 出发，只可能经 $d-(s-r) = r-s+d, r-s+2d, r-s+3d, \cdots$ 等步数到达 j 或 k，因而 j, k 同属 G_{r-s+d}'.

定理 9.3.3 在定理 9.3.2 的假设下，则有

(1) 如只在时刻 $0, d, 2d, \cdots$ 上考虑 $\{X_n\}$，可得一新链 $\{X_{nd}, n \geqslant 0\}$，其一步转移概率矩阵为 $P^{(d)} = (p_{ij}^{(d)})$，对此新链，每一 G_r 是不可分闭集，且 G_r 中的状态是非周期的.

(2) 若原链常返，则新链也常返.

证 (1) 由定理 9.3.2 知，G_r 对 $\{X_{nd}\}$ 是闭集. 下面证明 G_r 不可分. 如果 $j, k \in G_r$，由 $\{X_n\}$ 不可分，故必存在 N，使 $p_{jk}^{(N)} > 0$，且 N 必可表为 md 的形式，则对 $\{X_{nd}\}$ 有 $j \to k$. 类似可证对 $\{X_{nd}\}$，$k \to j$，所以 $j \leftrightarrow k$，G_r 不可分. 又 j 的周期为 d，存在 M，使 $n \geqslant M$ 时，$p_{jj}^{(nd)} > 0$，故对 $\{X_{nd}\}$，j 是非周期的.

(2) 若 $\{X_n\}$ 是常返的，任意 $j \in G_r$，当 $n \neq 0 (\bmod(d))$，$p_{jj}^{(n)} = 0$，因而 $f_{jj}^{(n)} = 0$，于是

$$1 = \sum_{n=1}^{\infty} f_{jj}^{(n)} = \sum_{n=1}^{\infty} f_{jj}^{(nd)}$$

可见 j 对 $\{X_{nd}\}$ 也是常返的.

例 9.3.1 设不可分马氏链的状态空间为 $C = \{1, 2, 3, 4, 5, 6\}$，转移矩阵为

$$\begin{pmatrix} 0 & 0 & 0 & 0 & 0 & 1 \\ 1 & 0 & 0 & 0 & 0 & 0 \\ 0 & 0 & 0 & 1 & 0 & 0 \\ 0 & 0 & 0 & 0 & 0 & 1 \\ 0 & \frac{1}{2} & \frac{1}{2} & 0 & 0 & 0 \\ 0 & 0 & 0 & 0 & 1 & 0 \end{pmatrix}$$

(1) 求各状态的周期 d;

(2) 分解 $C = \bigcup\limits_{r=0}^{d-1} G_r$;

(3) 验证定理 9.3.3 的结论.

解 (1) 由状态转移图 9-2 可见,链的周期 $d=4$.

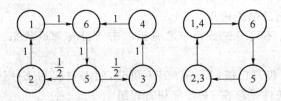

图 9-2

(2) 取定状态 $i=1$,

$$G_0 = \{j: 对某个 n \geq 0 有 p_{1j}^{(4n)} > 0\} = \{1,4\}$$
$$G_1 = \{j: 对某个 n \geq 0 有 p_{1j}^{(4n+1)} > 0\} = \{6\}$$
$$G_2 = \{j: 对某个 n \geq 0 有 p_{1j}^{(4n+2)} > 0\} = \{5\}$$
$$G_3 = \{j: 对某个 n \geq 0 有 p_{1j}^{(4n+3)} > 0\} = \{2,3\}$$

则 $C = \{1,4\} \bigcup \{6\} \bigcup \{5\} \bigcup \{2,3\}$.

(3) 容易算得

$$\boldsymbol{P}^{(4)} = \boldsymbol{P}^4 = \begin{pmatrix} \frac{1}{2} & 0 & 0 & \frac{1}{2} & 0 & 0 \\ 0 & \frac{1}{2} & \frac{1}{2} & 0 & 0 & 0 \\ 0 & \frac{1}{2} & \frac{1}{2} & 0 & 0 & 0 \\ \frac{1}{2} & 0 & 0 & \frac{1}{2} & 0 & 0 \\ 0 & 0 & 0 & 0 & 1 & 0 \\ 0 & 0 & 0 & 0 & 0 & 1 \end{pmatrix}$$

容易看到对 $\boldsymbol{P}^{(4)}$, $\{1,4\}$、$\{2,3\}$、$\{5\}$、$\{6\}$ 分别构成一闭集,且它们都是非周期的.

9.3.3 有限链的状态空间

定理 9.3.4 有限链所有非常返状态组成的集 D 不是闭集.

证 若 D 是闭集,对 $i \in D$,有
$$\sum_{j \in D} p_{ij}^{(n)} = 1$$
两边令 $n \to \infty$,和式中只有有限项,由(9.2.3)式,有
$$0 = 1$$
D 不能是闭集.

同理可证下面的结论.

定理 9.3.5 有限链没有零常返状态,即有限链只有非常返状态和正常返状态.

9.3.4 不可分链的状态空间

容易看到下面的结论成立.

定理 9.3.6 不可分链或没有非常返状态或没有常返状态. 有限不可分链只有正常返状态.

*__定理 9.3.7__ 设马氏链 $\{X_n, n \geq 0\}$ 不可分,状态空间为 $E = \{0, 1, 2, \cdots\}$,则它是常返链的充要条件是存在 $j \in E$ 使得方程组
$$z_i = \sum_{k \neq j} p_{ik} z_k, \quad i \in E - \{j\} \tag{9.3.1}$$
没非零有界解.

在定理 9.3.7 中,通常情况下常用 $z_i = \sum_{k=1}^{\infty} p_{ik} z_k, i \in E - \{o\}$ 有没有非零有界解来判断马氏链是否常返. 定理 9.3.7 的应用见本章例 9.4.2.

9.4 平稳分布

本节主要讨论马氏链的平稳分布,但需要用到 $p_{ij}^{(n)}$ 的一些极限性质,故首先讨论这方面的内容.

9.4.1 $p_{ij}^{(n)}$ 的渐近性质

由前面的讨论知,当 j 是非常返或零常返时,则对一切 i,有(9.2.4)式成立,即 $\lim_{n \to \infty} p_{ij}^{(n)} = 0$. 但当 j 是正常返时,$\lim_{n \to \infty} p_{ij}^{(n)}$ 不一定存在,即使存在也可能与 i 有关. 为此,对周期为 d 的正常返状态 j,可以考虑 $p_{ij}^{(nd)}$ 或 $\frac{1}{n}\sum_{k=1}^{n} p_{ij}^{(k)}$ 的极限问题.

由定理 9.2.9 知,若 j 常返且 $d(j) = d$ 时,有
$$\lim_{n \to \infty} p_{jj}^{(nd)} = \frac{d}{\mu_j} \tag{9.4.1}$$

首先推广这一结果，考查对取定的 $0 \leqslant r \leqslant d-1$，$p_{ij}^{(nd+r)}$ 的极限问题，为此记

$$f_{ij}(r) = \sum_{m=0}^{\infty} f_{ij}^{(md+r)}, 0 \leqslant r \leqslant d-1$$

则显然有

$$\sum_{r=0}^{d-1} f_{ij}(r) = f_{ij}$$

定理 9.4.1 如果 j 正常返，且 $d(j)=d$，则对任意的 i 及 $0 \leqslant r \leqslant d-1$，有

$$\lim_{n \to \infty} p_{ij}^{(nd+r)} = f_{ij}(r) \frac{d}{\mu_j} \tag{9.4.2}$$

证 由于当 $n \neq 0(\mathrm{mod}(d))$，$p_{jj}^{(n)}=0$，有

$$p_{ij}^{(nd+r)} = \sum_{l=0}^{nd+r} f_{ij}^{(l)} p_{jj}^{(nd+r-l)} = \sum_{m=0}^{n} f_{ij}^{(md+r)} p_{jj}^{(n-m)d}$$

对于 $1 \leqslant N < n$，有

$$\sum_{m=0}^{N} f_{ij}^{(md+r)} p_{jj}^{(n-m)d} \leqslant p_{ij}^{(nd+r)} \leqslant \sum_{m=0}^{N} f_{ij}^{(md+r)} p_{jj}^{(n-m)d} + \sum_{m=N+1}^{\infty} f_{ij}^{(md+r)}$$

先令 $n \to \infty$，再令 $N \to \infty$，并利用 (9.4.1) 式，有

$$f_{ij}(r) \frac{d}{\mu_j} \leqslant \lim_{n \to \infty} p_{ij}^{(nd+r)} \leqslant f_{ij}(r) \frac{d}{\mu_j}$$

即知 (9.4.2) 式成立.

推论 如果链不可分，正常返，周期为 d，则对一切 $i,j \in E$，有

$$\lim_{n \to \infty} p_{ij}^{(nd)} = \begin{cases} \dfrac{d}{\mu_j}, & \text{当 } i,j \text{ 属同一 } G_r \\ 0, & \text{否则} \end{cases} \tag{9.4.3}$$

其中 $E = \bigcup_{r=0}^{d-1} G_r$.

当 $d=1$ 时，则对一切 i,j，有

$$\lim_{n \to \infty} p_{ij}^{(n)} = \frac{1}{\mu_j} \tag{9.4.4}$$

证 在 (9.4.2) 式中取 $r=0$，有

$$\lim_{n \to \infty} p_{ij}^{(nd)} = f_{ij}(0) \frac{d}{\mu_j}, \quad f_{ij}(0) = \sum_{m=0}^{\infty} f_{ij}^{(md)}$$

如果 i,j 不属于同一 G_r，则对一切 m，$p_{ij}^{(md)}=0$，因而 $f_{ij}^{(md)}=0$，$f_{ij}(0)=0$. 如果 i,j 属同一 G_r，当 $n \neq 0(\mathrm{mod}(d))$ 时，$p_{ij}^{(n)}=0$，因而 $f_{(ij)=0}^{(n)}$，于是

$$f_{ij}(0) = \sum_{m=0}^{\infty} f_{ij}^{(md)} = \sum_{n=0}^{\infty} f_{ij}^{(n)} = f_{ij}$$

而 j 常返，$f_{ij}=1$，推论成立.

下面考虑 $\dfrac{1}{n} \sum_{k=1}^{n} p_{ij}^{(k)}$ 的收敛问题. 如前所述，$\sum_{n=0}^{\infty} p_{jj}^{(n)}$ 表示由 j 返回到 j 的平均

次数,可见 $\sum_{k=1}^{n} p_{jj}^{(k)}$ 表示自 j 出发在前 n 步再回到 j 的平均次数;μ_j 表示自 j 出发回到 j 的平均步长,$\frac{1}{\mu_j}$ 表示自 j 出发每单位步长回到 j 的平均次数,故有

$$\lim_{n\to\infty} \frac{1}{n} \sum_{k=1}^{n} p_{jj}^{(k)} \approx \frac{1}{\mu_j}$$

若要考虑从 i 出发到达 j 的情况,则还考虑 f_{ij} 的大小.

定理 9.4.2 对任意状态 i,j,有

$$\lim_{n\to\infty} \frac{1}{n} \sum_{k=1}^{n} p_{ij}^{(k)} = \begin{cases} 0, & j \text{ 是非常返或零常返} \\ \frac{f_{ij}}{\mu_j}, & j \text{ 正常返} \end{cases}$$

证 当 j 是非常返或零常返时,则有 $\lim_{n\to\infty} p_{ij}^{(n)} = 0$. 利用数学分析中下面的结论: 若对数列 $\{a_n\}$ 有 $\lim_{n\to\infty} a_n = a$, 则 $\lim_{n\to\infty} \frac{1}{n}\sum_{k=1}^{n} a_k = a$, 可得 $\lim_{n\to\infty} \frac{1}{n}\sum_{k=1}^{n} p_{ij}^{(k)} = 0$. 当 j 是正常返,周期为 d 时,利用数学分析中下面的结论: 若有 d 对数列 $\{a_{nd+s}\}(s=0,1,\cdots,d-1)$, 对每个 s 有 $\lim_{n\to\infty} a_{nd+s} = b_s$, 则有 $\lim_{n\to\infty}\frac{1}{n}\sum_{k=1}^{n} a_k = \frac{1}{d}\sum_{s=0}^{d-1} b_s$, 这里取 $a_{nd+s} = p_{ij}^{(nd+s)}$, 则由 (9.4.2) 式,有 $b_s = f_{ij}(s)\frac{d}{\mu_j}$, 因而

$$\lim_{n\to\infty} \frac{1}{n} \sum_{k=1}^{n} p_{ij}^{(k)} = \frac{1}{d}\sum_{s=0}^{d-1} f_{ij}(s) \frac{d}{\mu_j} = \frac{f_{ij}}{\mu_j}$$

推论 如果链不可分,常返,则对任意 i,j 有

$$\lim_{n\to\infty} \frac{1}{n} \sum_{k=1}^{n} p_{ij}^{(k)} = \frac{1}{\mu_j} \tag{9.4.5}$$

当 $\mu_j = +\infty$, $\frac{1}{\mu_j} = 0$.

9.4.2 平稳分布

定义 9.4.1 设 (p_{ij}) 是马氏链 $\{X_n\}$ 的转移矩阵,如果非负数列 $\{\pi_j\}$ 满足:

$$\sum_{j=0}^{\infty} \pi_j = 1, \quad \pi_j = \sum_{k=0}^{\infty} \pi_k p_{kj}, \quad j = 0,1,2,\cdots$$

则称 $\{\pi_j\}$ 是 $\{X_n\}$ 的平稳分布.

定义中的条件可以写成以下向量形式

$$\pi = \pi P$$

其中 $\pi = (\pi_0, \pi_1, \cdots)$.

定理 9.4.3 如果 $\{\pi_j\}$ 是马氏链 $\{X_n\}$ 的平稳分布,则当

$$P\{X_0=j\}=\pi_j, \quad j=0,1,2,\cdots$$

时,$\{X_n\}$ 是一强平稳序列.

证 如果 $\{\pi_j\}$ 是 $\{X_n\}$ 的平稳分布,则对任意的 $n\geqslant 1$,有

$$\pi_j = \sum_{k=0}^{\infty} \pi_k p_{kj}^{(n)}, \quad j=0,1,2,\cdots$$

因而,对任意的 $n\geqslant 1$,有

$$P\{X_n=j\} = \sum_{k=0}^{\infty} P\{X_0=k\} p_{kj}^{(n)} = \sum_{k=0}^{\infty} \pi_k p_{kj}^{(n)} = \pi_j, \quad j=0,1,2,\cdots$$

其次,可以证明对任意的 $l\geqslant 1$,任意的 $0\leqslant n_0<n_1<\cdots<n_l$,任意的 $j_0,j_1,\cdots,j_l\in E$,有

$$P\{X_{n_0}=j_0, X_{n_1}=j_1, \cdots, X_{n_l}=j_l\} = P\{X_{n_0}=j_0\} p_{j_0 j_1}^{(n_1-n_0)} p_{j_1 j_2}^{(n_2-n_1)} \cdots p_{j_{l-1} j_l}^{(n_l-n_{l-1})}$$
$$= P\{X_0=j_0\} p_{j_0 j_1}^{(n_1-n_0)} p_{j_1 j_2}^{(n_2-n_1)} \cdots p_{j_{l-1} j_l}^{(n_l-n_{l-1})}$$
$$= P\{X_0=j_0, X_{n_1-n_0}=j_1, \cdots, X_{n_l-n_{l-1}}=j_l\}$$

可见 $\{X_n\}$ 为强平稳序列.

由定理 9.4.3 得到,若马氏链的初始分布为平稳分布,即 $\boldsymbol{q}(0)=\boldsymbol{\pi}$,则 $\boldsymbol{q}(n)=\boldsymbol{\pi}$,这是因为

$$\boldsymbol{q}(n)=\boldsymbol{q}(0)\boldsymbol{P}(n)=\boldsymbol{\pi}\boldsymbol{P}^n=\boldsymbol{\pi}\boldsymbol{P}^{n-1}=\cdots=\boldsymbol{\pi}$$

在此基础上,马氏链的平稳分布又称为不变分布或不变概率测度.

先讨论不可分遍历链的平稳分布,有下面的定理.

定理 9.4.4 设 $\{X_n\}$ 不可分遍历,则它的平稳分布 $\pi_j=\dfrac{1}{\mu_j}, j\in E$,且它是方程组

$$y_j = \sum_{i=0}^{\infty} y_i p_{ij}, j\in E \tag{9.4.6}$$

满足条件

$$y_j \geqslant 0, \sum_{j=0}^{\infty} y_j = 1 \tag{9.4.7}$$

的唯一解.

***证** 由 (9.4.4) 式,对任意的 i,j,有

$$\lim_{n\to\infty} p_{ij}^{(n)} = \pi_j, j\in E$$

于是有

$$\sum_{j=1}^{N} p_{ij}^{(n)} \leqslant 1 \xRightarrow{n\to\infty} \sum_{j=0}^{N} \pi_j \leqslant 1 \xRightarrow{n\to\infty} \sum_{j=0}^{\infty} \pi_j \leqslant 1$$

又由

$$p_{ij}^{(n+1)} \geqslant \sum_{k=0}^{M} p_{ik}^{(n)} p_{kj}$$

先令 $n\to\infty$,再令 $M\to\infty$,有

$$\pi_j \geqslant \sum_{k=0}^{\infty} \pi_k p_{kj}, j=0,1,2,\cdots$$

若在上式中有一 π_j 取不等号,则有

$$\sum_{j=0}^{\infty} \pi_j > \sum_{j=0}^{\infty} \sum_{k=0}^{\infty} \pi_k p_{kj} = \sum_{k=0}^{\infty} \pi_k$$

出现矛盾,因而

$$\pi_j = \sum_{k=0}^{\infty} \pi_k p_{kj}, \quad j=0,1,2,\cdots$$

证得 $y_j = \pi_j, j=0,1,2,\cdots$ 满足方程(9.4.6)式.反复运用上式,即将 $\pi_k = \sum_{s=0}^{\infty} \pi_s p_{sk}$, $k=0,1,2,\cdots$ 代入上式,有

$$\pi_j = \sum_{k=0}^{\infty} \pi_k p_{kj}^{(n)}, \quad j=0,1,2,\cdots$$

令 $n \to \infty$,有

$$\pi_j = \Big(\sum_{k=0}^{\infty} \pi_k\Big) \pi_j$$

可知

$$\sum_{k=0}^{\infty} \pi_k = 1$$

至于 $\pi_k \geqslant 0$ 是显然的,这便证得 $y_j = \pi_j$ 满足条件(9.4.7).

下证唯一性.设有另一组解 $\{\omega_j\}$,即 $\omega_j(j=0,1,2,\cdots)$ 满足:

$$\omega_j = \sum_{k=0}^{\infty} \omega_k p_{kj}, \quad \omega_j \geqslant 0, \sum_{j=0}^{\infty} \omega_j = 1$$

用同样的方法可以推出

$$\omega_j = \sum_{k=0}^{\infty} \omega_k p_{kj}^{(n)}, \quad n \geqslant 1$$

令 $n \to \infty$,可得 $\omega_j = \pi_j (j=0,1,2,\cdots)$,唯一性得证.

可见 μ_j 是一个重要的量,它在平稳分布的讨论中有重要的作用.

推论 设 $\{X_n, n \geqslant 0\}$ 不可分遍历,它的平稳分布为 $\pi_j = \dfrac{1}{\mu_j}, j \in E$,则对任意的 $i, j \in E$,有

$$\lim_{n \to \infty} p_{ij}^{(n)} = \frac{1}{\mu_j}$$

而且

$$\lim_{n \to \infty} P\{X_n = j\} = \frac{1}{\mu_j}$$

证 第一部分的结论在定理 9.4.1 的推论中已证.第二部分的结论则由(9.1.7)式及

$$\lim_{n \to \infty} P\{X_n = j\} = \lim_{n \to \infty} \sum_{i \in E} q_i(0) p_{ij}^{(n)} = \sum_{i \in E} q_i(0) \lim_{n \to \infty} p_{ij}^{(n)} = \frac{1}{\mu_j}$$

得到.

推论的结论被称为$\{X_n\}$具有遍历性,并将$\pi_j(j\in E)$称为极限分布.

定理 9.4.3 讨论了不可分遍历链的平稳分布. 下面讨论一般情况马氏链的平稳分布,首先指出其存在性和结构与状态分类之间有密切关系.

由定理 9.3.1,有
$$E = D \cup C_1 \cup C_2 \cup \cdots$$
其中 D 是所有非常返状态组成的集合,$C_k(k=1,2,\cdots)$ 是由常返(正常返或零常返)状态组成的不可分闭集. 现在记 Q 为所有非常返状态和零常返状态组成的集合,$H = \bigcup_{\alpha} C_\alpha$ 是所有不可分正常返闭集的并,则
$$E = Q \cup H$$

引理 9.4.1 对每一个不可分正常返闭集 $C_\alpha(\subset H)$,有 $\sum_{j\in C_\alpha} \dfrac{1}{\mu_j} = 1$.

*证 设 C_α 的周期为 d,则
$$C_\alpha = \bigcup_{r=0}^{d-1} G_r$$
由(9.4.3)式,对 $i,j\in G_r$,有
$$\lim_{n\to\infty} p_{ij}^{(nd)} = \frac{d}{\mu_j}$$
对于 $\boldsymbol{P}^{(d)}$,每个 G_r 是周期为 1 的不可分闭集,在定理 9.4.4 中取 $\pi_j = \dfrac{d}{\mu_j}(j\in G_r)$,则有
$$\sum_{j\in G_r} \pi_j = \sum_{j\in G_r} \frac{d}{\mu_j} = 1, \sum_{j\in G_r} \frac{1}{\mu_j} = \frac{1}{d}$$
因而
$$\sum_{j\in C_\alpha} \frac{1}{\mu_j} = \sum_{r=0}^{d-1} \sum_{j\in G_r} \frac{1}{\mu_j} = \sum_{r=0}^{d-1} \frac{1}{d} = 1.$$

引理 9.4.2 设 $\{\pi_j\}$ 是 $\{X_n\}$ 的平稳分布,则

(1) 当 $j\in Q$ 时,$\pi_j = 0$;

(2) 当 $j\in C_\alpha(\subset H)$ 时,$\pi_j = \dfrac{\lambda_\alpha}{\mu_j}$,其中 $\lambda_\alpha \geqslant 0$ 为常数,且 $\sum_\alpha \lambda_\alpha = 1$.

*证 (1) 当 $j\in Q$ 时,由于 $\lim_{n\to\infty} p_{kj}^{(n)} = 0$,及
$$\pi_j = \sum_{k=0}^{\infty} \pi_k p_{kj}^{(n)}$$
有 $\pi_j = 0$.

(2) 当 $j\in C_\alpha$ 时,由于 C_α 是闭集以及(1)有
$$\pi_j = \sum_{k=0}^{\infty} \pi_k p_{kj}^{(n)} = \sum_{k\in H} \pi_k p_{kj}^{(n)} = \sum_{k\in C} \pi_k p_{kj}^{(n)}$$

上式两边对 $n=1,2,\cdots,N$ 求和,有

$$N\pi_j = \sum_{k \in C_a} \pi_k \Big(\sum_{n=1}^{N} p_{kj}^{(n)}\Big)$$

$$\pi_j = \sum_{k \in C_a} \pi_k \cdot \frac{1}{N}\Big(\sum_{n=1}^{N} p_{kj}^{(n)}\Big)$$

令 $N\to\infty$,由(9.4.5)式得

$$\pi_j = \Big(\sum_{k \in C_a} \pi_k\Big)\frac{1}{\mu_j} = \lambda_a \frac{1}{\mu_j}$$

其中 $\lambda_a = \sum_{k \in C_a} \pi_k$,而且

$$\sum_a \lambda_a = \sum_a \Big(\sum_{k \in C_a} \pi_k\Big) = \sum_{k=0}^{\infty} \pi_k = 1$$

定理 9.4.5 设 $\pi_j \geqslant 0$, $\sum_{j=0}^{\infty} \pi_j < +\infty$,则 $\{\pi_j\}$ 是马氏链 $\{X_n\}$ 的平稳分布的充分必要条件是存在非负数列 $\{\lambda_a\}$,使得

(1) $\sum_a \lambda_a = 1$;

(2) 当 $j \in Q$ 时,$\pi_j = 0$;

(3) 当 $j \in C_a(\subset H)$ 时,$\pi_j = \dfrac{\lambda_a}{\mu_j}$.

*证 在引理 9.4.2 中已证必要性,下面证明充分性. 首先由引理 9.4.1,有

$$\sum_{j=0}^{\infty} \pi_j = \sum_{j \in H} \pi_j = \sum_a \sum_{j \in C_a} \frac{\lambda_a}{\mu_j} = \sum_a \lambda_a \Big(\sum_{j \in C_a} \frac{1}{\mu_j}\Big) = 1$$

再证 $\{\pi_j\}$ 满足方程

$$\pi_j = \sum_{k=0}^{\infty} \pi_k p_{kj}, \quad j = 0,1,2,\cdots$$

当 $j \in Q$ 时,有

$$\sum_{k=0}^{\infty} \pi_k p_{kj} = \sum_{k \in H} \pi_k p_{kj} + \sum_{k \in Q} \pi_k p_{kj} = 0 = \pi_j$$

当 $j \in H, j \in C_a$ 时,有

$$\sum_{k=0}^{\infty} \pi_k p_{kj} = \sum_{k \in H} \pi_k p_{kj} = \sum_{k \in C_a} \pi_k p_{kj} = \lambda_a \sum_{k \in C_a} \frac{1}{\mu_k} p_{kj}$$

由于 $\sum_{k \in C_a} \dfrac{1}{\mu_k} = 1$,所以对任意 $\varepsilon > 0$,存在有限子集 $B_a \subset C_a$,使得

$$\lambda_a \sum_{k \in C_a - B_a} \frac{1}{\mu_k} p_{kj} < \varepsilon$$

于是

$$\sum_{k=0}^{\infty} \pi_k p_{kj} \leqslant \lambda_a \sum_{k \in B_a} \frac{1}{\mu_k} p_{kj} + \varepsilon$$

取 $i \in C_\alpha$,由(9.4.5)式上式化为

$$\sum_{k=0}^{\infty} \pi_k p_{kj} \leqslant \lambda_\alpha \sum_{k \in B_\alpha} \left(\lim_{n \to \infty} \frac{1}{n} \sum_{l=1}^{n} p_{ik}^{(l)} \right) p_{kj} + \varepsilon \leqslant \lambda_\alpha \lim_{n \to \infty} \frac{1}{n} \sum_{l=1}^{n} p_{ij}^{(l+1)} + \varepsilon = \pi_j + \varepsilon$$

由 ε 的任意性知:

$$\sum_{k=0}^{\infty} \pi_k p_{kj} \leqslant \pi_j, \quad j = 0, 1, 2, \cdots$$

若存在一个 j 使上式不等号成立,两边对 j 求和有

$$\sum_{k=0}^{\infty} \pi_k < \sum_{j=0}^{\infty} \pi_j$$

这不可能,从而对一切 $j \in H$,有

$$\pi_j = \sum_{k=0}^{\infty} \pi_k p_{kj}$$

成立.

推论 对马氏链 $\{X_n\}$,有

(1) 平稳分布不存在的充分必要条件是 $H = \varnothing$;

(2) 平稳分布唯一的充分必要条件是只有一个基本正常返闭集 C_α;

(3) 有无穷多个平稳分布的充分必要条件是至少有两个基本正常返闭集 C_α;

(4) 有限链恒有平稳分布.

例 9.4.1 讨论有限马氏链状态空间的分解、状态分类、周期和平稳分布,设其转移概率矩阵为

(1) $\begin{pmatrix} 1 & 0 & 0 \\ \frac{1}{2} & \frac{1}{2} & 0 \\ \frac{1}{3} & \frac{1}{3} & \frac{1}{3} \end{pmatrix}, E = \{1, 2, 3\};$

(2) $\begin{pmatrix} \frac{1}{2} & \frac{1}{2} & 0 & 0 \\ \frac{1}{4} & \frac{3}{4} & 0 & 0 \\ 0 & 0 & 1 & 0 \\ 0 & 0 & \frac{1}{3} & \frac{2}{3} \end{pmatrix}, E = \{1, 2, 3, 4\};$

(3) $\begin{pmatrix} 0 & 1 & 0 & 0 \\ \frac{1}{2} & 0 & \frac{1}{2} & 0 \\ 0 & \frac{1}{2} & 0 & \frac{1}{2} \\ 0 & 0 & 1 & 0 \end{pmatrix}, E = \{1, 2, 3, 4\}.$

解 (1) 状态 1 为吸收状态,即 1 自己构成闭集,为正常返状态,2、3 状态为非常返状态.周期都是 1,因而 1 状态是遍历的.解方程组

$$\begin{cases} \pi_1 + \dfrac{1}{2}\pi_2 + \dfrac{1}{3}\pi_3 = \pi_1 \\ \quad\quad \dfrac{1}{2}\pi_2 + \dfrac{1}{3}\pi_3 = \pi_2 \\ \quad\quad\quad\quad\quad \dfrac{1}{3}\pi_3 = \pi_3 \\ \pi_1 + \pi_2 + \pi_3 = 1 \end{cases}$$

得平稳分布为 $(1,0,0)$.

也可以由状态分类和定理 9.4.5 直接得平稳分布为 $(1,0,0)$.

(2) 1、2 状态构成闭集,3 为吸收状态,它们都是正常返状态,4 是非常返状态.

它们的周期都是 1,因而状态 1、2、3 为遍历状态.解方程组

$$\begin{cases} \dfrac{1}{2}\pi_1 + \dfrac{1}{4}\pi_2 = \pi_1 \\ \dfrac{1}{2}\pi_1 + \dfrac{3}{4}\pi_2 = \pi_2 \\ \quad\quad\quad\quad \pi_3 + \dfrac{1}{3}\pi_4 = \pi_3 \\ \quad\quad\quad\quad\quad\quad \dfrac{2}{3}\pi_4 = \pi_4 \\ \pi_1 + \pi_2 + \pi_3 + \pi_4 = 1 \end{cases}$$

得平稳分布为 $\left(\dfrac{1}{3}p, \dfrac{2}{3}p, q, 0\right)$,其中 $0 \leqslant p, q \leqslant 1, p+q=1$.

(3) 由状态转移图 9-3 可见链不可分,且它们的周期均为 2.所有状态正常返.解方程组

$$\begin{cases} \dfrac{1}{2}\pi_2 = \pi_1 \\ \pi_1 + \dfrac{1}{2}\pi_3 = \pi_2 \\ \dfrac{1}{2}\pi_2 + \pi_4 = \pi_3 \\ \dfrac{1}{2}\pi_3 = \pi_4 \\ \pi_1 + \pi_2 + \pi_3 + \pi_4 = 1 \end{cases}$$

得平稳分布 $\left(\frac{1}{6}, \frac{1}{3}, \frac{1}{3}, \frac{1}{6}\right)$.

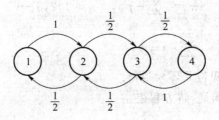

图 9-3

例 9.4.2 讨论可列马氏链状态空间 $E=\{1,2,\cdots\}$ 的分解、状态分类、周期和平稳分布,设其转移概率矩阵为

(1) $\begin{pmatrix} \frac{1}{2} & \frac{1}{2} & 0 & 0 & 0 & \cdots \\ 0 & \frac{1}{2} & \frac{1}{2} & 0 & 0 & \cdots \\ 0 & 0 & \frac{1}{2} & \frac{1}{2} & 0 & \cdots \\ 0 & 0 & 0 & \frac{1}{2} & \frac{1}{2} & \cdots \\ \cdots & \cdots & \cdots & \cdots & \cdots & \cdots \end{pmatrix}$; *(2) $\begin{pmatrix} \frac{1}{2} & \frac{1}{2} & 0 & 0 & 0 & \cdots \\ \frac{1}{2} & 0 & \frac{1}{2} & 0 & 0 & \cdots \\ \frac{1}{3} & 0 & 0 & \frac{2}{3} & 0 & \cdots \\ \frac{1}{4} & 0 & 0 & 0 & \frac{3}{4} & \cdots \\ \cdots & \cdots & \cdots & \cdots & \cdots & \cdots \end{pmatrix}$;

(3) $\begin{pmatrix} \frac{1}{2} & \frac{1}{2} & 0 & 0 & 0 & \cdots \\ \frac{3}{4} & 0 & \frac{1}{4} & 0 & 0 & \cdots \\ 0 & \frac{7}{8} & 0 & \frac{1}{8} & 0 & \cdots \\ 0 & 0 & \frac{15}{16} & 0 & \frac{1}{16} & \cdots \\ \cdots & \cdots & \cdots & \cdots & \cdots & \cdots \end{pmatrix}$.

解 (1) 链可分,无穷多个闭集,对任意的正整数 n, $\{n, n+1, \cdots\}$ 构成闭集. 所有状态非周期. 由于 $f_{jj} = \frac{1}{2}, j=1,2,\cdots$,可见所有状态非常返. 平稳分布不存在.

*(2) 链不可分,非周期,解方程组

$$z_i = \sum_{j=2}^{\infty} p_{ij} z_j, i=2,3,\cdots$$

得 $z_3 = 2z_2, z_4 = 3z_2, \cdots$,一般可得 $z_i = (i-1)z_2, i=3,4,\cdots$. 若 $z_2=0$,则 $z_i=0$, $i=3,4,\cdots$,为零解,若 $z_2 \neq 0$,则 $\{z_i\}$ 无界,故不存在非零有界解. 链是常返的. 解方

程组

$$\begin{cases} \pi_j = \sum_{i=1}^{\infty} \pi_i p_{ij}, & j=1,2,3,\cdots \\ \sum_{j=1}^{\infty} \pi_j = 1 \end{cases}$$

知平稳分布不存在,可见链是零常返链.

(3) 链不可分,非周期,解方程组

$$\begin{cases} \frac{1}{2}\pi_1 + \frac{3}{4}\pi_2 & = \pi_1 \\ \frac{1}{2}\pi_1 + \frac{7}{8}\pi_3 & = \pi_2 \\ \frac{1}{4}\pi_2 + \frac{15}{16}\pi_4 & = \pi_3 \\ \frac{1}{8}\pi_3 + \frac{31}{32}\pi_5 & = \pi_4 \\ \cdots \cdots \cdots \\ \pi_1 + \pi_2 + \pi_3 + \pi_4 + \cdots = 1 \end{cases}$$

得

$$\begin{cases} \pi_2 = \frac{2}{3}\pi_1 \\ \pi_3 = \frac{2}{7}\pi_2 \\ \pi_4 = \frac{2}{15}\pi_3 \\ \pi_5 = \frac{2}{31}\pi_4 \\ \cdots \cdots \cdots \\ \sum_{k=1}^{\infty} \pi_k = 1 \end{cases}$$

$$\pi_k = \frac{2^{k-1}}{(2^2-1)(2^3-1)\cdots(2^k-1)}\pi_1, k=2,3,\cdots$$

$$\pi_1 + \sum_{k=2}^{\infty} \frac{2^{k-1}}{(2^2-1)(2^3-1)\cdots(2^k-1)}\pi_1 = 1$$

得平稳分布

$$\pi_1 = \left[1 + \sum_{k=2}^{\infty} \frac{2^{k-1}}{(2^2-1)(2^3-1)\cdots(2^{k-1})}\right]^{-1}$$

$$\pi_k = \frac{2^{k-1}}{(2^2-1)(2^3-1)\cdots(2^k-1)}\pi_1, \quad k=2,3,\cdots$$

可见所有状态正常返,因而所有状态遍历.

习题九

1. 设 $\{Z_n, n \geqslant 1\}$ 是独立同分布的随机变量序列,且 $P\{Z=1\}=p, P\{Z=-1\}=q$, $0<p<1, p+q=1$. 设 $Y_n = \sum_{j=1}^{n} Z_j (n \geqslant 1)$, $X_n = Y_{2n}(n \geqslant 1)$,证明 $\{X_n, n \geqslant 1\}$ 是马氏链,并求其转移概率和初始分布.

2. 设 $\{Y_n, n \geqslant 0\}$ 为一独立同分布且取非负整数值的随机变量序列,其概率分布为 $P\{Y_n=k\}=p_k, k=0,1,2,\cdots$,令 $X_n = \sum_{i=0}^{n} Y_i (n \geqslant 0)$,证明 $\{X_n, n \geqslant 0\}$ 是马氏链,并求其转移概率.

3. N 个黑球和 N 个白球分装在两个袋中,每个袋中各装 N 个. 每次从每个袋中随机地取出一球互相交换后放回袋中,以 X_n 记 n 次交换后第一个袋中的黑球数目,证明 $\{X_n, n \geqslant 0\}$ 是马氏链并求其转移概率.

4. 写出下列马氏链的转移概率矩阵:

(1) $E=\{0,1,2,\cdots,n\}(n \geqslant 2)$ 是有限个正整数的集合,若 $p_{00}=1, p_{nn}=1$,
$$p_{ij} = \begin{cases} p, & \text{当 } j=i+1 \text{ 时} \\ q, & \text{当 } j=i-1 \text{ 时,其中 } 0<p<1, q=1-p \\ 0, & \text{其他} \end{cases}$$

(2) $E=\{\cdots,-2,-1,0,1,2,\cdots\}$ 是全体整数的集合,
$$p_{ij} = \begin{cases} p, & \text{当 } j=i+1 \text{ 时} \\ q, & \text{当 } j=i-1 \text{ 时,其中 } 0<p<1, q=1-p \\ 0, & \text{其他} \end{cases}$$

5. 设有三个状态 $\{0,1,2\}$ 的马氏链,其一步转移概率矩阵为
$$\boldsymbol{P} = \begin{pmatrix} 0 & 1 & 0 \\ q & 0 & p \\ 0 & 1 & 0 \end{pmatrix}$$

(1) 求 $\boldsymbol{P}^{(2)}$,并证明 $\boldsymbol{P}^{(2)} = \boldsymbol{P}^{(4)}$;

(2) 求 $\boldsymbol{P}^{(n)}, n \geqslant 1$.

6. 设 $\{X_n, n \geqslant 0\}$ 是一马氏链,其状态空间为 $\{a,b,c\}$,转移矩阵为
$$\begin{pmatrix} \dfrac{1}{2} & \dfrac{1}{4} & \dfrac{1}{4} \\ \dfrac{2}{3} & 0 & \dfrac{1}{3} \\ \dfrac{3}{5} & \dfrac{2}{5} & 0 \end{pmatrix}$$

求：(1) $P\{X_1=b, X_2=c, X_3=a, X_4=c, X_5=a, X_6=c, X_7=b|X_0=c\}$；

(2) $P\{X_{n+2}=c|X_n=b\}$.

7. 设二马氏链的状态空间为 $E=\{1,2,3,4\}$，转移概率矩阵分别为

$$\begin{pmatrix} \frac{1}{2} & \frac{1}{2} & 0 & 0 \\ 0 & \frac{1}{4} & \frac{3}{4} & 0 \\ \frac{1}{4} & 0 & \frac{1}{2} & \frac{1}{4} \\ \frac{1}{2} & 0 & 0 & \frac{1}{2} \end{pmatrix}, \begin{pmatrix} \frac{1}{4} & \frac{1}{4} & \frac{1}{4} & \frac{1}{4} \\ 0 & 0 & 1 & 0 \\ 0 & 0 & 0 & 1 \\ 1 & 0 & 0 & 0 \end{pmatrix}$$

如果初始分布为 $\left(\frac{1}{4}, \frac{1}{4}, \frac{1}{4}, \frac{1}{4}\right)$，

求：(1) X_4 的分布；

(2) $P\{X_2=2, X_3=1, X_5=4\}$；

(3) $P\{X_3=1, X_5=2|X_0=3\}$.

8. 设有限马氏链的状态空间为 $E=\{1,2,3,4\}$，转移概率矩阵为

$$\begin{pmatrix} \frac{1}{2} & \frac{1}{4} & \frac{1}{8} & \frac{1}{8} \\ 0 & 0 & 1 & 0 \\ 0 & 0 & 0 & 1 \\ 1 & 0 & 0 & 0 \end{pmatrix}$$

(1) 此链的状态是否互通？哪些是常返状态？

(2) 求状态 1 的周期和平均返回时间.

9. 设有限马氏链的状态空间为 $E=\{1,2,3,4\}$，转移概率矩阵为

$$\begin{pmatrix} 0 & 0 & 1 & 0 \\ 1 & 0 & 0 & 0 \\ 0 & \frac{1}{2} & \frac{1}{2} & 0 \\ \frac{1}{3} & 0 & 0 & \frac{2}{3} \end{pmatrix}$$

(1) 哪些是常返状态？哪些是周期状态？

(2) 求常返状态的平均返回时间.

10. 设马氏链的转移矩阵为

$$\boldsymbol{P} = \begin{pmatrix} \frac{1}{2} & \frac{1}{3} & \frac{1}{6} \\ \frac{1}{3} & \frac{1}{3} & \frac{1}{3} \\ \frac{1}{3} & \frac{1}{2} & \frac{1}{6} \end{pmatrix}$$

求二步转移矩阵. 此链的状态是否遍历？ 如果遍历，求极限分布，即求 $\lim_{n\to\infty} p_{ij}^{(n)}$ ($i,j=1,2,3$).

11. 设马氏链的转移矩阵为

$$P=\begin{pmatrix} 0 & \frac{1}{2} & \frac{1}{2} \\ \frac{1}{2} & 0 & \frac{1}{2} \\ \frac{1}{2} & \frac{1}{2} & 0 \end{pmatrix}$$

试问此链的状态是否遍历？ 如果遍历，求极限分布.

12. 设马氏链的转移矩阵为

$$P=\begin{pmatrix} \frac{2}{3} & \frac{1}{3} \\ \frac{1}{3} & \frac{2}{3} \end{pmatrix}$$

求证：当 $n\to\infty$ 时，$P(n) \to \begin{pmatrix} \frac{1}{2} & \frac{1}{2} \\ \frac{1}{2} & \frac{1}{2} \end{pmatrix}$.

（提示：利用状态的遍历性.）

13. 设马氏链的状态 i 有 $f_{ii}^{(n)}=\dfrac{n}{2^{n+1}}$, $n=0,1,2,\cdots$，问：

(1) i 是否常返？求其周期.

(2) i 是否遍历？

14. 讨论有限马氏链的状态分类、周期及平稳分布，设其转移概率矩阵为

(1) $\begin{pmatrix} 0 & 1 \\ 1 & 0 \end{pmatrix}$; (2) $\begin{pmatrix} \frac{1}{2} & \frac{1}{2} & 0 \\ 0 & \frac{1}{2} & \frac{1}{2} \\ 0 & 0 & 1 \end{pmatrix}$; (3) $\begin{pmatrix} \frac{1}{2} & \frac{1}{2} & 0 & 0 \\ 1 & 0 & 0 & 0 \\ 0 & 0 & \frac{1}{3} & \frac{2}{3} \\ 0 & 0 & 0 & 1 \end{pmatrix}$; (4) $\begin{pmatrix} 0 & 1 & 0 & 0 & 0 \\ \frac{1}{3} & \frac{1}{3} & \frac{1}{3} & 0 & 0 \\ 0 & \frac{1}{3} & \frac{1}{3} & \frac{1}{3} & 0 \\ 0 & 0 & \frac{1}{3} & \frac{1}{3} & \frac{1}{3} \\ 0 & 0 & 0 & \frac{1}{2} & \frac{1}{2} \end{pmatrix}$.

15. 设有限马氏链有 $a+1$ 个状态，其转移概率矩阵 $P=(p_{ij})$ 满足：

(1) $p_{01}=1, p_{aa-1}=1$，对 $0<j<a$，有

$$p_{jj+1}=\left(\frac{a-j}{a}\right)^2, p_{jj-1}=\left(\frac{j}{a}\right)^2, p_{jj}=\frac{2j(a-j)}{a^2}$$

(2) $p_{01}=1, p_{aa-1}=1$，对 $0<j<a$，有

$$p_{jj-1}=\frac{j}{a}, p_{jj+1}=1-\frac{j}{a}$$

(3) $p_{00}=q, p_{01}=p, p_{aa-1}=q, p_{aa}=p$，对 $0<j<a$，有

$$p_{jj+1}=p, \quad p_{jj-1}=q, \quad 0<p<1, q=1-p$$

试讨论该链是否可分，求其周期、状态分类及平稳分布.

16. 讨论下列可列状态的马氏链的状态分类、周期及平稳分布，设其转移概率矩阵为

(1) $\begin{pmatrix} 0 & 1 & 0 & 0 & 0 & \cdots \\ \frac{1}{4} & 0 & \frac{3}{4} & 0 & 0 & \cdots \\ \frac{1}{4} & 0 & 0 & \frac{3}{4} & 0 & \cdots \\ \frac{1}{4} & 0 & 0 & 0 & \frac{3}{4} & \cdots \\ \frac{1}{4} & 0 & 0 & 0 & \frac{3}{4} & \cdots \\ & & \cdots & \cdots & & \end{pmatrix}$；

*(2) $\begin{pmatrix} 0 & 1 & 0 & 0 & 0 & \cdots \\ \frac{1}{2} & 0 & \frac{1}{2} & 0 & 0 & \cdots \\ 0 & \frac{1}{2} & 0 & \frac{1}{2} & 0 & \cdots \\ 0 & 0 & \frac{1}{2} & 0 & \frac{1}{2} & \cdots \\ & & \cdots & \cdots & & \end{pmatrix}$；

*(3) $\begin{pmatrix} \frac{1}{2} & \frac{1}{2} & 0 & 0 & 0 & \cdots \\ \frac{1}{3} & 0 & \frac{2}{3} & 0 & 0 & \cdots \\ \frac{1}{4} & 0 & 0 & \frac{3}{4} & 0 & \cdots \\ \frac{1}{5} & 0 & 0 & 0 & \frac{4}{5} & \cdots \\ & & \cdots & \cdots & & \end{pmatrix}$；

(4) $\begin{pmatrix} 1-p & p & 0 & 0 & 0 & \cdots \\ 1-p & 0 & p & 0 & 0 & \cdots \\ 1-p & 0 & 0 & p & 0 & \cdots \\ 1-p & 0 & 0 & 0 & p & \cdots \\ & & \cdots & \cdots & & \end{pmatrix}, 0<p<1.$

第 10 章 时间连续的马尔可夫链

第 9 章讨论了时间离散的马尔可夫链,本章介绍时间连续的马尔可夫链.本章内容参考了参考文献[20].

10.1 马尔可夫链与转移函数

10.1.1 概念

定义 10.1.1 设随机过程 $\{X(t), t \in T\}$ 的参数集 $T=[0,\infty)$,状态空间 $E=\{i\}$ 至多为可列集,若对于任意的 $0 \leqslant t_1 < t_2 < \cdots < t_{n+1}$ 及 $i_1, i_2, \cdots, i_{n+1} \in E$,有

$$P\{X(t_{n+1}) = i_{n+1} | X(t_1) = i_1, \cdots, X(t_n) = i_n\} = P\{X(t_{n+1}) = i_{n+1} | X(t_n) = i_n\} \tag{10.1.1}$$

则称 $\{X(t), t \geqslant 0\}$ 为时间连续的马尔可夫链,简称马氏链.

(10.1.1)式表达的就是过程具有马氏性. 记(10.1.1)式等号右边的条件概率为

$$p_{ij}(s, s+t) = P\{X(s+t) = j | X(s) = i\} \tag{10.1.2}$$

它表示系统在 s 时刻处于状态 i,经过时间 t 后转移到状态 j 的概率.

定义 10.1.2 若 $p_{ij}(s, s+t)$ 与 s 无关,只与 t 有关,则称马氏链 $\{X(t), t \geqslant 0\}$ 是齐次的. 此时 $p_{ij}(s, s+t)$ 记为 $p_{ij}(t)$,称 $p_{ij}(t)$ 为马氏链的转移函数或转移概率.

时间连续的马氏链的转移概率 $p_{ij}(t)$ 与时间离散的马氏链的转移概率 $p_{ij}^{(n)}$ 是相对应的,它们有很多相似的性质.

10.1.2 转移函数的性质与有限维分布

定理 10.1.1 齐次马尔可夫链的的转移函数具有下列性质:
$1°$ $p_{ij}(t) \geqslant 0$;
$2°$ $\sum_{j \in E} p_{ij}(t) = 1$;
$3°$ $p_{ij}(t+s) = \sum_{r \in E} p_{ir}(t) p_{rj}(s)$,

其中 $3°$ 为齐次马氏链的切普曼-柯尔莫哥洛夫方程,简称 C-K 方程.

定理的证明留作习题.

对于转移函数,一般还假定它满足:

$$\lim_{t\to 0^+} p_{ij}(t) = \begin{cases} 1, & i=j \\ 0, & i\neq j \end{cases}$$

此条件称为连续性(或标准性)条件,本章假定此条件成立. 连续性条件说明,系统刚进入某状态不可能立即又跳跃到另一状态,这正好说明一个物理系统在有限时间内发生无限多次跳跃,从而消耗无穷多的能量,这是不可能的.

定义 10.1.3 对于任意 $t \geq 0$,分别称
$$p_j(t) = P\{X(t) = j\}, \quad j = 0,1,2,\cdots$$
$$p_j = p_j(0) = P\{X(0) = j\}, \quad j = 0,1,2,\cdots$$
为齐次马氏链的绝对概率分布和初始概率分布.

定理 10.1.2 齐次马氏链的有限维分布具有下列性质:

$1°\ p_j(t) = \sum_{i \in E} p_i p_{ij}(t)$;

$2°\ p_j(t+s) = \sum_{i \in E} p_i(t) p_{ij}(s)$;

$3°\ P\{X(t_1) = i_1, \cdots, X(t_n) = i_n\} = \sum_{i \in E} p_i p_{ii_1}(t_1) p_{i_1 i_2}(t_2 - t_1) \cdots p_{i_{n-1} i_n}(t_n - t_{n-1})$.

定理的证明同样留作习题.

10.2 柯尔莫哥洛夫前进方程和后退方程

对于离散时间的马氏链,多步转移概率矩阵可由一步转移概率矩阵求出,而对于连续时间的马氏链,转移概率 $p_{ij}(t)$ 的求解一般较为复杂. 下面我们来讨论 $p_{ij}(t)$ 的可微性及 $p_{ij}(t)$ 所满足的微分方程.

定理 10.2.1 $p_{ij}(t)$ 在 $[0, \infty)$ 上对 j 一致连续.

证 由 C-K 方程,对任意 $h > 0$,
$$p_{ij}(t+h) - p_{ij}(t) = \sum_{k \in E} p_{ik}(h) p_{kj}(t) - p_{ij}(t)$$
$$= \sum_{k \neq i} p_{ik}(h) p_{kj}(t) - p_{ij}(t)[1 - p_{ii}(h)]$$

由此可得
$$p_{ij}(t+h) - p_{ij}(t) \leq \sum_{k \neq i} p_{ik}(h) p_{kj}(t) \leq \sum_{k \neq i} p_{ik}(h) = 1 - p_{ii}(h)$$

以及
$$p_{ij}(t+h) - p_{ij}(t) \geq -p_{ij}(t)[1 - p_{ii}(h)] \geq -[1 - p_{ii}(h)]$$

因此
$$|p_{ij}(t+h) - p_{ij}(t)| \leq 1 - p_{ii}(h) \to 0, h \to 0$$

类似地,当 $h < 0 (|h| < t)$ 时有
$$|p_{ij}(t) - p_{ij}(t+h)| \leq 1 - p_{ii}(|h|) \to 0, h \to 0$$

定理 10.2.2 设 $p_{ij}(t)$ 标准,则对一切 $i\neq j$,极限
$$\lim_{t\to 0^+}\frac{p_{ij}(t)}{t}=q_{ij}$$
存在且有限.

证 对 $0<\varepsilon<\frac{1}{3}$,由标准性,存在 $\delta>0$,使得当 $t\leqslant\delta$ 时,
$$p_{ii}(t)>1-\varepsilon,\quad p_{jj}(t)>1-\varepsilon \tag{10.2.1}$$
以下先证对任意 $t,h>0$,只要 $h\leqslant t\leqslant\delta$,就有
$$p_{ij}(h)\leqslant\frac{p_{ij}(t)}{n}\cdot\frac{1}{1-3\varepsilon} \tag{10.2.2}$$
其中 $n=\left[\frac{t}{h}\right]$,亦即 n 是不超过 $\frac{t}{h}$ 的最大整数,为此,记
$$\left.\begin{array}{l}{}_jp_{ik}(h)=p_{ik}(h)\\ {}_jp_{ik}(mh)=\sum_{r\neq j}{}_jp_{ir}((m-1)h)p_{rk}(h)\end{array}\right\} \tag{10.2.3}$$
即 ${}_jp_{ik}(mh)$ 表示自 i 出发,在时刻 mh 处于状态 k,但在时刻 $h,2h,\cdots,(m-1)h$ 不处于 j 的概率. 于是,当 $h\leqslant t\leqslant\delta$ 时,我们有
$$\varepsilon>1-p_{ii}(t)=\sum_{k\neq i}p_{ik}(t)\geqslant p_{ij}(t)$$
$$\geqslant\sum_{m=1}^n {}_jp_{ij}(mh)p_{jj}(t-mh)\geqslant(1-\varepsilon)\cdot\sum_{m=1}^n {}_jp_{ij}(mh)$$
因此
$$\sum_{m=1}^n {}_jp_{ij}(mh)\leqslant\frac{\varepsilon}{1-\varepsilon} \tag{10.2.4}$$
其次,由
$$p_{ii}(mh)={}_jp_{ii}(mh)+\sum_{l=1}^{m-1}{}_jp_{ij}(lh)p_{ji}((m-l)h)$$
及(10.2.1)式、(10.2.4)式得
$${}_jp_{ii}(mh)\geqslant p_{ii}(mh)-\sum_{l=1}^{m-1}{}_jp_{ij}(lh)\geqslant(1-\varepsilon)-\frac{\varepsilon}{1-\varepsilon} \tag{10.2.5}$$
从而,由(10.2.1)式、(10.2.4)式、(10.2.5)式得
$$p_{ij}(t)\geqslant\sum_{m=1}^n {}_jp_{ii}((m-1)h)p_{jj}(h)p_{jj}(t-mh)$$
$$\geqslant n\left(1-\varepsilon-\frac{\varepsilon}{1-\varepsilon}\right)p_{ij}(h)(1-\varepsilon)\geqslant n(1-3\varepsilon)p_{ij}(h)$$
此即(10.2.2)式.

以 h 除(10.2.2)式的两边,得
$$\frac{p_{ij}(h)}{h}\leqslant\frac{1}{1-3\varepsilon}\cdot\frac{p_{ij}(t)}{nh}$$

当 $h\to 0^+$ 时,$nh\to t$,故
$$\varlimsup_{h\to 0^+}\frac{p_{ij}(h)}{h}\leqslant\frac{1}{1-3\varepsilon}\cdot\frac{p_{ij}(t)}{t} \tag{10.2.6}$$

令 $t\to 0^+$ 得
$$\varlimsup_{h\to 0^+}\frac{p_{ij}(h)}{h}\leqslant\frac{1}{1-3\varepsilon}\varlimsup_{t\to 0^+}\frac{p_{ij}(t)}{t}$$

再令 $\varepsilon\to 0^+$,即得证极限
$$q_{ij}=\lim_{t\to 0^+}\frac{p_{ij}(t)}{t}$$

存在,且由(10.2.6)式知 $q_{ij}<\infty$.

定理 10.2.3 设 $p_{ij}(t)$ 标准,则对每一 i,极限
$$\lim_{t\to 0^+}\frac{1-p_{ii}(t)}{t}=q_i$$

存在,但可能等于 $+\infty$.

证 我们先指出,由标准性可推得 $p_{ii}(t)>0(t\geqslant 0)$.

实际上,对任意固定的 $t>0$,当 n 充分大时,易知 $p_{ii}\left(\dfrac{t}{n}\right)>0$,故由 C-K 方程即知:
$$p_{ii}(t)\geqslant\left[p_{ii}\left(\frac{t}{n}\right)\right]^n>0$$

令 $f(t)=-\log p_{ii}(t)$,它非负有限,且由于 $p_{ii}(s+t)\geqslant p_{ii}(s)p_{ii}(t)$,故
$$f(s+t)\leqslant f(s)+f(t) \tag{10.2.7}$$

于是对 $t>0,h>0$,取 n 使 $t=nh+\varepsilon,0\leqslant\varepsilon<h$. 由(10.2.7)式得
$$\frac{f(t)}{t}\leqslant\frac{nf(h)}{t}+\frac{f(\varepsilon)}{t}=\frac{nh}{t}\cdot\frac{f(h)}{h}+\frac{f(\varepsilon)}{t}$$

当 $h\to 0^+$ 时,$\dfrac{nh}{t}\to 1$ 及 $f(\varepsilon)=-\log p_{ii}(\varepsilon)\to 0$,故
$$\frac{f(t)}{t}\leqslant\varliminf_{h\to 0^+}\frac{f(h)}{h}$$
$$\varlimsup_{h\to 0^+}\frac{f(h)}{h}\leqslant\sup_{t>0}\frac{f(t)}{t}\leqslant\varliminf_{h\to 0^+}\frac{f(h)}{h}$$

从而得知存在极限
$$\lim_{h\to 0^+}\frac{f(h)}{h}=q_i$$

其中 $q_i=\sup\limits_{t>0}\dfrac{f(t)}{t}\leqslant+\infty$,由上式及 $f(t)$ 的定义,令 $t\to 0^+$,
$$\frac{1-p_{ii}(t)}{t}=\frac{1-\mathrm{e}^{-f(t)}}{t}=[1+o(1)]\frac{f(t)}{t}\to q_i$$

推论 设 $p_{ij}(t)$ 标准,则
$$0 \leqslant \sum_{j \neq i} q_{ij} \leqslant q_i$$

证 因为
$$\sum_{j \neq i} \frac{p_{ij}(t)}{t} = \frac{1 - p_{ii}(t)}{t}$$

令 $t \to 0^+$,由法都(Fatou)引理得
$$q_i = \lim_{t \to 0^+} \sum_{j \neq i} \frac{p_{ij}(t)}{t} \geqslant \sum_{j \neq i} q_{ij}$$

显然,当 $i \neq j$ 时,$q_{ij} = p'_{ij}(0)$;当 $i = j$ 时,$q_i = -p'_{ii}(0)$. 记 $q_{ii} = -q_i$,则由元素 q_{ij} 可构成一个矩阵 $\boldsymbol{Q} = (q_{ij})$. 当马氏链的状态有限时,$\boldsymbol{Q}$ 为有限方阵,否则,$\boldsymbol{Q}$ 为无限方阵. 如果对任意的 i 有 $\sum_{j \neq i} q_{ij} = q_i < \infty$,称 $\boldsymbol{Q}$ 为保守的. 由以上推论的证明易见,对于有限马氏链,$\boldsymbol{Q}$ 一定是保守的. 称矩阵 $\boldsymbol{Q}$ 为 $\{X(t)\}$ 的转移速率阵或密度矩阵.

定理 10.2.4 有限马氏链的转移概率矩阵满足:

(1) $p'_{ij}(t) = \sum_{k \in E} q_{ik} p_{kj}(t), \forall i, j \in E, \forall t \geqslant 0$,

此式称为柯尔莫哥洛夫向后方程(Kolmogorov backward equations);

(2) $p'_{ij}(t) = \sum_{k \in E} p_{ik}(t) q_{kj}, \forall i, j \in E, \forall t \geqslant 0$,

此式称为柯尔莫洛夫向前方程(Kolmogorov forward equations).

证 只证(1),(2)的证明留作习题. 由 C-K 方程可得
$$\frac{p_{ij}(t+h) - p_{ij}(t)}{h} = \frac{1}{h} \sum_{k \neq i} p_{ik}(h) p_{kj}(t) - \frac{1 - p_{ii}(h)}{h} p_{ij}(t)$$

令 $h \to 0^+$,由定理 10.2.2 及 10.2.3 即得(1)成立.

值得注意的是,对于一般的马氏链,可以证明:当 $\boldsymbol{Q}$ 保守时向后方程一定成立,但向前方程却不总成立.

如果记转移概率阵为 $\boldsymbol{P}(t)$,其导数矩阵为 $\boldsymbol{P}'(t)$,即 $\boldsymbol{P}'(t) = (p'_{ij}(t))$,则向后方程和向前方程分别简记为
$$\boldsymbol{P}'(t) = \boldsymbol{Q}\boldsymbol{P}(t), \boldsymbol{P}'(t) = \boldsymbol{P}(t)\boldsymbol{Q}$$

10.3 连续参数马氏链的状态分类简介及例子

连续参数马氏链与离散参数马氏链有着密切的联系,从而具有很多类似的概念与性质,本节将简要介绍.

在研究连续参数马氏链时常常将参数"离散化",于是得到一系列离散参数的马氏链,称之为离散骨架.

定义 10.3.1 给定一个正数 $\delta>0$, 离散参数马氏链 $\{X(n\delta), n\geqslant 0\}$ 的一步转移概率为 $p_{ij}(\delta)$, 称 $\{X(n\delta), n\geqslant 0\}$ 为连续参数马氏链 $\{X(t), t\geqslant 0\}$ 的 $\delta-$骨架($\delta-$skeleton). 我们可通过研究骨架的状态性质来讨论马氏链的状态性质.

定义 10.3.2 设马氏链的状态空间为 E, 对于两个状态 $i, j \in E$, 若存在 $t>0$ 使得 $p_{ij}(t)>0$, 称 i 可达 j, 记为 $i \to j$.

若 $i \to j$, 且 $j \to i$, 则称 i 与 j 互通, 记为 $i \leftrightarrow j$.

若对于任意两个状态 $i, j \in E$, i 与 j 互通, 则称 $\{X(t)\}$ 不可分(约).

可以证明 $\{X(t)\}$ 状态可达性与 $\{X(n\delta)\}$ 状态可达性相同.

另一方面, 可达性与马氏链的转移速率矩阵 Q 有着必然的联系, 可以证明: $i \to j$ 的充分必要条件是"或者 $q_{ij}>0$, 或者存在状态 $i_1, i_2, \cdots, i_n$ 使得 $q_{ii_1} q_{i_1 i_2} \cdots q_{i_{n-1} i_n} q_{i_n j} > 0$".

定义 10.3.3 若 $\int_0^{+\infty} p_{ii}(t)dt = +\infty$ 则称 i 常返; 若 $\int_0^{+\infty} p_{ii}(t)dt < +\infty$, 则称 i 非常返.

直观上

$$\int_0^{+\infty} p_{ii}(t)dt = \int_0^{+\infty} E[I_{\{X(t)=i\}} \mid X(0)=i]dt$$

$$= E\left[\int_0^{+\infty} I_{\{X(t)=i\}} dt \mid X(0)=i\right]$$

$$= E[\text{在 } i \text{ 的停留时间} \mid \text{从 } i \text{ 出发}]$$

可见, i 常返, 过程在 i 的平均停留时间为无穷大. 关于常返性, 有下面的定理.

定理 10.3.1

(1) 设 $i \leftrightarrow j$, 则 i, j 同为常返或同为非常返;

(2) 设 $\delta > 0, i \in E$, 则 i 常返(非常返)的充要条件是"i 在 $\delta-$骨架中常返(非常返)".

证 (1) 设 i 非常返, 因为 $i \leftrightarrow j$, 所以存在 $s, t > 0$ 使 $p_{ij}(t) > 0, p_{ji}(s) > 0$, 则

$$p_{ii}(s+t+u) \geqslant p_{ij}(t) p_{jj}(u) p_{ji}(s)$$

于是

$$\int_0^{+\infty} p_{ii}(u)du \geqslant \int_0^{+\infty} p_{ii}(s+t+u)du \geqslant p_{ij}(t) \int_0^{+\infty} p_{jj}(u)du \, p_{ji}(s)$$

从而 $\int_0^{+\infty} p_{jj}(u)du < +\infty$, 故 j 也非常返.

(2) 只要证

$$\int_0^{+\infty} p_{ii}(t)dt < +\infty \Leftrightarrow \sum_{n=0}^{\infty} p_{ii}(n\delta) < +\infty \tag{10.3.1}$$

因为 $\int_0^{+\infty} p_{ii}(t)dt = \sum_{n=0}^{\infty} \int_{n\delta}^{(n+1)\delta} p_{ii}(t)dt$, 则

$$\delta \sum_{n=0}^{\infty} \min_{0 \leqslant s \leqslant \delta} p_{ii}(n\delta+s) \leqslant \int_0^{+\infty} p_{ii}(t)\mathrm{d}t \leqslant \delta \sum_{n=0}^{\infty} \max_{0 \leqslant s \leqslant \delta} p_{ii}(n\delta+s)$$

由于 $p_{ii}(n\delta+s) \geqslant p_{ii}(n\delta)p_{ii}(s)$，所以 $\min\limits_{0 \leqslant s \leqslant \delta} p_{ii}(n\delta+\varepsilon) \geqslant p_{ii}(n\delta)\gamma$，其中 $\gamma = \min\limits_{0 \leqslant s \leqslant \delta} p_{ii}(s) > 0$. 另一方面，$p_{ii}((n+1)\delta) \geqslant p_{ii}(n\delta+s)p_{ii}(\delta-s)$，从而，

$$\max_{0 \leqslant s \leqslant \delta} p_{ii}(n\delta+s) \leqslant \frac{p_{ii}((n+1)\delta)}{\min\limits_{0 \leqslant s \leqslant \delta} p_{ii}(\delta-\varepsilon)} = \frac{p_{ii}((n+1)\delta)}{\gamma}$$

则

$$\gamma\delta \sum_{n=0}^{\infty} p_{ii}(n\delta) \leqslant \int_0^{+\infty} p_{ii}(t)\mathrm{d}t \leqslant \frac{\delta}{\gamma} \sum_{n=0}^{\infty} p_{ii}((n+1)\delta)$$

由此即得(10.3.1)式.

定理 10.3.2 对于任意的 $i,j \in E$，极限 $\lim\limits_{t \to \infty} p_{ij}(t)$ 存在.

证明略.

定义 10.3.4 设 i 为常返状态，若 $\lim\limits_{t \to \infty} p_{ii}(t) > 0$，则称 i 为正常返的；若 $\lim\limits_{t \to \infty} p_{ii}(t) = 0$，则称 i 为零常返的.

关于正常返或零常返，有以下结论.

定理 10.3.3

(1) 设 $i \leftrightarrow j$，则 i,j 同为正常返或同为零常返；

(2) 设 $\delta > 0$，则 i 是正常返(零常返)的充要条件是"i 在 δ—骨架中 i 正常返(零常返)".

类似离散参数马氏链，可根据以上结论对连续参数马氏链的状态进行分类. 定理证明略.

定义 10.3.5 若存在一组非负数 $\{\pi_i, i \in E\}$ 满足：

(1) $\sum\limits_{i \in E} \pi_i p_{ij}(t) = \pi_j, \forall j \in E, \forall t \geqslant 0$；

(2) $\sum\limits_{i \in E} \pi_i = 1$，

则称 $\{\pi_i, i \in E\}$ 为马氏链的平稳分布.

关于平稳分布有很多结论，这里只给出几个，供读者理解其性质时用.

定理 10.3.4 设马氏链 $\{X(t), t \geqslant 0\}$ 不可约，其转移概率为 $p_{ij}(t)$，则

(1) $u_j = \lim\limits_{t \to +\infty} p_{ij}(t)$ 存在且与 i 无关，且

$$\sum_{i \in E} u_i p_{ij}(t) = u_j, \forall j \in E, t \geqslant 0 \tag{10.3.2}$$

还有(a)$u_j = 0, \forall j \in E$；或(b)$u_j > 0, \forall j \in E, \sum\limits_{j \in E} u_j = 1$；

(2) 如果 $\{\omega_i, i \in E\}$ 是概率分布，且对某个 $t \geqslant 0$ 使

$$\sum_{i\in E}\omega_i p_{ij}(t)=\omega_j, \forall j\in E \tag{10.3.3}$$

则(10.3.3)式对于任意的 t 成立,且 $\omega_j=u_j, \forall j\in E$.

若记 $\boldsymbol{u}=(u_1,u_2,\cdots)$,则(10.3.2)式的向量表达形式为 $\boldsymbol{uP}(t)=\boldsymbol{u}$.

推论 设马氏链不可约,则其为正常返的充要条件是存在唯一的平稳分布.

定理10.3.5 设不可约马氏链为常返的,其转移速率矩阵 $Q=(q_{ij})$ 满足: $q_i=\sum_{j\neq i}q_{ij}>0, \forall i\in E$,且 $\{q_i\}$ 有界,则

(1) $\lim\limits_{t\to +\infty}\dfrac{1}{t}\int_0^t p_{ij}(s)\mathrm{d}s=\pi_j, \forall j\in E$;

(2) $\sum\limits_{i\in E}\pi_i p_{ij}(t)=\pi_j, \forall j\in E, \sum\limits_{i\in E}\pi_i=1$;

(3) $\{\pi_i, i\in E\}$ 是如下方程组的唯一解:

$$\begin{cases}\sum\limits_{i\in E}\pi_i q_{ij}=0, \forall j\in E \\ \sum\limits_{i\in E}\pi_i=1\end{cases} \tag{10.3.4}$$

定理10.3.5 给了我们求解连续参数马氏链平稳分布的简单方法,只需解(10.3.4)式的方程组.(10.3.4)式也可用向量形式表达,记 $\boldsymbol{\pi}=(\pi_1,\pi_2,\cdots)$,则(10.3.4)的第一式可写为 $\boldsymbol{\pi Q}=0$.

下面举几个例题.

例10.3.1 两个状态的齐次马尔可夫过程. 考虑计算机中某个触发器,它有两种可能状态:0 或 1,假定触发器状态变化构成一个齐次马尔可夫过程,其状态转移概率为

$$\begin{cases}p_{01}(h)=\lambda h+o(h) \\ p_{10}(h)=\mu h+o(h)\end{cases}$$

其中 $\lambda,\mu>0$ 为常数.

$$q_0=\lim_{h\to 0}\frac{1-p_{00}(h)}{h}=\lim_{h\to 0}\frac{1-p_{01}(h)}{h}=\left.\frac{\mathrm{d}p_{01}(h)}{\mathrm{d}h}\right|_{h=0}=\lambda=q_{01}$$

$$q_1=\lim_{h\to 0}\frac{1-p_{11}(h)}{h}=\lim_{h\to 0}\frac{p_{10}(h)}{h}=\left.\frac{\mathrm{d}p_{10}(h)}{\mathrm{d}h}\right|_{h=0}=\mu=q_{10}$$

由柯尔莫哥洛夫向前方程得

$$\begin{cases}p'_{00}(t)=\mu p_{01}(t)-\lambda p_{00}(t) \\ p'_{01}(t)=\lambda p_{00}(t)-\mu p_{01}(t) \\ p'_{10}(t)=\mu p_{11}(t)-\lambda p_{10}(t) \\ p'_{11}(t)=\lambda p_{10}(t)-\mu p_{11}(t)\end{cases}$$

在初始条件 $p_{00}(0)=p_{11}(0)=1, p_{10}(0)=p_{01}(0)=0$ 下,并利用 $p_{01}(t)=1-p_{00}(t)$,

$p_{11}(t) = 1 - p_{10}(t)$ 可解得

$$p_{00}(t) = \lambda_0 e^{-(\lambda+\mu)t} + \mu_0, \quad p_{01}(t) = \lambda_0[1 - e^{-(\lambda+\mu)t}]$$
$$p_{10}(t) = \mu_0[1 - e^{-(\lambda+\mu)t}], \quad p_{11}(t) = \lambda_0 + \mu_0 e^{-(\lambda+\mu)t}$$

其中 $\lambda_0 = \dfrac{\lambda}{\lambda+\mu}, \mu_0 = \dfrac{\mu}{\lambda+\mu}$. 转移概率的极限

$$\lim_{t \to +\infty} p_{00}(t) = \mu_0 = \lim_{t \to +\infty} p_{10}(t), \quad \lim_{t \to +\infty} p_{11}(t) = \lambda_0 = \lim_{t \to +\infty} p_{01}(t)$$

由此可见,当 $t \to +\infty$ 时,$p_{ij}(t)$ 的极限存在且与 i 无关. 平稳分布为 $\pi_0 = \mu_0, \pi_1 = \lambda_0$. 若取初始分布为平稳分布,即

$$P\{X(0) = 0\} = p_0 = \mu_0, \quad P\{X(0) = 1\} = p_1 = \lambda_0$$

则

$$\begin{aligned} p_0(t) &= p_0 p_{00}(t) + p_1 p_{10}(t) \\ &= \mu_0[\lambda_0 e^{-(\lambda+\mu)t} + \mu_0] + \lambda_0 \mu_0 [1 - e^{-(\lambda+\mu)t}] = \mu_0 \end{aligned}$$

同理

$$\begin{aligned} p_1(t) &= p_0 p_{01}(t) + p_1 p_{11}(t) \\ &= \mu_0 \lambda_0 [1 - e^{-(\lambda+\mu)t}] + \lambda_0 [\lambda_0 + \mu_0 e^{-(\lambda+\mu)t}] = \lambda_0 \end{aligned}$$

例 10.3.2 (生灭过程) 设马氏链 $\{X(t), t \geqslant 0\}$ 具有转移概率

$$\begin{cases} p_{i,i+1}(h) = \lambda_i h + o(h), \lambda_i > 0 \\ p_{i,i-1}(h) = \mu_i h + o(h), \mu_i > 0, \mu_0 = 0 \\ p_{ii}(h) = 1 - (\lambda_i + \mu_i)h + o(h) \\ p_{ij}(h) = o(h), |i-j| \geqslant 2 \end{cases}$$

则称 $\{X(t), t \geqslant\}$ 为生灭过程,其状态空间 $E = \{0, 1, 2, \cdots\}$.

生灭过程可作如下概率解释:若以 $X(t)$ 代表一个生物群体在 t 时刻个体的数量,则在很小的时间 h 内(不计高阶无穷小),群体变化有 3 种可能,状态由 i 变到 $i+1$,即增加一个个体,其概率为 $\lambda_i h$;状态由 i 变到 $i-1$,即减少一个个体,其概率为 $\mu_i h$;群体大小不增不减,其概率为 $1 - (\lambda_i + \mu_i)h$.

$$q_{ii} = \frac{d}{dh} p_{ii}(h) \Big|_{h=0} = -(\lambda_i + \mu_i), i \geqslant 0$$

$$q_{ij} = \frac{d}{dh} p_{ij}(h) \Big|_{h=0} = \begin{cases} \lambda_i, j = i+1, i \geqslant 0 \\ \mu_i, j = i-1, i \geqslant 1 \end{cases}$$

$$q_{ij} = 0, \quad |i-j| \geqslant 2$$

柯尔莫哥洛夫向前方程为

$$p'_{ij}(t) = \lambda_{j-1} p_{i,j-1}(t) - (\lambda_j + \mu_j) p_{ij}(t) + \mu_{j+1} p_{i,j+1}(t), \quad i, j \in E$$

柯尔莫哥洛夫向后方程为

$$p'_{ij}(t) = \mu_i p_{i-1,j}(t) - (\lambda_i + \mu_i) p_{ij}(t) + \lambda_i p_{i+1,j}(t), \quad i, j \in E$$

若平稳分布 $\{\pi_j, j \in E\}$ 存在，则
$$\lambda_0 \pi_0 = \mu_1 \pi_1$$
$$(\lambda_j + \mu_j)\pi_j = \lambda_{j-1}\pi_{j-1} + \mu_{j+1}\pi_{j+1}, \quad j \geqslant 1$$

逐步递推得
$$\pi_1 = \frac{\lambda_0}{\mu_1}\pi_0, \quad \pi_2 = \frac{\lambda_1}{\mu_2}\pi_1 = \frac{\lambda_0 \lambda_1}{\mu_1 \mu_2}\pi_0, \cdots$$
$$\pi_j = \frac{\lambda_{j-1}}{\mu_j}\pi_{j-1} = \frac{\lambda_0 \lambda_1 \cdots \lambda_{j-1}}{\mu_1 \mu_2 \cdots \mu_j}\pi_0, \cdots$$

再利用 $\sum_{j=0}^{\infty}\pi_j = 1$，得平稳分布为
$$\pi_0 = \left(1 + \sum_{j=1}^{\infty}\frac{\lambda_0 \lambda_1 \cdots \lambda_{j-1}}{\mu_1 \mu_2 \cdots \mu_j}\right)^{-1}$$
$$\pi_j = \frac{\lambda_0 \lambda_1 \cdots \lambda_{j-1}}{\mu_1 \mu_2 \cdots \mu_j}\pi_0, \quad j \geqslant 1$$

例 10.3.3 （机器维修问题）设有 m 台机床，s 个维修工人 ($s \leqslant m$)。机床或者工作，或者损坏等待修理。机床损坏后，空着的维修工人立即来修理，若维修工人不空，则机床按先坏先修排队等待修理。假定在长为 h 的时间内，每台机床从工作转到损坏的概率为 $\lambda h + o(h)$，每台修理的机床转到工作的概率为 $\mu h + o(h)$。用 $X(t)$ 表示时刻 t 损坏的机床台数，则 $\{X(t), t \geqslant 0\}$ 是状态空间为 $E = \{0, 1, 2, \cdots, m\}$ 的时间连续的马氏链。设时刻 t 有 i 台机床损坏，则在 $(t, t+h)$ 内又有一台机床损坏的概率，若不计高阶无穷小，它应等于原来正在工作的 $m-i$ 台机床中，在 $(t, t+h)$ 内恰有一台损坏的概率。于是
$$p_{i\,i+1}(h) = (m-i)\lambda h + o(h), i = 0, 1, \cdots, m-1$$

类似地有
$$p_{i\,i-1}(h) = i\mu h + o(h), 1 \leqslant i \leqslant s$$
$$p_{i\,i-1}(h) = s\mu h + o(h), s < i \leqslant m$$
$$p_{ij}(h) = o(h), |i-j| \geqslant 2$$

显然，这是一个生灭过程，其中
$$\lambda_i = (m-i)\lambda, i = 0, 1, \cdots, m$$
$$\mu_i = \begin{cases} i\mu, & 1 \leqslant i \leqslant s \\ s\mu, & s < i \leqslant m \end{cases}$$

由例 10.3.2 知它的平稳分布为
$$\pi_j = \frac{\lambda_0 \lambda_1 \cdots \lambda_{j-1}}{\mu_1 \mu_2 \cdots \mu_j}\pi_0$$
$$= \frac{m(m-1)\cdots(m-j+1)}{1 \cdot 2 \cdots j}\frac{\lambda^j}{\mu^j}\pi_0 = C_m^j\left(\frac{\lambda}{\mu}\right)^j \pi_0, j \leqslant s$$

当 $s<j\leqslant m$ 时,有

$$\pi_j = \frac{\lambda_0\lambda_1\cdots\lambda_{s-1}\lambda_s\cdots\lambda_{j-1}}{\mu_1\mu_2\cdots\mu_s\mu_{s+1}\cdots\mu_j}\pi_0$$

$$= \frac{m(m-1)\cdots(m-s+1)(m-s)\cdots(m-j+1)}{1\cdot 2\cdots s\cdot s\cdots s}\left(\frac{\lambda}{\mu}\right)^j\pi_0$$

$$= \frac{m(m-1)\cdots(m-j+1)(s+1)(s+2)\cdots j}{1\cdot 2\cdots s(s+1)(s+2)\cdots j\cdot s\cdots s}\left(\frac{\lambda}{\mu}\right)^j\pi_0$$

$$= C_m^j \frac{(s+1)(s+2)\cdots j}{s^{j-s}}\left(\frac{\lambda}{\mu}\right)^j\pi_0$$

$$\pi_0 = \left[1 + \sum_{j=1}^{s} C_m^j\left(\frac{\lambda}{\mu}\right)^j + \sum_{j=s+1}^{m} C_m^j \frac{(s+1)(s+2)\cdots j}{s^{j-s}}\left(\frac{\lambda}{\mu}\right)^j\right]^{-1}$$

当已知 m,λ,μ 后,可以由上述平稳分布计算出在安排 s 个维修工人时,平均不工作的机床台数 $\sum_{j=1}^{m}j\pi_j$,因而可以适当安排维修工人人数 s.

习题十

1. 证明定理 10.1.1.

2. 证明定理 10.1.2.

3. 试证有限马氏链的绝对概率分布 $p_j(t)$ 满足下列方程:

$$p'_j(t) = \sum_{k\in E} p_k(t) q_{kj}, j\in E$$

此方程被称为福克-普朗克方程式.

4. 设 $\{X(t)\}$ 为连续参数的马氏链,状态空间 $E=\{1,2,\cdots,m\}$,且当 $i\neq j$, $i,j\in E$ 时, $q_{ij}=1$;当 $i\in E$ 时, $q_{ii}=-(m-1)$,试写出马氏链的向前方程,并求 $p_{ij}(t)$.

5. (纯生过程)考虑一个正数序列 $\{\lambda_i\}$ 及马氏链 $\{X(t),t\geqslant 0\}$ 具有转移概率 $p_{ij}(t)$,

$$\begin{cases} p_{i,i+1}(h)=\lambda_i h+o(h), i=0,1,2,\cdots \\ p_{ii}(h)=1-\lambda_i h+o(h), i=0,1,2,\cdots \\ p_{i,i-1}(h)=0, i=1,2,\cdots \\ p_{ij}(h)=o(h), |i-j|\geqslant 2 \end{cases}$$

求柯尔莫哥洛夫方程.

6. 设某机器的正常工作时间是一指数分布的随机变量,它的平均正常工作时间为 $\frac{1}{\lambda}$;它损坏后的修复时间也是指数分布的随机变量,它的平均修复时间为 $\frac{1}{\mu}$,如该机器在 $t=0$ 时是正常工作的,问在 $t=10$ 时该机器正常工作的概率如何?

7. 设某车间有 m 台车床,由于各种原因时而工作,时而停止,假定时刻 t,一台正在工作的车床,在时刻 $t+h$ 停止工作的概率为 $\mu h+o(h)$,而时刻 t 不工作的车床,在时刻 $t+h$ 开始工作的概率为 $\lambda h+o(h)$,且各车床工作情况是相互独立的,若 $N(t)$ 表示时刻 t 正在工作的车床数,求:

(1) 马氏链 $\{N(t),t\geqslant 0\}$ 的平稳分布;

(2) 当 $m=10,\lambda=60,\mu=30$ 时,平稳状态时有一半以上车床在工作的概率.

*8. (排队问题)设有一服务台,$[0,t]$ 内到达服务台的顾客数是服从泊松分布的随机变量,即顾客流是泊松过程. 单位时间到达服务台的平均人数为 λ,服务台只有一个服务员,顾客服务的时间是按指数分布的随机变量,平均服务时间为 $\dfrac{1}{\mu}$,如果服务台空闲时到达的顾客立刻接受服务;如果顾客到达时服务员正在为另一顾客服务,则他必须排队等候;如果顾客到达时发现已经有二人在等候,则他就离开而不再回来. 设 $X(t)$ 表示在 t 时刻系统内的顾客人数(包括正在被服务的顾客和排队等候的顾客),该人数就是系统所处的状态,于是这个系统的状态空间为 $E=\{0,1,2,3\}$,又设在 $t=0$ 时系统处于零状态,即服务员空闲着. 求在 t 时刻系统处于状态 j 的无条件概率 $p_j(t)$ 所满足的微分方程.

第11章 泊松过程

泊松过程在现实生活的许多应用中是一个相当合适的模型,它在物理学、天文学、生物学、医学、通信技术、交通运输和管理科学等领域中都有成功应用的例子. 本章内容参考了参考文献[15].

11.1 泊松过程

在实际中,常常要观测到时刻 t 时某事件出现的次数,例如观察一块放射性物质在 $[0,t]$ 中放射出的 α 粒子的数目,某服务机构在 $[0,t]$ 中到达的顾客数等. 用 $N(t)$ 表示某事件到时刻 t 为止出现的次数,通常称 $\{N(t),t\geqslant 0\}$ 为计数过程. 被观察的事件又被称为"质点"或"点".

若 $N(t)$ 表示从时刻 0 到时刻 t 为止已发生的"事件"的总数,称随机过程 $\{N(t),t\geqslant 0\}$ 为一个计数过程,一个计数过程 $N(t)$ 必须满足:

(1) $N(t)\geqslant 0$;

(2) $N(t)$ 是整数值;

(3) 若 $s<t$,则 $N(s)\leqslant N(t)$;

(4) 当 $s<t$ 时,记 $N_{s,t}=N(t)-N(s)$,它等于区间 $(s,t]$ 中发生的事件的个数.

如果在不相交的时间区间中发生的事件个数是独立的,则称计数过程有独立增量. 这意味着到时刻 t 已发生的事件个数(即 $N(t)$)必须是独立于时刻 t 到 $t+s$ 之间所发生的事件数(即 $N(t+s)-N(t)$).

若在任一时间区间中发生的事件个数的分布只依赖于时间区间的长度,则称计数过程有平稳增量. 换言之,若对一切 $t_1<t_2$ 及 $s>0$,在区间 $(t_1+s,t_2+s]$ 中发生事件的个数(即 $N(t_2+s)-N(t_1+s)$)与区间 $(t_1,t_2]$ 中发生事件的个数(即 $N(t_2)-N(t_1)$)有相同的分布,则过程有平稳增量.

泊松过程是计数过程的最重要的类型之一,其定义如下.

定义 11.1.1 若计数过程 $\{N(t),t\geqslant 0\}$ 满足:

(1) $N(0)=0$;

(2) 具有独立增量性;

(3) 在任一长度为 t 的区间中发生事件的个数服从均值为 λt 泊松分布,即对一切 $s,t\geqslant 0$,

$$P\{N(t+s)-N(s)=n\}=\frac{(\lambda t)^n}{n!}e^{-\lambda t}, \quad n=0,1,2\cdots$$

称$\{N(t),t\geq 0\}$是参数(或强度)为$\lambda(\lambda>0)$的(齐次)泊松过程.

注意,由条件(3)可知泊松过程有平稳增量且$E[N(t)]=\lambda t$,这正是称λ为此过程的速率或强度的原因(单位时间内发生事件的平均个数).

为了确定一个任意的计数过程实际上是一泊松过程,我们必须证明它满足条件(1),(2)及(3).条件(1)只是说明事件的计数是从时刻$t=0$开始的.条件(2)通常可从我们对过程了解的情况去直接验证.然而全然不清楚如何去确定条件(3)是否满足.为此泊松过程的一个等价定义将是有用的.

现在我们能给出泊松过程的另一个定义.

定义 11.1.2 若计数过程$\{N(t),t\geq 0\}$满足:

(1) $N(0)=0$;

(2) 过程有平稳增量与独立增量;

(3) $P\{N(h)=1\}=\lambda h+o(h)$;

(4) $P\{N(h)\geq 2\}=o(h)$.

称$\{N(t),t\geq 0\}$是参数为$\lambda(\lambda>0)$的(齐次)泊松过程.

定理 11.1.1 定义 11.1.1 与 11.1.2 是等价的.

证 首先我们证明定义 11.1.2 蕴涵定义 11.1.1. 为此设

$$P_n(t)=P\{N(t)=n\}$$

按以下方法导出一个关于$P_0(t)$的微分方程:

$$\begin{aligned}P_0(t+h)&=P\{N(t+h)=0\}\\&=P\{N(t)=0,N(t+h)-N(t)=0\}\\&=P\{N(t)=0\}P\{N(t+h)-N(t)=0\}\\&=P_0(t)[1-\lambda h+o(h)]\end{aligned}$$

其中,最后两个等式由假定(2)与(3)及(4)蕴涵了$P\{N(h)=0\}=1-\lambda h+o(h)$这一事实而得到.因此

$$\frac{P_0(t+h)-P_0(t)}{h}=-\lambda P_0(t)+\frac{o(h)}{h}$$

令$h\to 0$得

$$P_0'(t)=-\lambda P_0(t)$$

由$P_0(0)=P\{N(0)=0\}=1$,解微分方程得到

$$P_0(t)=e^{-\lambda t} \tag{11.1.1}$$

类似地,当$n\geq$时

$$\begin{aligned}P_n(t+h)&=P\{N(t+h)=n\}\\&=P\{N(t)=n,N(t+h)-N(t)=0\}+\end{aligned}$$

$$P\{N(t)=n-1, N(t+h)-N(t)=1\}+$$
$$P\{N(t+h)=n, N(t+h)-N(t)\geqslant 2\}$$

然而,由(4)上式最后一项是 $o(h)$;因而,利用(2)得

$$P_n(t+h)=P_n(t)P_0(h)+P_{n-1}(t)P_1(h)+o(h)$$
$$=(1-\lambda h)P_n(t)+\lambda h P_{n-1}(t)+o(h)$$

于是
$$\frac{P_n(t+h)-P_n(t)}{h}=-\lambda P_n(t)+\lambda P_{n-1}(t)+\frac{o(h)}{h}$$

令 $h\to 0$,得
$$P'_n(t)=-\lambda P_n(t)+\lambda P_{n-1}(t)$$

或等价为
$$e^{\lambda t}[P'_n(t)+\lambda P_n(t)]=\lambda e^{\lambda t}P_{n-1}(t)$$

因此
$$\frac{\mathrm{d}}{\mathrm{d}t}[e^{\lambda t}P_n(t)]=\lambda e^{\lambda t}P_{n-1}(t) \tag{11.1.2}$$

现在由(11.1.1),当 $n=1$ 时有
$$\frac{\mathrm{d}}{\mathrm{d}t}[e^{\lambda t}P_1(t)]=\lambda$$

或
$$P_1(t)=(\lambda t+C)e^{-\lambda t}$$

又因 $P_1(0)=(0)$,得 $P_1(t)=\lambda t e^{-\lambda t}$。

为证明 $P_n(t)=\frac{(\lambda t)^n}{n!}e^{-\lambda t}$,我们用数学归纳法,因此先假定 $n-1$ 时它成立. 由 (11.1.2)式知:
$$\frac{\mathrm{d}}{\mathrm{d}t}[e^{\lambda t}P_n(t)]=\frac{\lambda(\lambda t)^{n-1}}{(n-1)!}$$

从而
$$e^{\lambda t}P_n(t)=\frac{(\lambda t)^n}{n!}+C$$

因 $P_n(0)=P\{N(0)=n\}=0$,得
$$P_n(t)=\frac{(\lambda t)^n}{n!}e^{-\lambda t}$$

于是定义 11.1.2 蕴涵了定义 11.1.1. 逆命题的证明留给读者去做.

我们再介绍齐次泊松过程的一个基于点间间距特性的等价定义,为此先给出点间间距与计数之间的一些重要关系.

为叙述简便,下面记
$$N_{s,t}=N(t)-N(s), s<t, \quad N_t=N(t)-N(0), t>0$$

对于 $n=1,2,\cdots$,以 S_n 表示第 n 点的到达时间,于是,$T_n=S_n-S_{n-1}$(令 $S_0=0$)是

第 $n-1$ 点与第 n 点到达时刻之间的距离. 易见对 $n \geqslant 1$ 有
$$S_n = T_1 + T_2 + \cdots T_n$$

因为在 $[0,t]$ 内有不多于 n 个点相当于要求第 $n+1$ 点发生在 t 时刻之后, 所以事件 $\{N_t \leqslant n\}$ 和 $\{S_{n+1} > t\}$ 是等价的, 从而它们的余事件 $\{N_t > n\}$ 和 $\{S_{n+1} \leqslant t\}$ 也相等, 于是有
$$\begin{aligned} \{N_t = n\} &= \{N_t \leqslant n\} \cap \{N_t > n-1\} \\ &= \{S_{n+1} > t\} \cap \{S_n \leqslant t\} \\ &= \{S_{n+1} > t\} - \{S_n > t\} \end{aligned}$$

故
$$\begin{aligned} P\{N_t = n\} &= P\{S_{n+1} > t\} - P\{S_n > t\} \\ &= [1 - P\{S_{n+1} \leqslant t\}] - [1 - P\{S_n \leqslant t\}] \\ &= P\{S_n \leqslant t\} - P\{S_{n+1} \leqslant t\} \end{aligned}$$

特别地, $P\{N_t = 0\} = P\{S_1 > t\} = 1 - P\{S_1 \leqslant t\}$.

定理 11.1.2 计数过程 $\{N_t, t \geqslant 0\}$ 是具有强度 λ 的齐次泊松过程的充分必要条件是它的点间间距是相互独立的指数分布(参数为 λ)随机变量序列.

证 $\lambda = 0$ 的情形是平凡的, 下面只就 $\lambda > 0$ 的情形加以证明, 我们准备通过证明两个引理来确立必要性, 这样做的一个重要原因是我们对这些引理本身也有独立的兴趣.

引理 11.1.1 具有强度 λ 的齐次泊松过程的前 n 个事件发生时间 $S_1, S_2, \cdots, S_n$ 的联合概率密度或 $\boldsymbol{S} = \{S_1, S_2, \cdots, S_n\}$ 的概率密度是
$$f_S^{(n)}(s_1, s_2, \cdots, s_n) = \begin{cases} \lambda^n e^{-\lambda s_n}, & 0 < s_1 < s_2 < \cdots < s_n \\ 0, & \text{其他} \end{cases}$$
这里 n 是任意正整数.

证
$$\begin{aligned} &P\{S_i \in (s_i - \Delta s_i, s_i], 1 \leqslant i \leqslant n\} \\ &= P\{N_{0, s_1 - \Delta s_1} = 0, N_{s_1 - \Delta s_1, s_1} = 1, N_{s_1, s_2 - \Delta s_2} = 0 \\ &\quad N_{s_2 - \Delta s_2, s_2} = 1, \cdots, N_{s_{n-1}, s_n - \Delta s_n} = 0, N_{s_n - \Delta s_n, s_n} = 1\} \\ &= e^{-\lambda(s_1 - \Delta s_1)} e^{-\lambda \Delta s_1} \lambda \Delta s_1 e^{-\lambda(s_2 - \Delta s_2 - s_1)} e^{-\lambda \Delta s_2} \lambda \Delta s_2 \cdots e^{-\lambda(s_n - \Delta s_n - s_{n-1})} e^{-\lambda \Delta s_n} \lambda \Delta s_n \\ &= \lambda^n e^{-\lambda(s_n - \Delta s_n)} \prod_{i=1}^n \Delta s_i \end{aligned}$$

按联合概率密度的定义有
$$\begin{aligned} f_S^{(n)}(s_1, s_2, \cdots, s_n) &= \lim_{\max|\Delta s_i| \to 0} \left[\prod_{i=1}^n \Delta s_i\right]^{-1} P\{S_i \in (s_i - \Delta s_i, s_i], 1 \leqslant i \leqslant n\} \\ &= \lim_{\max|\Delta s_i| \to 0} \lambda^n e^{-\lambda(s_n - \Delta s_n)} = \lambda^n e^{-\lambda s_n}, 0 < s_1 < s_2 < \cdots < s_n \end{aligned}$$

引理 11.1.2 具有强度 λ 的齐次泊松过程的前 n 个点间间距 $T_1, T_2, \cdots, T_n$ 的联合概率密度或 $\boldsymbol{T}=(T_1, T_2, \cdots, T_n)$ 的概率密度是

$$f_{\boldsymbol{T}}^{(n)}(t_1, t_2, \cdots, t_n) = \lambda^n \prod_{i=1}^{n} e^{-\lambda t_i}, \quad t_i > 0, 1 \leqslant i \leqslant n$$

其中 n 是任意正整数. 由此可见, $T_1, T_2, \cdots, T_n$ 是相互独立和具有相同指数分布(参数是 λ)的随机变量.

证 令 $\boldsymbol{S}=(S_1, S_2, \cdots, S_n)$, 其中

$$S_1 = T_1$$
$$S_2 = T_1 + T_2$$
$$\vdots$$
$$S_n = T_1 + T_2 + \cdots + T_n$$

则变换

$$s_1 = t_1$$
$$s_2 = t_1 + t_2$$
$$\vdots$$
$$s_n = t_1 + t_2 + \cdots + t_n$$

的雅各比行列式

$$\boldsymbol{J} = \begin{vmatrix} \dfrac{\partial s_1}{\partial t_1} & \dfrac{\partial s_1}{\partial t_2} & \cdots & \dfrac{\partial s_1}{\partial t_n} \\ \dfrac{\partial s_2}{\partial t_1} & \dfrac{\partial s_2}{\partial t_2} & \cdots & \dfrac{\partial s_2}{\partial t_n} \\ \vdots & \vdots & & \vdots \\ \dfrac{\partial s_n}{\partial t_1} & \dfrac{\partial s_n}{\partial t_2} & \cdots & \dfrac{\partial s_n}{\partial t_n} \end{vmatrix} = 1$$

由密度变换公式和引理 11.1.1 得

$$f_{\boldsymbol{T}}^{(n)}(t_1, t_2, \cdots, t_n) = |\boldsymbol{J}| \, f_{\boldsymbol{S}}^{(n)}(t_1, t_1+t_2, \cdots, t_1+t_2+\cdots+t_n)$$
$$= \lambda^n e^{-\lambda(t_1+t_2+\cdots+t_n)}$$
$$= \lambda^n \prod_{i=1}^{n} e^{-\lambda t_i}, \quad t_i > 0, 1 \leqslant i \leqslant n$$

下面证明定理 11.1.2 的充分性. 由指数分布的无记忆性易知过程 $\{N_t, t \geqslant 0\}$ 具有平稳独立增量, 余下只需证明对任意 $t>0$ 和整数 $n=0,1,2,\cdots$, 有

$$P\{N_t = n\} = \frac{(\lambda t)^n}{n!} e^{-\lambda t}$$

当 $n=0$ 时易证, 下设 $n \geqslant 1$. 因为 $\{T_n\}$ 是相互独立且有参数为 λ 的指数分布随机变量, 故有 $S_n = T_1 + T_2 + \cdots + T_n$ 服从参数为 λ 和 n 的 Γ 分布, 其密度函数是

$$f_{\lambda, n}(x) = \frac{\lambda^n x^{n-1}}{(n-1)!} e^{-\lambda x}, \quad x > 0$$

由
$$P\{N_t = n\} = P\{S_n \leqslant t\} - P\{S_{n+1} \leqslant t\}$$
$$= \int_0^t \frac{(\lambda x)^{n-1}}{(n-1)!} e^{-\lambda x} \lambda \, dx - \int_0^t \frac{(\lambda x)^n}{n!} e^{-\lambda x} \lambda \, dx$$

作变量代换 $\lambda x = y$ 后利用分部积分即得
$$P\{N_t = n\} = \int_0^{\lambda t} \frac{y^{n-1}}{(n-1)!} e^{-y} dy - \int_0^{\lambda t} \frac{y^n}{n!} e^{-y} dy$$
$$= \frac{y^n}{n!} e^{-y} \bigg|_0^{\lambda t} + \int_0^{\lambda t} \frac{y^n}{n!} e^{-y} dy - \int_0^{\lambda t} \frac{y^n}{n!} e^{-y} dy$$
$$= \frac{(\lambda t)^n}{n!} e^{-\lambda t}$$

定理 11.1.3 设 $\{N_t, t \geqslant 0\}$ 是强度为 λ 的齐次泊松过程，则它的第 n 点的发生时间 $S_n = T_1 + T_2 + \cdots + T_n$ 有参数为 λ 和 n 的 Γ 分布，分布函数为
$$P\{S_n \leqslant t\} = P\{N_t \geqslant n\} = 1 - \sum_{k=0}^{n-1} \frac{(\lambda t)^k}{k!} e^{-\lambda t}$$

11.2 齐次泊松过程的发生时间和计数的条件分布

在这一节我们主要讨论与齐次泊松过程的点发生时间和计数有关的分布问题.

11.2.1 齐次泊松过程与均匀分布

设齐次泊松过程 $\{N_t, t \geqslant 0\}$ 的强度为 λ，若已知过程在区间 $[0, T]$ 内恰好有一个点发生，我们希望找出这个点发生时间的分布. 由于过程有平稳独立增量，人们自然会期待 $[0, T]$ 中每一个具有同样长度的子区间包含这一点的概率是相等的，换句话说，这个点的发生时间应在 $[0, T]$ 上均匀分布. 下面就来确认这一事实，对于任意实数 $s \in (0, T)$，

$$P\{S_1 \leqslant s \mid N_{0,T} = 1\} = \frac{P\{S_1 \leqslant s, N_{0,T} = 1\}}{P\{N_{0,T} = 1\}}$$
$$= \frac{P\{在(0,s)中有一个点, 在(s,T]中没有点\}}{P\{N_{0,T} = 1\}}$$
$$= \frac{P\{N_{0,s} = 1\} P\{N_{s,T} = 0\}}{P\{N_{0,T} = 1\}}$$
$$= \frac{\lambda s e^{-\lambda s} e^{-\lambda(T-s)}}{\lambda T e^{-\lambda T}} = \frac{s}{T} \tag{11.2.1}$$

这就是在 $[0, T]$ 上均匀分布的分布函数.

现在把上面的结果推广到给定过程在区间 $[0, T]$ 中恰有 n 个点的情形，这里 n 可以是任意正整数.

定理 11.2.1 设 $\{N_t, T \geqslant 0\}$ 是强度为 λ 的齐次泊松过程,对于任意实数 $T>0$,若已知 $N_T = n > 0$,则过程的前 n 个点发生时间 $(S_1, S_2, \cdots, S_n)$ 和 n 个在 $[0,T]$ 上均匀分布的独立随机变量 $U_1, U_2, \cdots, U_n$ 的次序统计量有相同的 n 维联合分布,即 n 维随机变量 $(S_1, S_2, \cdots, S_n)$ 有 n 维条件密度函数

$$f_{S_1, S_2, \cdots, S_n}(t_1, t_2, \cdots, t_n \mid N_T = n) = \begin{cases} \dfrac{n!}{T^n}, & 0 < t_1 < \cdots < t_n \leqslant T \\ 0, & \text{其他} \end{cases}$$

证 对于 $0 = t_0 < t_1 < \cdots < t_n \leqslant T$,我们有

$$P\{t_i - \Delta t_i < S_i \leqslant t_i, 1 \leqslant i \leqslant n \mid N_T = n\}$$

$$= \frac{P\{N_{t_i - \Delta t_i, t_i} = 1, N_{t_{i-1}, t_i - \Delta t_i} = 0, 1 \leqslant i \leqslant n; N_{t_n, T} = 0\}}{P\{N_T = n\}}$$

$$= \frac{\left[\prod_{i=1}^{n} \lambda \Delta t_i e^{-\lambda \Delta t_i}\right] e^{-\lambda(t_1 - \Delta t_1 - t_0)} e^{-\lambda(t_2 - \Delta t_2 - t_1)} \cdots e^{-\lambda(T - t_n)}}{\dfrac{e^{-\lambda T}(\lambda T)^n}{n!}}$$

$$= \frac{\lambda^n \left[\prod_{i=1}^{n} \Delta t_i e^{-\lambda \Delta t_i}\right] \left[e^{-\lambda T} \prod_{i=1}^{n} e^{\lambda \Delta t_i}\right]}{\dfrac{e^{-\lambda T}(\lambda T)^n}{n!}}$$

$$= \frac{n!}{T^n} \prod_{i=1}^{n} \Delta t_i.$$

故按定义,给定 $N_T = n$ 时 $(S_1, S_2, \cdots, S_n)$ 的 n 维条件密度函数是

$$f_{S_1, S_2, \cdots, S_n}(t_1, t_2, \cdots, t_n \mid N_T = n)$$

$$= \lim_{\Delta t \to 0} \left[\prod_{i=1}^{n} \Delta t_i\right]^{-1} \cdot P\{t_i - \Delta t_i < S_i \leqslant t_i, 1 \leqslant i \leqslant n \mid N_T = n\}$$

$$= \frac{n!}{T^n}$$

其中 $\Delta t = \max\limits_{1 \leqslant i \leqslant n} \Delta t_i$.

这个定理从直观上表明,当已知过程在 $[0,T]$ 上有 n 个点发生时,它们的发生时间 $S_1, S_2, \cdots, S_n$ 作为无次序的随机变量是相互独立且服从在 $[0,T]$ 上的均匀分布,这有助于理解为什么可用齐次泊松过程来模拟"随机"发生的事件序列和为什么有些作者把这类过程称为完全随机点过程(completely random point process).

11.2.2 齐次泊松过程与二项分布、多项分布

设 $\{N_t, t \geqslant 0\}$ 是一强度为 λ 的齐次泊松过程. 由 (11.2.1) 式易知,当给定 $N_T = 1$ 时在区间 $(0, s)$ 中没有点发生,亦即 $N_s = 0$ 的概率是 $1 - \dfrac{s}{T}$ $(0 < s \leqslant T)$,下面的定理给

出一个更一般的结果.

定理 11.2.2 对于任意 $0 < s \leqslant T$,任意正整数 n 和 $0 \leqslant k \leqslant n$,有

$$P\{N_s = k \mid N_T = n\} = C_n^k \left(\frac{s}{T}\right)^k \left(1 - \frac{s}{T}\right)^{n-k}$$

这是参数为 n 和 s/T 的二项分布.

证

$$\begin{aligned}
P\{N_s = k \mid N_T = n\} &= \frac{P\{N_s = k, N_T = n\}}{P\{N_T = n\}} \\
&= \frac{P\{N_s = k, N_{s,T} = n-k\}}{P\{N_T = n\}} \\
&= \frac{P\{N_s = k\} P\{N_{s,T} = n-k\}}{P\{N_T = n\}} \\
&= \frac{\frac{(\lambda s)^k}{k!} e^{-\lambda s} \frac{[\lambda(T-s)]^{n-k}}{(n-k)!} e^{-\lambda(T-s)}}{\frac{(\lambda T)^n}{n!} e^{-\lambda T}} \\
&= \frac{n!}{k!(n-k)!} \frac{s^k (T-s)^{n-k}}{T^n} \\
&= C_n^k \left(\frac{s}{T}\right)^k \left(1 - \frac{s}{T}\right)^{n-k}
\end{aligned}$$

若记 $(0, T] = B, (0, s] = A_1, (s, T] = A_2$ 则 $A_1 \cap A_2 = \varnothing$ 和 $A_1 \cup A_2 = B$. 利用这些记号,条件概率可改写成 $P\{N(A_1) = k, N(A_2) = n-k \mid N(B) = n\}$,我们还可以把这结果推广到 B 是任意有限多个互不相交区间之并的情形,即是有如下的定理.

定理 11.2.3 设 m 是任意大于 1 的正整数,$n_1, n_2, \cdots, n_m$ 是满足条件 $n_1 + n_2 + \cdots + n_m = n$ 的任意非负整数,又设 $A_1, A_2, \cdots, A_m$ 是互不相交的区间,$B = \bigcup_{i=1}^{m} A_i$,$A_i (i = 1, 2, \cdots, m)$ 的长度是 a_i,$b = \sum_{i=1}^{m} a_i$,则

$$P\{N(A_1) = n_1, N(A_2) = n_2, \cdots, N(A_m) = n_m \mid N(B) = n\}$$
$$= \frac{n!}{n_1! \, n_2! \cdots n_m!} \left(\frac{a_1}{b}\right)^{n_1} \left(\frac{a_2}{b}\right)^{n_2} \cdots \left(\frac{a_n}{b}\right)^{n_m} \tag{11.2.2}$$

这是参数为 $n, \left(\frac{a_1}{b}\right), \left(\frac{a_2}{b}\right), \cdots, \left(\frac{a_m}{b}\right)$ 的多项分布.

证 因为由 $N(A_1) = n_1, N(A_2) = n_2, \cdots, N(A_m) = n_m$ 可推出 $N(B) = n$,故 (11.2.2) 式左边的条件概率等于

$$\frac{P\{N(A_1) = n_1, N(A_2) = n_2, N(A_m) = n_m\}}{P\{N(B) = n\}} = \frac{\prod_{i=1}^{m} P\{N(A_i) = n_i\}}{P\{N(B) = n\}}$$

$$= \frac{\dfrac{(\lambda a_1)^{n_1}}{n_1!}e^{-\lambda a_1}\dfrac{(\lambda a_2)^{n_2}}{n_2!}e^{-\lambda a_2}\cdots\dfrac{(\lambda a_m)^{n_m}}{n_m!}e^{-\lambda a_m}}{\dfrac{(\lambda b)^n}{n!}e^{-\lambda b}}$$

$$= \frac{n!}{n_1!n_2!\cdots n_m!}\left(\frac{a_1}{b}\right)^{n_1}\left(\frac{a_2}{b}\right)^{n_2}\cdots\left(\frac{a_m}{b}\right)^{n_m}$$

11.3 泊松过程的推广

11.3.1 广义齐次泊松过程

在这一节我们开始从不同的方向把齐次泊松过程加以推广,这里首先考虑把齐次泊松过程定义中普通性(亦即有序性)的要求除去而得到的过程,即不再要求 $P\{N_h \geq 2\}=o(h)$,直观上,可允许在同一时刻有多个质点发生,把这种过程称做广义齐次泊松过程.

定义 11.3.1 如果计数过程 $\{N_t,t\geq 0\}$ 满足下列条件:
(1) $N_0=0$;
(2) 具有平稳增量性;
(3) 具有独立增量性.

则称 $\{N_t,t\geq 0\}$ 为广义齐次泊松过程(generalized homogeneous Poisson process).

下面进一步讨论广义齐次泊松过程的刻画,可以证明以下定理.

定理 11.3.1 若 $\{N_t,t\geq 0\}$ 是广义齐次泊松过程,则对任意 $s>0$,N_t 的概率母函数 $G_t(s)$ 必形如

$$G_t(s)=e^{\lambda t[G(s)-1]} \quad (11.3.1)$$

其中,$\lambda>0$ 是某一常数,$G(s)=\sum\limits_{k=1}^{\infty}p_k s^k$ 是某一取正整数值的随机变量的概率母函数,其中 p_k 给出过程在任一个点发生时刻有 k 个点同时出现的概率.

此处不证明定理 11.3.1,只给出直观描述. p_k 是已知在时刻 t 有点发生时,在这时刻恰好有 k 个点发生的条件概率,这表明由于没有对过程加上普通性的假设,因此一般来说可能有重点,从而过程一般不再是齐次泊松过程.但另一方面,由概率母函数的表示式容易看出,若 $p_1=1$ 和 $p_k=0$ 对所有 $k\geq 2$,则 $G_t(s)=e^{\lambda t(s-1)}$,这是参数为 λt 的泊松分布的概率母函数,于是我们又得到齐次泊松过程,这自然会使人们产生一种想法,即广义齐次泊松过程是这样的点过程,它的点发生时刻形成一个强度为 λ 的齐次泊松过程,而在各个点发生时刻所发生的点数是有相同分布 $\{p_k\}$ 的独立随机变量.事实上,我们的确可以证明,如果给定了常数 λ 和分布 $\{p_k\}$,我们就可以按照上述想法构造一个具有平稳独立增量的计数过程 $\{N_t,t\geq 0\}$,使得它具

有由(11.3.1)式给出的概率母函数.

为此,首先以给定的 λ 作强度确定一齐次泊松过程 $M=\{M_t,t\geqslant 0\}$,并用这一过程规定过程 $N=\{N_t,t\geqslant 0\}$ 的点发生时刻,于是,在区间 $(0,t)$ 内有 j 个"点发生时刻"的概率是

$$g_j(t)=P\{M_t=j\}=\frac{(\lambda t)^j}{j!}e^{-\lambda t}, \quad j=0,1,2,\cdots$$

其次,令在任意给定的点发生时刻恰好有 k 个点的概率是 p_k,它与点发生时刻的具体值无关,而且各个时刻发生的点数是相互独立的. 由这些规定和过程 M 的平稳无后效性容易推知过程 N 也是具有平稳独立增量的. 下面证明 N_t 的概率母函数由(11.3.1)式给出. 因为在每一个点发生时刻的点数是一个随机变量,它取值 k 的概率是 $p_k(k=1,2,\cdots)$,对应的概率母函数是 $G(s)=\sum\limits_{k=1}^{\infty}p_k s^k$.

任取 r 个不同的点发生时刻,并以 $P_r(n)$ 表示在这 r 个时刻共有 n 个点的概率. 因为各个发生时刻的点数是相互独立同分布的,故任意 r 个点发生时刻所发生的总点数是具有概率母函数 $\sum\limits_{n=1}^{\infty}P_r(n)s^n=[G(s)]^r$ 的随机变量.

另一方面,由全概率公式得

$$P\{N_t=n\}=\sum_{r=0}^{\infty}P\{M_t=r\}P_r(n)$$

故 N_t 的概率母函数是

$$\begin{aligned}G_t(s)&=\sum_{n=0}^{\infty}P\{N_t=n\}s^n=\sum_{n=0}^{\infty}s^n\sum_{r=0}^{\infty}P\{M_t=r\}P_r(n)\\&=\sum_{r=0}^{\infty}P\{M_t=r\}\sum_{n=0}^{\infty}P_r(n)s^n=\sum_{r=0}^{\infty}P\{M_t=r\}[G(s)]^r\\&=\sum_{n=0}^{\infty}\frac{[\lambda t G(s)]^r}{r!}e^{-\lambda t}=e^{\lambda t[G(s)-1]}\end{aligned}$$

11.3.2 带时倚强度的泊松过程

如果把齐次过程定义中的平稳性除去我们就得到非齐次泊松过程. 在此先讨论过程的强度存在,但它不一定是常数而可以依赖于时间 t 的情形. 为此我们从齐次泊松过程定义出发进行推广,即把常数 λ 改为变元 t 的函数 $\lambda(t)$. 这样一来就得到:

定义 11.3.2 如果计数过程 $\{N_t,t\geqslant 0\}$ 满足下列条件:

(1) $N_0=0$;

(2) 对任意 $t\geqslant 0$ 和 $h>0$,

$$P\{N_{t,t+h}=1\}=\lambda(t)h+o(h)$$
$$P\{N_{t,t+h}\geqslant 2\}=o(h)$$

(3) 有独立增量性,

其中, $\lambda(t)$ 是 $[0,+\infty)$ 上的非负函数, 它在任意有限区间是可积的, 则称 $\{N_t, t \geq 0\}$ 为带时倚强度的泊松过程(Poisson process with time dependent intensity), 我们把由 $\Lambda(t) = \int_0^t \lambda(x) dx$ 定义的函数称为过程的累积强度函数(或简称累积强度).

当过程是齐次时, $\lambda(t)$ 恒等于某一常数 λ, 故 $\Lambda(t) = \lambda t$, 即 $\Lambda(t)$ 和区间长度 t 成正比.

定理 11.3.2 带时倚强度 $\lambda(t)$ 的泊松过程的增量 $N_{t,t+s} = N_{t+s} - N_t$ 有参数为

$$\Lambda(t+s) - \Lambda(t) = \int_t^{t+s} \lambda(t) dt$$

的泊松分布, 即对任意整数 $n \geq 0$, 有

$$P\{N_{t,t+s} = n\} = \frac{[\Lambda(t+s) - \Lambda(t)]^n}{n!} e^{-[\Lambda(t+s) - \Lambda(t)]}$$

证 对固定的 $t \geq 0$, 我们定义

$$P_n(s) = P\{N_{t,t+s} = n\}$$

则由增量的独立性和条件(2)知, 对任意 $h > 0$ 有

$$\begin{aligned} P_0(s+h) &= P\{N_{t,t+s+h} = 0\} \\ &= P\{N_{t,t+s} = 0, N_{t+s,t+s+h} = 0\} \\ &= P\{N_{t,t+s} = 0\} P\{N_{t+s,t+s+h} = 0\} \\ &= P_0(s)[1 - \lambda(t+s)h - o(h)] \end{aligned}$$

故

$$P_0(s+h) - P_0(s) = P_0(s)[-\lambda(t+s)h - o(h)]$$

由此看出 $P_0(s)$ 是变元 s 的连续函数, 用 h 除上式两端后令 $h \to 0$, 得

$$P_0'(s) = -\lambda(t+s) P_0(s) \tag{11.3.2}$$

由(2)易知 $P_0(0) = 1$, 利用这一初始条件对(11.3.2)式积分得

$$\ln P_0(s) = -\int_0^s \lambda(t+u) du$$

或

$$P_0(s) = e^{-\int_t^{t+s} \lambda(u) du} = e^{-[\Lambda(t+s) - \Lambda(t)]}$$

对于 $n \geq 1$, 由(2)和独立增量性质得

$$\begin{aligned} P_n(t+s) &= P\{N_{t,t+s} = n\} P\{N_{t+s,t+s+h} = 0\} + P\{N_{t,t+s} = n-1\} P\{M_{t+s,t+s+h} = 1\} + o(h) \\ &= P_n(s)[1 - \lambda(t+s)h - o(h)] + p_{n-1}(s) \lambda(t+s) h + o(h) \\ &= [1 - \lambda(t+s)h] P_n(s) + \lambda(t+s) h P_{n-1}(s) + o(h) \end{aligned}$$

于是

$$P_n(s+h) - P_n(s) = -\lambda(t+s) h P_n(s) + \lambda(t+s) h P_{n-1}(s) + o(h)$$

用 h 除上式两端后, 令 $h \to 0$ 得

$$P'_n(s) = \lambda(t+s)[P_{n-1}(s) - P_n(s)] \qquad (11.3.3)$$

若令 $P_{-1}(s) = 0$,则当 $n=0$ 时,(11.3.3)式就变成(11.3.2)式,即(11.3.3)式对任意整数 $n \geq 0$ 均成立.我们利用母函数方法求方程组(11.3.3)的解,令

$$F(s,z) = \sum_{n=0}^{\infty} P_n(s) z^n \qquad (11.3.4)$$

对每一 $n=0,1,2,\cdots$,将(11.3.3)式乘以 z^n 后,求和可得

$$\frac{\partial F(s,z)}{\partial s} = (z-1)\lambda(t+s) F(s,z)$$

或

$$\frac{\partial \ln F(s,z)}{\partial s} = (z-1)\lambda(t+s)$$

由此得

$$\ln F(s,z) - \ln F(0,z) = (z-1) \int_0^s \lambda(t+u) du = (z-1) \int_t^{t+s} \lambda(x) dx$$

因为 $F(0,z) = P_0(0) = 1$,故

$$\begin{aligned}
F(s,z) &= e^{(z-1)\int_t^{t+s} \lambda(x) dx} \\
&= e^{z \int_t^{t+s} \lambda(x) dx} e^{-\int_t^{t+s} \lambda(x) dx} \\
&= \sum_{n=0}^{\infty} e^{-\int_t^{t+s} \lambda(x) dx} \frac{\left[\int_t^{t+s} \lambda(x) dx\right]^n}{n!} z^n
\end{aligned}$$

将上式和母函数 $F(s,z)$ 的定义(11.3.4)式比较即得

$$P_n(s) = \frac{\left[\int_t^{t+s} \lambda(x) dx\right]^n}{n!} e^{-\int_t^{t+s} \lambda(x) dx}$$

对 $n=0,1,2,\cdots$,这就是参数为 $\int_t^{t+s} \lambda(x) dx$ 的泊松分布.

反过来,如果过程 $\{N_t, t \geq 0\}$ 的增量 $N_{t,t+s}$ 有参数为 $\Lambda(t+s) - \Lambda(t) = \int_t^{t+s} \lambda(x) dx$ 的泊松分布,则容易验证它必然满足定义 11.3.2 中的条件(2).这样一来,我们就得到带时倚强度的泊松过程的另一等价定义.

定义 11.3.3 如果计数过程 $\{N_t, t \geq 0\}$ 满足下列条件:

(1) $N_0 = 0$;

(2) 对于任意 $t \geq 0$ 和 $s > 0$,增量 $N_{t,t+s} = N_{t+s} - N_t$ 有参数为 $\int_t^{t+s} \lambda(x) dx$ 的泊松分布,这里 $\lambda(t)$ 是 $[0,+\infty)$ 上的非负函数,它在任意有限区间是可积的;

(3) 有独立增量性,

称 $\{N_t, t \geq 0\}$ 为带时倚强度的泊松过程.

11.3.3 复合泊松过程

定义 11.3.4 如果随机过程 $\{X_t, t \geqslant 0\}$ 可以表为如下的形式:对任意 $t \geqslant 0$,

$$X_t = \begin{cases} \sum_{n=1}^{N_t} Y_n, & N_t \geqslant 1 \\ 0, & N_t = 0 \end{cases}$$

其中 $\{N_t, t \geqslant 0\}$ 是带有时倚强度 $\lambda(t)$ 的泊松过程,$\{Y_n, n=1,2,\cdots\}$ 是相互独立同分布的随机变量序列,而且还假设过程 $\{N_t, t \geqslant 0\}$ 和序列 $\{Y_n\}$ 是相互独立的,则称 $\{X_t, t \geqslant 0\}$ 为复合泊松过程.

下面举几个复合泊松过程的例子,以便更好地理解定义.

例 11.3.1 (保险公司支付的人寿保险赔偿金总数)设在保险公司买了人寿保险的人在时刻 $S_1, S_2, \cdots$ 死亡.假设时刻序列 $\{S_n\}$ 形成参数为 λ 的齐次泊松过程,如果在时刻 S_n 死亡的人的保险金额是 Y_n,而且保险公司在这个人死亡的同时支付这一数量的赔偿金.保险公司自然希望知道在任意时间区间 $(0,t)$ 内它必须支付的赔偿金总数 X_t,借此确定它应该维持多少资金储备才能满足要求赔偿的人.在 $Y_n(n=1,2,\cdots)$ 是相互独立同分布随机变量序列,而且与过程也是相互独立的假设下,$\{X_t, t \geqslant 0\}$ 是一复合泊松过程.

例 11.3.2 (矿坑的涌水量)煤矿矿坑会发生涌水现象.如果涌水的发生时间是 $S_1, S_2, \cdots$,这一时间序列 $\{S_n, n \geqslant 0\}$ 形成一强度为 λ 的泊松过程.假设在时刻 S_n 发生的涌水水量是 Y_n,$Y_n(n=1,2,\cdots)$ 是相互独立同分布随机变量,而且还独立于它们的发生时刻 $S_1, S_2, \cdots$,则在时间区间 $(0,t)$ 中的总涌水量可以用一复合泊松过程来描述.

例 11.3.3 (水库积集的水量)假设在水库的集水区域上降水的发生是一强度为 $\lambda(t)$ 的泊松过程,又每次降水积集到水库的水量是相互独立同分布随机变量,而且与各次降水发生的时间也是独立的.于是在任意时间区间 $[0,t]$ 中水库积集的总水量形成一复合泊松过程.

例 11.3.4 (顾客成批到达的排队系统)设顾客到达某一服务系统的时间 $S_1, S_2, \cdots$ 形成一强度为 λ 的泊松过程.如果顾客是成批到达,即在每一时刻 S_n 可以有多个顾客同时到达.若以 Y_n 表示在时刻 S_n 到达的顾客数目,再设 $Y_n(n=1,2,\cdots)$ 是相互独立同分布的取正整数值随机变量,而且 $\{Y_n\}$ 不依赖于它们的发生时间 $\{S_n\}$.于是,在时间区间 $(0,t]$ 内到达服务系统的顾客总数 X_t 可用一复合泊松过程描述.

例 11.3.5 考虑在随机时刻 S_i 出现的具有随机振幅 A_i 的电脉冲,通过一个检测器后,对每一次脉冲,在时刻 t 其输出为

$$A_i e^{[-\alpha(t-S_i)]_+} = \begin{cases} A_i e^{-\alpha(t-S_i)}, & t > S_i \\ 0, & t < S_i \end{cases}$$

即脉冲经过检测器时其振幅开始是 A_i 而以后依指数率衰减.设检测器是线性的

(即可加的),脉冲到达是强度为 λ 的泊松过程 $\{N_t, t \geqslant 0\}$,那么在时刻 t 的输出为

$$X_t = \sum_{i=1}^{N_t} A_i \mathrm{e}^{[-\alpha(t-s_i)]_+}$$

这是一个复合泊松过程.

11.3.4 滤过泊松过程

许多物理现象就其本来的微观状态来说是应当形成泊松过程的. 但是,人们通过各种仪器设备观察到的宏观状态则是泊松过程经受各种随机因素影响后的总结果,因而可称之为由泊松过程导出的过程,也就是对泊松过程施行某种变换或滤波而产生的过程. 我们把这种过程称为滤过泊松过程.

复合泊松过程是对泊松过程的点附上标值而得到,因此是一种特殊的滤过泊松过程. 但这类过程的标值累计过程只是对各点的标值进行累加,并没有考虑到点发生时间的影响,在实际中有许多自然现象和社会现象不是如此简单. 下面考查一些例子.

例 11.3.6 (发射噪声)从二极管的热阴极发射的电子跃迁到阳极,从而对阴极电流有增大作用. 但是,对于不同时刻发射的电子,这种作用是不同的. 若以 I_t 表示在时刻 t 的阴极电流,则它可表为

$$I_t = \begin{cases} 0, & N_t = 0 \\ \sum_{n=1}^{N_t} \omega_1(t-\tau_n), & N_t \geqslant 1 \end{cases}$$

式中 τ_n 是第 n 个电子发射的时间,$\{\tau_n, n=1,2,\cdots\}$ 形成一泊松过程,而 $\omega_1(t-\tau_n)$ 则表示在 τ_n 发射的电子在时刻 t 对阴极电流所起的作用,通常把过程 $\{I_t, t \geqslant 0\}$ 称做发射噪声(shot noise). 滤过泊松过程是首先作为这类发射噪声模型而被引入和研究的.

例 11.3.7 (电话系统中被占用线路的数目)考虑一个有无穷多条线路的电话总机,假设呼唤到达的时间 $\tau_n(n=1,2,\cdots)$ 形成一齐次泊松过程. 又设各次呼唤的通话时间是 $u_1, u_2, \cdots$,它们是相互独立同分布的随机变量. 于是,在时刻 t 被占用(即正在通话)的线路数目 X_t 可表为

$$X_t = \begin{cases} 0, & N_t = 0 \\ \sum_{n=1}^{N_t} \omega_0(t-\tau_n, u_n), & N_t \geqslant 1 \end{cases}$$

其中

$$\omega_0(s, y) = \begin{cases} 1, & 0 < s \leqslant y \\ 0, & s \leqslant 0 \text{ 或 } s > y \end{cases}$$

N_t 是在时间区间 $[0, t]$ 中的呼唤次数.

上述例子可以推广到一般的有无穷多个服务员和泊松输入的排队系统,这时

u_n 表示第 n 个顾客的服务时间,X_t 则表示在时刻 t 正在工作的服务员数目.

例 11.3.8 (极低频—甚低频大气噪声)大约在 30 kHz 以下的频带(即极低频和甚低频带)内,大气射电噪声主要是由于闪电放电引起的. 这种噪声对以低频工作的无线电接收机影响显著,其效应可以近似地表为

$$X_t = \begin{cases} 0, & N_t = 0 \\ \sum_{n=1}^{N_t} u_n \omega_1(t - \tau_n), & N_t \geqslant 1 \end{cases}$$

式中 N_t 表示在时间区间 $[0,t]$ 内的闪电放电次数,τ_n 是第 n 个闪电放电的发生时间,$\omega_1(s)$ 是在闪电放电 s 个时间单位后该次闪电在接收机中引起的响应,$u_1, u_2, \cdots$ 是随机因子,它表示响应振幅的变化,这种变化产生的原因是各次闪电释放的能量并不相同.

把以上例子作数量抽象得出如下的定义.

定义 11.3.5 如果随机过程 $\{X_t, t \geqslant 0\}$ 能表示为

$$X_t = \begin{cases} 0, & N_t = 0 \\ \sum_{n=1}^{N_t} \omega(t, \tau_n, u_n), & N_t \geqslant 1 \end{cases}$$

则称 $\{X_t, t \geqslant 0\}$ 为滤过泊松过程(filtered Poisson process),式中 $\{N_t, t \geqslant 0\}$ 是齐次泊松过程,τ_n 为泊松过程第 n 个点到达的时刻,u_n 是联系于过程 N_t 的第 n 个点的随机变量,$u_1, u_2, \cdots$ 相互独立同分布,而且还独立于过程 N_t,$\omega(t, \tau, y)$ 称为响应函数.

一般的响应函数 $\omega(t, \tau, y)$ 是三元函数,但在实际中常常有如下的二元函数的特殊形式:$\omega(t, \tau, y) = \omega_0(t - \tau, u)$,即在时刻 τ 发生的事件的效应只依赖于时间差 $t - \tau$ 和标值 u.

$\omega_0(s, u)$ 又常常以下列的形式出现:

(1)

$$\omega_0(s, u) = \begin{cases} 1, & 0 \leqslant s \leqslant u \\ 0, & 其他 \end{cases}$$

例 11.3.7 就是这种情形;

(2)

$$\omega_0(s, u) = \begin{cases} u - s, & 0 \leqslant s \leqslant t \\ 0, & 其他 \end{cases}$$

例 11.3.6 就属于这种情形;

(3)

$$\omega_0(s, u) = u \omega_1(s)$$

式中 $\omega_1(s)$ 与 u 无关,它经常被要求满足条件:当 $s < 0$ 时 $\omega_1(s) = 0$. 特别地,当

$$\omega_1(s) = \begin{cases} 1, & s \geqslant 0 \\ 0, & s < 0 \end{cases}$$

时对应的滤过泊松过程就是复合泊松过程.

下面的定理给出滤过泊松过程的一阶和二阶统计量.

定理 11.3.3 设 $\{X_t, t \geqslant 0\}$ 是滤过泊松过程. 对于任意 $t \geqslant 0$ 和 $t_2 > t_1 \geqslant 0$, X_t 的特征函数是

$$\varphi_{X_t}(v) = e^{\lambda \int_0^t E[e^{iv\omega(t,\tau,u)}-1]d\tau} \tag{11.3.5}$$

(X_{t_1}, X_{t_2}) 的二维特征函数是

$$\varphi_{X_{t_1}, X_{t_2}}(v_1, v_2)$$
$$= e^{\lambda \int_0^{t_1} E[e^{i[v_1\omega(t_1,\tau,u)-v_2\omega(t_2,\tau,u)]}-1]d\tau + \lambda \int_{t_1}^{t_2} E[e^{iv_2\omega(t_2,\tau,u)}-1]d\tau} \tag{11.3.6}$$

若对任意的 τ, $E[\omega^2(t,\tau,u)] < \infty$, 则 X_t 有有限的一阶和二阶矩, 它们有如下的表示式:

$$E(X_t) = \lambda \int_0^t E[\omega(t,\tau,u)]d\tau \tag{11.3.7}$$

$$D(X_t) = \lambda \int_0^t E[\omega^2(t,\tau,u)]d\tau \tag{11.3.8}$$

和

$$\operatorname{cov}(X_{t_1}, X_{t_2}) = \lambda \int_0^{\min(t_1,t_2)} E[\omega(t_1,\tau,u)\omega(t_2,\tau,u)]d\tau \tag{11.3.9}$$

证 只需证明二维特征函数的表示式 (11.3.6).

根据特征函数定义,

$$\varphi_{X_{t_1}, X_{t_2}}(v_1, v_2) = E[e^{i(v_1 X_{t_1} + v_2 X_{t_2})}]$$

若在其中取 $v_2 = 0, t_1 = t, v_1 = v$ 即得一维特征函数 φ_{X_t} 的表示式 (11.3.5). 对于 $0 \leqslant t_1 \leqslant t_2$, 令

$$z = v_1 X_{t_1} + v_2 X_{t_2} = \sum_{n=1}^{N_{t_1}} v_1 \omega(t_1, \tau_n, u_n) + \sum_{n=1}^{N_{t_2}} v_2 \omega(t_2, \tau_n, u_n) \tag{11.3.10}$$

因为当 $t < \tau$ 时, 在时刻 τ 出现的事件不会在较早的时刻 t 对系统产生影响 (即系统是物理可实现的), 故不妨设对任意 $t < \tau$, 有 $\omega(t, \tau, u) = 0$.

这样, 如果令

$$g(\tau, u) = v_1 \omega(t_1, \tau, u) + v_2 \omega(t_2, \tau, u)$$

则 (11.3.10) 式可写成

$$z = \sum_{n=1}^{N_{t_2}} [v_1 \omega(t_1, \tau_n, u_n) + v_2 \omega(t_2, \tau_n, u_n)] = \sum_{n=1}^{N_{t_2}} g(\tau_n, u_n)$$

从而有

$$\varphi_{X_{t_1}, X_{t_2}}(v_1, v_2) = E(e^{iz}) = \sum_{m=0}^{\infty} P\{N_{t_2} = m\} E[e^{iz} \mid N_{t_2} = m] \tag{11.3.11}$$

按条件期望的定义

$$E[e^{iz} \mid N_{t_2} = m] = \int_0^{t_2} \int_{s_1}^{t_2} \cdots \int_{s_{m-1}}^{t_2} E[e^{iz} \mid X_{t_2} = m, \tau_1 = s_1, \cdots, \tau_m = s_m]$$
$$\times dF_{\tau_1, \tau_2, \cdots, \tau_m}(s_1, s_2, \cdots, s_m \mid N_{t_2} = m)$$

其中
$$E[e^{iz} \mid N_{t_2}=m,\tau_1=s_1,\cdots,\tau_m=s_m]$$
$$=E\left[e^{i\sum_{n=1}^{N_{t_2}}g(\tau_n,u_n)}\,\Big|\,N_{t_2}=m,\tau_1=s_1,\cdots,\tau_m=s_m\right]$$
$$=E\left[e^{i\sum_{n=1}^{m}g(\tau_n,u_n)}\,\Big|\,N_{t_2}=m,\tau_1=s_1,\cdots,\tau_m=s_m\right]$$
$$=\prod_{n=1}^{m}E[e^{ig(s_n,u_n)}]$$

上面最后一个等式由$\{u_n\}$之间以及$\{u_n\}$与$\{N_t,t\geqslant 0\}$的独立性推出.

$F_{\tau_1,\tau_2,\cdots,\tau_m}(s_1,s_2,\cdots,s_m\mid N_{t_2}=m)$是已知齐次泊松过程 N_t 在$(0,t_2]$中有 m 个点时这 m 个点的发生时刻 $\tau_1,\tau_2,\cdots,\tau_m$ 的分布函数. 由泊松过程的性质知它与 m 个在$(0,t_2]$上均匀分布的相互独立随机变量的次序统计量有相同的分布,即有分布密度$\dfrac{m!}{t_2^m}$,因此

$$E[e^{iz}\mid N_{t_2}=m]=\frac{m!}{t_2^m}\int_0^{t_2}ds_1\int_{s_1}^{t_2}ds_2\cdots\int_{s_{m-1}}^{t_2}\prod_{n=1}^{m}E[e^{ig(s_n,u_n)}]ds_m$$

注意到被积函数 $\prod_{n=1}^{m}E[e^{ig(s_n,u_n)}]$ 是变元 $s_1,s_2,\cdots,s_m$ 的对称函数,上式又等于

$$\frac{1}{t_2^m}\int_0^{t_2}ds_1\int_0^{t_2}ds_2\cdots\int_0^{t_2}\prod_{n=1}^{m}E[e^{ig(s_n,u_n)}]ds_m=\frac{1}{t_2^m}\left\{\int_0^{t_2}E[e^{ig(\tau,u)}]d\tau\right\}^m$$

将 $E[e^{iz}\mid N_{t_2}=m]$ 的这一表示代入(11.3.11)式并利用泊松分布的性质得

$$\varphi_{X_{t_1},X_{t_2}}(v_1,v_2)=\sum_{m=0}^{\infty}\frac{1}{t_2^m}\left\{\int_0^{t_2}E[e^{ig(\tau,u)}]d\tau\right\}^m\frac{(\lambda t_2)^m}{m!}e^{-\lambda t_2}$$
$$=e^{-\lambda t_2}\sum_{m=0}^{\infty}\frac{\left\{\lambda\int_0^{t_2}E[e^{ig(\tau,u)}]d\tau\right\}^m}{m!}=e^{-\lambda t_2}e^{\lambda\int_0^{t_2}E[e^{ig(\tau,u)}]d\tau}$$
$$=e^{\lambda\int_0^{t_1}E[e^{i[v_1\omega(t_1,\tau,u)+v_2\omega(t_2,\tau,u)]}-1]d\tau+\lambda\int_{t_1}^{t_2}E[e^{iv_2\omega(t_2,\tau,u)}-1]d\tau}$$

这就证明了(11.3.6)式.

根据(11.3.5)式和(11.3.6)式并利用关系式得

$$iE(X_t)=\frac{d}{dv}\ln\varphi_{X_t}(v)\Big|_{v=0}$$
$$i^2D(X_t)=\frac{d^2}{dv^2}\ln\varphi_{X_t}(v)\Big|_{v=0}$$

和

$$i\text{cov}(X_{t_1},X_{t_2})=\frac{\partial^2}{\partial v_1\partial v_2}\ln\varphi_{X_{t_1},X_{t_2}}(v_1,v_2)\Big|_{v_1=v_2=0}$$

即可推出表示(11.3.7)~(11.3.9)式.

习题十一

1. 证明定理 11.1.1 的后半部分.

2. 证明齐次泊松过程的第 n 个点的到达时刻 S_n 服从参数为 n, λ 的 Γ 分布.

3. 设 $\{N(t), t \geq 0\}$ 是参数为 λ 的齐次泊松过程,求 $E[X(t)X(t+s)]$.

4. 设 $\{N_i(t), t \geq 0\}, i=1,2,\cdots,n$ 是 n 个相互独立的泊松过程,参数分别为 λ_i, $i=1,2,\cdots,n$,证明 $\{N(t) = \sum_{i=1}^{n} N_i(t), t \geq 0\}$ 是泊松过程,参数为 $\sum_{i=1}^{n} \lambda_i$.

5. 设某交通道上设置了一个车辆记录器,记录南行、北行车辆的总数. 设 $X(t)$ 代表在 $[0, t]$ 内南行的车辆数,$Y(t)$ 代表 $[0, t]$ 内北行的车辆数,$\{X(t), t \geq 0\}$, $\{Y(t), t \geq 0\}$ 是参数分别为 λ_1, λ_2 的泊松过程,且两个过程相互独立,如果在 t 时车辆记录器记录的车辆数为 n,问其中有 k 辆属于南行车的概率为多少?

6. 设事件 A 的发生形成强度为 λ 的齐次泊松过程 $\{N(t), t \geq 0\}$,如果每一发生的事件只以概率 $p(0 < p < 1)$ 被记录到,记 M_t 为时间区间 $[0, t]$ 内被记录到的事件 A 的个数,假设各事件被记录与否相互独立,证明 $\{M_t, t \geq 0\}$ 为强度为 λp 的齐次泊松过程.

7. 设有一个带时倚强度的泊松过程,其中

$$\lambda(t) = \frac{1}{2}(1 + \cos \omega t)$$

ω 为常数,求过程的均值函数和方差函数.

8. 设某设备的使用期限为 10 年,在前 5 年内它平均 2.5 年需要维修一次,后 5 年平均 2 年需维修一次. 试求它在使用期内只维修过一次的概率.

9. 对复合泊松过程,计算 $\text{cov}(X(s), X(t))$.

10. 设保险公司的人寿保险单持有者在 t_i 时刻死亡者获得保险金为 D_i,诸 D_i 相互独立,均服从 $[10\,000, 20\,000]$ 上的均匀分布,若在 $[0, t]$ 内的死亡人数 $\{N(t), t \geq 0\}$ 为强度 $\lambda = 5$ 的泊松过程,并与 $\{D_n\}$ 独立,求保险公司在 $[0, t]$ 内将要支付的总保险金额 $Y(t)$ 的均值与方差.

*11. 设 $\{X_1(t), t \geq 0\}$ 和 $\{X_2(t), t \geq 0\}$ 是两个相互独立的泊松过程,参数分别为 λ_1, λ_2,记 $\omega_k^{(1)}$ 为过程 $X_1(t)$ 的第 k 个点到达时刻,$\omega_1^{(2)}$ 为过程 $X_2(t)$ 的第 1 个点到达时刻,求 $P\{\omega_k^{(1)} < \omega_1^{(2)}\}$,即第一个过程的第 k 个点到达比第二个过程第 1 个点到达时刻早的概率.

*12. 一个二维泊松过程是在平面上随机发生的事件构成的过程,使得:(1)对于任一面积为 A 的区域,其中的事件数服从均值为 λA 的泊松分布;(2)不相交的区域中的事件数是相互独立的. 对此过程,考虑平面上任意一点,以 X 记它与最相近的事件间的距离,证明:(1) $P\{x > 1\} = e^{-\lambda \pi t^2}$;(2) $E(X) = \dfrac{1}{2\sqrt{\lambda}}$.

附录1 本书附表

附表1 几种常用的概率分布

分 布	参 数	分布律或概率密度	数学期望	方 差
(0—1)分布	$0<p<1$	$P\{X=k\}=p^k(1-p)^{1-k}, k=0,1$	p	$p(1-p)$
二项分布	$n\geqslant 1$ $0<p<1$	$P\{X=k\}=C_n^k p^k(1-p)^{n-k}$	np	$np(1-p)$
负二项分布 (巴斯卡分布)	$r\geqslant 1$ $0<p<1$	$P\{X=k\}=C_{k-1}^{r-1}p^r(1-p)^{k-r}$ $k=r,r+1,\cdots$	$\dfrac{r}{p}$	$\dfrac{r(1-p)}{p^2}$
几何分布	$0<p<1$	$P\{X=k\}=(1-p)^{k-1}p$ $k=1,2,\cdots$	$\dfrac{1}{p}$	$\dfrac{1-p}{p^2}$
超几何分布	N,M,n $(M\leqslant N)$ $(n\leqslant N)$	$P\{X=k\}=\dfrac{C_M^k C_{N-M}^{n-k}}{C_N^n}$ k 为整数, $\max\{0,n-N+M\}\leqslant k\leqslant\min\{n,M\}$	$\dfrac{nM}{N}$	$\dfrac{nM}{N}\left(1-\dfrac{M}{N}\right)\cdot$ $\left(\dfrac{N-n}{N-1}\right)$
泊松分布	$\lambda>0$	$P\{X=k\}=\dfrac{\lambda^k e^{-\lambda}}{k!}$ $k=0,1,2,\cdots$	λ	λ
均匀分布	$a<b$	$f(x)=\begin{cases}\dfrac{1}{b-a}, & a<x<b\\ 0, & \text{其他}\end{cases}$	$\dfrac{a+b}{2}$	$\dfrac{(b-a)^2}{12}$
正态分布	μ $\sigma>0$	$f(x)=\dfrac{1}{\sqrt{2\pi}\sigma}e^{-(x-\mu)^2/(2\sigma^2)}$	μ	σ^2
Γ 分布	$\alpha>0$ $\beta>0$	$f(x)=\begin{cases}\dfrac{\beta^\alpha}{\Gamma(\alpha)}x^{\alpha-1}e^{-\beta x}, & x>0\\ 0, & \text{其他}\end{cases}$	$\dfrac{\alpha}{\beta}$	$\dfrac{\alpha}{\beta^2}$
指数分布 (负指数分布)	$\lambda>0$	$f(x)=\begin{cases}\lambda e^{-\lambda x}, & x>0\\ 0, & \text{其他}\end{cases}$	$\dfrac{1}{\lambda}$	$\dfrac{1}{\lambda^2}$
χ^2 分布	$n\geqslant 1$	$f(x)=\begin{cases}\dfrac{1}{2^{n/2}\Gamma(n/2)}x^{n/2-1}e^{-x/2}, & x>0\\ 0, & \text{其他}\end{cases}$	n	$2n$

续 表

分 布	参 数	分布律或概率密度	数学期望	方 差
瑞利分布	$\sigma>0$	$f(x)=\begin{cases}\dfrac{x}{\sigma^2}e^{-x^2/(2\sigma^2)}, & x>0 \\ 0, & \text{其他}\end{cases}$	$\sqrt{\dfrac{\pi}{2}}\sigma$	$\dfrac{4-\pi}{2}\sigma^2$
β分布	$\alpha>0$ $\beta>0$	$f(x)=\begin{cases}\dfrac{\Gamma(\alpha+\beta)}{\Gamma(\alpha)+\Gamma(\beta)}x^{\alpha-1}(1-x)^{\beta-1}, & 0<x<1 \\ 0, & \text{其他}\end{cases}$	$\dfrac{\alpha}{\alpha+\beta}$	$\dfrac{\alpha\beta}{(\alpha+\beta)^2(\alpha+\beta+1)}$
柯西分布	a $\lambda>0$	$f(x)=\dfrac{1}{\pi}\dfrac{1}{\lambda^2+(x-a)^2}$	不存在	不存在
t分布	$n\geqslant 1$	$f(x)=\dfrac{\Gamma\left(\dfrac{n+1}{2}\right)}{\sqrt{n\pi}\,\Gamma(n/2)}\left(1+\dfrac{x^2}{n}\right)^{-(n+1)/2}$	$0, n>1$	$\dfrac{n}{n-2}, n>2$
F分布	n_1, n_2	$f(x)=\begin{cases}\dfrac{\Gamma[(n_1+n_2)/2]}{\Gamma(n_1/2)\Gamma(n_2/2)}\left(\dfrac{n_1}{n_2}\right)\left(\dfrac{n_1}{n_2}x\right)^{n_1/2-1} \\ \quad\times\left(1+\dfrac{n_1}{n_2}x\right)^{-(n_1+n_2)/2}, & x>0 \\ 0, & \text{其他}\end{cases}$	$\dfrac{n_2}{n_2-2}$ $n_2>2$	$\dfrac{2n_2^2(n_1+n_2-2)}{n_1(n_2-2)^2(n_2-4)}$ $n_2>4$

附表 2　泊松分布表

$$1-F(x-1) = \sum_{r=x}^{r=\infty} \frac{e^{-\lambda}\lambda^r}{r!}$$

x	$\lambda=0.2$	$\lambda=0.3$	$\lambda=0.4$	$\lambda=0.5$	$\lambda=0.6$
0	1.000 000 0	1.000 000 0	1.000 000 0	1.000 000 0	1.000 000 0
1	0.181 269 2	0.259 181 8	0.329 680 0	0.323 469	0.451 188
2	0.017 523 1	0.036 936 3	0.061 551 9	0.090 204	0.121 901
3	0.001 148 5	0.003 599 5	0.007 926 3	0.014 388	0.023 115
4	0.000 056 8	0.000 265 9	0.000 776 3	0.001 752	0.003 358
5	0.000 002 3	0.000 015 8	0.000 061 2	0.000 172	0.000 394
6	0.000 000 1	0.000 000 8	0.000 004 0	0.000 014	0.000 039
7		0.000 000 2	0.000 001	0.000 003

x	$\lambda=0.7$	$\lambda=0.8$	$\lambda=0.9$	$\lambda=1.0$	$\lambda=1.2$
0	1.000 000 0	1.000 000 0	1.000 000 0	1.000 000 0	1.000 000 0
1	0.503 415	0.550 671	0.593 430	0.632 121	0.698 806
2	0.155 805	0.191 208	0.227 518	0.264 241	0.337 373
3	0.034 142	0.047 423	0.062 857	0.080 301	0.120 513
4	0.005 753	0 009 080	0.013 459	0.018 988	0.033 769
5	0.000 786	0.001 411	0.002 344	0.003 660	0.007 746
6	0.000 090	0.000 184	0.000 343	0.000 594	0.001 500
7	0.000 009	0.000 021	0.000 043	0.000 083	0.000 251
8	0.000 001	0.000 002	0.000 005	0.000 010	0.000 037
9				0.000 001	0.000 005
10					0.000 001

x	$\lambda=1.4$	$\lambda=1.6$	$\lambda=1.8$	$\lambda=2.0$
0	1.000 000	1.000 000	1.000 000	1.000 000
1	0.753 403	0.798 103	0.834 701	0.864 665
2	0.408 167	0.475 069	0.537 163	0.593 994
3	0.166 502	0.216 642	0.269 379	0.323 324
4	0.053 725	0.078 813	0.108 708	0.142 877
5	0.014 253	0.023 682	0.036 407	0.052 653
6	0.003 201	0.606 040	0.010 378	0.016 564
7	0.000 622	0.001 336	0.002 569	0.004 534
8	0.001 07	0.000 260	0.000 562	0.001 097
9	0.000 016	0.000 045	0.000 110	0.000 237
10	0.000 002	0.000 007	0.000 019	0.000 046
11		0.000 001	0.000 003	0.000 008

$$1-F(x-1)=\sum_{r=x}^{r=\infty}\frac{e^{-\lambda}\lambda^r}{r!}$$

续表

x	$\lambda=2.5$	$\lambda=3.0$	$\lambda=3.5$	$\lambda=4.0$	$\lambda=4.5$	$\lambda=5.0$
0	1.000 000	1.000 000	1.000 000	1.000 000	1.000 000	1.000 000
1	0.917 915	0.950 213	0.969 803	0.981 684	0.988 891	0.993 262
2	0.712 703	0.800 852	0.864 112	0.908 422	0.938 901	0.959 572
3	0.456 187	0.576 810	0.679 153	0.761 897	0.826 422	0.875 348
4	0.242 424	0.352 768	0.463 367	0.566 530	0.657 704	0.734 974
5	0.108 822	0.184 737	0.274 555	0.371 163	0.467 896	0.559 507
6	0.042 021	0.083 918	0.142 386	0.214 870	0.297 070	0.384 039
7	0.014 187	0.033 509	0.065 288	0.110 674	0.168 949	0.237 817
8	0.004 247	0.011 905	0.026 739	0.051 134	0.086 586	0.133 372
9	0.001 140	0.003 803	0.009 874	0.021 363	0.040 257	0.068 094
10	0.000 277	0.001 102	0.003 315	0.008 132	0.017 093	0.031 828
11	0.000 062	0.000 292	0.001 019	0.002 840	0.006 669	0.013 695
12	0.000 013	0.000 071	0.000 289	0.000 915	0.002 404	0.005 453
13	0.000 002	0.000 016	0.000 076	0.000 274	0.000 805	0.002 019
14		0.000 003	0.000 019	0.000 076	0.000 252	0.000 698
15		0.000 001	0.000 004	0.000 020	0.000 074	0.000 226
16			0.000 001	0.000 005	0.000 020	0.000 069
17				0.000 001	0.000 005	0.000 020
18					0.000 001	0.000 005
19						0.000 001

附表3 标准正态分布表

$$\Phi(z) = \int_{-\infty}^{z} \frac{1}{\sqrt{2\pi}} e^{-u^2} du = P(Z \leqslant z)$$

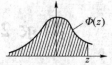

z	0	1	2	3	4	5	6	7	8	9
0.0	0.5000	0.5040	0.5080	0.5120	0.5160	0.5199	0.5239	0.5279	0.5319	0.5359
0.1	0.5398	0.5438	0.5478	0.5517	0.5557	0.5596	0.5636	0.5675	0.5714	0.5753
0.2	0.5793	0.5832	0.5871	0.5910	0.5948	0.5987	0.6026	0.6064	0.6103	0.6141
0.3	0.6179	0.6217	0.6255	0.6293	0.6331	0.6368	0.6406	0.6443	0.6480	0.6517
0.4	0.6554	0.6591	0.6628	0.6664	0.6700	0.6736	0.6772	0.6808	0.6844	0.6879
0.5	0.6915	0.6950	0.6985	0.7019	0.7054	0.7088	0.7123	0.7157	0.7190	0.7224
0.6	0.7257	0.7291	0.7324	0.7357	0.7389	0.7422	0.7454	0.7486	0.7517	0.7549
0.7	0.7580	0.7611	0.7642	0.7673	0.7703	0.7734	0.7764	0.7794	0.7823	0.7852
0.8	0.7881	0.7910	0.7939	0.7967	0.7995	0.8023	0.8051	0.8078	0.8106	0.8133
0.9	0.8159	0.8186	0.8212	0.8238	0.8264	0.8289	0.8315	0.8340	0.8365	0.8389
1.0	0.8413	0.8438	0.8461	0.8485	0.8508	0.8531	0.8554	0.8577	0.8599	0.8621
1.1	0.8643	0.8665	0.8686	0.8708	0.8729	0.8944	0.8962	0.8980	0.8997	0.9015
1.2	0.8849	0.8869	0.8888	0.8907	0.8925	0.8944	0.8962	0.8980	0.8997	0.9015
1.3	0.9032	0.9049	0.9066	0.9082	0.9099	0.9115	0.9131	0.9147	0.9162	0.9177
1.4	0.9192	0.9207	0.9222	0.9236	0.9251	0.9265	0.9278	0.9292	0.9306	0.9319
1.5	0.9332	0.9345	0.9357	0.9370	0.9382	0.9394	0.9406	0.9418	0.9430	0.9441
1.6	0.9452	0.9463	0.9474	0.9484	0.9495	0.9505	0.9515	0.9525	0.9535	0.9545
1.7	0.9554	0.9564	0.9573	0.9582	0.9591	0.9599	0.9608	0.9616	0.9625	0.9633
1.8	0.9641	0.9648	0.9656	0.9664	0.9671	0.9678	0.9686	0.9693	0.9700	0.9706
1.9	0.9713	0.9719	0.9726	0.9732	0.9738	0.9744	0.9750	0.9756	0.9762	0.9767
2.0	0.9772	0.9778	0.9783	0.9788	0.9793	0.9798	0.9803	0.9808	0.9812	0.9817
2.1	0.9821	0.9826	0.9830	0.9834	0.9838	0.9842	0.9846	0.9850	0.9854	0.9857
2.2	0.9861	0.9864	0.9868	0.9871	0.9874	0.9878	0.9881	0.9884	0.9887	0.9890
2.3	0.9893	0.9896	0.9898	0.9901	0.9904	0.9906	0.9909	0.9911	0.9913	0.9916
2.4	0.9918	0.9920	0.9922	0.9925	0.9927	0.9929	0.9931	0.9932	0.9934	0.9936
2.5	0.9938	0.9940	0.9941	0.9943	0.9945	0.9946	0.9948	0.9949	0.9951	0.9952
2.6	0.9953	0.9955	0.9956	0.9957	0.9959	0.9960	0.9961	0.9962	0.9963	0.9964
2.7	0.9965	0.9966	0.9967	0.9968	0.9969	0.9970	0.9971	0.9972	0.9973	0.9974
2.8	0.9974	0.9975	0.9976	0.9977	0.9977	0.9978	0.9979	0.9979	0.9980	0.9981
2.9	0.9981	0.9982	0.9982	0.9983	0.9984	0.9984	0.9985	0.9985	0.9986	0.9986
3.0	0.9987	0.9990	0.9993	0.9995	0.9997	0.9998	0.9998	0.9999	0.9999	1.0000

注:表中末行系函数值 $\Phi(3.0), \Phi(3.1), \cdots, \Phi(3.9)$.

附录2 傅里叶变换的若干性质

此部分参考了[16].

1. 傅里叶变换的概念

设 $f(t)$ 在 $(-\infty, +\infty)$ 上满足下列条件:(1) $f(t)$ 在任一有限区间上满足狄氏条件;(2) $f(t)$ 在无限区间上绝对可积,则有

$$f(t) = \frac{1}{2\pi}\int_{-\infty}^{+\infty}\left[\int_{-\infty}^{+\infty}f(\tau)e^{i\omega\tau}d\tau\right]d\omega$$

成立,而左端的 $f(t)$ 在其间断点处应以 $\dfrac{f(t+0)-f(t-0)}{2}$ 代替,记

$$F(\omega) = \int_{-\infty}^{+\infty}f(t)e^{-i\omega t}d\tau$$

则

$$f(t) = \frac{1}{2\pi}\int_{-\infty}^{+\infty}F(\omega)e^{i\omega t}d\omega$$

称 $F(\omega)$ 为 $f(t)$ 的傅里叶逆变换,$f(t)$ 为 $F(\omega)$ 傅里叶变换. $f(t)$ 和 $F(\omega)$ 是一傅里叶变换对,且相互唯一确定,记 $f(t)\leftrightarrow F(\omega)$.

2. 单位脉冲函数

单位脉冲函数是一广义函数,常称 $\delta-$函数,是为研究物理现象的脉冲性质而引入的.它没有普通意义下的"函数值",不能用通常意义下的"值的对应关系"来定义,我们仅仅把 $\delta-$函数看做弱收敛序列的弱极限.对于任何一个无穷次可微的函数 $f(t)$,如果满足

$$\int_{-\infty}^{+\infty}\delta(t)f(t)dt = \lim_{\varepsilon\to 0}\int_{-\infty}^{+\infty}\delta_\varepsilon(t)f(t)dt$$

其中

$$\delta_\varepsilon(t) = \begin{cases} \dfrac{1}{\varepsilon}, & 0\leqslant t\leqslant\varepsilon \\ 0, & 其他 \end{cases}$$

则称 $\delta_\varepsilon(t)$ 的弱极限为 $\delta-$函数,记为 $\delta(t)$.

$\delta(t)$ 的性质:

(1) $\int_{-\infty}^{+\infty}\delta(t)dt = 1$.

(2) 筛选性质:若 $f(t)$ 为无穷次可微函数,则有

$$\int_{-\infty}^{+\infty} \delta(t)f(t)\mathrm{d}t = f(0)$$

一般地

$$\int_{-\infty}^{+\infty} \delta(t-t_0)f(t)\mathrm{d}t = f(t_0)$$

(3) $\delta(t) \leftrightarrow 1, \dfrac{1}{2\pi} \leftrightarrow \delta(\omega), 1 \leftrightarrow 2\pi\delta(\omega)$.

(4) $\displaystyle\int_{-\infty}^{+\infty} \cos\omega\tau \mathrm{d}\tau = 2\pi\delta(\omega)$.

(5) 单位阶跃函数

$$u(t) = \begin{cases} 0, & t>0 \\ 1, & t \geqslant 0 \end{cases} \leftrightarrow \dfrac{1}{i\omega} + \pi\delta(\omega)$$

例 求 $f = \displaystyle\int_{-\infty}^{+\infty} \sin\omega_0 t$ 的傅里叶变换.

解

$$\begin{aligned}
F(\omega) &= \int_{-\infty}^{+\infty} e^{-i\omega t} \sin\omega_0 t \mathrm{d}t \\
&= \int_{-\infty}^{+\infty} e^{-i\omega t} \frac{e^{i\omega_0 t} - e^{-i\omega_0 t}}{2i} \mathrm{d}t \\
&= \frac{1}{2i} \int_{-\infty}^{+\infty} (e^{-i(\omega-\omega_0)t} - e^{-i(\omega+\omega_0)t}) \mathrm{d}t \\
&= \frac{1}{2i} (2\pi\delta(\omega-\omega_0) - 2\pi\delta(\omega-\omega_0)) \\
&= i\pi(\delta(\omega+\omega_0) - \delta(\omega-\omega_0))
\end{aligned}$$

3. 傅里叶变换的性质

(1) 线性性质:设 $f_1(t) \leftrightarrow F_1(\omega), f_2(t) \leftrightarrow F_2(\omega), \alpha, \beta$ 是常数,则

$$\alpha f_1(t) + \beta f_2(t) \leftrightarrow \alpha F_1(\omega) + \beta F_2(\omega)$$

(2) 位移性质:设 $f(t) \leftrightarrow F(\omega), \omega_0, t_0$ 为常数,则

$$f(t\pm t_0) \leftrightarrow e^{\pm i\omega t_0} F(\omega), f(t)e^{\pm i\omega_0 t} \leftrightarrow F(\omega \mp \omega_0)$$

(3) 微分性质:如果 $f(t)$ 在 $(-\infty, +\infty)$ 上连续,或只有有限个可去间断点,且当 $|t| \to +\infty$ 时, $f(t) \to 0$,则

$$f'(t) \leftrightarrow i\omega F(\omega)$$

(4) 积分性质:如果 $t \to +\infty$ 时, $g(t) = \displaystyle\int_{-\infty}^{t} f(s)\mathrm{d}s \to 0$,则

$$\int_{-\infty}^{t} f(s)\mathrm{d}s \leftrightarrow \dfrac{F(\omega)}{i\omega}$$

(5) 乘积性质:

$$\int_{-\infty}^{+\infty} f_1(t)f_2(t)\mathrm{d}t = \frac{1}{2\pi}\int_{-\infty}^{+\infty} \overline{F_1(\omega)}F_2(\omega)\mathrm{d}\omega = \frac{1}{2\pi}\int_{-\infty}^{+\infty} F_1(\omega)\overline{F_2(\omega)}\mathrm{d}\omega$$

其中,$\overline{F(\omega)}$ 是 $F(\omega)$ 的共轭函数.

(6) 能量积分:
$$\int_{-\infty}^{+\infty}(f(r))^2 dt = \frac{1}{2\pi}\int_{-\infty}^{+\infty}|F(\omega)|^2 d\omega$$
称为帕塞瓦等式,$S(\omega)=|F(\omega)|^2$ 为能量谱密度.

(7) 卷积定理:记 $f_1(t)*f_2(t)=\int_{-\infty}^{+\infty}f_1(\tau)f_2(t-\tau)d\tau$,称此函数为 $f_1(t),f_2(t)$ 的卷积,同理可定义 $F_1(\omega)$ 和 $F_2(\omega)$ 的卷积 $F_1(\omega)*F_2(\omega)$,则
$$f_1(t)*f_2(t) \leftrightarrow F_1(\omega)F_2(\omega)$$
$$f_1(t)f_2(t) \leftrightarrow \frac{1}{2\pi}F_1(\omega)*F_2(\omega)$$

(8) 共轭性质:若 $f(t)$ 为复值函数,$f(t)$ 的傅里叶变换为 $F(\omega)$,则
$$\overline{f(t)} \leftrightarrow \overline{F(-\omega)}$$

习 题 答 案

第 1 章 习题参考答案

1. (1) $\Omega_1 = \{(1,1),(1,2),\cdots,(6,5),(6,6)\}$
   (2) $\Omega_2 = \{2,3,\cdots,12\}$
   (3) $\Omega_3 = \{1,2,3,\cdots\}$
   (4) $\Omega_4 = \{(x,y,z) \mid 0 < x,y,z < 1\}$
   (5) $\Omega_5 = \{00,100,010,1111,1110,1101,1011,0111,1100,1010,0110\}$

2. (1) $\Omega_1 = \{(1,2),(1,3),(1,4),(2,1),(2,3),(2,4),(3,1),(3,2),(3,4),(4,1),(4,2),(4,3)\}$
   (2) $\Omega_2 = \{(1,1),(1,2),(1,3),(1,4),(2,1),(2,2),(2,3),(2,4),(3,1),(3,2),(3,3),(3,4),(4,1),(4,2),(4,3),(4,4)\}$
   (3) $\Omega_3 = \{12,13,14,23,24,34\}$
   (4) $\Omega_4 = \{1, 21, 31, 41, 231, 241, 321, 341, 421, 431, 2341, 2431, 3241, 3421, 4231, 4321\}$

3. (1) $A \cup B$ 表示"a 排第一位置或 b 排在第二个位置";
   $A \cap B$ 表示"a 排第一位置,b 排在第二个位置".
   (2) $A \cup B = \{abcd, acdb, adbc, abdc, acbd, adcb, cbda, dbac, cbad, dbca\}$;
   $A \cap B = \{abcd, abdc\}$.

4. (1) 掷 2 枚硬币,至少出现一个反面
   (2) 加工 4 个产品,4 个产品都是次品
   (3) 甲产品滞销或乙产品畅销

5. (1) $A \cup B \cup C \cup D$
   (2) $\overline{A}\,\overline{B}\,\overline{C}\,\overline{D}$
   (3) $ABCD$
   (4) $A\overline{B}\,\overline{C}\,\overline{D} \cup \overline{A}B\overline{C}\,\overline{D} \cup \overline{A}\,\overline{B}C\overline{D} \cup \overline{A}\,\overline{B}\,\overline{C}D$
   (5) $\overline{A}\,\overline{B}\,\overline{C}D \cup \overline{A}\,\overline{B}C\overline{D} \cup \overline{A}B\overline{C}\,\overline{D} \cup A\overline{B}\,\overline{C}\,\overline{D}$

6. $A = B(C \cup D)$; $\overline{A} = \overline{B} \cup (\overline{C}\,\overline{D})$

7. (1) $\frac{4}{49}$ (2) $\frac{10}{49}$ (3) $\frac{20}{49}$ (4) $\frac{5}{7}$

8. $\frac{\alpha}{\alpha+\beta}$ 9. $\frac{C_D^k C_{N-D}^{n-k}}{C_N^n}$

10. (1) $\frac{1}{2}$ (2) $\frac{9}{10}$ (3) 0.0486 (4) 0.3439

11. $\frac{C_{M-1}^{m-1} C_{N-M}^{n-m}}{C_N^n}$

12. (1) $\frac{132}{169}$ (2) $\frac{37}{169}$ (3) $\frac{168}{169}$

13. (1) $\frac{3}{8}$, $\frac{9}{16}$, $\frac{1}{16}$ (2) $\frac{3}{8}$

14. (1) $\frac{1}{10^7}$ (2) $\frac{C_8^2 9^6}{10^8}$ (3) $\frac{A_{10}^8}{10^8}$

15. 是 16. $\frac{n! \, 2^n}{(2n)!}$ 17. $\frac{3}{4}$

18. $\frac{1}{2!} - \frac{1}{3!} + \cdots + (-1)^n \frac{1}{n!}$ 19. $\frac{11}{36}$ 20. $\frac{1}{\pi} + \frac{1}{2}$

21. $\frac{17}{25}$ 22. $1 - \left(1 - \frac{t}{T}\right)^2$ 23. (1) $\frac{1}{3}$ (2) $\frac{1}{2}$

24. $\frac{5}{8}$ 25. 0.8; 0.9; 0.8 26. $\frac{2}{3}$

27. $\frac{1}{3}, \frac{1}{15}$ 28. $\frac{3}{8}$ 29. $\frac{1}{2}$ 30. 0.615

31. (1) $\frac{1}{5}$ (2) $\frac{1}{10}$ (3) $\frac{29}{60}$

32. (1) $\frac{1}{30}$ (2) $\frac{4}{10}, \frac{4}{10}, \frac{4}{10}$

33. 0.25 34. 0.146

35. $\frac{n(N+1)+mN}{(n+m)(N+M+1)}$; $\frac{nM}{m(M+1)+nM}$

36. (1) $\frac{4}{9}$ (2) $\frac{3}{8}, \frac{2}{8}, \frac{3}{8}$

37. 0.6 38. $\frac{p_1}{p_1+p_2-p_1p_2}, \frac{(1-p_1)p_2}{p_1+p_2-p_1p_2}$

39. (1) 0.729 (2) 0.0086 (3) 0.9995 (4) 0.4095

40. 10 41. 0.5 42. 0.6242 43. 0.4765

第 2 章 习题参考答案

1. (1) $A=1$ (2) $1-e^{-1}$

2.

X	0	1	2	3	4
P	0.5	0.25	0.125	0.0625	0.0625

3. (1) $a=\dfrac{1}{6}$ (2) $F(x)=\begin{cases}0, & x<-2\\ \dfrac{1}{4}, & -2\leqslant x<0\\ \dfrac{5}{12}, & 0\leqslant x<3\\ \dfrac{11}{12}, & 3\leqslant x<5\\ 1, & x\geqslant 5\end{cases}$ (3) $\dfrac{3}{4}$; $\dfrac{1}{2}$

4. (1)

X	1	2	3
P	$\dfrac{4}{5}$	$\dfrac{8}{45}$	$\dfrac{1}{45}$

(2) $F(x)=\begin{cases}0, & x<1\\ \dfrac{4}{5}, & 1\leqslant x<2\\ \dfrac{44}{45}, & 2\leqslant x<3\\ 1, & x\geqslant 3\end{cases}$

5. $P\{X=k\}=\dfrac{C_M^k C_{N-M}^{n-k}}{C_N^n}, k=0,1,2,\cdots,l, l=\min\{M,n\}$

6. $P\{X=k\}=0.76\times(0.24)^{k-1},\quad k=1,2,\cdots$

$P\{Y=k\}=\begin{cases}0.4, & k=0\\ 0.456\times(0.24)^{k-1}, & k=1,2,\cdots\end{cases}$

7. $P\{X=k\}=\dfrac{(n-k+1)^n-(n-k)^n}{n^n}, k=1,2,\cdots,n$

8. (1) 0.1631   (2) 0.3529

9. (1) 0.349   (2) 0.581   (3) 0.590   (4) 0.343
(5) 0.692

10. 0.3712   11. 1053   12. $\dfrac{19}{27}$ 13. 0.0902

14. (1) $\dfrac{1}{2}(1+e^{-2\lambda})$ (2) $\dfrac{1}{2}(1+e^{-6})$

15. (1) 0.011 9　　　　　　　　(2) 5

16. (1) $\dfrac{1}{2}$　(2) $F(x)=\begin{cases}0 &,x<0\\ \dfrac{x^2}{2} &,0\leqslant x<1\\ \dfrac{x}{2} &,1\leqslant x<2\\ 1 &,x\geqslant 2\end{cases}$　(3) $\dfrac{7}{8}$

17. (1) $\dfrac{2}{\sqrt{\pi}}$　　　　　　(2) $2\Phi(2)-1\approx 0.954\,4$

(3) $F(x)=\begin{cases}2\Phi(\sqrt{2}\,x)-1 &,x\geqslant 0\\ 0 &,x<0\end{cases}$

18. (1) $A=1, B\geqslant 0$　　　　(2) $1, f(x)=\begin{cases}2e^{-2x} &,x>0\\ 0 &,x\leqslant 0\end{cases}$

19. (1) $1,-\dfrac{2}{\pi}$　(2) $\dfrac{1}{3}$　(3) $\dfrac{2}{\pi(e^x+e^{-x})}$　　20. 0.4

21. (1) $F(x)=\begin{cases}0 &,x<1\,000\\ 1-\dfrac{1\,000}{x} &,x\geqslant 1\,000\end{cases}$　(2) $\dfrac{1}{3}$　(3) $\dfrac{131}{243}$

22. $P\{Y=k\}=C_5^k e^{-2k}(1-e^{-2})^{5-k}, k=0,1,2,\cdots,5;\ 0.516\,7$

23. (1) 0.947 1　(2) 0.439 4　　24. (1) 0.624 7　(2) $\sigma\leqslant 12.158\,1$

26.

Y	0	1	4
P	$\dfrac{1}{5}$	$\dfrac{7}{30}$	$\dfrac{17}{30}$

27. (1)

$Y=\sin X$	-1	$-\dfrac{\sqrt{2}}{2}$	0	$\dfrac{\sqrt{2}}{2}$	1
P	$\dfrac{1}{2}$	$\dfrac{1}{4}$	$\dfrac{1}{8}$	$\dfrac{1}{10}$	$\dfrac{1}{16}$

(2)

$Y=\cos X$	0	$\dfrac{\sqrt{2}}{2}$	1
P	$\dfrac{9}{16}$	$\dfrac{5}{16}$	$\dfrac{1}{8}$

28.

Y	-1	0	1
P	$\dfrac{p}{1-q^2}$	$\dfrac{pq}{1-q^4}$	$\dfrac{pq^3}{1-q^4}$

29. $\dfrac{1}{\pi}\dfrac{1}{1+y^2}$

30. (1) $Y \sim N(1,4)$　　(2) $f_Y(y) = \begin{cases} \dfrac{1}{y\sqrt{2\pi}} e^{-\frac{\ln^2 y}{2}}, & y > 0 \\ 0, & y \leq 0 \end{cases}$

31. (1) $f_Y(y) = \begin{cases} 0, & y \geq 0 \\ e^y, & y < 0 \end{cases}$　(2) $f_Y(y) = \begin{cases} 1, & 0 < y < 1 \\ 0, & \text{其他} \end{cases}$

32. $f_Y(y) = \begin{cases} \dfrac{2}{\pi\sqrt{1-y^2}}, & 0 < y < 1 \\ 0, & \text{其他} \end{cases}$

33. $F_Y(y) = \begin{cases} 0, & y < 0 \\ y, & 0 \leq y < 1 \\ 1, & y \geq 1 \end{cases}$　$f_Y(y) = \begin{cases} 1, & 0 < y < 1 \\ 0, & \text{其他} \end{cases}$

第 3 章　习题参考答案

1. (1) 放回抽样

Y \ X	0	1
0	$\dfrac{25}{36}$	$\dfrac{5}{36}$
1	$\dfrac{5}{36}$	$\dfrac{1}{36}$

(2) 不放回抽样

Y \ X	0	1
0	$\dfrac{45}{66}$	$\dfrac{10}{66}$
1	$\dfrac{10}{66}$	$\dfrac{1}{66}$

2. (1)

Y \ X	0	1	2	3
0	0	0	$\dfrac{3}{35}$	$\dfrac{2}{35}$
1	0	$\dfrac{6}{35}$	$\dfrac{12}{35}$	$\dfrac{2}{35}$
2	$\dfrac{1}{35}$	$\dfrac{6}{35}$	$\dfrac{3}{35}$	0

(2) $\dfrac{19}{35}, \dfrac{6}{35}, \dfrac{4}{7}, \dfrac{2}{7}$

3. $P\{X=i, Y=j\} = \begin{cases} 0, & i > j \\ \dfrac{i}{36}, & i = j \\ \dfrac{1}{36}, & i < j \end{cases}$，$i, j = 1,2,3,4,5,6$

4. $P\{X=i, Y=j\} = \begin{cases} \dfrac{1}{4i}, & i=1,2,3,4, j \leqslant i \\ 0, & \text{其他} \end{cases}$

5. $P\{X=i, Y=j\} = \begin{cases} 0.36 \times 0.24^{i-1}, & i=j \\ 0.4 \times 0.24^{i-1}, & j=i-1, i=1,2,\cdots, j=0,1,2,\cdots \\ 0, & \text{其他} \end{cases}$

6.

X \ Y	1	2	3
0	$\dfrac{2}{27}$	$\dfrac{6}{27}$	0
1	0	$\dfrac{6}{27}$	$\dfrac{6}{27}$
2	0	$\dfrac{6}{27}$	0
3	$\dfrac{1}{27}$	0	0

7. (1) $\dfrac{1}{8}$; (2) $\dfrac{3}{8}; \dfrac{27}{32}; \dfrac{2}{3}$

8. (1) 1; (2) $\sqrt{\pi} e^{\frac{1}{4}} \left[1 - \Phi\left(\dfrac{1}{\sqrt{2}}\right)\right]$

(3) $F(x,y) = \begin{cases} \dfrac{e^{-x(1+y)} - 1}{1+y} + (1 - e^{-x}), & x>0, y>0 \\ 0, & \text{其他} \end{cases}$

9. (1) $\dfrac{1}{\pi^2}, \dfrac{\pi}{2}, \dfrac{\pi}{2}$; (2) $f(x,y) = \dfrac{6}{\pi^2(4+x^2)(9+y^2)}$

11. (1)

X	1	2	3	4	5
P	0.28	0.28	0.22	0.09	0.13

Y	1	2	3	4	5
P	0.18	0.15	0.35	0.12	0.20

(2)

k	1	2	3	4	5
$P\{Y=k \mid X=1\}$	$\dfrac{6}{28}$	$\dfrac{7}{28}$	$\dfrac{5}{28}$	$\dfrac{5}{28}$	$\dfrac{5}{28}$

12. (1) $P\{X=m\}=\dfrac{14^m}{m!}e^{-14}, m=0,1,2,\cdots$

$P\{Y=n\}=\dfrac{(7.14)^n}{n!}e^{-7.14}, n=0,1,2,\cdots$

(2) 当 $n=0,1,2,\cdots$ 时, $P\{X=m|Y=n\}=\dfrac{(6.86)^{m-n}}{(m-n)!}e^{-6.86}$, $m=n,n+1,\cdots$,

当 $m=0,1,2,\cdots$ 时, $P\{Y=n|X=m\}=C_m^n(0.51)^n(0.49)^{m-n}$, $n=0,1,\cdots,m$.

(3) 不独立

13. $\dfrac{1}{2}$

14. (2) $P\{X=k|X+Y=6\}=\dfrac{1}{5}, k=1,2,3,4,5$

15. (1) $f_X(x)=\begin{cases} 6x(1-x), & 0<x<1 \\ 0, & 其他 \end{cases}$, $f_Y(y)=\begin{cases} 3y^2, & 0<y<1 \\ 0, & 其他 \end{cases}$

(2) $f_{Y|X}(y|X=\dfrac{1}{3})=\begin{cases} \dfrac{3}{2}, & \dfrac{1}{3}<y<1 \\ 0, & 其他 \end{cases}$ (3) $\dfrac{1}{4}$

16. (1) $f(x,y)=\begin{cases} x, & 0<y<\dfrac{1}{x}, 0<x<1 \\ 0, & 其他 \end{cases}$ (2) $f_Y(y)=\begin{cases} \dfrac{1}{2}, & 0<y<1 \\ \dfrac{1}{2y^2}, & y\geq 1 \\ 0, & 其他 \end{cases}$ (3) $\dfrac{1}{3}$

17. (1) $f_Y(y)=\begin{cases} \dfrac{1}{2}, & 0<y<1 \\ \dfrac{1}{2y^2}, & y\geq 1 \\ 0, & 其他 \end{cases}$

(2) $0<y<1$ 时,

$$f_{X|Y}(x|y)=\begin{cases} \dfrac{1}{x^2 y}, & x>\dfrac{1}{y} \\ 0, & x\leq \dfrac{1}{y} \end{cases}$$

$y\geq 1$ 时,

$$f_{X|Y}(x|y)=\begin{cases} \dfrac{y}{x^2}, & x>y \\ 0, & 其他 \end{cases}$$

18. (1) $f(x,y)=\begin{cases} \dfrac{1}{2}e^{-\frac{y}{2}}, & 0<x<1, y>0 \\ 0, & 其他 \end{cases}$ (2) $1-\sqrt{2\pi}[\Phi(1)-\Phi(0)]$

19. (1) $y>0$ 时, $f_{X|Y}(x|y) = \begin{cases} \lambda e^{-\lambda x}, & x>0 \\ 0, & x \leq 0 \end{cases}$

(2)

Z	0	1
P	$\frac{\mu}{\lambda+\mu}$	$\frac{\lambda}{\lambda+\mu}$

; $F_Z(z) = \begin{cases} 0, & z<0 \\ \frac{\mu}{\lambda+\mu}, & 0 \leq z<1 \\ 1, & z \geq 1 \end{cases}$

20. (1) $f_{Y|X}(y|x) = \begin{cases} \frac{1}{x}, & 0<y<x \\ 0, & \text{其他} \end{cases}$ (2) $\frac{1-2e^{-1}}{1-e^{-1}}$

21. (1) $\frac{1}{3}$; $\frac{1}{2}$ (2)

W_1	0	1	2	3
P	$\frac{1}{12}$	$\frac{5}{12}$	$\frac{5}{12}$	$\frac{1}{12}$

;

W_2	0	1	2
P	$\frac{27}{40}$	$\frac{10}{40}$	$\frac{3}{40}$

23. $P\{X-Y=k\} = \frac{1}{3 \times 2^{|k|}}$, $k=0, \pm 1, \pm 2, \cdots$

24. (1)

Z	0	1	2
P	$\frac{1}{6}$	$\frac{5}{9}$	$\frac{10}{36}$

(2)

k	0	1
$P\{Y=k\|X=1\}$	$\frac{2}{3}$	$\frac{1}{3}$

(3)

k	0	1
$P\{X=k\|X+Y=1\}$	$\frac{2}{5}$	$\frac{3}{5}$

25. (1) 3 (2) $f_X(x) = \begin{cases} \frac{3}{2}(1-x^2), & 0<x<1 \\ 0, & \text{其他} \end{cases}$ (3) $f_Z(z) = \begin{cases} 3z^2, & 0<z<1 \\ 0, & \text{其他} \end{cases}$

26. $f_Z(z) = \begin{cases} \frac{3}{2}(1-z^2), & 0<z<1 \\ 0, & \text{其他} \end{cases}$

27. $f_Z(z) = \begin{cases} 1-e^{-z} & 0<z<1 \\ (e-1)e^{-z}, & z \geq 1 \\ 0, & \text{其他} \end{cases}$

28. (1) $\frac{1}{1-e^{-1}}$ (2) $f_X(x) = \begin{cases} \frac{e^{-x}}{1-e^{-1}}, & 0<x<1 \\ 0, & \text{其他} \end{cases}$, $f_Y(y) = \begin{cases} e^{-y}, & y>0 \\ 0, & \text{其他} \end{cases}$

(3) $F_U(u) = \begin{cases} 0, & u<0 \\ \frac{(1-e^{-u})^2}{1-e^{-1}}, & 0 \leq u<1 \\ 1-e^{-u}, & u \geq 1 \end{cases}$

29. (1) $f_Z(z) = \begin{cases} (1-e^{-\frac{z^2}{8}})^5, & z \geqslant 0 \\ 0, & z < 0 \end{cases}$ (2) $1-(1-e^{-2})^5 \approx 0.5167$

30. $f_M(z) = \begin{cases} z, & 0 < z < 1 \\ \dfrac{1}{2}, & 1 \leqslant z < z \\ 0, & 其他 \end{cases}$

31. $f_Z(z) = \begin{cases} \dfrac{1}{(z+1)^2}, & z > 0 \\ 0, & z \leqslant 0 \end{cases}$

33. $f_Z(z) = \begin{cases} \dfrac{1}{2}\Phi(z), & z < 0 \\ \dfrac{1}{2}[1+\Phi(z)], & z \geqslant 0 \end{cases}$

第4章 习题参考答案

1. (1)数学期望和方差均不存在 (2)数学期望存在而方差不存在
2. $\dfrac{81}{64}$ 3. 1.0556   4. 1   5. $\dfrac{1}{3}ka^2$
6. (1) $-0.2; 2.8; 13.4$ (2) $\dfrac{1}{\lambda}(1-e^{-\lambda})$
7. (1)(a) 2   (b) $\dfrac{1}{3}$ (2)(a) $\dfrac{n}{n+1}$ (b) $\dfrac{1}{n+1}$
8. (1) $2; 0$ (2) $-\dfrac{1}{15}$ (3) 5
9. $\dfrac{4}{5}; \dfrac{3}{5}; \dfrac{1}{2}; \dfrac{16}{15}$ 10. 33.64 元   11. 3500
12. (1) $\dfrac{3}{4}; \dfrac{5}{8}$ (2) $\dfrac{1}{8}$
13. $4.5; 0.45$ 14. $1; 1$ 15. $\dfrac{3}{2}a; \dfrac{3}{4}a^2$
16. $m+1; m+1$ 17. $\dfrac{\alpha}{\beta}; \dfrac{\alpha}{\beta^2}$
18. (1) $7; 37.25$ (2) $Z_1 \sim N(2080, 65^2), Z_2 \sim N(80, 1525); 0.9798; 0.1539$
20. 不大于 $\dfrac{1}{12}$

21. (1)

X \ Y	0	1
0	$\frac{2}{3}$	$\frac{1}{12}$
1	$\frac{1}{6}$	$\frac{1}{12}$

(2) $\frac{1}{24}$

(3)

X	0	1	2
P	$\frac{2}{3}$	$\frac{1}{4}$	$\frac{1}{12}$

22. (1) 0;2   (2) 0;不相关   (3) 不独立

23. 0;不独立   24. $\dfrac{\alpha^2-\beta^2}{\alpha^2+\beta^2}$ 25. 0   26. $-\dfrac{1}{11}$

28. $\begin{pmatrix} \frac{11}{144} & -\frac{1}{144} & 0 \\ -\frac{1}{144} & \frac{11}{144} & 0 \\ 0 & 0 & 2 \end{pmatrix}$ 29. $\begin{pmatrix} 250 & -26 & 48 \\ -26 & 305 & -76 \\ 48 & -76 & 26 \end{pmatrix}$

第 5 章 习题参考答案

1. 0.079 3   2. 0.348   3. 0.192 2   4. 97
5. (1) 0.180 2   (2) 443   6. (1) $2\Phi(\sqrt{3n\varepsilon})-1$
   (2) 0.916   (3) 47   7. 21
8. 0.823   9. 0.943 0   10. 0.006 2
11. (1) 0.896 8   (2) 0.749 8   12. 254   13. 1 537
14. (1) 0.894 4   (2) 0.137 9

第 6 章 习题参考答案

1. $f(x;t)=\dfrac{1}{\sqrt{2\pi}\,|\cos\omega_0 t|}e^{-\frac{x^2}{2\cos^2\omega_0 t}}$

3. $\mu_X(t)=0$, $R_X(s,t)=C_X(s,t)=\sin\omega_0 s\,\sin\omega_0 t$, $\sigma_X^2(t)=\sin^2\omega_0 t$

4. $\mu_X(t)=0$, $R_X(s,t)=\dfrac{1}{6}\cos\omega_0(s-t)$

5. $\mu_X(t)=\dfrac{1}{2}t$, $R_X(s,t)=\dfrac{1}{3}st$, $C_X(s,t)=\dfrac{1}{12}st$, $\sigma_X^2(t)=\dfrac{1}{12}t^2$

7. $R_{XY}(s,t)=6\cos s\cos t$

8. $R_{XY}(s,t)=3\cos(s-2t)$

9. $\mathrm{e}^{j\omega_0\tau}, 0$

10. $\mathrm{e}^{j\omega_0(t-s)}\sum\limits_{n=1}^{N}E(A_n^2)$

11. $X_1(t)$平稳：$E[X_1(t)]=E(Y)$，$E[X_1(t)X_1(t+\tau)]=E(Y^2)$；当 Y 为非退化随机变量时，$X_2(t)$非平稳：$E[X_2(t)]=E(Y)t$，$E[X_2(t)X_2(t+\tau)]=E(Y^2)t(t+\tau)$. 当 Y 退化为以概率为 1 取值 0 时，$X_2(t)$平稳.

12. $X(t)$非平稳：$E[X(t)]=t^2$；$Y(t)$平稳：$E[Y(t)]=0$，$E[Y(t)Y(t+\tau)]=10\cos\tau$

13. $Z(t)$平稳：$E[Z(t)]=\mu_X+E(Y)$，$E[Z(t)Z(t+\tau)]=R_X(\tau)+2\mu_X E(Y)+E(Y^2)$

14. $E[Y(t)]=R_X(0)$，记 $r=\dfrac{R_X(\tau)}{R_X(0)}$，$\sigma^2=R_X(0)$

$$E[X^2(t+\tau)X^2(t)]$$
$$=\dfrac{1}{2\pi\sigma^2\sqrt{1-r^2}}\int_{-\infty}^{+\infty}\int_{-\infty}^{+\infty}x^2y^2\mathrm{e}^{-\frac{1}{2\sigma^2(1-r^2)}(x^2-2rxy+y^2)}\,\mathrm{d}x\mathrm{d}y$$
$$=\dfrac{1}{2\pi\sigma^2\sqrt{1-r^2}}\int_{-\infty}^{+\infty}x^2\mathrm{e}^{-\frac{x^2}{2\sigma^2}}\mathrm{d}x\int_{-\infty}^{+\infty}y^2\mathrm{e}^{-\frac{1}{2}\left(\frac{y-rx}{\sigma\sqrt{1-r^2}}\right)^2}\mathrm{d}y$$
$$=\dfrac{1}{\sqrt{2\pi}\sigma}\int_{-\infty}^{+\infty}[\sigma^2(1-r^2)+r^2x^2]x^2\mathrm{e}^{-\frac{x^2}{2\sigma^2}}\mathrm{d}x$$
$$=\sigma^4(1-r^2)+\dfrac{r^2}{\sqrt{2\pi}\sigma}\int_{-\infty}^{+\infty}x^4\mathrm{e}^{-\frac{x^2}{2\sigma^2}}\mathrm{d}x$$
$$=\sigma^4(1-r^2)+3r^2\sigma^4=2r^2\sigma^4+\sigma^4=2R_X^2(\tau)+R_X^2(0)$$

15. $\sigma^2(1+st)$

16. (1) $\begin{pmatrix} 6 & 6\mathrm{e}^{-\frac{1}{2}} & 6\mathrm{e}^{-1} & 6\mathrm{e}^{-\frac{3}{2}} \\ 6\mathrm{e}^{-\frac{1}{2}} & 6 & 6\mathrm{e}^{-\frac{1}{2}} & 6\mathrm{e}^{-1} \\ 6\mathrm{e}^{-1} & 6\mathrm{e}^{-\frac{1}{2}} & 6 & 6\mathrm{e}^{-\frac{1}{2}} \\ 6\mathrm{e}^{-\frac{3}{2}} & 6\mathrm{e}^{-1} & 6\mathrm{e}^{-\frac{1}{2}} & 6 \end{pmatrix}$ (2) $\begin{pmatrix} 6 & 0 & 0 & 0 \\ 0 & 6 & 0 & 0 \\ 0 & 0 & 6 & 0 \\ 0 & 0 & 0 & 6 \end{pmatrix}$

18. (1) $\sigma^2\min(s,t)$ (2) $\sigma^2[\min(s,t)-st]$ (3) $\sigma^2\mathrm{e}^{-a(s+t)}[\mathrm{e}^{2a\min(s,t)}-1]$

19. (1) $\sigma^2\min(s,t)$ (2) $\sigma^2\min(s,t)+st$

第7章 习题参考答案

1. $\mu_Z=0, R_Z(\tau)=R_A(\tau)\cos\tau$

2. (1) $\mu_Y=0, R_Y(\tau)=\dfrac{1}{2}R_X(\tau)\cos\omega_0\tau$

   (2) $\mu_W=0, R_W(\tau)=\dfrac{1}{2}R_X(\tau)\cos(\omega_0+\delta)\tau$

   (3) $E\{[Y(t)+W(t)][Y(t+\tau)+W(t+\tau)]\}$ 与 t 有关

3. $E[Z(t)]=E(X)\cos\omega_0 t+E(Y)\sin\omega_0 t=\sqrt{a^2+b^2}\cos(\omega_0 t+\varphi)$，其中 $a=E(X), b=E(Y), \tan\varphi=\dfrac{b}{a}$，可见 $E[Z(t)]$ 为常数的充要条件是 $a=0$ 且 $b=0$；同样可以算得 $E[Z(t)Z(t+\tau)]=\dfrac{1}{2}[E(X^2)+E(Y^2)]\cos\omega_0\tau+\sqrt{c^2+d^2}\cos(\omega_0 t+\tau)$，其中 $c=\dfrac{1}{2}[E(X^2)-E(Y^2)], d=E(XY)$，可见 $E[Z(t)Z(t+\tau)]$ 不依赖 t 的充要条件为 $c=0$ 且 $d=0$，即 X 与 Y 不相关，方差相等.

5. (1) $R_Z(\tau)=R_X(\tau)+R_Y(\tau)+R_{XY}(\tau)+R_{YX}(\tau)$

   (2) $R_Z(\tau)=R_X(\tau)+R_Y(\tau)+2\mu_X\mu_Y$

   (3) $R_Z(\tau)=R_X(\tau)+R_Y(\tau)$

6. (1) $aR_X(t-s-\tau)+R_{XN}(t-s)$

   (2) $aR_X(t-s-\tau)$

7. $5\cos t, 3[1-(s-t)^2]e^{-0.5(s-t)^2}$

9. 0.4772

10. $\dfrac{5}{13}[e^{3t}(3\sin 2t-2\cos 2t)+2]$

    $\dfrac{26}{(13)^2}[e^{3t}(3\sin 2t-2\cos 2t)+2][e^{3s}(3\sin 2s-2\cos 2s)+2]$

    $\dfrac{1}{(13)^2}[e^{3t}(3\sin 2t-2\cos 2t)+2][e^{3s}(3\sin 2s-2\cos 2s)+2]$

    $\dfrac{1}{(13)^2}[e^{3t}(3\sin 2t-2\cos 2t)+2]^2$

13. $\mu_Z=\mu_X+E(Y), R_Z(\tau)=R_X(\tau)+2\mu_X E(Y)+E(Y^2)$，于是有 $\lim\limits_{l\to\infty}\dfrac{1}{l}\int_0^{2l}\left(1-\dfrac{\tau}{2l}\right)R_Z(\tau)d\tau\neq\mu_z^2$

14. $\mu_X=0, R_X(\tau)=\dfrac{1}{2}E(A^2)\cos\omega_0\tau$，于是有 $\dfrac{1}{l}\int_0^{2l}\left(1-\dfrac{\tau}{2l}\right)[R_X(\tau)-\mu_X^2]d\tau=$

$\dfrac{E(A^2)}{4\omega_0^2 l^2}(1-\cos 2\omega_0 l) \to 0, l \to \infty$.

15. $\mu_X = 0, R_X(\tau) = \sigma^2 \cos \tau$, 于是 $\dfrac{1}{l}\int_0^{2l}\left(1-\dfrac{\tau}{2l}\right)[R_X(\tau) - \mu_X^2]\mathrm{d}\tau = \dfrac{\sigma^2}{2l^2}(1-\cos 2l) \to 0, l \to \infty$.

第8章 习题参考答案

1. (1) $E[X(t)] = -\dfrac{2n}{\pi}\sin \omega_0 t$, $X(t)$非平稳　　(2) $\dfrac{a^2}{2}$

(3) $S_X(\omega) = \dfrac{a^2\pi}{2}[\delta(\omega-\omega_0) + \delta(\omega+\omega_0)]$(附注：由信号分析原理有 $\lim\limits_{T\to\infty}\dfrac{\sin^2 T\omega}{\pi\omega^2 T} = \delta(\omega)$)

2. 4　　3. 4　　4. $\dfrac{\sqrt{2}-1}{2}$

5. $S_2(\omega), S_5(\omega)$是，其他都不是

6. (1) $\dfrac{2\alpha}{\omega^2+\alpha^2}$　　(2) $\alpha\left[\dfrac{1}{(\omega-\omega_0)^2+\alpha^2} + \dfrac{1}{(\omega+\omega_0)^2+\alpha^2}\right]$

(3) $\dfrac{2}{l\omega^2}(1-\cos \omega l)$

8. (1) $\dfrac{\sin \omega_0 \tau}{\pi\tau}$　　(2) $\dfrac{4}{\pi}\left(1+\dfrac{\sin^2 5\tau}{\tau^2}\right)$

11. (1) $\mu_X = \mu_Y = 0, R_X(\tau) = R_Y(\tau)$，且 $R_{XY}(\tau) = -R_{YX}(\tau)$；在以上条件下，$W(t)$平稳且 $\mu_W = 0, R_W(\tau) = R_X(\tau)\cos \omega_0\tau + R_{XY}(\tau)\sin \omega_0\tau$.

(2) $S_W(\omega) = \dfrac{1}{2}[S_X(\omega+\omega_0) + S_X(\omega-\omega_0)] + \dfrac{j}{2}[S_{XY}(\omega+\omega_0) - S_{XY}(\omega-\omega_0)]$

12. $2\pi\mu_X\mu_Y\delta(\omega), S_X(\omega) + 2\pi\mu_X\mu_Y\delta(\omega)$

15. (1) 1　　(2) 0　　(3) $\dfrac{16}{\omega^2+16}$

17. $\dfrac{a^2}{\alpha^2} + \dfrac{b}{\alpha(\alpha+1)}$

18. $\dfrac{6}{7}, \dfrac{1}{7}(24\mathrm{e}^{-1.5} - 18\mathrm{e}^{-2}), \dfrac{1}{7}(24\mathrm{e}^{-3} - 18\mathrm{e}^{-4})$；

$\dfrac{6}{7}, \dfrac{6}{7}(8\mathrm{e}^{-1.5} - 7\mathrm{e}^{-2}), \dfrac{6}{7}(8\mathrm{e}^{-3} - 7\mathrm{e}^{-4})$；

$\dfrac{6}{7}, \dfrac{6}{7}\mathrm{e}^{-2}, \dfrac{6}{7}\mathrm{e}^{-4}$

19. (1) $\dfrac{N_0\alpha^2}{2(\alpha^2+\omega^2)}$　　(2) $\dfrac{N_0\alpha}{4}\mathrm{e}^{-\alpha|\tau|}$

20. $\dfrac{N_0}{2}\left(1-\dfrac{\alpha^2}{\alpha^2+\omega^2}\right)$, $\dfrac{N_0}{2}\left(\delta(\tau)-\dfrac{\alpha}{2}e^{-\alpha|\tau|}\right)$

21. $S_Y(\omega)=\begin{cases}\dfrac{N_0 A^2}{2}, & |\omega|\leqslant\omega_c \\ 0, & |\omega|>\omega_c\end{cases}$, $\dfrac{N_0 A^2 \sin \omega_c\tau}{2\pi\tau}$, $\dfrac{N_0\omega_c A^2}{2\pi}$

22. $S_Y(\omega)=\begin{cases}\dfrac{N_0 A^2}{2}, & |\omega\pm\omega_0|\leqslant\dfrac{\Delta\omega}{2} \\ 0, & \text{其他}\end{cases}$, $\dfrac{N_0 A^2 \cos \omega_0\tau}{\pi\tau}\sin\dfrac{\Delta\omega\tau}{2}$

23. $\dfrac{2\pi^2}{\alpha^2+4\pi^2}\cos 2\pi\tau$, $\alpha=\dfrac{1}{RC}$

26. (1) $j\omega S_X(\omega)$ (2) $\omega^2 S_X(\omega)$

27. $Y_1(t)=\displaystyle\int_{-\infty}^{+\infty}h_1(\tau_1)X(t-\tau_1)d\tau_1$, $Y_2(t)=\displaystyle\int_{-\infty}^{+\infty}h_2(\tau_1)X(t-\tau_1)d\tau_2$,

$R_{Y_1Y_2}(\tau)=E[Y_1(t)Y_2(t+\tau)]=\displaystyle\int_{-\infty}^{+\infty}\int_{-\infty}^{+\infty}h_1(\tau_1)h_2(\tau_2)R_X(\tau-\tau_2+\tau_1)d\tau_1 d\tau_2$,

$S_{Y_1Y_2}(\omega)=\displaystyle\int_{-\infty}^{+\infty}\int_{-\infty}^{+\infty}h_1(\tau_1)h_2(\tau_2)d\tau_1 d\tau_2\int_{-\infty}^{+\infty}e^{-j\omega\tau}R_X(\tau-\tau_2+\tau_1)d\tau$

$=\displaystyle\int_{-\infty}^{+\infty}h_1(\tau_1)e^{j\omega\tau_1}d\tau_1\int_{-\infty}^{+\infty}h_2(\tau_2)e^{-j\omega\tau_2}d\tau_2\int_{-\infty}^{+\infty}e^{-j\omega u}R_X(u)du$

$=\overline{H_1(\omega)}H_2(\omega)S_X(\omega)$

第 9 章 习题参考答案

1. 状态空间为 $E=\{2k,k=0,\pm 1,\pm 2,\cdots\}$,对任意正整数 n,有

$$P\{X_{n+1}=2j\,|\,X_1=2i_1,\cdots,X_{n-1}=2i_{n-1},X_n=2i\}$$

$$=\begin{cases}q^2, & j=i-1 \\ 2pq, & j=i \\ p^2, & j=i+1\end{cases}$$

$$=P\{X_{n+1}=2j\,|\,X_n=2i\}$$

可见 $\{X_n\}$ 为 Markov 链,且转移概率为

$$p_{2i,2i-2}=q^2,\ p_{2i,2i}=2pq,\ p_{2i,2i+2}=p^2$$

初始分布为

$$P\{X_1=2\}=p^2, P\{X_1=0\}=2pq, P\{X_1=-2\}=q^2$$

2. 状态空间 $E=\{0,1,2,\cdots\}$,对任意正整数 n 及 $i_0,i_1,\cdots,i_{n-1},i,j\in E$,有

$$P\{X_{n+1}=j\,|\,X_0=i_0,X_1=i_1,\cdots,X_{n-1}=i_{n-1},X_n=i\}$$
$$=P\{Y_{n+1}=j-i\,|\,X_0=i_0,X_1=i_1,\cdots,X_{n-1}=i_{n-1},X_n=i\}$$
$$=\begin{cases} p_{j-i}, & j-i\geqslant 0 \\ 0, & j-i<0 \end{cases}$$
$$=P\{X_{n+1}=j\,|\,X_n=i\}$$

可见 $\{X_n,n\geqslant 0\}$ 为 Markov 链,且转移概率为
$$p_{ij}=\begin{cases} p_{j-i}, & j-i\geqslant 0 \\ 0, & j-i<0 \end{cases}$$

3. 状态空间 $E=\{0,1,2,\cdots,N\}$,对任意的正整数 n,及任意 $i_0,i_1,\cdots,i_{n-1},i,j\in E$ 有
$$P\{X_{n+1}=j\,|\,X_0=i_0,X_1=i_1,\cdots,X_{n-1}=i_{n-1},X_n=i\}$$
$$=\begin{cases} 1, & i=0,j=1 \\ \left(\dfrac{i}{N}\right)^2, & 0<i<N,j=i-1 \\ \dfrac{2i(N-i)}{N^2}, & 0<i<N,j=i \\ \left(\dfrac{N-i}{N}\right)^2, & 0<i<N,j=i+1 \\ 1, & i=N,j=N-1 \end{cases}$$
$$=\{X_{n+1}=j\,|\,X_n=i\}$$

可见 $\{X_n,n\geqslant 0\}$ 为 Markov 链,且转移概率为
$$p_{01}=1,\ p_{N,N-1}=1$$

当 $0<i<N$ 时,
$$p_{i,i-1}=\left(\frac{i}{N}\right)^2,\ p_{i,i}=\frac{2i(N-i)}{N^2},\ p_{i,i+1}=\left(\frac{N-i}{N}\right)^2$$

4. (1) $$\begin{pmatrix} 1 & 0 & 0 & 0 & \cdots & 0 & 0 & 0 & 0 \\ q & 0 & p & 0 & \cdots & 0 & 0 & 0 & 0 \\ 0 & q & 0 & p & \cdots & 0 & 0 & 0 & 0 \\ \vdots & \vdots & \vdots & \vdots & & \vdots & \vdots & \vdots & \vdots \\ 0 & 0 & 0 & 0 & \cdots & q & 0 & p & 0 \\ 0 & 0 & 0 & 0 & \cdots & 0 & q & 0 & p \\ 0 & 0 & 0 & 0 & \cdots & 0 & 0 & 0 & 1 \end{pmatrix}$$

(2) $\begin{pmatrix} \vdots & \vdots & \vdots & \vdots & \vdots & \vdots & \\ \cdots & q & 0 & p & 0 & 0 & 0 & \cdots \\ \cdots & 0 & q & 0 & p & 0 & 0 & \cdots \\ \cdots & 0 & 0 & q & 0 & p & 0 & \cdots \\ & \vdots & \vdots & \vdots & \vdots & \vdots & \vdots & \end{pmatrix}$

5. (1) $\boldsymbol{P}^{(2)} = \begin{pmatrix} q & 0 & p \\ 0 & 1 & 0 \\ q & 0 & p \end{pmatrix}$ (2) $\boldsymbol{P}^{(n)} = \begin{cases} \boldsymbol{P}, & \text{当 } n \text{ 为奇数} \\ \boldsymbol{P}^{(2)}, & \text{当 } n \text{ 为偶数} \end{cases}$

6. (1) $\dfrac{3}{2\,500}$ (2) $\dfrac{1}{6}$

7. $\boldsymbol{P}_1^{(2)} = \begin{pmatrix} \dfrac{1}{4} & \dfrac{3}{8} & \dfrac{3}{8} & 0 \\ \dfrac{3}{16} & \dfrac{1}{16} & \dfrac{9}{16} & \dfrac{3}{16} \\ \dfrac{3}{8} & \dfrac{1}{8} & \dfrac{1}{4} & \dfrac{1}{4} \\ \dfrac{1}{2} & \dfrac{1}{4} & 0 & \dfrac{1}{4} \end{pmatrix}$ $\boldsymbol{P}_1^{(3)} = \begin{pmatrix} \dfrac{7}{32} & \dfrac{7}{15} & \dfrac{15}{32} & \dfrac{3}{32} \\ \dfrac{21}{64} & \dfrac{7}{64} & \dfrac{21}{64} & \dfrac{15}{64} \\ \dfrac{3}{8} & \dfrac{7}{32} & \dfrac{7}{32} & \dfrac{3}{16} \\ \dfrac{3}{8} & \dfrac{5}{16} & \dfrac{3}{16} & \dfrac{1}{8} \end{pmatrix}$

$\boldsymbol{P}_1^{(4)} = \begin{pmatrix} \dfrac{35}{128} & \dfrac{21}{128} & \dfrac{51}{128} & \dfrac{21}{128} \\ \dfrac{93}{256} & \dfrac{49}{256} & \dfrac{63}{256} & \dfrac{51}{256} \\ \dfrac{43}{128} & \dfrac{31}{128} & \dfrac{35}{128} & \dfrac{19}{128} \\ \dfrac{19}{64} & \dfrac{17}{64} & \dfrac{21}{64} & \dfrac{7}{64} \end{pmatrix}$ $\boldsymbol{P}_2^{(2)} = \begin{pmatrix} \dfrac{5}{16} & \dfrac{1}{16} & \dfrac{5}{16} & \dfrac{5}{16} \\ 0 & 0 & 0 & 1 \\ 1 & 0 & 0 & 0 \\ \dfrac{1}{4} & \dfrac{1}{4} & \dfrac{1}{4} & \dfrac{1}{4} \end{pmatrix}$

$\boldsymbol{P}_2^{(3)} = \begin{pmatrix} \dfrac{125}{256} & \dfrac{25}{256} & \dfrac{45}{256} & \dfrac{61}{256} \\ \dfrac{1}{4} & \dfrac{1}{4} & \dfrac{1}{4} & \dfrac{1}{4} \\ \dfrac{5}{16} & \dfrac{1}{16} & \dfrac{5}{16} & \dfrac{5}{16} \\ \dfrac{25}{64} & \dfrac{5}{64} & \dfrac{9}{64} & \dfrac{25}{64} \end{pmatrix}$ $\boldsymbol{P}_2^{(4)} = \begin{pmatrix} \dfrac{125}{256} & \dfrac{25}{256} & \dfrac{45}{256} & \dfrac{61}{256} \\ \dfrac{1}{4} & \dfrac{1}{4} & \dfrac{1}{4} & \dfrac{1}{4} \\ \dfrac{5}{16} & \dfrac{1}{16} & \dfrac{5}{16} & \dfrac{5}{16} \\ \dfrac{25}{64} & \dfrac{5}{64} & \dfrac{9}{64} & \dfrac{25}{64} \end{pmatrix}$

(1) 对 $\boldsymbol{P}_1: \left(\dfrac{325}{1\,024}, \dfrac{221}{1\,024}, \dfrac{319}{1\,024}, \dfrac{159}{1\,024}\right)$; 对 $\boldsymbol{P}_2: \left(\dfrac{369}{1\,024}, \dfrac{125}{1\,024}, \dfrac{225}{1\,024}, \dfrac{305}{1\,024}\right)$

(2) 对 $\boldsymbol{P}_1:0$; 对 $\boldsymbol{P}_2:0$ (3) 对 $\boldsymbol{P}_1:\dfrac{9}{64}$; 对 $\boldsymbol{P}_2:\dfrac{1}{64}$

8. (1) 可见任二状态相通. 由于 $f_{11}^{(1)} = p_{11} = \dfrac{1}{2}$, $f_{11}^{(2)} = p_{14}\, p_{41} = \dfrac{1}{8}$, $f_{11}^{(3)} =$

$p_{13}p_{34}p_{41}=\dfrac{1}{8}$,$f_{11}^{(4)}=p_{12}p_{23}p_{34}p_{41}=\dfrac{1}{4}$,知 $f_{11}=1$,状态 1 常返;由于任二状态相通,所有状态常返.

(2) 由于 $p_{11}>0$,状态 1 的周期为 1,即 1 状态是非周期的.状态 1 的平均返回时间 $\mu_1=1\times\dfrac{1}{2}+2\times\dfrac{1}{8}+3\times\dfrac{1}{8}+4\times\dfrac{1}{4}=\dfrac{17}{8}$.

9. (1) 由于 $1\to 3\to 2\to 1$,所以状态 1、2、3 相通,构成闭集.对状态 3,由于 $f_{33}^{(1)}=p_{33}=\dfrac{1}{2}$,$f_{33}^{(3)}=p_{32}p_{21}p_{13}=\dfrac{1}{2}$,可见 $f_{33}=f_{33}^{(1)}+f_{33}^{(3)}=1$,即状态 3 是常返的.由于状态 1、2、3 相通,故 1、2、3 均为常返状态.对 4 状态,由于 $f_{44}^{(1)}=\dfrac{2}{3}$,$f_{44}^{(n)}=0$,$n=2,3,\cdots$,故 $f_{44}=\dfrac{2}{3}$,状态 4 非常返.

由 $p_{33}>0$,知状态 3 非周期,状态 1、2、3 相通,它们都是非周期状态.同样由 $p_{44}>0$,知状态 4 非周期.

(2) 由(1)得 $\mu_3=1\times\dfrac{1}{2}+3\times\dfrac{1}{2}=2$.对状态 1,由于 $f_{11}^{(n)}=\dfrac{1}{2^{n-2}}$,$n=3,4,\cdots$,可以算得 $\mu_1=\sum_{n=3}^{\infty}\dfrac{n}{2^{n-2}}=4$.同样对状态 2,由于 $f_{22}^{(n)}=\dfrac{1}{2^{n-2}}$,$n=3,4,\cdots$,可以算得 $\mu_2=\sum_{n=3}^{\infty}\dfrac{n}{2^{n-2}}=4$.

10. $\boldsymbol{P}^{(2)}=\begin{pmatrix}\dfrac{5}{12}&\dfrac{13}{36}&\dfrac{2}{9}\\\dfrac{7}{18}&\dfrac{7}{18}&\dfrac{2}{9}\\\dfrac{7}{18}&\dfrac{13}{36}&\dfrac{1}{4}\end{pmatrix}$,链遍历,极限分布为 $\left(\dfrac{2}{5},\dfrac{13}{35},\dfrac{8}{35}\right)$

11. 链遍历,极限分布为 $\left(\dfrac{1}{3},\dfrac{1}{3},\dfrac{1}{3}\right)$

13. (1) 状态 i 是常返非周期　　(2) 状态 i 是正常返,因而是遍历状态

14. (1) 设 $E=\{1,2\}$,链不可分,正常返,周期均为 2.平稳分布为 $\left(\dfrac{1}{2},\dfrac{1}{2}\right)$.

(2) 设 $E=\{1,2,3\}$.1、2 状态均为非常返状态,3 状态正常返,3 个状态都是非周期状态,平稳分布为 $(0,0,1)$.

(3) 设 $E=\{1,2,3,4\}$.1、2、4 是正常返状态,而 3 状态是非常返状态.所有状态非周期,平稳分布为 $\left(\dfrac{2}{3}\lambda_1,\dfrac{1}{3}\lambda_1,0,\lambda_2\right)$,其中 $\lambda_1,\lambda_2\geqslant 0$,$\lambda_1+\lambda_2=1$.

(4) 设 $E=\{1,2,3,4,5\}$.链不可分,非周期.平稳分布为 $\left(\dfrac{1}{12},\dfrac{3}{12},\dfrac{3}{12},\dfrac{3}{12},\dfrac{2}{12}\right)$.

15. (1) 链不可分,所有状态是非周期的,故链不可约遍历.平稳分布为 $\pi_j = \dfrac{(C_a^j)^2}{C_{2a}^a}$, $j=0,1,2\cdots,a$.

(2) 链不可分,所有状态正常返且周期均为 2.平稳分布为 $\pi_k = \dfrac{C_a^k}{2^a}$, $k=0,1,2,\cdots,a$.

(3) 链不可分,所有状态正常返非周期.平稳分布为 $\pi_k = \left(\dfrac{p}{q}\right)^k \dfrac{1-\dfrac{p}{q}}{1-\left(\dfrac{p}{q}\right)^{a+1}}$,

$k=0,1,2,\cdots,a, p\neq q$; $\pi_k = \dfrac{1}{a+1}$, $k=0,1,2,\cdots,a, p=q$.

16. $E=\{0,1,2,\cdots\}$.

(1) 链不可分,非周期,解得平稳分布 $\pi_0 = \dfrac{1}{5}$, $\pi_k = \left(\dfrac{3}{4}\right)^{k-1} \dfrac{1}{5}$, $k=1,2,\cdots$,可见链是正常返的.

(2) 链不可分,周期为 2.由于定理 9.3.7,方程组(9.3.1)(取 $j=0$)没有非零有界解,因此链的所有状态常返.平稳分布不存在,所有状态零常返.

(3) 链不可分,所有状态非周期.由于定理 9.3.7,方程组(9.3.1)(取 $j=0$)没有非零有界解,因此链的所有状态常返.平稳分布不存在,所有状态零常返.

(4) 链不可分,非周期.存在平稳分布 $\pi_k = p^k q$, $k=0,1,2,\cdots, q=1-p$,可见所有状态正常返.

第 10 章 习题参考答案

4. $\mathbf{P}'(t) = \mathbf{P}(t)\mathbf{Q}, \mathbf{Q} = \begin{bmatrix} -(m-1) & 1 & \cdots & 1 \\ 1 & -(m-1) & \cdots & 1 \\ \cdots & \cdots & \cdots & \cdots \\ 1 & 1 & \cdots & -(m-1) \end{bmatrix}$

$\mathbf{P}(t) = e^{\mathbf{Q}t}$, $p_{ij}(t)$ 是 $\mathbf{P}(t)$ 的第 (i,j) 个元素.

5. 向前方程为 $p'_{ij}(t) = \lambda_{j-1} p_{ij-1}(t) - \lambda_i p_{ij}(t)$ 或 $\mathbf{P}'(t) = \mathbf{P}(t)\mathbf{Q}$;向后方程为 $p'_{ij}(t) = -\lambda_i p_{ij}(t) + \lambda_i p_{i+1j}(t)$ 或 $\mathbf{P}'(t) = \mathbf{Q}\mathbf{P}(t)$,其中

$$\mathbf{Q} = \begin{bmatrix} -\lambda_0 & \lambda_0 & 0 & \cdots \\ 0 & -\lambda_1 & \lambda_1 & \cdots \\ 0 & 0 & \cdots & \cdots \end{bmatrix}$$

6. $\dfrac{\mu}{\lambda+\mu}$

7. (1) $\pi_k = C_m^k \left(\dfrac{\lambda}{\lambda+\mu}\right)^k \left(\dfrac{\mu}{\lambda+\mu}\right)^{m-k}$, $k=0,1,\cdots,m$ (2) $\pi_6+\pi_7+\cdots+\pi_{10}$

8. 提示：$p_{0j}(t) = p_j(t)$. 由向后方程 $\boldsymbol{P}'(t) = \boldsymbol{QP}(t)$ 求 $p_{0j}(t)$ 的方程，其中

$$\boldsymbol{Q} = \begin{bmatrix} -\lambda & \lambda & 0 & 0 \\ \mu & -(\lambda+\mu) & \lambda & 0 \\ 0 & \mu & -(\lambda+\mu) & \lambda \\ 0 & 0 & \mu & -\mu \end{bmatrix}$$

第 11 章 习题参考答案

3. $\lambda^2 st + \lambda t$

5. $C_N^k \left(\dfrac{\lambda_1}{\lambda_1+\lambda_2}\right)^k \left(\dfrac{\lambda_2}{\lambda_1+\lambda_2}\right)^{N-k}$

7. 均值和方差函数均为 $\dfrac{1}{2}t + \dfrac{1}{\omega}\cos\omega t$

8. $4.5e^{-4.5}$

9. $\Lambda(s \wedge t)\sigma_Y^2$, σ_Y^2 是 Y 的方差

10. 7.5×10^4; $\dfrac{5}{12} \times 10^8$

11. $1 - \sum_{n=0}^{k-1} \dfrac{\lambda_1^n \lambda_2}{(\lambda_1+\lambda_2)^{n+1}}, k = 1, 2, \cdots$

参考文献

[1] 严士键,王隽骧,刘秀芳. 概率论基础. 北京:科学出版社,1982.

[2] 王梓坤. 概率论基础及其应用. 北京:科学出版社,1978.

[3] 盛骤,谢式千,潘承毅. 概率论与数理统计. 北京:高等教育出版社,1989.

[4] 葛余博. 概率论与数理统计. 北京:清华大学出版社,2005.

[5] 杨振明. 概率论. 北京:科学出版社,1999.

[6] 复旦大学. 概率论. 北京:人民教育出版社,1979.

[7] 吴祈耀. 随机过程. 北京:国防工业出版社,1984.

[8] 朱华,黄辉宁,李永庆,梅文博. 随机信号分析. 北京:北京理工大学出版社,1990.

[9] 李永庆,梅文博. 随机信号分析解题指南. 北京:北京理工大学出版社,2007.

[10] 陆大絟. 随机过程及其应用. 北京:清华大学出版社,1986.

[11] [美]A. 帕波里斯. 概率、随机变量与随机过程. 谢国瑞,等,译. 北京:高等教育出版社,1983.

[12] 周荫清,李春生. 随机过程习题集. 北京:北京航空学院出版社,1987.

[13] 施仁杰. 马尔可夫链基础及其应用. 西安:西安电子科技大学出版社,1992.

[14] 南京工学院数学教研组编. 积分变换. 北京:高等教育出版社,1989.

[15] 邓永录等. 随机点过程及其应用. 北京:科学出版社,1998.

[16] 胡细宝,孙洪祥,王丽霞. 概率论数理统计随机过程. 北京:北京邮电大学出版社,2004.

[17] 李漳南,吴荣. 随机过程教程. 北京:高等教育出版社,1987.

[18] 何书元. 随机过程. 北京:北京大学出版社,2008.

[19] Ross S. M. Introduction to Probability Models. 9th ed. Singapore: Elsevier,2007.

[20] Anderson W. J. Continous-time Markov Chains,New York:Springer-Verlag,1991.